Linux

高性能网络详解
从 DPDK、RDMA 到 XDP

刘 伟◎著

人民邮电出版社

北　京

图书在版编目（CIP）数据

Linux高性能网络详解 : 从DPDK、RDMA到XDP / 刘伟
著. -- 北京 : 人民邮电出版社, 2023.4
ISBN 978-7-115-60964-9

Ⅰ. ①L… Ⅱ. ①刘… Ⅲ. ①Linux操作系统 Ⅳ.
①TP316.85

中国国家版本馆CIP数据核字(2023)第012654号

内 容 提 要

本书主要介绍了 DPDK、RDMA 和 XDP 三种高性能网络技术的原理、使用方法和实现方案。

本书总计 26 章，分为四大部分。第 1 部分介绍了计算机网络、计算机硬件和 Linux 操作系统的基础知识，以及软件和硬件之间传递信息的方式、以内核协议栈为基础的网络方案和 Corundum。第 2 部分介绍了 DPDK 的入门知识、DPDK 的内存管理、UIO/DPDK 的基本使用方法、测试和分析高性能网卡，以及如何为 Corundum 编写 DPDK 驱动程序。第 3 部分包括 RDMA 技术简介、软件架构、基本元素、基本操作类型及其配套机制、传输服务类型、应用程序执行流程、主要元素的实现、数据传输、RoCEv2 网卡的配置、性能测试工具等内容。第 4 部分包括 XDP 简介、XDP 教程代码分析、简单的 XDP 性能测试、如何让网卡驱动程序支持 XDP 功能等内容。

本书适合对高性能网络技术感兴趣的软件和硬件开发工程师、系统工程师、网络性能分析人员阅读。

◆ 著　　　　刘　伟
责任编辑　傅道坤
责任印制　王　郁　马振武
◆ 人民邮电出版社出版发行　　北京市丰台区成寿寺路 11 号
邮编　100164　　电子邮件　315@ptpress.com.cn
网址　https://www.ptpress.com.cn
北京七彩京通数码快印有限公司印刷
◆ 开本：787×1092　1/16
印张：22.75　　　　　　2023 年 4 月第 1 版
字数：569 千字　　　　2024 年 12 月北京第 9 次印刷

定价：118.80 元

读者服务热线：(010)81055410　印装质量热线：(010)81055316
反盗版热线：(010)81055315
广告经营许可证：京东市监广登字 20170147 号

推荐序

时下新一代光纤和无线通信技术的演进日新月异，云服务、人工智能、虚拟现实等技术的应用发展如火如荼，这些都需要海量的数据交互与处理能力作为支撑，与之相应地，也对网络设备带宽和服务实时性提出了更高的要求。传统的 10M/100M/1000M 网络设备在应对这种需求时显得捉襟见肘，10G/25G/40G/100G 等设备标准已经推出，纳秒级网络设备也开始走向市场。在硬件标准不断演进的同时，找到适合的软件方案，充分利用和挖掘设备的硬件性能，以达到成本和性能的最优解，已成为一个全新的挑战。

作为网络设备中主流的嵌入式操作系统，Linux 的开源设计为产品开发提供了诸多的便利条件。但传统的 Linux 内核网络协议栈处理过程存在固有的性能瓶颈，诸如数据多重复制、中断/内核态/用户态切换、多核迁移、缓存失效等机制会带来大量的性能消耗。随着更高速率网络设备的出现，这种性能制约变得更加突出。因此，各种零复制和内核旁路等软件技术以及 RDMA 这种新（软硬件）架构应运而生，这也是本书所阐述的主题。

本书的作者是一位资深的 Linux 驱动开发专家，我与作者在通信领域合作多年，其开发的产品的用户数也已达到千万量级。至今我还对几年前与作者的一次深谈印象深刻，深谈主题可称为"优秀内核驱动工程师的炼成"，那次谈话令我感慨一个驱动开发工程师成长的艰辛。不同于通常意义上的软件工程师，驱动开发工程师有其独特的成长曲线。丰富的硬件知识是一个技术门槛，由于软件工程师和硬件工程师在知识体系上存在巨大差异，两者的认知具有天然的技术"鸿沟"，而驱动开发工程师就负责消除这一鸿沟，把软硬件有机地组织起来。驱动开发工程师需要把握每个功能芯片的行为，细微处小到一根引脚或一个时序波形。除了深度，驱动开发工程师更需要广度，只有在累积了足够丰富的芯片经验之后，把零散的知识点组装成树之后，才能结合 CPU、功能芯片、操作系统和应用软件，进行完善的全系统架构设计。我们常有戏言："驱动开发工程师要宛如一粒电子，经历每一条指令，了解每一比特数据，从源头直到目的地"。经受过如此经年累月的艰苦，才能有所收获并得到提升。本书的作者正是一位在 Linux 驱动领域拥有丰富经验的技术专家，曾经凭借其出色的技术能力解决了不少项目中遇到的难题，并又快又好地带领团队开发了几个公司级的重点产品。

本书以作者亲身的工作研究和总结为基础，从软硬件结合的视角详细论述了几种基于 Linux 系统的新兴高性能网络技术方案，主要涉及 DPDK、RDMA、XDP 等。本书图文并茂、深入浅出，既有高屋建瓴的原理阐述与分析，也有抽丝剥茧的核心代码讲解，还有细致入微的实战操作技巧和数据结果，体现了作者对驱动技术娴熟的驾驭能力，是一本十分精彩的、贴合 Linux 驱动开发工程师学习路线的参考指导书。

"十年磨一剑，一朝惊寰宇"。作者在高性能网络技术这一领域进行总结精炼形成的这本著作，体现了作者积累多年的内核研究与设计经验，阅读之后令人受益匪浅。本书对于加速读者在上述高性能网络技术领域的学习进程、巩固和提高设计能力、启发新的技术创新，都有很大的助益，同时也期待作者下一部精彩的著作问世。

卢海军

上海诺基亚贝尔固网事业部负责人、诺基亚 OLT 全球研发负责人

2022 年 5 月 18 日

作者简介

刘伟，拥有 14 年网络设备开发领域的从业经验，当前就职于浪潮电子信息产业股份有限公司体系结构研究部，负责高性能网卡的架构设计和驱动程序开发工作。在此之前，曾以驱动团队和网络接入设备产品开发负责人的身份在上海诺基亚贝尔固网事业部工作了 7 年；还曾经就职于中兴通讯和上海爱吉信息技术有限公司，负责多款通信产品的研发工作。平时喜欢钻研技术和读书，并经常在自己的个人公众号"布鲁斯的读书圈"中发表原创的技术文章。

献辞

谨将本书献给我的妻子王秀丽、我的孩子刘义嵩和刘美宁,感谢你们一直以来的支持和不断的鼓励。我还要把本书献给一直支持我的父母和所有家人,感谢你们对我的包容和理解。

致谢

感谢浪潮公司的领导和同事,包括阚宏伟、宿栋栋、沈艳梅、王彦伟、杨乐、张静东、王江为、刘钧锴、张翔宇、韩海跃等,在我的工作和研究过程中给予的支持和帮助。

感谢上海诺基亚贝尔固网事业部负责人卢海军(也是我的老领导)为本书写的推荐序。另外,我在该公司的原同事陈锋在看过本书的初稿后,也给出了一些宝贵的建议,在此表示感谢。

感谢人民邮电出版社的傅道坤编辑在本书写作过程中提供的各种反馈意见。

前　言

今年是我毕业后进入通信行业的第 14 个年头。这些年来通信行业迅猛发展，新技术层出不穷。从无线网络的 3G、4G、5G，到固定宽带的 DSL、GPON、EPON、NG-PON2，各种凝聚了通信领域研发人员智慧和汗水的新技术不仅改善了人们的生活，也让我们国家在高科技领域不断缩小和发达国家的差距，甚至在某些领域实现反超。身处时代发展的浪潮之中，每每想起我自己的工作也为社会进步贡献了绵薄之力，世界各地都在运行着自己参与研发的设备，就会心潮澎湃。

从毕业后进入一家小公司——上海爱吉开始，到后来工作过的中兴通讯和上海诺基亚贝尔，我一直都在参与各种通信设备的研发工作，并且始终在嵌入式软件领域深耕细作。嵌入式软件工程师，是一个对工作者拥有的计算机知识的广度和深度要求都比较高的岗位，所涉及的领域从应用程序的需求，到操作系统的架构；从各种总线的配置，到对硬件行为的理解。嵌入式软件从业人员需要与各种软件和硬件模块的负责人沟通协作。工作繁忙的同时，也得到了大量锻炼个人技能的机会。

由于工作需要，我阅读了大量 Linux 操作系统以及网络相关的书籍和资料，在从大师们的作品中汲取知识的同时，也惊叹于他们对系统细致入微的理解和深入浅出的讲解。因此一直以来都非常希望能像他们一样，写出自己的作品。不过在写作本书之前，虽然平时颇有些技术积累，也时常进行知识分享，但始终无法成体系，所以一直未能如愿。

2020 年 4 月以来，由于个人兴趣，加上朋友的建议，我开通了公众号"布鲁斯的读书圈"，并时常在上面发表一些读书笔记和技术见解，慢慢地积累了一些彼此联系比较紧密的系列文章。在进入浪潮公司后，由于部门领导的信任，我有幸负责了浪潮基于 FPGA 的 RDMA 网卡的技术调研、方案设计以及驱动程序和测试工具的开发工作，由此进入高性能网卡研究领域。其间也调查了其他一些高性能网络方案的原理和实现，比如 DPDK、XDP 等，并为一个开源的基于 FPGA 的 100G 网卡方案 Corundum 编写了 DPDK 驱动程序。

各种各样的计算机设备的共同协作向人们提供了丰富多彩的网络服务。在大部分设备上，Linux 操作系统是其不可或缺的组成部分。在和层出不穷的各种网络技术共同发展的几十年中，Linux 对网络功能的支持也在逐步完善。但作为运行所有应用程序的软件平台，操作系统本身对网络功能的支持始终偏向于通用性和全面性，相比之下，性能就处于相对次要的位置。

最近十几年以来，随着物理网络的吞吐量逐渐增大，以及通用多核处理器被引入网络数据处理领域，Linux 略显臃肿的网络协议栈已经无法满足用户对性能的需求。于是人们开始另辟蹊径，开发了多种新型的网络技术方案，比如 DPDK、RDMA、XDP 等。和传统的以 Linux 网络协议栈为基础的方案不同，这几种方案的性能更高，解决了传统网络方案在一些实际应用场景中所遇到的性能瓶颈问题，所以近年来在高性能存储和分布式计算等领域得到了快速发展。

在上述三种高性能网络方案中，除 XDP 问世时间较晚外，DPDK 和 RDMA 都已经有十几年的发展历史了，所以在互联网上可以找到很多描述它们的资料，但我没有发现一本令人满意的对这些技术的实现方案进行系统性详细解析的书。我心目中理想的描述某种技术的书是这样的：能够对相关技术产生的原因和发展状况给出基本介绍；既有对总体架构的描述，也有对各个模块作用的介绍，最好还能分析为什么要这样设计；对软件和硬件的交互机制与流程有详细的阐述；能够帮助开发人员从根上理解、应用甚至改良这种技术。既然还没有这样的书，那就写一本吧，这就是本书之所以问世的根本原因了。

本书收纳了公众号"布鲁斯的读书圈"中的一些原创性文章，并结合我自己长期的工作经验和对相关方案实现代码的深度剖析，系统地讲述了依托于 Linux 操作系统的几个高性能网络方案的原理和实现，尤其对软件和硬件交互的细节进行了详细描述。书中包含大量图示，并穿插介绍各种小知识，希望对各位读者有所帮助。

本书的组织结构

本书分 4 个部分，共 26 章。以下是本书各章内容的简要介绍。

第 1 部分，背景知识

- 第 1 章，"计算机网络概述"：介绍了计算机网络的基本概念、构成网络的成员、网络分层模型和常见术语等网络相关的基础知识。不过计算机网络是一个博大精深的领域，本书并不是这方面的入门读物，虽然作者已经尽可能地尝试在有限的篇幅内提供足够多的信息，但难免会有读者感到理解困难或意犹未尽。对于这部分读者，可以阅读介绍计算机网络基础知识的相关书籍。
- 第 2 章，"计算机硬件"：简单介绍和计算机网络相关的各种硬件，包括硬件内部的组件，比如中央处理器、存储器、PCIe 总线和网卡设备等。
- 第 3 章，"Linux 操作系统"：对 Linux 操作系统的一些基本概念和组件进行介绍，包括用户态和内核态、页表、内核的组成部分等。
- 第 4 章，"软件和硬件之间传递信息的方式"：描述了读写寄存器、数据缓存、队列和描述符、中断、DMA 等用于在软件和硬件之间传递信息的手段。
- 第 5 章，"内核协议栈方案及其存在的问题"：描述了 Linux 操作系统对网络功能的全面且层次分明的支持。其中网络协议栈负责数据包的封装和解析，网络设备驱动程序负责管理和控制网卡，最终完成传输数据包的操作。本章最后讲述了前述方案的一些缺点，这些缺点正是本书重点描述的各种高性能网络技术之所以出现的原因。
- 第 6 章，"Corundum——一个开源的基于 FPGA 的 100G 网卡方案"：先对 Corundum 方案的 FPGA 实现框架和队列机制进行简要描述，然后详细解析它的设备驱动程序。这种涉及方案细节的内容在其他书中一般属于比较核心和靠后的章节，但在本书中仍属于基础知识。原因是此方案属于传统的（第 5 章中描述的）以 Linux 网络协议栈为基础实现的网络方案，对它进行比较细致的了解有助于深入理解后面章节介绍的各种高性能网络方案的细节以及产生的原因。

第 2 部分，DPDK

- 第 7 章，"认识 DPDK"：解释为什么需要 DPDK，以及介绍 DPDK 的技术特点、体系结构和核心组件，并描述一个典型的 DPDK 应用程序的执行流程。

- 第 8 章，"DPDK 的内存管理"：DPDK 追求极致的网络数据包处理性能，其内部使用了多种技术加速数据包的收发和处理，这些技术包括多核多线程、单指令多数据、无锁环形缓冲等。其中最能体现 DPDK 对性能极致追求的是在内存管理领域。本章专门描述 DPDK 在内存管理领域所使用的各种性能优化技巧。

- 第 9 章，"UIO——DPDK 的基石"：DPDK 使用了 Linux 提供的 UIO 机制对硬件进行直接访问。本章对 UIO 的构成、API 等进行介绍。

- 第 10 章，"DPDK 的基本使用方法"：学习使用 DPDK，包括其编译和安装方法、常用的工具软件及其命令选项等，并做了几个简单的测试。

- 第 11 章，"测试和分析高性能网卡"：首先分析和测试 DDR 的访问速率；然后使用 DPDK 对 100G 网卡进行单核和多核测试，验证前文对于 DDR 访问速率的分析结果；最后介绍一种定量分析 DPDK 性能的工具——Intel VTune Profiler。

- 第 12 章，"为 Corundum 编写 DPDK 驱动程序"：目前大部分主流网卡都已支持 DPDK，也就是说在 DPDK 开源代码中已经有了这些网卡的驱动程序。但这些网卡不包含基于 FPGA 的 100G 网卡方案 Corundum。于是作者为 Corundum 编写了 DPDK 驱动程序，并获得了比内核协议栈方案更高的数据包收发性能。本章详细阐述了此 DPDK 驱动程序。

第 3 部分，RDMA

- 第 13 章，"RDMA 技术简介"：简单介绍 RDMA 技术，包括其控制通路和数据通路、协议、网络构成以及 LID 和 GID 等概念。

- 第 14 章，"RDMA 软件架构"：对 RDMA 软件的两大主要模块（rdma-core 和内核 RDMA 子系统）进行综合性阐述。

- 第 15 章，"RDMA 基本元素"：描述 QP、CQ、WR、WC 等 RDMA 基本元素的概念和功能。

- 第 16 章，"RDMA 基本操作类型及其配套机制"：介绍 Send、Receive、RDMA Write、RDMA Read 等 RDMA 基本操作类型，以及 MR、PD 等保障 RDMA 操作顺利进行的配套机制。

- 第 17 章，"RDMA 传输服务"：从两个维度，即"可靠/不可靠"和"连接/数据报"，介绍 RDMA 的传输服务类型。

- 第 18 章，"一个简单的 RDMA 应用程序"：介绍一个 RDMA 应用程序的代码执行流程，主要作用是呈现程序中调用了哪些 Verbs API 及其调用顺序，其工作流程中的每个步骤在第 19 章和第 20 章中都有单独的小节进行详细描述。

- 第 19 章，"RDMA 主要元素的实现"：按照应用程序中的调用顺序，依次对分配 PD、注册 MR、创建 CQ、创建 QP、修改 QP 等步骤的具体实现方法进行详细阐述。

- 第 20 章，"进行一次数据传输"：分析一次数据传输过程，主要包含发起数据传输的 RDMA Write 和确认传输结束的 Poll CQ 操作，并汇总在各种元素的创建和数据传输过程中软件和硬件的行为。

- 第 21 章，"RoCEv2 网卡的 MAC、IP 和 GID"：专门针对常用的 RoCEv2 协议，介绍如何在本机网卡中配置通信所需的本地和对端设备的 MAC、IP 和 GID。

- 第 22 章，"RDMA 性能测试工具——perftest"，引入一个对 RDMA 设备进行性能测试的软件工具，并介绍它的安装和使用方法。

第 4 部分，XDP

- 第 23 章，"XDP 简介"：对 XDP 及其依赖的 BPF 技术进行基本介绍。
- 第 24 章，"XDP 教程代码分析"：分析 XDP 教程代码，学习如何编写 XDP 程序。
- 第 25 章，"简单的 XDP 性能测试"：比较 XDP 和 DPDK 的性能。
- 第 26 章，"让网卡驱动程序支持 XDP 功能"：在分析 Mellanox 网卡驱动程序的基础上，分析如何让一个网卡驱动程序支持 XDP 功能。

本书特色

1. 图示代码解析

正如 Linux 内核创始人在一篇新闻稿上所说的，要理解一个软件系统的真正运行机制，一定要阅读其源代码。系统本身是一个整体，具有很多看似不重要的细节，但是这些细节对于真正了解一个实际系统的实现方法和手段至关重要。通过解析代码，本书给出了相关网络技术的详细解读，并以流程图的形式展示了一些关键的技术实现。

2. 图示软硬件交互流程

市面上介绍 Linux 驱动程序的图书大都过于侧重软件，对软件和硬件的交互流程介绍得不够详细，使得底层软件工程师在和硬件工程师在沟通时困难重重。本书在介绍相关技术的实现方案时，描述了很多和软件操作对应的硬件行为，并以图示的方式描绘了软件和硬件之间的交互方法与流程，开发各种网络设备的软件工程师和硬件工程师都能从中得到启发。

3. 提供作者编写的开源代码

第 12 章描述了作者为 Corundum 编写的 DPDK 驱动程序，相关代码已上传至 GitHub 网站，读者可通过搜索关键词 "DPDK-with-Corundum" 获取。当前已有多所大学的研究人员正在使用此代码进行 FPGA 网卡、数据包卸载（Offload）等领域的研究和开发工作，并向作者发来了求助和感谢邮件。

4. 翔实的实现方法

本书第 10 章、第 22 章、第 25 章分别针对 DPDK、RDMA、XDP 技术给出了翔实的测试和使用方法，即使对技术细节不感兴趣的读者，也可以根据这些章节的介绍直接上手操作，感知相关技术带来的实际效果。

5. 小知识

书中在多处插入了"小知识"栏目，带领大家对某些重要的技术细节寻根问底。

本书读者对象

本书定位的读者是具有一定的 Linux 操作系统和网络知识基础，在工作或学习中对高性能网络有一定涉猎，但对其具体的工作原理缺乏了解，并希望进一步深入理解相关方案的底层实现机制的爱好者和软件、硬件开发工程师，对网络设备研发工程师尤为适配。编写应用程序的工程师也可以从本书引入的一些代码示例和深度解析中获得助益。

此外，对于计算机和网络技术的初学者，本书的背景知识部分介绍了计算机网络、计算机硬件、操作系统、软硬件之间的信息交互机制等计算机科学相关的基础知识，可以帮助这部分读者尽快建立相关知识体系。

阅读本书需具备的基础知识

在阅读本书时，读者必须具备一些基本的 C 语言知识。除此之外，最好也能对以下知识有基本了解。

- 计算机架构相关的知识，比如 CPU、FPGA、PCIe 总线等术语的意义和它们在计算机中的角色与定位。
- Linux 操作系统的一些概念，比如虚拟地址、物理地址、swap 分区等。

本书的第 1 部分对上述基础知识进行了介绍，但受篇幅所限，相关介绍均为点到即止。所幸的是这些知识在互联网上可以很容易地找到。

特别说明

- 书中在描述函数调用流程时，有时为简单起见，会采用类似"函数 A→函数 B→函数 C"这种表达方式，意思是函数 A 调用函数 B，函数 B 再调用函数 C。其中的"→"并非 C 语言中的指针。
- 代码或表格中的数据类型 __le32，表示小端的 32 位整数。
- 由于本书是单色印刷，在以图片的形式解释某些技术细节时，区分度不是很好。为此，本书提供了所有图片的电子文件供读者下载学习。
- 本书有部分内容参考了一些产品手册或论文。为了保证与产品手册或论文的一致性，以及与业内名称的一致性，本书中保留了原有的术语，尽管这些术语的表示从出版行业来看是不恰当的。比如 100G（E）网卡，其更为准确的表示应该是 100Gbit/s 网卡；再如千兆以太网，按照出版行业的修改规范应该是"吉比特以太网"。请各位读者在阅读时多加注意。

本书使用的软件版本

本书中使用的各主要软件及其版本如下。

- Linux 内核：5.8.1。
- DPDK：20.11。
- rdma-core：从 GitHub 下载的 2020/8/18 的版本，commit ID 为 526d559740c7599e1f2d533658797290d739554a。
- dpdk-pktgen：21.03.1。
- xdp-tutorial：从 GitHub 下载的 2021/12/14 的版本，commit ID 为 42ecabf9f6156fefb409a693d07971355546869d。

资源与支持

本书由异步社区出品，社区（https://www.epubit.com/）为您提供相关资源和后续服务。

配套资源

本书提供如下资源：

- 本书图文件。

要获得以上配套资源，请在异步社区本书页面中单击"配置资源"，跳转到下载界面，按提示进行操作即可。注意：为保证购书读者的权益，该操作会给出相关提示，要求输入提取码进行验证。

提交勘误

作者和编辑尽最大努力来确保书中内容的准确性，但难免会存在疏漏。欢迎您将发现的问题反馈给我们，帮助我们提升图书的质量。

当您发现错误时，请登录异步社区，按书名搜索，进入本书页面，单击"提交勘误"，输入勘误信息，单击"提交"按钮即可。本书的作者和编辑会对您提交的勘误进行审核，确认并接受后，您将获赠异步社区的 100 积分。积分可用于在异步社区兑换优惠券、样书或奖品。

图书勘误		发表勘误
页码： 1	页内位置（行数）： 1	勘误印次： 1
图书类型： ◉ 纸书 ○ 电子书		

添加勘误图片（最多可上传4张图片）

+

提交勘误

扫码关注本书

扫描下方二维码，您将会在异步社区微信服务号中看到本书信息及相关的服务提示。

与我们联系

我们的联系邮箱是 contact@ptpress.com.cn。

如果您对本书有任何疑问或建议，请您发邮件给我们，并请在邮件标题中注明本书书名，以便我们更高效地做出反馈。

如果您有兴趣出版图书、录制教学视频，或者参与图书翻译、技术审校等工作，可以发邮件给本书的责任编辑（fudaokun@ptpress.com.cn）。

如果您所在的学校、培训机构或企业，想批量购买本书或异步社区出版的其他图书，也可以发邮件给我们。

如果您在网上发现有针对异步社区出品图书的各种形式的盗版行为，包括对图书全部或部分内容的非授权传播，请您将怀疑有侵权行为的链接发邮件给我们。您的这一举动是对作者权益的保护，也是我们持续为您提供有价值的内容的动力之源。

关于异步社区和异步图书

"异步社区"是人民邮电出版社旗下 IT 专业图书社区，致力于出版精品 IT 技术图书和相关学习产品，为作译者提供优质出版服务。异步社区创办于 2015 年 8 月，提供大量精品 IT 技术图书和电子书，以及高品质技术文章和视频课程。更多详情请访问异步社区官网 https://www.epubit.com。

"异步图书"是由异步社区编辑团队策划出版的精品 IT 专业图书的品牌，依托于人民邮电出版社近 30 年的计算机图书出版积累和专业编辑团队，相关图书在封面上印有异步图书的 LOGO。异步图书的出版领域包括软件开发、大数据、AI、测试、前端、网络技术等。

异步社区

微信服务号

目　录

第1部分　背景知识

第 2 部分　DPDK

第 3 部分　RDMA

第 4 部分　XDP

第1部分

背景知识

网络是一个令人激动、富于变化同时又充满挑战的领域。本书第1部分会引领你进入网络的领域，获取阅读本书其余部分所需的基础知识。

本部分由以下各章构成。

- 第1章，计算机网络概述
- 第2章，计算机硬件
- 第3章，Linux 操作系统
- 第4章，软件和硬件之间传递信息的方式
- 第5章，内核协议栈方案及其存在的问题
- 第6章，Corundum———个开源的基于 FPGA 的 100G 网卡方案

第1章

计算机网络概述

我们所处的这个时代有一些典型的特征，比如数字化、网络化和信息化。数字化和信息化的实现又必须依靠完善的网络，因为网络可以非常迅速地传递各种数据和信息。网络现在已经成为现代社会的命脉和发展知识经济的重要基础，人们所熟悉的居家办公、自动化工厂、无人驾驶等概念都依赖网络作为其基础设施。所以，可以说我们处在一个以网络为核心的信息时代。

现在大家一说起网络，一般指的就是计算机网络。其实除了计算机网络，还有一些其他类型的网络，比如电信网络、有线电视网络等。按照最初的分工，电信网络向大众提供电话、电报及传真等服务；有线电视网络向用户传送各种电视节目；计算机网络则使用户能够在计算机之间传送数据文件。但随着技术的发展，电信网络和有线电视网络都逐渐融入了现代计算机网络。计算机网络扩大了其原有的服务范围，也能够向用户提供电话通信、视频通信以及传送视频节目等服务。

在本书中，为了描述方便，凡提到"网络"就是指"计算机网络"，而不是指电信网或有线电视网。

1.1 计算机网络的定义和构成

计算机网络其实并没有统一和明确的定义，不过有个公认的定义：计算机网络主要是由一些通用的、可编程的硬件互连而成的；这些硬件并非专门用来实现某一特定目的（比如传送音频或视频信号），而是能够用来传送多种不同类型的数据，并能支持广泛的和日益增长的应用。

这个定义包含了两条重要的信息：计算机网络所连接的硬件并不限于一般的计算机，还包括智能手机、无人驾驶汽车等。计算机网络并非专门用来传送数据，而是能够支持很多种应用（包括现在还没有但今后可能出现的应用）。

定义中明确了计算机网络由硬件互连而成，但具体怎么连呢？这就要看现实中组成计算机网络的成员和它们的角色定位了。计算机网络由若干节点（node）和连接这些节点的链路（link）组成。网络中的节点可以是计算机、集线器、交换机或路由器等设备。

图1-1描述了一个具有4个节点和3条链路的网络。我们可以看到，有3台计算机通过3条链路连接到一台交换机上，构成了一个简单的网络。在很多情况下，我们可以用一朵云表示一个网络，这样做的好处是可以不用关心网络中一些相当复杂的细节，因而可以集中精力研究与网络互连相关的一些问题。

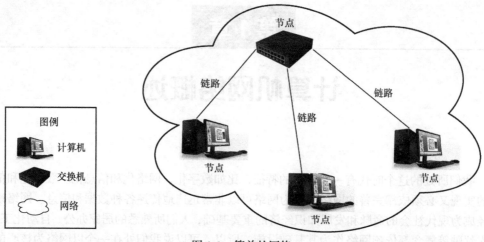

图1-1　简单的网络

网络之间还可以通过路由器互连起来，这就构成了一个覆盖范围更大的计算机网络。这样的网络被称为互联网（internet），如图1-2所示。因此互联网是"网络的网络"。

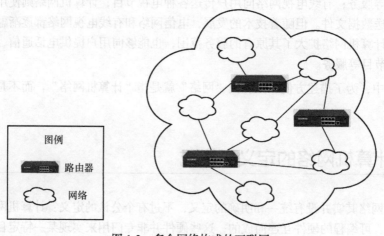

图1-2　多个网络构成的互联网

1.2　计算机网络的体系结构

在计算机网络的所有基本概念中，分层次的体系结构是最基本的。连接在网络上的两台计算机要进行通信，只有一条传送数据的物理链路是不够的，还需要完成一些更具体的工作。以两台计算机通过网络互相传送文件为例，这些具体的工作包括但不限于：告诉网络要发送文件到哪台计算机、发送方的应用程序要知道对方的文件管理程序是否已经准备好接收文件、文件传输过程中是否发生了错误等。

在计算机网络发展的早期阶段，很多公司都构建了自己的网络体系结构，使同一家公司生产的设备能够很容易互连成网。但由于各公司的网络体系结构不同，不同公司生产的设备之间很难互相连通。1984 年，国际标准化组织（international organization for standardization，ISO）发布了著名的 ISO/IEC 7498 标准，它定义了网络互连的七层框架，这就是开放式系统互连（open system interconnection，OSI）参考模型。该模型将通信系统中的数据流划分为七层，从应用程序数据的最上层表示，到跨通信介质传输数据的物理层实现。每个中间层为其上一层提供功能，其自身功能则由其下一层提供。各功能类别通过标准的通信协议在软件中实现。

下面按照从上到下（从第七层到第一层）的顺序，简单介绍 OSI 模型中的七个分层及其作用。

- 应用层（application layer）：提供为应用软件设计的接口，用来设置和发起与另一个应用软件之间的通信。对应该层的协议包括 HTTP、HTTPS、FTP、Telnet、SSH、SMTP、POP3 等。
- 表示层（presentation layer）：把数据转换为能与接收者的系统格式兼容并适合传输的格式。
- 会话层（session layer）：负责在数据传输中设置和维护计算机网络中两台计算机之间的通信连接。
- 传输层（transport layer）：对会话层及以上的三层提供可靠且通用的端到端数据传输服务。对应该层的代表协议包括 TCP、SPX 等。
- 网络层（network layer）：通过路由选择算法，通过通信子网为数据选择最适当的路径，以实现网络互连的功能。对应该层的典型协议就是 IP。
- 数据链路层（data link layer）：将数据组装成帧，然后按顺序传输帧，每一帧包括数据和必要的控制信息（例如同步信息、地址信息、差错控制信息和流量控制信息等）。对应该层的协议包括 SDLC、HDLC、PPP 等。
- 物理层（physical layer）：利用传输介质为通信的两端建立、管理和释放物理连接，实现比特流的透明传输，保证比特流正确地传输到对端。该层的典型规范包括 RS-232、RJ-45 等。

读者也许已经注意到，上述 OSI 模型的七个分层中，有两个分层没有对应的典型代表协议，这两个分层就是表示层和会话层。原因是 OSI 模型并未被实际应用。在 20 世纪 90 年代初期，虽然整套的 OSI 国际标准都已经制定出来了，但基于 TCP/IP 的互联网已抢先在全球相当大的范围内成功运行了，而于此同时却几乎找不到有什么厂家生产出符合 OSI 标准的商用产品。这样，TCP/IP 就常被称为是事实上的国际标准。

TCP/IP 是一个四层的体系结构，它包含应用层、传输层、网络层和网络接口层。这里需要特别指出的是它的传输层和 OSI 体系结构的传输层的区别：OSI 的传输层只有面向连接的协议（TCP 和 SPX），而 TCP/IP 的传输层既有面向连接的协议（TCP），又有支持无连接的协议（UDP）。

不过从实质上讲，TCP/IP 只有上面的三层，因为其最下面的网络接口层并没有具体内容。因此，在学习计算机网络的原理时，往往采取折中的方法，综合 OSI 和 TCP/IP 的优点，采用一种有五层协议的体系结构。图 1-3 展示了 OSI 体系结构、TCP/IP 体系结构和五层协议体系结构的层级对应关系和区别。

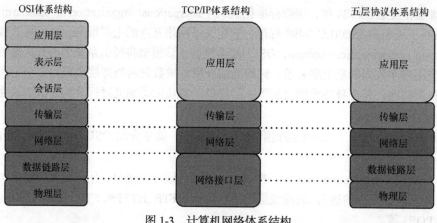

图 1-3　计算机网络体系结构

1.3　常见术语

接下来简单介绍一些和计算机网络相关的常见术语。

局域网

局域网（local area network，LAN）是连接住宅、学校、实验室、大学校园或办公大楼等有限区域内计算机的计算机网络。

广域网

广域网（wide area network，WAN），又称外网、公网。是连接不同地区局域网或城域网的远程网。通常跨接很大的物理范围，所覆盖的范围从几十公里到几千公里不等，能连接多个地区、城市和国家，或横跨几个洲。它能提供远距离通信，形成国际性的远程网络。

以太网

以太网（Ethernet）是一种计算机局域网技术。IEEE 组织的 IEEE 802.3 标准制定了以太网的技术标准，它规定了包括物理层的连线、电子信号和介质访问控制等内容，对应 OSI 体系结构的最下两层（数据链路层和物理层）。以太网是目前应用最普遍的局域网技术。

网卡

网络接口卡（network interface card），简称网卡，又称网络接口控制器（network interface controller，NIC）、网络适配器（network adapter）或局域网适配器（LAN adapter）。本书中一般采用网卡这个比较简单的术语。网卡是一种被设计用来使计算机在计算机网络上进行通讯的计算机硬件。它使得计算机可以通过电缆或无线信号相互连接。

对于符合以太网技术标准的网卡，可以称之为以太网卡。以太网卡工作在 OSI 体系结构的第二层，即数据链路层。每一个以太网卡都有一个被称为 MAC 地址的独一无二的 48 位串行号，它一般被写在网卡上的一块芯片（比如 ROM、EEPROM 等掉电后不会丢失信息的存储器）中。MAC 地址通常表示为 12 个十六进制数，比如 01-16-EA-AE-3C-E3 就是一个 MAC

地址；其中前三个字节，即十六进制数 01-16-EA 表示网络硬件制造商的编号，它由电气与电子工程师协会（IEEE）分配给某个制造商；后 3 字节，即十六进制数 AE-3C-E3 表示该制造商所制造的某个网络硬件产品（包括网卡）的序列号。

网卡以前是作为扩展卡插到计算机总线插槽上的，不过由于其价格低廉而且以太网标准普遍存在，大部分新的家用或办公用的计算机都在主板上集成了以太网卡功能。但对于很多其他应用场景，比如需要使用特殊的（非以太网的）网络连接类型或要求更高带宽的场景，仍然需要在计算机上插入独立的网卡。

网络接口

网络接口（简称网口）是网络连接在操作系统中的体现，是系统管理员可以配置和管理的抽象概念。图 1-4 表示一个网络接口，此网络接口映射到网卡的一个物理接口上。此物理接口通过物理链路连接到网络，并且通常有独立的传输和接收通道。

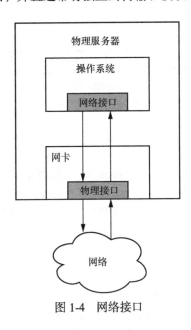

图 1-4　网络接口

有时人们也把硬件意义上的物理接口称为网络接口，所以通常需要结合上下文才能正确理解这个术语。

协议栈

协议栈（protocol stack）又称协议堆叠，是计算机网络体系结构的具体的软件实现。

以图 1-3 中的五层协议体系结构为例，它的每一层都有多个不同的协议类型，这些单个的协议通常是只为某一个目的而设计的，这样可以使设计更容易。最下层的协议总是描述与硬件的物理交互，用户应用程序只处理最上层的协议，在最下层和最上层之间的每个协议通常都要和它的上下两层中的两个其他协议通信。这种把多层协议（一般不包括物理层）堆叠在一起的软件实现就可以称为协议栈。比较典型的是 Linux 操作系统中的 TCP/IP 协议栈。

本书中，如果没有特别说明，在提到协议栈或网络协议栈时，统一指 Linux 操作系统中的 TCP/IP 协议栈。

封装和解析

封装（encapsulation）是一种网络协议的设计方法，其将网络功能抽象出来，对高层功能隐藏底层功能的实现细节。具体到操作层面，如图 1-5 所示，每一层的协议在进行数据封装时，都会在上层传来的数据的基础上添加本层的元数据。解析是封装的逆过程。数据封装发生在数据发送的过程中，数据解析发生在数据接收的过程中。

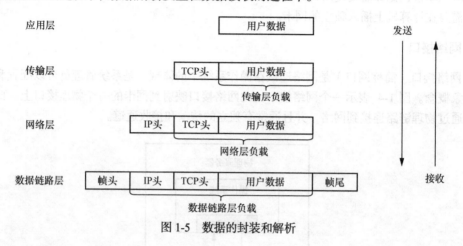

图 1-5　数据的封装和解析

帧、数据包、报文

这些都是网络中传输的数据单元。一般说来，数据链路层的数据单元被称为帧（frame），网络层的数据单元被称为数据包（data packet），而报文（message）是指应用层的一条完整的信息。本书中不会特别区分这些定义，凡是涉及将要发送到网络以及正在网络上传输的数据，都使用"数据包"这个术语。

最大传输单元

最大传输单元（maximum transmission unit，MTU）是指数据链接层上能通过的最大负载的大小（以字节为单位）。标准以太网的 MTU 是 1500 字节。有些网卡的 MTU 是可以超过 1500 字节的，比如可以达到 9000 字节，但由于不符合以太网的标准，此时一般无法和其他类型的网卡通信。

分片

如果 IP 层有数据包要发送，而数据包的长度超过了 MTU，IP 层就要对数据包进行分片（fragmentation）操作，使每一片的长度都小于或等于 MTU。我们假设要传输一个 UDP 数据包，以太网的 MTU 为 1500 字节，一般 IP 报头为 20 字节，UDP 报头为 8 字节，数据的净荷（payload）部分预留是 1500-20-8=1472 字节。如果数据部分大于 1472 字节，就会出现分片现象。

带宽

在计算机网络中，带宽是指单位时间内能够在线路上传输的数据量，常用单位是 bps（bits per second），即每秒传输的位数。

在描述以太网卡时，也会采用例如 100GbE（Giga bit Ethernet），表示这是一种带宽可达 100Gbps 的以太网卡。

时延

由于数据包在网络上传递的过程中涉及多种操作，比如传输、排队、节点处理等，这些操作都会耗费一定的时间，因此计算机网络中的时延有多种定义。不过在本书中，时延指的是数据从本地应用程序发送到被对端应用程序接收所经过的时间。

交换机

交换机是一种多端口的网络桥接器（network bridge），工作在数据链路层，即 OSI 体系结构的第二层（在此不考虑三层交换机）。其将网络的多个网段在数据链路层连接起来，并根据 MAC 地址转发数据。对于 IP 来说，交换机是透明的，即交换机在转发数据包时，不知道也无须知道源主机和目的主机的 IP 地址，只需要知道源 MAC 地址和目的 MAC 地址。

路由器

路由器是一种网络设备，提供路由与转发两种重要机制。路由器可以决定数据包由源端到目的端所经过的路径（即主机到主机的传输路径），这个过程称为路由；在路由器内部，路由器还可以将输入端的数据包转发至适当的输出端，这个过程称为转发。路由器工作在 OSI 体系结构的第三层，即网络层。

第 2 章

计算机硬件

 计算机是网络中最重要的节点。人们认为的一般意义上的计算机，是指家庭或办公用的笔记本电脑或台式机。不过除此之外，运行在网络上的计算机还有很多种，比如网络服务提供商搭建的数据中心中的服务器、放置在办公室中能长时间稳定运行的工作站，甚至路由器、交换机、机顶盒、智能手机等嵌入式设备，这些都属于计算机。

 本章介绍计算机中和网络有关的硬件设备，这些硬件包括中央处理器、存储器、总线和网卡。图 2-1 展示的是一个比较典型的计算机硬件系统示意。

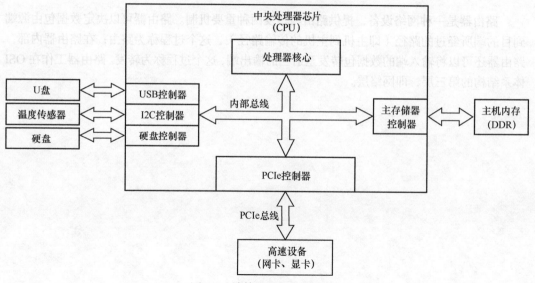

图 2-1　计算机硬件系统示意

2.1　中央处理器

 中央处理器（central processing unit，CPU）是计算机的主要硬件设备之一。其功能主要是解释并执行计算机指令，以及处理计算机软件中的数据。计算机的可编程性主要是指对中央处理器的编程。

 人们一般称普通计算机中的中央处理器芯片为 CPU，但这种说法并不准确，更准确的说法应该是通用处理器（general purpose processor，GPP）。目前主流的通用处理器多采用片上系统（system on a chip，SoC）的芯片设计方法，集成了各种功能模块，每一种功能都是用硬件描述语言设计程序，然后在 SoC 内由电路实现的。在 SoC 中，每一个组件不是一个已经成熟的专用集成电路（application specific integrated circuit，ASIC）器件，而是利用芯片的一部分资源去实现的某种独立的功能。最终将各种组件（处理器核心、图形处理器、浮点协处理器、蓝牙、WiFi 等）采用类似搭积木的方法组合在一起，就成了通用处理器。从功能的角度看，CPU 只对应通用处理器芯片中的处理器核心。

处理器核心是整个通用处理器芯片的最重要部分，如图 2-2 所示，它由算术逻辑单元（arithmetic and logic unit，ALU）和控制单元（control unit，CU）组成。算术逻辑单元的任务是对二进制数执行算术运算、比较运算或位运算。控制单元负责指挥和协调工作，比如控制指令的顺序执行、通知 ALU 执行用户输入的指令等。

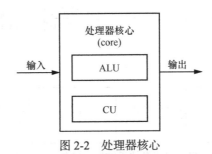

图 2-2　处理器核心

处理器核心有狭义和广义之分。图 2-2 中表示的是狭义的处理器核心。广义的处理器核心包含狭义处理器核心，以及 MMU 和 Cache 等功能模块，如图 2-3 所示。

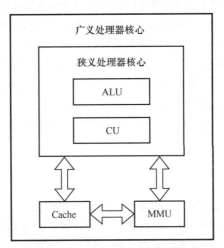

图 2-3　广义和狭义的处理器核心

本书中，遵循普通大众的习惯，将计算机中的通用处理器芯片称为 CPU；将芯片中的处理器核心（core）称为处理器核、CPU 核或核。

2.1.1　处理器体系结构

与计算机网络有体系结构一样，中央处理器也有自己的体系结构。

从如何访问指令和数据的角度，中央处理器的体系结构可以分为两类，一类为冯·诺伊曼体系结构，另一类为哈佛体系结构。Intel 公司的处理器、ARM 公司的 ARM7、MIPS 公司的 MIPS 处理器采用了冯·诺伊曼体系结构；而 Atmel 公司的 AVR 系列、ARM 公司的 ARM9、

ARM11 以及 Cortex A 系列则采用了哈佛体系结构。

　　冯·诺伊曼体系结构是一种将程序指令存储器和数据存储器合并在一起的体系结构。程序指令存储地址和数据存储地址指向同一个存储器的不同物理位置，因此程序指令和数据的宽度相同。而哈佛体系结构将程序指令和数据分开存储，指令和数据可以有不同的数据宽度。此外，哈佛结构还采用了独立的指令总线和数据总线，分别作为处理器与每个存储器之间的专用通信路径，具有较高的执行效率。图 2-4 展示了冯·诺伊曼体系结构和哈佛体系结构的区别。

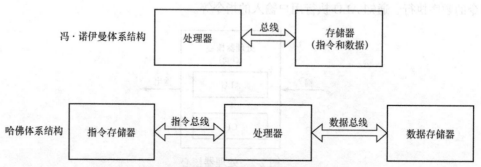

图 2-4　冯·诺伊曼体系结构和哈佛体系结构的区别

　　从指令集的角度，中央处理器也可以分为两类，即精简指令集计算机（reduced instruction set computer，RISC）和复杂指令集计算机（complex instruction set computer，CISC）。复杂指令集类型的处理器的每条指令可执行若干低端操作，诸如从存储器读取、存储和计算操作，全部集于单一指令之中。这种操作方式减少了目标代码的数量，但是指令复杂，执行周期长。精简指令集类型的处理器对指令数和寻址方式都做了精简，使其实现更容易，指令并行执行程度更好，编译器的效率更高，但目标代码量会比较大。属于复杂指令集类型的处理器有 CDC 6600、System/360、VAX、PDP-11、Motorola 68000 家族、x86、AMD Opteron 等。常见的精简指令集类型的处理器包括 ARM、MIPS、PowerPC、RISC-V 等。

2.1.2　Cache

　　处理器在运行程序的过程中，会频繁地到内存（也称主存）中访问数据，并且处理器执行指令的速度比内存响应访问的速度快得多。一般来说，处理器从内存中直接读取数据时要消耗大概几百个时钟周期，在这段时间内，处理器处于闲置状态，除了等待什么也不能做。这种情况会极大地降低系统的总体运行效率。因此，1985 年 Intel 的 80386 芯片组增加了 Cache（高速缓存）功能。有了 Cache 后，当处理器想要读取数据时，会先到 Cache 中去寻找，如果数据因之前的操作已经被读取并暂存到 Cache 中，处理器就不需要再去访问内存；如果没有在 Cache 中找到数据（即发生了 Cache miss [缓存数据未命中]），处理器就会到内存中读取，并且将读取到的数据暂存到 Cache。

　　通常 Cache 不像内存那样使用动态随机存取存储器（dynamic random access memory，DRAM）技术，而是使用更昂贵但也更快速的静态随机存取存储器（static random access memory，SRAM）技术。

　　随着技术的进步，Cache 已经成为现代 CPU 内部的标准组件，并且大多数高级的 CPU 都有三级 Cache。

图 2-5 所示为一个简单的三级 Cache 系统示意。

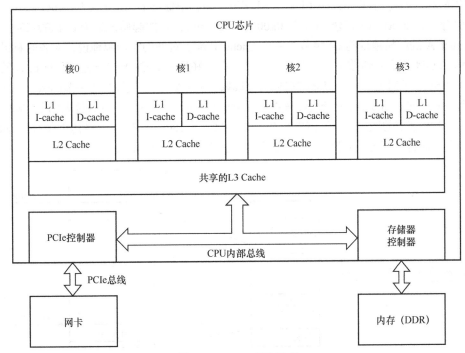

图 2-5 Cache 系统示意

一级（L1）Cache 一般分为数据 Cache（D-cache）和指令 Cache（I-cache），数据 Cache 用来存储数据，指令 Cache 用于存放指令。一级 Cache 的访问速度在所有三级 Cache 中是最快的，一般处理器只需要 3~5 个时钟周期就能访问到数据。但因为其成本高，所以容量小，一般只有几十 KB。在多核处理器中，每个处理器核都有自己的一级 Cache。

二级（L2）Cache 不再分数据 Cache 和指令 Cache，而是无差别地对待数据和指令。二级 Cache 比一级 Cache 的访问速度慢一些，处理器大约需要十几个时钟周期才能访问到数据。二级 Cache 的容量比一级 Cache 大，一般有几百 KB 到几 MB 大小。每个处理器核都有自己的二级 Cache。

三级（L3）Cache 是所有 Cache 中访问速度最慢的，也是容量最大的。处理器需要几十个时钟周期才能访问到三级 Cache 中的数据。一般的三级 Cache 有几 MB 到几十 MB 大小，由所有处理器核共享。

处理器并不会对所有的内存地址都使用 Cache 功能。哪些地址使能 Cache，哪些地址禁用 Cache 功能，是可以被设置的。这种设置一般是 CPU 中的内存管理单元（memory management unit，MMU）功能的一部分。内存管理单元也称为分页内存管理单元（paged memory management unit，PMMU），它是一种负责处理内存访问请求的模块，内嵌在 CPU 芯片中。内存管理单元的功能包括虚拟地址到物理地址的转换（即虚拟内存管理）、内存保护和控制 Cache。

1. Cache Line

处理器在从内存中读取数据时，先通过内部总线把数据从内存加载到 Cache，然后送到处理器内部的寄存器；如果向内存中写入数据，则先把数据从寄存器送到 Cache，再通过总线写入内存。这些读写操作的数据大小都是以 Cache Line（缓存行）为单位进行的，一个 Cache

Line 一般为 32/64/128 字节。

以图 2-6 为例，假设 Cache Line 为 64 字节，主存中保存的 struct A 和 struct B 的大小也均为 64 字节。struct A 的起始地址为 0x00001000，struct B 的起始地址为 0x10001234。很明显，struct A 的起始地址是 64 字节（一个 Cache Line）对齐的（简单地说，对齐的意思是这个地址除以 64 不会有余数），并且它本身的大小正好是一个 Cache Line。而 struct B 的起始地址不是 64 字节对齐的。处理器核在从内存读取 struct A 时，只读取 64 字节的数据，并将其暂存到一个 Cache Line 中。而处理器核在读取 struct B 时，会一次性从内存读取两个 Cache Line 大小，即 128 字节的数据（地址范围为 0x10001200～0x1000127F），并将其暂存到 Cache 中。之所以会出现这种情况，是因为 struct B 跨越了内存中的两个 Cache Line。

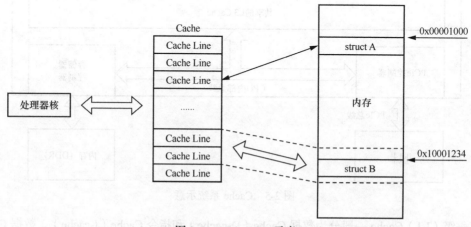

图 2-6　Cache Line 示意

可见，对于相同大小的两个数据结构，使用更少 Cache Line 的那个会有更快的访问速度。另外，某些外设也可以直接访问 Cache（取决于 CPU 的内部设计，并且外设本身的访问目标其实是内存），但要求访问的地址必须按 Cache Line 对齐。由于以上这两个原因，特别在某些对性能要求较高的程序中，声明数据结构或数据结构中的成员时，会要求其起始地址以 Cache Line 为单位对齐。比如下面这段来自 Linux 内核的代码。

```
/******linux/arch/arm64/include/asm/hardirq.h******/
typedef struct {
    unsigned int __softirq_pending;
    unsigned int ipi_irqs[NR_IPI];
} ____cacheline_aligned irq_cpustat_t;
```

2．Cache 的写策略

内存中的数据被加载到 Cache 后，一般会在某个时刻被写回内存。关于什么时候写，有两个主要的策略。

- 直写（write-through）。处理器在将数据写入 Cache 的同时，也将相同的数据写入内存，使 Cache 和内存中的数据保持一致。这种策略简单、可靠，但会影响处理器的运行速度。假设一段程序频繁地修改只属于它自己的某一局部变量，虽然其他程序/设备不会用到这一变量，但处理器依然会频繁地往内存中写入数据，而不是把它暂存到 Cache，这会造成不必要的总线占用和时间消耗。

- 回写（write-back）。一般情况下，处理器更新数据时，只把数据写入 Cache，并把对应的 Cache Line 标记为 Dirty，而不同步写入内存。只有在被标记为 Dirty 的 Cache Line 将要被新进入的数据覆盖时，才将旧数据更新到内存。这种策略比直写策略的运行效率高，但在某些场景中（比如处理 Cache 一致性问题时），操作会比较复杂。

3. Cache 一致性

Cache 的引入降低了内存访问时延，从系统的角度提升了内存访问速率，在目前的内存技术条件下，以比较经济的手段大幅度地提升了计算机系统的整体性能。但正如事物都有两面性，Cache 的引入也提高了技术上的复杂度，特别是对于多核 CPU 来说，如何处理 Cache 一致性问题就是一个比较复杂的课题。

Cache 一致性是指在多核 CPU 中，每个核各自的（L1/L2）Cache 同时缓存了相同内存地址的数据，但彼此的数据内容不一致的问题。由于 L3 Cache 是多核共享的，因此 L3 Cache 和 Cache 一致性问题没有关系，本节接下来的内容中所描述的 Cache 专指 L1/L2 Cache。

接下来举个例子，看看 Cache 一致性问题是如何产生的。如图 2-7 所示，某个进程中有两个线程，即线程 A 和线程 B。经过操作系统的调度，线程 A 运行在核 0 上，线程 B 运行在核 1 上。进程中有一个值为 0 的变量 flag，存储在内存中。线程 A 通过 flag 控制线程 B 的行为，理论上只要线程 A 把 flag 的值改写为 1，线程 B 就会马上退出 while 循环，打印"start"。

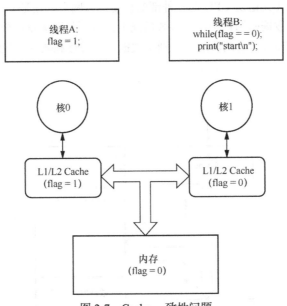

图 2-7　Cache 一致性问题

如果程序按如下顺序执行，就会出现 Cache 一致性问题。

（1）假设线程 B（运行在核 1）先读取 flag，由于核 1 的 Cache 中没有缓存 flag，于是 CPU 从内存中读取 flag 变量（此时值为 0），并保存到核 1 的 Cache。

（2）线程 A（运行在核 0）试图把 flag 的值修改为 1。此时核 0 的 Cache 中也没有缓存 flag，于是 CPU 再次从内存中读取 flag，并保存到核 0 的 Cache。随后核 0 的 Cache 中的 flag 值被程序指令修改为 1。如果采用直写策略，新的 flag 值（1）会被更新到内存。如果采用回写策略，则新的 flag 值只存在于核 0 的 Cache 中，内存中的值仍为 0。

（3）无论是回写还是直写，线程 B（核 1）每次读取 flag 时，由于核 1 的 Cache 中缓存了 flag，都只会从核 1 的 Cache 中读取过时的 flag 数据（值为 0），导致线程 B 一直在 while 循环中空转，无法执行打印语句。

目前关于 Cache 一致性问题的解决方案主要有两种：Snooping-based 方案和 Directory-based 方案。两种方案都比较复杂，属于 CPU 内部的实现机制，这里只做简单解释。

- Snooping-based 方案。系统中所有的 Cache 控制器通过共享总线进行互连，每个 Cache 控制器都监控着共享总线上的操作。当某个核对一个 Cache Line 进行写操作后，其他核的 Cache 中相同地址的 Cache Line 会被设置为无效。
- Directory-based 方案。在某个单一的位置（directory）集中存储所有被多核共享的 Cache Line 的状态。一个核（A）写了自己 Cache 中的 Cache Line 后，如果发现此 Cache Line 中保存的数据是和另一个核（B）的 Cache 共享的，核 A 会直接向核 B 发送"使无效"消息，将核 B 中的 Cache Line 设置为无效。

4. 三种 Cache 操作指令

前文介绍的 Cache 一致性问题发生在多个处理器核之间，属于 CPU 芯片内部的问题，由 CPU 硬件在其内部通过某些机制解决。除此之外，在涉及处理器核和设备之间的数据交换时，还有一种发生在 Cache 和内存之间的数据一致性问题。

在处理器和设备（无论是 CPU 芯片外部的设备，如网卡，还是 CPU 芯片内部的设备，如一些控制器）交换数据的场景中，大多数情况下，特别是数据量比较大时，程序会在内存中申请两段缓存（buffer）。这两段缓存分别是数据发送缓存和数据接收缓存，如图 2-8 所示。

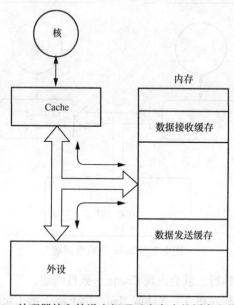

图 2-8　处理器核和外设之间通过内存中的缓存交换数据

程序在向设备发送数据时，会先将数据写入数据发送缓存，然后（一般使用写设备寄存器的方式）通知设备通过 DMA 操作来读取数据。设备如果有数据要传递给程序，会先将数据写入数据接收缓存，然后发起中断通知程序来获取。

由于 Cache 机制的存在，在上述数据交换的过程中，可能会出现如下问题。

- 问题 1。在程序向设备发送数据的场景中，处理器执行了将数据写入内存的指令后，数据很可能并没有被真正地写入内存，而是临时保存到了 Cache 中。此时，设备到内存中读取数据时，读取到的将是无效的数据。
- 问题 2。在设备将数据传递给程序的场景中，设备将数据写入内存后，程序运行内存访问指令去读取数据时，Cache 中可能会有以前获取的关于这段内存地址的缓存。此时处理器不会去读取内存，而是直接使用 Cache 中的旧数据。
- 问题 3。某段缓存可能先被用来发送数据（程序→设备），然后被用来接收数据（设备→程序），对于这种缓存，前两个问题都可能发生。

针对上述三个问题，处理器提供了三种操作 Cache 的指令：Clean、Invalid 和 Flush。不过有的处理器只提供对全部内存地址都有效的三种指令；有的处理器提供的三种指令可以只对某一段内存地址有效，执行时需要指定有效的内存地址范围。

这三种 Cache 操作指令的作用分别如下。

- Clean：清除。将属于目标地址范围的被标记为 Dirty 的 Cache Line 写到内存中。Dirty 的意思是，此 Cache Line 中的数据被处理器从内存读取到 Cache 后曾被修改过，并且尚未被写回内存。
- Invalid：使无效。将属于目标地址范围的所有 Cache Line 设置为无效。这样做的效果是，处理器下次访问这段地址时会直接到内存读取数据，不再使用 Cache 中临时保存的数据。
- Flush：刷新。将属于目标地址范围的所有 Cache Line，先清除（Clean）再使无效（Invalid）。

程序可以使用 Clean、Invalid、Flush 这三种指令，分别解决前文提到的三个问题。

对于问题 1，程序可以在（写寄存器）通知设备来读取数据前，先执行 Clean 指令，将 Cache 中的数据更新到内存。

对于问题 2，程序可以在收到设备通知后，去内存读取数据前先执行 Invalid 指令，将 Cache 中的数据设置为无效。在此之后，处理器就会真正到内存中读取数据了。

对于问题 3，程序可以在发送数据的过程中，通知设备来读取数据前执行 Flush 指令。

另外还有一种方法，即配置 MMU，针对数据缓存所在的内存地址范围关闭 Cache 功能，可以一次性地解决上述所有三个问题。大多数对性能要求不高的程序会采用这种简单的方法。

2.1.3　NUMA

前文在描述 Cache 机制出现的原因时，提到过"处理器从内存中直接读取数据时要消耗大概几百个时钟周期，在这段时间内，处理器处于闲置状态，除了等待什么也不能做"。Cache 的出现缓解了这个问题，并且现代处理器在不断提升 Cache 的容量和使用更加精巧复杂的算法以防止出现"缓存数据未命中"。但是操作系统和应用程序所消耗的内存量也在不断增长，压制了上述持续发展的缓存技术所带来的性能提升。并且由于对称多处理系统（symmetric multiprocessing system，SMP，俗称多核处理器）的出现，问题变得更糟了。

这些处理器核都通过总线连接到同一个共享的内存上，并由单一操作系统来控制。每个处理器核都可以独立执行指令。在 SMP 中，在操作系统的支持下，无论进程运行在用户态还是内核态，都可以被分配到任何一个处理器核上运行。也就是说，进程可以在不同的处理器核间移动，达到负载平衡的效果，使系统的效率提升。但这种系统有个缺点：同一时间只能有一个处理器核访问计算机的内存,所以在一个系统中可能经常发生多个处理器核都在等待访问内存的情况。

非统一内存访问(non-uniform memory access, NUMA)技术的出现就是为了克服 SMP 的上述缺点。NUMA 提供分离的存储器(内存)给处理器,大幅降低当多个处理器核访问同一个存储器时因等待产生的性能损失。对于那些数据分散地分布在内存中的程序,NUMA 可以通过多条独立的存储器总线将总体性能提升至原来(使用单条存储器总线时)的 n 倍,n 大约是 CPU 芯片(或者说是分离的存储器)的个数。

图 2-9 展示了一个由两个 Intel 的 CPU 芯片组成的 NUMA 系统。两个 CPU 芯片都有自己直连的存储器。操作系统同时管理这两个 CPU 芯片,并把所有的存储器放在同一个地址空间。任何一个处理器核都可以访问所有的存储器,但在访问其他 CPU 芯片直连的存储器时,必须要经过两个 CPU 芯片间的 QPI(QuickPath Interconnect)总线。很明显,处理器核在访问本 CPU 芯片直连的存储器时速度最快,比如 CPU 芯片 0 的核 0 访问存储器芯片 0;在访问其他 CPU 芯片直连的存储器时访问速度会降低很多,比如 CPU 芯片 0 的核 0 访问存储器芯片 1。这种硬件架构对程序的设计,特别在核间调度和内存分配方面,提出了更高的要求。

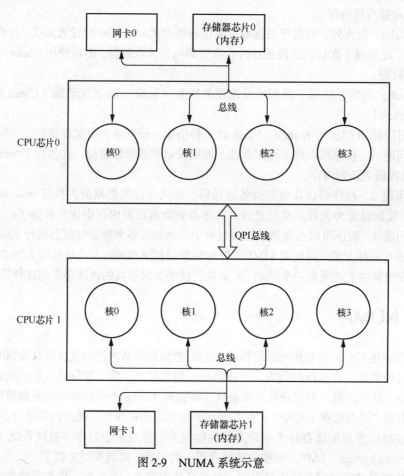

图 2-9　NUMA 系统示意

NUMA 系统中的外设(如网卡)对于 CPU 来说,和存储器芯片类似,也分直连和非直连两种情况。CPU 在访问自己直连的网卡时,相比访问非直连的网卡速度更快。例如,在图 2-9 中,CPU 芯片 0 的核 0 访问网卡 0 比 CPU 芯片 0 的核 0 访问网卡 1 的速度快。

从网卡的角度来说，情况也是类似的。比如网卡在向程序传递数据时，会将数据写入内存。在图 2-9 中，网卡 0 向存储器芯片 0 写入数据比网卡 0 向存储器芯片 1 写入数据的速度快。

2.2 存储器

计算机存储器可分为内部存储器（又称内存、主存或主机内存）和外部存储器，其中内存是 CPU 能直接寻址的存储空间，由半导体器件制成。图 2-4 中的指令存储器和数据存储器都属于内存。相比外部存储器，内存的特点是访问速度快，但掉电后数据就会丢失。

我们在计算机中会安装很多程序，比如操作系统、聊天软件、游戏软件等，这些程序中的指令和数据在程序不运行时都是保存在硬盘等外部存储器中的。在刚开始运行这些程序时，CPU 会先把程序中的指令和数据从硬盘读出来，加载到内存中。在此之后，CPU 对指令和数据的大部分访问都在内存中进行，这样才能实现用户可接受的性能。我们平时在编辑一个文档或者玩一个游戏时，CPU 大部分时间都在内存中访问数据，产生的数据也都是先保存到内存中。只有在需要永久性地保存数据时，CPU 才会将内存中的数据向外部存储器搬移。就好比在一个书房里，存放书籍的书架和书柜相当于电脑的外部存储器，而我们工作的办公桌就是内存。通常我们把要永久保存的、大量的数据存储在外部存储器上，而把一些临时性的、少量的指令和数据放在内存上。内存的性能会直接影响 CPU 的运行速度。

除了一些需要处理的数据量很小的小型嵌入式设备，大部分计算机使用的内存都是双倍数据率同步动态随机存取存储器（double data rate synchronous dynamic random access memory，DDR SDRAM），一般简称为 DDR。表 2-1 列举了历代 DDR 规范的主要指标，可以看出每代 DDR 相比其前一代都拥有更高的访问速率和更低的工作电压（意味着更低的功耗）。不过表中的最大速率只可作为参考，因为厂商在不断地提升 DDR 产品的工作频率，所以实际产品的访问速率可能比表中的最大速率高。当前应用最广泛的规范是 DDR3，其次是 DDR4。

表 2-1　　　　　　　　　　　　历代 DDR 规范的主要指标

历代 DDR	DDR	DDR2	DDR3	DDR4	DDR5
发布时间（年）	2000	2003	2007	2014	2019
预加载（n）	2	4	8	8	8/16
最大速率（GB/s）	3.21	8.5	17	25.6	32
工作电压（V）	2.5/2.6	1.8	13/1.5	1.2	1.1

现在我们可以在市场上买到的可以插在笔记本电脑或台式机的主板内存插槽中的所谓内存条，都属于 DDR。对于嵌入式设备，比如路由器、智能手机等，则是把 DDR 芯片直接焊接到设备主板上使用。本书中，如果没有特别说明，在提及主机内存或内存时，全部指 DDR。

2.3 总线

总线（bus）负责连接计算机中的各种组件（比如各种硬件设备、芯片，甚至芯片内的模块），是组件间一种规范化的交换数据的方式。也就是说，总线以一种各方提前约定好的方式，为所有连接到总线上的组件提供数据传送和逻辑控制服务。从另一个角度来看，如果说主板（mother board）是一座城市，那么总线就像是城市里的公共汽车（bus），能按照固定行车线路，来回不停地传输比特（bit）。每条线路在同一时间内都仅能传输一个比特。因此，必须同时采用多条线路才能传输更多比特，而总线上可同时传输的比特数就称为宽度（width），以比特为单位。总线的带宽（即单位时间内可以传输的总比特数）定义为：

$$总线带宽（bit/s）= 频率×宽度$$

大部分总线用来连接 CPU 和各种不同的外部设备，CPU 通过总线访问这些设备。根据需要传输的数据量、稳定性要求、连接距离、设备数量等使用场景的不同，硬件工程师在设计产品时会使用不同类型的总线连接各种不同的设备。常见的总线包括 I²C（inter-integrated circuit）、SPI（serial peripheral interface）、USB（universal serial bus）、SATA（serial advanced technology attachment）、PCI（peripheral component interconnect）Express 等。因为本书中涉及的网卡设备都是通过 PCI Express 总线连接到 CPU，所以接下来重点介绍 PCI Express 总线。

PCI Express 总线

PCI Express 简称 PCIe，是计算机总线中的一个重要分支。从名字就可以看出，它是在 PCI 总线的基础上发展起来的。PCIe 沿用原有的 PCI 编程概念及信号标准，构建了更加高速的串行通信系统标准。目前这一标准由 PCI-SIG 组织制定和维护。由于 PCIe 兼容既有的 PCI 系统，因此只需修改物理层而无须修改软件就可将现有基于 PCI 的系统转换为使用 PCIe 的系统。

PCI（peripheral component interconnect）总线的诞生与 PC（personal computer）的蓬勃发展密切相关。最初 PC 中的外设总线的宽度只有 8 位，就是说每次只能读/写一个字节；后来扩展成 16 位，即 ISA 总线；再后来又扩展成 32 位，即 EISA 总线。随着处理器主频的不断提升和应用的日益普及，人们逐渐认识到之前的总线都存在着一些根本性的缺点（比如速率低、地址分配复杂、兼容性差等），因而需要开发出一种全新的总线。当时业界提出了两种主要的候选总线结构，一种称为 VESA，另一种就是 PCI。经过一段时间的市场竞争，PCI 总线成了事实上的标准，得到了各大主流半导体厂商的认可。

随着时间的推移，PCI 总线逐渐遇到瓶颈。PCI 总线使用单端并行信号进行数据传输，由于单端信号容易受到外部系统干扰，其总线频率很难进一步提高。与单端并行信号相比，高速差分信号使用更高的时钟频率并使用更少的信号线，就可以实现之前需要许多单端并行数据信号才能达到的总线带宽。在 2001 年春季的英特尔开发者论坛（IDF）上，Intel 公司发布了取代 PCI 总线的第三代 I/O 技术，被称为 3GIO，后改名为 PCI Express，即 PCIe。PCIe 总线使用高速差分信号，是一种高速串行总线，其采用端到端的连接方式，因此每一条 PCIe 链路只能连接两个设备。

一条 PCIe 链路可以由多条 Lane（通道数）组成，目前 PCIe 链路可以支持 1、2、4、8、12、16 和 32 条 Lane。也就是说存在×1、×2、×4、×8、×12、×16 和×32 宽度的 PCIe 链路。PCIe 总线规范是在不断发展的，目前，规范版本已经发展到了第六代，即 PCIe 6.0。不过当前使用最为广泛的规范标准仍然是 PCIe 3.0 和 PCIe 4.0。表 2-2 给出了不同 PCIe 规范版本和常见 Lane 数量对应的峰值带宽。

表 2-2 　　　　　　　　　　　　　　历代 PCIe 总线的性能指标

PCIe 总线 规范版本	推出 时间	线路编码 （line code）	每个 Lane 的传输速率	峰值带宽				
				×1	×2	×4	×8	×16
1.0	2003	8b/10b	2.5GT/s	0.250GB/s	0.500GB/s	1.000GB/s	2.000GB/s	4.000GB/s
2.0	2007	8b/10b	5.0GT/s	0.500GB/s	1.000GB/s	2.000GB/s	4.000GB/s	8.000GB/s
3.0	2010	128b/130b	8.0GT/s	0.985GB/s	1.969GB/s	3.938GB/s	7.877GB/s	15.754GB/s
4.0	2017	128b/130b	16.0GT/s	1.969GB/s	3.938GB/s	7.877GB/s	15.754GB/s	31.508GB/s
5.0	2019	128b/130b	32.0GT/s	3.938GB/s	7.877GB/s	15.754GB/s	31.508GB/s	63.015GB/s
6.0	2022	242B/256B	64.0GT/s	7.563GB/s	15.125GB/s	30.250GB/s	60.500GB/s	121.000GB/s

　　在不同的处理器系统中，对 PCIe 有关的体系结构的实现方法略有不同。本书不会探讨过多的关于 PCIe 总线的实现细节，仅用图 2-10 概要性地展示一个基于 PCIe 总线的通用计算机系统。在图 2-10 中，CPU 芯片集成了 PCIe 控制器，此 PCIe 控制器有 3 个端口，可连接 3 个 PCIe 设备。如果需要连接更多的 PCIe 设备，就像图 2-10 所示的那样，需要使用 Switch 进行扩展。此处的 Switch 是 PCIe 总线专用的 Switch，而非网络交换机。

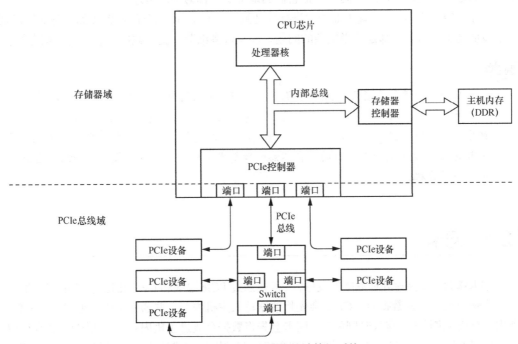

图 2-10　基于 PCIe 总线的计算机系统

　　通过 PCIe 控制器，整个计算机系统被划分为存储器域和 PCIe 总线域，两个域彼此独立并通过 PCIe 控制器进行交互。处理器核能够直接使用的地址是存储器域的地址。PCIe 设备能够直接使用的地址是 PCIe 总线域的地址。

　　以图 2-10 为例，如果处理器核要访问 CPU 芯片外部的 PCIe 设备，会先发送存储器域的地址信号到内部总线，如果此地址属于 PCIe 控制器（在存储器域）对应的地址空间，就会被 PCIe 控制器截获。随后，PCIe 控制器会把存储器域的地址 "翻译" 为 PCIe 总线域的地址，并根据其内部的配置，决定在哪个端口发出此 PCIe 地址信号。

在图 2-10 中，如果处理器核要访问主机内存（DDR），会直接发送存储器域的（对应主机内存的）地址信号到内部总线，此地址会被存储器控制器截获，并转发到主机内存。如果连接到 PCIe 控制器的某个 PCIe 设备要访问主机内存，此 PCIe 设备会发送 PCIe 总线域的地址信号到其连接的 PCIe 控制器上的端口。此地址会被 PCIe 控制器翻译为存储器域的地址，并发往内部总线。如果地址正确（属于主机内存对应的存储器域地址空间），存储器控制器就会截获此地址信号，并转发到主机内存。

理论上，这两个域的地址可以是不一样的。举个例子，处理器核要访问某个 PCIe 设备，它发送出的地址是 0x12345678，PCIe 控制器会根据配置（相当于词典）把这个地址翻译为 0x10000000 并发给 PCIe 设备。相反，某个 PCIe 设备要访问主机内存（这种操作也被称为 DMA），它发送出的地址是 0x20000000，PCIe 控制器会根据配置发送出地址为 0x30000000 的信号到内部总线，给存储器控制器。

这种两个域中的地址值不一样的情况会给程序的编写者造成很大的麻烦。不过一般情况下，操作系统在配置 PCIe 控制器时，会把存储器域的地址和 PCIe 总线域的地址全部配置为完全一样的值，这样程序就可以在同一个（地址的数值相同，但意义不同）地址空间内，为所有的 PCIe 设备和主机内存各自分配地址，从而降低编写程序的难度。本书中不再区分这两个域，而是默认它们的地址相同，并把它们的地址统一称为物理地址。

关于 PCIe 控制器的配置（如如何进行地址翻译）和 PCIe 设备的配置（如设备如何辨别哪个地址属于自己），都是相当复杂的问题，涉及很多细节，受篇幅所限，不再详细介绍。

> **注：**
>
> 从驱动程序的角度看，PCIe 全面兼容 PCI。如果没有特别说明，本书中不对这两者做严格区分。另外，本书对 PCIe 总线系统做了简化，没有涉及真实的 PCIe 总线系统中的一些重要组件，比如 RC（root complex，根复合体），而是把一些功能浓缩在了 PCIe 控制器这个概念中，目的是在不影响理解本书核心内容的前提下，帮助读者更快地了解计算机系统。

2.4　网卡

网卡作为需要高速处理数据的设备，一般是通过 PCIe 总线和 CPU 相连的，如图 2-1 所示。

在通过网卡发送数据时，CPU 会先将数据写入主机内存，并通知网卡（通过 PCIe 总线和内部总线）来读取。接收时则相反，网卡会先将数据存放进主机内存，再通知 CPU 来读取。这种由网卡设备（不经过 CPU）直接访问主机内存的操作方式被称为直接存储器访问（direct memory access，DMA）。DMA 操作按照数据的流向又可以分为两种：一种是 Host to Device，即数据从主机内存复制到设备；另一种是 Device to Host，即数据从设备复制到主机内存。

大多数网卡安装在普通家用计算机、小型工作站以及消费级电子产品上，这些应用场景对速率的要求不高，一般情况下使用 1 个 1Gbit/s 及以下速率的网卡即可满足需求。但对于数据中心里的服务器而言，由于其海量的数据传输和转发需求，通常需要安装多个高带宽网卡。也正是由于这种需求，促使数据中心网络从 10Gbit/s 不断向 100Gbit/s、200Gbit/s，甚至更高带宽发展。本书主要选择带宽为 100Gbit/s 的网卡作为研究对象，这也是当前的主流配置。在做某些测试时，也会偶尔用到低带宽的网卡。

下面介绍本书中做测试时所使用的4种网卡，其中有一个是（实现了网络功能的）FPGA 加速卡。

1. Intel I350-AM2

如图 2-11 所示，I350-AM2 是 Intel 的采用 RJ45 标准接口的双端口以太网卡，每个端口的带宽为 1GE（千兆以太网）。系统接口为 PCIe 2.0（5.0GT/s）×4。

2. Mellanox MCX4121A-XCAT

如图 2-12 所示，这是一款 Mellanox（迈络思，已被英伟达收购）的型号为 MCX4121A-XCAT 的双端口网卡，属于 Mellanox ConnectX-4 Lx 系列。其需要使用 SFP28 光模块（通过光纤）连接到网络。每个端口支持 10/1GE 的连接速率。系统接口为 PCIe 3.0(8.0GT/s)×8。支持普通以太网和 RoCE（RDMA over Converged Ethernet）功能。

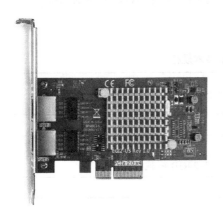

图 2-11　Intel I350-AM2

图 2-12　Mellanox MCX4121A-XCAT

3. Mellanox MCX515A-CCAT

本书中使用的高性能商业网卡为 Mellanox 的 MCX515A-CCAT，这是一款单端口网卡，属于 ConnectX-5 系列。如图 2-13 所示。

Mellanox MCX515A-CCAT 网卡提供了高性能和灵活的解决方案，单端口最高支持 100GbE 连接、750ns 时延、高达每秒 1.48 亿条消息（Mpps）。对于存储工作负载，还提供了一系列创新的加速功能，例如硬件中的签名切换（signature handover，即 T10-DIF）、嵌入式 PCIe 交换机。总线方面它使用 PCIe 3.0×16，网络连接速率支持 100/50/40/25/10/1GE，使用 QSFP28 光模块+光纤提供对外连接。

另外，也是最重要的，此网卡除了支持以太网，还支持 RDMA（RoCE）、DPDK 和 XDP 等功能（后面两个功能主要靠软件实现），这些功能都是本书的关注重点，并且所有相关代码都是开源的，便于阅读和研究。

4. 浪潮 F37X FPGA 加速卡

图 2-14 所示的是浪潮 F37X FPGA 加速卡。这是全球首款集成片上 HBM2 高速缓存的 FPGA AI 加速卡，专为极致 AI 计算性能设计。可在不到 75W 的典型应用功耗下提供 28.1TOPS

的 INT8 计算性能和 460GB/s 的超高数据带宽，适用于机器学习推理、视频转码、图像识别、语音识别、自然语言处理、基因组测序分析、NFV、大数据分析查询等各类应用场景，实现高性能、高带宽、低时延、低功耗的 AI 计算加速。

图 2-13　Mellanox MCX515A-CCAT

图 2-14　浪潮 F37X FPGA 加速卡

表 2-3 列出了这款加速卡的技术规格。

表 2-3　　　　　　　　　　　　浪潮 F37X FPGA 加速卡技术规格

技术规格	描述
产品型号	F37X
FPGA 芯片	Xilinx VU37P
HBM DRAM	HBM2 8GB
DDR	3 通道 72 位 DDR4 最大支持 24GB 板载内存
系统接口	PCIe3.0 × 16
网络	2 路 100G QSFP28+
调试接口	USB 调试接口
板卡供电	PCIe 插槽 12V@75W 供电+外部 Aux 供电 12V@75W
板卡功耗	最大系统功耗 150W，典型应用功耗 75W
板卡散热	双槽位被动散热
板卡尺寸	全高半长（167mm[长] × 111mm[高]）
BMC 管理	智能 BMC 管理、板卡电源控制及板卡信息读取（温度、功耗、内存信息）
升级	支持 PCIe 在线升级固件

从名字和上述介绍看，这是一款 AI 计算加速卡，和本书讲述的高性能网络好像没有关系。之所以使用这款产品，是因为它的核心是 FPGA 芯片 Xilinx VU37P，并且网络接口为双路 100G QSFP28+。如果再加上一个开源的基于 FPGA 的 100G 网卡解决方案，就可以拿这款加速卡作为 100G 网卡使用了。而幸运的是，现在就有一个这样的开源解决方案，它就是 Corundum，被称为业界第一个真正意义上开源的 100G 网卡方案。本书作者还为这款开源 100G 网卡方案开发了 DPDK 驱动程序，相关内容会在本书第 2 部分介绍。

## 第 3 章

Linux 操作系统

如果说硬件是计算机系统的骨骼，那么软件就是计算机系统的灵魂。在所有软件中，处在核心位置的莫过于操作系统。操作系统（operating system，OS）是管理计算机硬件与软件资源的系统程序，是计算机系统的基石。操作系统需要处理很多基本事务，如管理与配置内存、决定系统资源的供需和优先使用次序、控制输入与输出设备、操作网络与管理文件系统等。此外，操作系统还提供一个让用户与计算机交互的操作界面。

当今运行在普通 PC 或服务器上的主流操作系统有三大类，分别是微软公司的 Windows 系列、苹果公司的 macOS 系列和各种 Linux 发行版。前两者在家庭和办公计算机上应用广泛，但在服务器领域和大多数嵌入式设备上，Linux 操作系统占据了主导地位。本书所涉及的所有应用程序和驱动程序都在 Linux 操作系统上编译和运行。

Linux 是一种自由和开源的类 UNIX 操作系统，它诞生于 1991 年 10 月 5 日（这是第一次正式向外发布的时间）。Linux 是自由软件和开源软件发展中最著名的例子。任何个人和机构只要遵循 GNU 通用公共许可证（GNU General Public License，GPL），就可以自由地使用 Linux 的所有底层源代码，也可以对源代码自由地修改和再发布。严格来说，Linux 单指操作系统的内核，因为操作系统中还包含许多其他程序，比如用户图形接口和各种实用工具。但是，如今 Linux 常用来指基于 Linux 内核的完整操作系统。

3.1 Linux 操作系统的诞生和发展

Linux 操作系统的诞生、发展和成长过程依赖五个重要支柱：UNIX 操作系统、MINIX 操作系统、GNU 计划、POSIX 标准和互联网。

UNIX 操作系统是美国 AT&T 公司贝尔实验室的 Ken Thompson 和 Dennis Ritchie 于 1969 年夏天在 DEC PDP-7 小型计算机上开发的一个分时操作系统。其于 1971 年首次发布，最初是完全用汇编语言编写的。1972 年，UNIX 被 Dennis MacAlistair Ritchie 用可移植性很强的 C 语言重新改写，使得它能够更容易地移植到不同的计算机平台，因而在各大专院校得到了推广。值得一提的是，C 语言也是 Ken Thompson 和 Dennis Ritchie 在这段时间内开发出来的。

MINIX 是荷兰阿姆斯特丹自由大学计算机科学系的 Andrew S. Tanenbaum 教授在 1987 年编写的一个类 UNIX 操作系统。因为美国 AT&T 公司在 Version 7 UNIX 推出之后，发布了新的使用许可协议，将 UNIX 源代码私有化，使得在大学中不再能使用 UNIX 源代码。Andrew S. Tanenbaum 教授为了能在课堂上教授学生操作系统运行的实际细节，决定在不使用任何 AT&T 的源代码的前提下，自行开发与 UNIX 兼容的操作系统，以避免著作权上的争议。他将自己开发的操作系统命名为 MINIX，意为小型 UNIX（mini-UNIX）。除了发布 MINIX，Andrew S. Tanenbaum 教授还写了一本描述 MINIX 操作系统设计和实现原理的书 *Operating Systems:*

Design and Implementation。由于这本书写得非常详细，并且条理分明，当时几乎全世界的计算机爱好者都开始看这本书，以期能了解操作系统的工作原理。这些爱好者中包括后来 Linux 的创始者。

GNU 计划（GNU Project）是一个自由软件集体协作计划。1983 年 9 月 27 日，Richard Matthew Stallman 在麻省理工学院公开发起了 GNU 计划，并成立了自由软件基金会（Free Software Foundation，FSF）。GNU 计划旨在开发一个类似 UNIX 并且是自由软件（指软件用户能够自由地对软件进行使用、学习、共享和修改）的完整操作系统：GNU 系统。GNU 是 GNU is Not Unix 的递归缩写。到了 20 世纪 90 年代初，GNU 计划已经开发出的软件包括一个功能强大的文字编辑器 Emacs、C 语言编译器 GCC（GNU Compiler Collection）、标准调试器 GDB（GNU Debugger）、Bash shell 程序以及 UNIX 系统的大部分程序库和工具。唯一没有完成的重要组件就是操作系统的内核。

可移植操作系统接口（portable operating system interface，POSIX）是 IEEE 和 ISO/IEC 开发的一系列互相关联的标准的总称，其第一个正式标准 POSIX.1 在 1988 年 9 月正式颁布。该标准描述了操作系统的调用服务接口，用于保证编写的应用程序可以在源代码级上在多种操作系统上移植和运行。这个标准为 Linux 的诞生提供了极为重要的支持，使得 Linux 能够在标准的指导下进行开发，并能够与绝大多数运行在 UNIX 操作系统上的程序兼容。

1991 年，在芬兰赫尔辛基大学的计算机科学系，有一个名叫 Linus Benedict Torvalds 的大学二年级学生。这个 21 岁的年轻人喜欢鼓捣他的计算机，测试计算机的性能和限制，但缺少一个合适的操作系统。当时 MS-DOS 还是微型计算机操作系统的主宰，苹果的 MACs 操作系统的性能最好却是天价，UNIX 操作系统价格也很昂贵。对于计算机爱好者来说，这三种操作系统有个共同的问题：源代码不公开。MINIX 操作系统的代码虽然开源，但只是一个用于教学目的的简单操作系统，而不是一个强有力的实用操作系统。并且当时 MINIX 只允许在教学中使用，不允许被用于任何商业用途，这让 Linus 很不满，于是他开始编写自己的操作系统，这就是后来的 Linux 内核。Linux 内核的第一个版本在 1991 年 9 月被赫尔辛基大学 FTP 服务器的管理员 Ari Lemmke 发布到互联网上。最初 Linus 把这个操作系统内核称为 Freax，意思是自由（free）和奇异（freak）的结合，并且附上 x 这个常用的字母，以表示这是一个类 Unix 的系统。但是 FTP 服务器管理员嫌 Freax 这个名称不好听，把内核的称呼改成了 Linux，因为它是 Linus 创作的。

Linux 内核的代码被发布到互联网上之后，越来越多的计算机爱好者投入了 Linux 代码的功能开发和维护工作。从 Linux 0.95 版开始，对 Linux 内核的许多改进工作（以打补丁的方式）就以其他人为主了，而 Linus 的主要任务变成了对内核的维护和决定是否采用某个补丁程序。

今天，在 Linus 带领下，众多开发人员共同参与开发和维护 Linux 内核。Richard Matthew Stallman 领导的自由软件基金会继续提供大量支持 Linux 内核的 GNU 组件。一些个人和企业开发的大量非 GNU 组件也提供对 Linux 内核的支持，这些组件包括内核模块、应用程序、链接库等内容。

Linux 内核最初是在英特尔的 80386 处理器平台实现的，目前已经被移植到各种主要的 CPU 系列上，包括 ARM、MIPS、SPARC、PowerPC 等，可以说 Linux 内核是现今覆盖面最广的一体化内核。Linux 可以运行在服务器和其他大型平台上，如大型计算机和超级计算机。此外，Linux 也广泛应用在嵌入式系统上，如手机（mobile phone）、平板电脑（tablet）、路由器、电视和电子游戏机等。在移动设备上广泛使用的 Android 操作系统就建立在 Linux

内核上。

现在我们所说的 Linux 操作系统，一般指 Linux 发行版，它一般是由一些组织、团体、公司或者个人制作并发行的。Linux 内核主要作为 Linux 发行版的一部分被使用。通常来讲，一个 Linux 发行版包括 Linux 内核、将整个软件安装到计算机上的一套安装工具、各种 GNU 软件、其他的一些自由软件以及一些 Linux 发行版的专有软件。Linux 发行版出于许多不同的目的而制作，这些目的包括对不同计算机硬件结构的支持、针对普通用户或开发者使用方式的调整、针对实时应用或嵌入式系统的开发等。目前使用最普遍的发行版有十多个，较为知名的有 Debian、Ubuntu、Fedora、CentOS、Arch Linux 和 openSUSE 等。

3.2　用户态和内核态

用户态和内核态是 Linux 操作系统中运行的进程可能所处的两种状态。

假设用户现在运行了一个应用程序，即在操作系统中启动了一个进程。当进程执行应用程序自己的代码时，我们称该进程处于用户运行状态（简称用户态）。当该进程执行系统调用后进入内核代码中执行时，我们称该进程处于内核运行状态（简称内核态）。

进程在用户态和内核态执行时，所拥有的权限（主要是指令执行权限和内存访问权限）不同。以 Intel 处理器为例，如图 3-1 所示，其有 4 个特权级别：Ring 0、Ring 1、Ring 2、Ring 3。Ring 0 级别最高，Ring 3 级别最低。Linux 使用 Ring 0 级别执行内核态代码，Ring 3 级别执行用户态代码，不使用 Ring 1 和 Ring 2。处理器在 Ring 3 级别执行时，无法执行 Ring 0 级别才能执行的某些（如停机指令 HLT 等）指令，无法访问运行在 Ring 0 级别才能访问的内存地址空间（包括代码和数据）。这种机制保证了整个系统的安全，避免了应用程序执行非法的操作（比如访问操作系统本身的内存）。

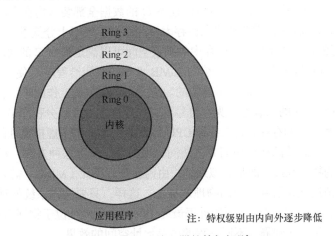

注：特权级别由内向外逐步降低

图 3-1　Intel 处理器的特权级别

进程可以在用户态和内核态之间切换。比如运行在用户态的程序可以执行系统调用而进入内核态；处理器收到中断时，会马上进入内核态执行中断处理程序；当系统调用或中断处理程序执行完成后，进程会切换回用户态继续执行。

需要注意的是，运行在用户态和内核态，以及处理器的特权级别，与当前用户是管理员用户（root）还是普通用户没有关系。所有用户启动的应用程序代码都在用户态运行，所有内核代码都在内核态运行，而不管代码是哪个用户启动的。

3.3 虚拟地址、物理地址和页表

在早期的计算机中，程序是直接运行在物理内存（可以理解为处理器芯片内部的一块存储器或插在主机上的内存条）上的。也就是说，程序运行的时候直接访问的就是物理地址。如果我们的计算机只运行一个程序，并且这个程序所需的内存空间不超过物理内存空间的大小，就不会有问题。但是，很多时候我们希望计算机能同时运行多个程序。此时就会出现一个问题，计算机如何把有限的物理内存分配给多个程序使用呢？

假设某台计算机的总内存大小是 64MB，现在同时运行两个程序（或称进程）A 和 B，A 需占用内存 10MB，B 需占用内存 50MB。程序员在分配内存时可以采取这样的方法：先将内存中的前 10MB 分配给程序 A，再从剩余内存中的 54MB 中划分出 50MB 分配给程序 B。这种分配方法可以保证程序 A 和程序 B 都能运行，但是这种简单的内存分配策略有以下几个问题。

- 进程地址空间不隔离。由于程序都是直接访问物理内存，因此恶意程序可以随意修改别的进程的内存数据，以达到破坏的目的。有些非恶意的但是有 bug 的程序也可能不小心修改了其他程序的私有数据，导致其他程序的运行出现异常。这种情况对用户来说是无法容忍的，因为用户希望使用计算机的时候，其中一个程序失败不能影响其他的程序。

- 执行效率低。在 A 和 B 都运行的情况下，如果用户又运行了程序 C，而程序 C 需要 10MB 大小的内存才能运行，但此时系统只剩下 4MB 的地址空间可供使用了，这时系统必须在已运行的程序中选择一个，将该程序的数据暂时复制到硬盘上，以释放出部分空间来给程序 C 使用，然后将程序 C 的数据全部装入内存中运行。可以想象，在这个执行过程中，需要读取和保存大量的数据，效率十分低下。

- 程序运行的地址不确定。当内存中的剩余空间可以满足程序 C 的要求后，操作系统会在剩余空间中随机分配一段连续的 10MB 大小的空间给程序 C 使用。因为是随机分配的，所以程序运行的地址是不确定的。这增加了程序员工作的难度，编码或编译的时候怎么确定程序的加载地址呢？符号重定位等技术对大部分程序员要求过高。

由于以上这些问题的存在，后来各种 CPU 体系架构都推出了虚拟地址的概念，即增加一个中间层，利用一种间接的地址访问方法访问物理内存。按照这种方法，程序中访问的内存地址不再是实际的物理地址，而是虚拟地址，由内存管理单元（MMU，需要经过操作系统的配置）将这个虚拟地址映射到适当的物理地址上。这样，只要操作系统处理好虚拟地址到物理内存地址的映射，就可以保证不同的进程最终访问的内存地址位于物理内存上的不同区域，区域间没有重叠，从而达到隔离不同进程的内存地址空间的效果。

虚拟地址和物理地址之间的映射由操作系统建立，并保存为页表放入系统内存。程序运行过程中，处理器执行和内存读写有关的指令时，指令中的地址为虚拟地址，此虚拟地址会被 MMU 转换为物理地址再发到物理总线上。MMU 根据页表的内容执行这种地址转换。

既然提到了页表，就要弄明白什么是分页。分页是指把物理内存分成固定大小的块，每块就是一个页，操作系统以页为单位进行内存的管理。Linux 操作系统中，一般页的大小为 4KB，之后又由于一些因素（主要是访问效率、TLB miss［未命中］等），出现了更大的页，比较典型的是 2MB 和 1GB 大小的大页（huge page）。

图 3-2 展示的是在 x86 架构的 32 位处理器上进行一次虚拟地址到物理地址转换的示意。图中使用的页表是一个二级页表（第一级称为页目录表，第二级称为页表），处理器把一个 32 位的虚拟地址分成 3 段，每段都作为一个地址偏移。MMU 进行查表的顺序如下。

（1）将虚拟地址的位[31:22]（作为一个单独的数）乘 4（原因是每个存放 32 位地址的表项占 4 字节），加上页表基地址寄存器 CR3 中存放的页目录表的基地址，获得页目录表中对应表项的物理地址，读取其内容，获得页表中某个页的基地址。

（2）将虚拟地址的位[21:12]乘 4，加上第（1）步获得的页的基地址，获得页表中对应表项的物理地址，读取其内容，从而获得目标内存所在页的物理地址（这个地址的[11:0]位为 0）。

（3）将虚拟地址的位[11:0]加上第（2）步获得的内存页的物理地址，得到目标物理地址。使用这个地址访问物理总线即可。

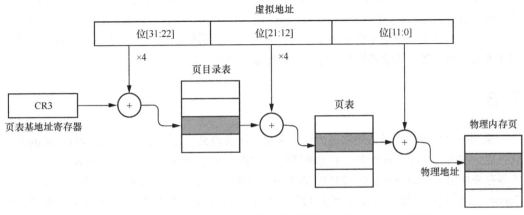

图 3-2　MMU 查询页表进行地址转换的过程（二级页表，4KB 的页）

从上述转换过程中可以看出，为了完成虚拟地址到物理地址的转换，MMU 需要进行三次地址计算和内存访问，如果每条访问内存的指令都需要这么做，实在是太浪费时间了。如果不使用二级页表，只使用一级页表（如图 3-3 所示），不就可以减少一次内存访问，从而提高访问速度了吗？答案是肯定的，但带来的负面效果不可接受。下面详细分析原因。

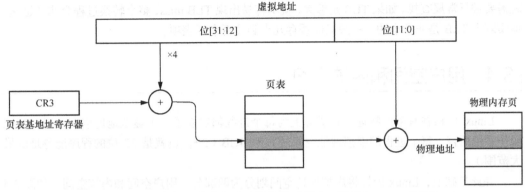

图 3-3　MMU 根据页表进行地址转换的过程（一级页表，4KB 的页）

我们知道，页表本身也是要占用物理内存的，假设这些物理内存也按照 4KB 为单位管理。

举个例子，有一个应用程序，其代码段和数据段加起来不超过 16KB，占用 4 个页。

> **注：**
>
> 　　这 16KB 对应的 4 个页的虚拟地址可能并不是连续的，极端情况下可能会跨越整个 4GB 的 32 位地址空间，建立页表时要考虑到这种情况。

如果使用二级页表，如图 3-2 所示，那么需要 1 个页（[31:22]共 10 位，2^{10}=1024，即 1024 个目录项，每个目录项需要占用 4 字节存放物理地址，共 4096 字节，所以一个页够了）存放页目录表（里面有 4 个目录项有效），4 个页（[21:12]也是共 10 位，计算方法同上，所以理论上还是只需要 1 个页）但页目录表的表项中已经有 4 个有效了，所以页表这一级至少需要 4 个页）存放页表（里面有 4 个表项有效），因此两级页表本身总共需要占用 5 个页，即 20KB。

但如果去掉页目录表，只使用一级页表，如图 3-3 所示，就需要[31:12]共 20 位来查询页表，共需要 2^{20}=1048576 个表项。每个表项占用 4 字节存放物理地址，共需要 4194304 字节，即 4MB 的存储空间。这样算来，页表本身就占了 1024 个页，而其中只有 4 个表项是有效的，这实在是太浪费了。特别是当程序变多时，系统内存会不堪重负。所以使用一级页表的代价实在太大，相比之下其带来的性能提升就显得微不足道了。

TLB

采用一级页表会大量占用物理内存，采用二级页表又执行太慢，那么有没有合适的方法既可以少占内存又能加快查询页表的速度呢？这就要提到 TLB。我们知道 Cache 是作为内存的缓存来加快内存访问速度的，MMU 查询页表时也是在访问内存，理论上可以把页表缓存在 Cache 中。但是由于很多页表项会被频繁访问，而 Cache 又存在着"淘汰"机制，一旦页表项不在 Cache 中了，MMU 就又要去内存中查询页表。于是大多数 CPU 体系结构提供了专门的 Cache 来缓存页表，也就是 TLB（translation lookaside buffer）。

引入 TLB 后，页表的查找过程发生了一些变化。比如对于 x86 32 位处理器，TLB 中会保存虚拟地址前 20 位[31:12]与目标所在页的起始物理地址的对应关系，如果在 TLB 中匹配到虚拟地址，就可以迅速找到目标页，再"与"上虚拟地址后 12 位（[11:0]），得到最终的物理地址。如果没有在 TLB 中匹配到虚拟地址，表示 TLB 没有命中（称为 TLB miss），这就需要进行常规查找。如果 TLB 足够大，就不容易出现 TLB miss，整个转换过程会非常迅速。但实际上 TLB 是非常小的，一般只能缓存几十到几百个页表项。

3.4　用户空间和内核空间

Linux 内核在有限的物理内存资源上为每个进程都建立了一个虚拟地址空间。对 32 位操作系统而言，每个进程的虚拟地址空间最大为 4GB（2^{32}，也就是 32 位的程序能寻址的最大范围）。

在此基础上，Linux 内核将虚拟地址空间划分为两部分：用户空间和内核空间。如图 3-4 所示，4GB 中最高的 1GB（虚拟地址 0xC0000000～0xFFFFFFFF）由运行在内核态的程序使用，称为内核空间。而较低的 3GB（虚拟地址 0x00000000～0xBFFFFFFF）由运行在用户态的程序使用，称为用户空间。

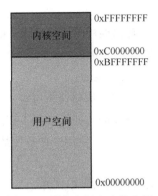

图 3-4　用户空间和内核空间

　　每个原本在用户态执行的进程都可以通过系统调用进入内核态执行，因此，实际上 Linux 内核中的资源由系统内的所有进程共享。于是，从具体进程的角度来看，每个进程可以拥有 4GB 的虚拟地址空间（不包括只运行在内核态的进程）。

　　无论是在内核空间还是在用户空间，或者两者都有，两段不同的虚拟地址可以映射到同一段物理地址，此时这段内存被称为共享内存。这是两个进程之间或者同一个进程的用户态和内核态之间快速交换数据的一种方法。

3.5　Linux 内核的组成

　　Linux 内核经过 30 多年的发展，代码量已经变得极为庞大。以作者使用的 Linux 5.8.1 版内核为例，其共有 69068 个文件，解压后占用 1.1GB 的磁盘空间。但 Linux 内核代码的主要目录结构和主要功能模块的划分，多年来一直没有什么变化。

3.5.1　Linux 内核源代码的目录结构

　　Linux 内核源代码的根目录中包含如下子目录。

- arch：arch 是 architecture（体系结构）的缩写，内核中与 CPU 体系结构有关的代码都放在此目录中，每种体系结构对应一个下一级的子目录。
- block：块设备的管理和操作。
- certs：认证和签名。
- crypto：常用加密、压缩、CRC 校验等算法。
- Documentation：帮助文档，包含内核各部分的通用解释和注释。
- drivers：设备驱动程序代码，每种不同的驱动程序占用一个子目录，如 char、block、net、spi 等。
- fs：包含内核支持的各种文件系统，如 ext4、FAT、JFFS2、NFS 等。
- include：头文件，与系统相关的头文件放在 include/linux 目录下。
- init：内核初始化过程中所执行的代码。
- ipc：进程间通信的代码。

- kernel：内核的一些核心功能，包括进程管理和调度、中断处理、系统调用、电源管理、重新启动等。
- lib：包含各种内核库函数，提供通用的工具功能，如出错处理、位图、解压缩等。
- LICENSES：开源许可协议相关的协议文本。
- mm：内存管理（memory management）。
- net：网络相关的代码，包括常见网络协议（对应子目录 ipv4、ipv6 等）和常用网络功能（对应子目录 netlink、netfilter、ethtool 等）在内核层面的实现。
- samples：内核提供的一些示例代码，供用户在开发某些和内核绑定比较紧密的功能时作为参考。
- scripts：配置、编译内核时所使用的脚本文件。
- security：和内核安全有关的代码，如 SELinux（Security-Enhanced Linux）。
- sound：声卡驱动程序。
- tools：编译后可以被用户直接运行的一些工具。
- usr：制作内核启动时所使用的 initramfs 文件系统相关的代码。
- virt：虚拟化（主要是 KVM）。

3.5.2　Linux 内核的主要组成部分

Linux 内核由几大子系统构成，分别为进程调度、进程间通信（IPC）、内存管理、虚拟文件系统和网络接口。这几大子系统既相互独立又有非常紧密的关联。图 3-5 展示了内核的几大子系统之间以及这些子系统和计算机系统的其他模块之间的关系。

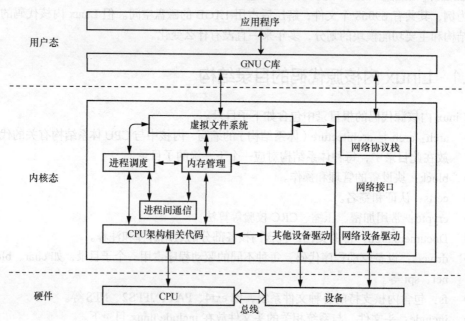

图 3-5　Linux 内核的组成部分与关系

接下来依次介绍内核中的各个子系统，其中需要重点介绍的是虚拟文件系统和网络接口，因为它们和本书的核心内容"各种高性能网络方案的实现"的关联度最强。

1. 进程调度

进程调度子系统控制系统中的多个进程对处理器核的占用，使得多个进程能在处理器核中"微观串行、宏观并行"地执行，并尽量做到核间的负载均衡，提升系统的总体运算能力。内核的其他子系统都需要在进程的上下文中执行，接受进程调度子系统的管理。

2. 内存管理

内存是计算机中的重要资源，处理它时所用的策略对系统安全和运行性能至关重要。内存管理子系统实现了简单的 malloc/free 以及更多复杂的功能，并通过一套函数调用向内核中的其他子系统提供这些功能。前文提到的用户空间和内核空间、页表等机制也属于内存管理子系统的管理范围。

3. 虚拟文件系统

Linux 遵循"一切皆文件"的设计思路，基本上只要是用户（也可以理解为应用程序）能感知到的功能，在 Linux 系统中就被抽象成了文件。比如下面这些应用场景或功能都会涉及文件。

- Linux 系统中的可执行程序属于二进制文件。
- 程序启动的时候可能需要加载一些配置文件，程序运行的时候会产生一些日志文件或者中间文件。这些文件一般都是文本文件。
- 如果程序产生的日志需要打印到控制台上，其操作的对象也是一个文件，这个文件是标准输出文件 stdout。类似地还有标准输入文件 stdin 和标准错误输出 stderr。
- 各个程序之间可能会进行数据的交互，比如一个程序的输出是另一个程序的输入，这也需要操作一个文件，这种文件称为管道文件。
- 不同的程序（甚至跨主机）之间通信还可以使用套接字（socket），套接字也是一个文件。我们在编写这种程序的时候需要打开一个套接字文件。
- 运行中的程序可能需要访问一些硬件设备，每个硬件设备在 Linux 系统中也被映射成了一个文件，比如硬盘对应的文件一般是/dev/sd*。
- 很多文件会被放在文件夹中，文件夹本身也是一种文件。
- Linux 内核中有很多模块也生成了文件，供应用程序访问。比如读取/proc/meminfo 文件可以获取内存信息，写"1"到/sys/bus/pci/rescan 文件可以要求内核重新扫描 PCI 设备。这两个文件分别是由内存管理子系统和 PCI 总线模块生成的。

Linux 虚拟文件系统正是为了实现这种"一切皆文件"的设计思路而产生的。如图 3-6 所示，虚拟文件系统独立于各个具体的文件系统，是对各种文件系统的一种抽象，使得应用程序无须知道文件以什么样的(文件系统)格式保存在磁盘上(很多文件甚至没有保存在磁盘)。它还隐藏了各种硬件的具体细节，为所有设备提供了统一类型的接口。在具体实现上，Linux 虚拟文件系统为上层应用程序提供了统一的 vfs_read()、vfs_write()等接口，并调用具体底层文件系统或者设备驱动程序中实现的 file_operations 结构体的成员函数。

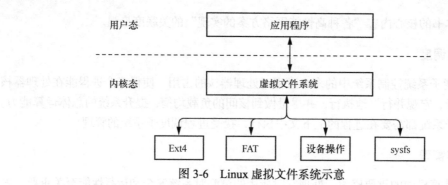

图 3-6　Linux 虚拟文件系统示意

4. 进程间通信

Linux 支持进程间的多种通信机制，包括信号量、共享内存、消息队列、管道、套接字等。这些机制可以用来实现在进程间传递数据、协助进程互斥访问各种资源、同步进程间的操作流程等功能。

5. 网络接口

Linux 内核的网络接口子系统提供了对各种网络标准和各种网络硬件的支持，它可以分为两个部分：Linux 网络协议栈和网络设备驱动程序。如图 3-7 所示，网络协议栈部分负责实现各种网络传输协议，提供路由和地址解析等功能。网络设备驱动程序负责操作具体的硬件设备（主要是网卡），直接实现计算机和网络间的数据交换。

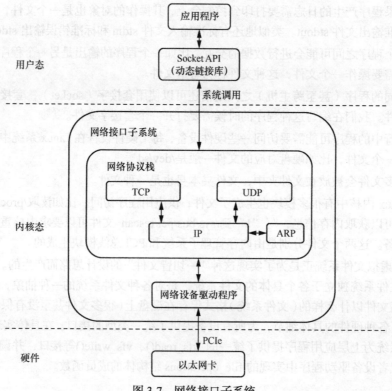

图 3-7　网络接口子系统

本书中，把 Linux 操作系统中这种"网络协议栈+网络设备驱动程序"的网络方案称为 Linux 内核网络协议栈应用方案，简称内核协议栈方案，目的是和本书主体部分所介绍的各种高性能网络方案区分开。

本书第 6 章介绍了一个实际的网络方案。硬件方面使用 100G 以太网卡（由 FPGA 加速卡实现），软件方面采用内核协议栈方案。方案中详细讲解了其 Linux 网络设备驱动程序的源代码。

3.6　Linux 设备驱动程序

任何一个计算机系统的运转都是软件和硬件共同作用的结果。如果说软件相当于人体的大脑和五脏六腑，硬件就相当于人体的脊梁和骨骼。没有了硬件，软件就成了孤魂野鬼，无处安身。而没有了软件，硬件就成了行尸走肉。计算机硬件是底层基础，是所有软件得以运行的平台，无论是发送一个消息，还是保存一张图片，最终都会落实为硬件（网卡、硬盘、内存等）中的一组逻辑动作。软件则实现了具体应用，它根据各种不同的业务需求而设计，并完成最终实现。硬件行为比较固定，软件则极其灵活，两者配合起来才能满足各种复杂多变的应用需求。

但是，软件和硬件如何配合是一门大学问。为了尽可能快速地完成设计，应用软件工程师和硬件工程师都不想（也不应该）渗透到对方的领域。比如，应用软件工程师在调用 write 函数触发系统调用向硬件写入文件的时候，并不关心文件要写入的硬盘的型号、寄存器的操作顺序、如何进行中断处理等事务；在使用 printf 函数输出信息的时候，也不需要知道底层是怎样把信息输出到屏幕或串口终端的。

也就是说，应用软件工程师希望看到一个没有硬件的纯粹的软件世界，但他编写的软件离开硬件又无法执行，谁来解决这个矛盾呢？这个艰巨的任务就落在了设备驱动程序工程师的身上。

设备驱动程序（device driver）简称为驱动程序（driver），对其最通俗的解释是"驱使硬件设备行动"。驱动程序直接和底层硬件打交道，根据硬件设备的具体工作方式，结合操作系统和应用程序的要求，按照某种逻辑完成读写设备寄存器、处理中断、轮询设备状态等工作，最终实现让网络设备收发数据，让硬盘记录文件或者让显示器显示图像等。

由此可见，设备驱动程序充当了硬件和应用软件之间的纽带，应用软件只需要（间接）调用驱动程序提供的 API，就可以让硬件去完成所要求的工作。如果计算机中没有操作系统，驱动程序工程师可以根据硬件设备的特点或应用程序的需求自行定义接口。但在有操作系统的情况下，驱动工程师必须按照操作系统定义的相应架构来编写驱动程序，只有这样，驱动程序才能良好地融合到操作系统的内核中。

Linux 操作系统的内核代码中已经有了大量的设备驱动程序，像 CentOS、Ubuntu 等 Linux 发行版已经把大部分的驱动程序包含进去了。大多数情况下，我们并不需要特意安装所有硬件设备的驱动程序，例如硬盘、显示器、键盘等常用设备就不需要再安装驱动程序。但是对于一些不常见的设备，原有操作系统发行版可能并没有提供相应的驱动程序，此时就需要工程师自己编译和安装。

对于自己研发的设备，设备驱动程序工程师必须按照操作系统的驱动架构，自行设计、编写、编译和安装驱动程序。在此过程中，工程师除了要了解操作系统的驱动架构、总线特性、设备的访问方式、访问设备的时机、处理器和设备的大小端（big endian/little endian）差异等信息，还需要经常和应用软件工程师、硬件工程师沟通需求和解决方案。所有这些工作都对驱动程序工程师的知识面和沟通能力提出了比较高的要求。

## 第 4 章

软件和硬件之间传递信息的方式

计算机系统需要软件和硬件互相配合才能正常工作，而配合是建立在互相传递信息的基础上的。目前比较常用的软件和硬件之间传递信息的机制包括读写寄存器、数据缓存、队列、中断等。这些机制并不是孤立的，而是存在互相依赖的关系，比如中断处理时需要读写寄存器、操作队列时会涉及数据缓存的分配和释放等。

设备驱动程序工程师和硬件工程师都有必要深入了解这些信息传递方式的原理和实现。

4.1 寄存器

读写寄存器（register）是一种由软件主动发起、硬件被动响应的信息传递方式。根据使用范围，寄存器有狭义和广义之分。狭义的寄存器是指处理器核内部用来暂存指令、数据和地址的存储器，其存储容量有限，但读写速度非常快。其中比较有名的狭义寄存器有程序计数器（program counter，PC）、指令寄存器（instruction register，IR）、栈指针（stack pointer）寄存器等。

但在本书中，凡是提到寄存器，都是指广义的寄存器。系统中的硬件设备，包括 CPU 芯片内部的各种控制器和网卡、硬盘等外设，都提供了可以由处理器核根据地址通过总线直接访问的存储单元，这些存储单元再加上狭义的寄存器就是广义的寄存器。具体到某个寄存器的作用，由硬件来定义。

运行在处理器核中的软件在读写寄存器后，根据具体操作（读/写）和寄存器意义的不同，硬件会做出不同的动作。这些动作涉及：

- 将寄存器中的数据传递给软件；
- 把软件写入的数据看作一个地址保存起来；
- 开始根据之前保存的地址到内存中读取数据；
- 开启/关闭某项功能（比如开始/停止发送数据到网络、开始/停止到内存读取数据，使能/禁止中断）等。

根据硬件的定义，软件对不同的寄存器有不同的操作权限，这些权限包括：

- 只读，即软件只能读取寄存器的值，但不能修改；
- 只写，即软件只能向寄存器写入值，但不能读取寄存器的值，或者说会读取到一个无效的值；
- 可读可写，这类寄存器是最常见的，一般用来修改硬件的配置。

在修改配置的场景中，软件向寄存器写入数据前一般需要把寄存器的原值读取出来，在原值基础上修改其中的某些域（即某些位）后，再把新值写入寄存器。这种做法保证了只修改寄存器中和当前程序有关的功能对应的域，而不会对其他功能造成影响。

设备厂商提供的数据手册（datasheet）中，提供了所有开放给用户使用的寄存器的列表及其详细说明。驱动程序工程师在编码或调试时，经常需要查阅这种文档。对于一些没有包含在数据手册中的寄存器，一般只有厂商的技术支持人员才会知道，这种寄存器一般用于某些特殊目的，比如调试芯片性能、修复芯片 bug 等。

读写寄存器是一种比较简单的信息传递方式，其最大的优点是速度快。但它也有缺点，比如必须由软件主动发起；传递的数据量少；可能会打断硬件正在做的工作，影响整体性能等。

> **注：**
>
> 有时读取某些寄存器不仅会获取数据，还可能会触发硬件额外的操作。

4.2 数据缓存

以数据缓存为媒介，是一种在软件和硬件间传递大量数据时常用的方法。

在传递数据前，软件负责在内存中申请一段地址空间作为数据缓存，并将此数据缓存的物理地址写入硬件中的地址寄存器。如图 4-1 所示。在此之后，软件和硬件都可以使用这段数据缓存向对方传递数据。不过在实际应用中，一般不会只使用一段数据缓存，而是会申请很多段，或者把一段缓存再分成很多段，可用于同时发送、接收多种数据。

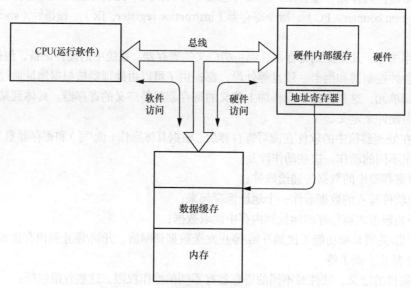

图 4-1 以数据缓存为媒介传递数据

使用数据缓存由软件向硬件传递数据的典型操作步骤如下。

（1）软件将应用数据写入内存中的数据缓存。

（2）软件写寄存器（比如数据发送寄存器）通知硬件。

（3）硬件执行 DMA 操作，将数据从内存中的数据缓存复制到硬件内部缓存。

反过来，使用数据缓存由硬件向软件传递数据的操作步骤如下。

（1）硬件执行 DMA 操作，将数据从硬件内部缓存复制到内存中的数据缓存。

（2）硬件触发中断，CPU 调用驱动程序注册的中断处理程序（这当然也是软件）。

（3）软件访问内存中的数据缓存。

以数据缓存为媒介的数据传递方法，其优点主要是传递的数据量可以很大。但在实际应用时，还需要队列机制的配合，才能更有效率。

4.3 队列和描述符

队列是一种非常重要的在软件和硬件之间传递数据的组织形式。本节介绍队列的基础知识和使用方法。

队列是一种特殊的线性表，其特殊之处在于，它只允许在表的一端进行插入操作，在表的另一端进行删除操作。进行插入操作的端称为队头（head），进行删除操作的端称为队尾（tail）。队列中没有元素时，称为空队列。

> **注：**
>
> 也许在有的资料中，对 head 和 tail 的定义与本书描述的正好相反。但没有关系，如何定义队头和队尾并不影响读者对队列工作原理的理解。本书中的这种定义方法适配了后文介绍的驱动程序代码。

队列中的数据元素称为队列元素。在队列中插入一个队列元素称为入列，从队列中删除一个队列元素称为出列。因为队列只允许在一端插入，在另一端删除，所以只有最早入列的元素才能最先出列，故队列又被称为先进先出（first in first out，FIFO）线性表。

图 4-2（按 a、b、c、d 的顺序）描述了如何对一个拥有 4 个元素的队列进行插入和删除操作，以及在此过程中 head 和 tail 的位置变化。

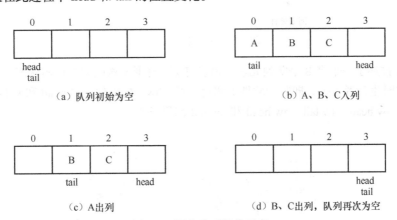

图 4-2 顺序队列操作示意

前文描述的对队列的管理方式属于顺序队列。在数据收发领域，一般使用的是环形队列，并采用生产者和消费者模式。第 6 章在详细描述 Corundum 网卡驱动程序如何进行数据发送时，以发送队列为例介绍了环形队列在实际代码中的使用方法。软件（驱动程序）是队列中数据的生产者，硬件是队列中数据的消费者。队列中的对象（或者称为队列元素）

被称为描述符（descriptor），每个描述符中保存了一个数据缓存（对应一个数据包）的物理地址、长度等信息（如图 4-3 所示）。描述符主要由生产者填充，但有时消费者也会修改描述符内容作为某种信息反馈。生产者和消费者都有自己的 head 指针和 tail 指针用于访问队列中的描述符。

> **注：**
>
> 描述符本身也位于内存中。

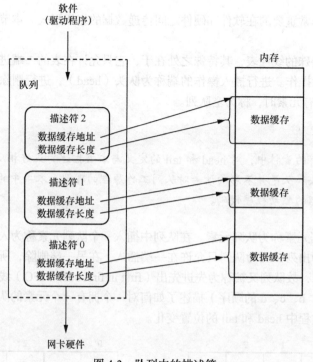

图 4-3　队列中的描述符

图 4-4 描述了一个有 8 个队列元素（描述符）的环形发送队列的初始状态，所有描述符都为空。此时生产者（sw，即驱动软件）和消费者（hw，即硬件）的 head 和 tail 都指向 0 号描述符，即 sw head、sw tail、hw head 和 hw tail 都等于 0。

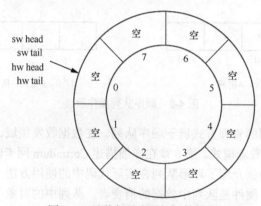

图 4-4　环形发送队列的初始状态

假设现在 Linux 网络协议栈给了驱动程序两个数据包,让驱动程序去发送。驱动程序会分别把这两个数据包的物理地址和长度填充到两个描述符中,并更新自己的 head 值为 2 (0+2=2)。此时的队列状态如图 4-5 所示。

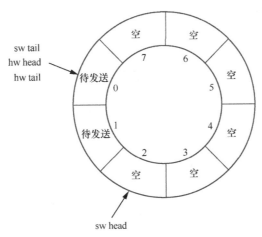

图 4-5 驱动程序为了发送两个数据包而填充两个描述符

但这时硬件还不知道要发送这两个数据包(即处理这两个描述符),这需要驱动程序通过写(队列 head)寄存器的方式通知硬件。驱动程序一般是把自己的 head 值(此时为 2)直接写入寄存器,之后队列的状态如图 4-6 所示。

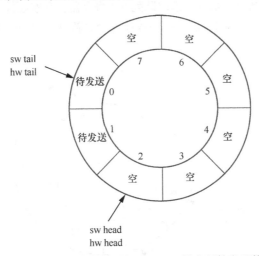

图 4-6 驱动程序写寄存器更新 hw head 触发硬件发送数据包

于是,硬件知道有新的数据包要发送了,这是因为一是驱动程序写了 head 寄存器,二是硬件发现这时队列的 head 和 tail 不相等了,表示有未处理的描述符。

接下来硬件会开始处理描述符并发送数据包,假设它是一个个地发送,在发送完第一个数据包后,硬件会把自己计数(此发送队列)的 tail 加 1(软件可通过读取此队列的 tail 寄存器获取此值)。对于 Corundum 方案,此时硬件会把自己计数的发送完成队列(注意不是发送队列)的 head 也加 1,表示已发送完一个数据包(在中断处理中,软件通过读取发送完成队列的 head 寄存器和描述符来获取硬件发送了多少个数据包以及发送的长度等信息。这是 Corundum 的一种机制,其他网卡不一定与此完全一样。不过在这里暂时只关注发送队列)。

此时发送队列的状态如图 4-7 所示。这时如果软件想要发送新的数据包，最多只能发送 6 个，因为此时软件并不知道描述符 0 已经被硬件处理完了，所以软件仍然认为只剩 6 个（2～7 号）描述符可以填充。只有在发送完成后硬件发起中断触发的中断处理程序中，软件读取 tail 寄存器后才能知道新的 tail。

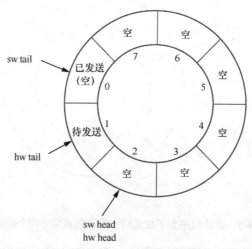

图 4-7　硬件发送一个数据包后

假设这时硬件触发了一个中断，驱动程序（会先判断中断类型，读取完成队列等，这里不考虑这么多）会在中断处理函数中读取队列 tail 寄存器，获取硬件已经处理完哪些描述符。这时读取的 tail 寄存器的值为 1，随后驱动程序也会更新自己的 tail 计数为 1。这时的队列状态如图 4-8 所示。

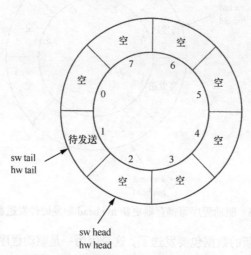

图 4-8　驱动程序读取队列 tail 寄存器并更新自己的 tail 值

以上就是队列的基本操作方法。另外还有两个在程序编写中会经常遇到的问题。

- 如何判断队列是否已满？用 head 减去 tail，如果其值等于描述符的总个数，则队列已满。但这里需要一些技巧，比如不能在填充完最后一个描述符后将队列 head 置为 0，而是应该让它继续加 1。
- 如何判断队列是否为空？如果 head 等于 tail，则队列为空。

4.4 中断

中断（interrupt）是用来提高计算机工作效率、增强计算机功能的一项重要技术。最初引入中断技术，只是出于性能上的考量。

如果计算机系统没有中断，在处理器与外部设备（CPU 芯片内部的各种控制器对处理器核来说也属于外部设备）通信的场景中，处理器在向设备发出某个命令（比如通过写设备的寄存器要求其发送数据）后，必须进行忙等待（busy waiting），反复轮询该设备的状态寄存器，根据状态寄存器的值判断设备是否执行了命令。这就造成了大量处理器时钟的浪费。

引入中断功能以后，处理器向设备发出命令后即可处理其他任务；当设备执行命令后会发送中断信号给处理器，处理器就可以回过头来获取命令的执行结果。这样，在设备执行命令的时间内，处理器可以做一些其他有意义的工作，而只需要付出很小的上下文切换所引发的时间成本。后来，中断也被应用于其他场景，比如处理（来自处理器外部或内部的）紧急事件、处理机器故障、实现定时器等。

图 4-9 展示了一个 CPU 芯片中和中断有关的组件。图中的 CPU 有 4 个处理器核，每个核都可以通过内部总线访问各种控制器，这些控制器包括 I2C 控制器、SPI 控制器、PCIe 控制器、可编程中断控制器（programmable interrupt controller，PIC）等。每个处理器核都有一个中断引脚（INT），当此引脚的电压发生变化时（比如默认状态为高电压，突然变成低电压），处理器核就会认为收到了一个中断信号，随后立即停止执行当前程序，进入中断处理流程。每种控制器都可以产生中断，它们通过自己的中断线（图 4-9 中的虚线）将中断信号发送出去。但控制器（除了中断控制器）的中断线并不会直接连接到处理器核的中断引脚，而是要经过中断控制器的分发。中断控制器根据自己的配置（是否使能了此中断源的中断功能、分发到哪个核）决定是否对到来的中断进行处理，以及如果需要处理，由哪个处理器核处理。一旦决定了目标处理器核，中断控制器就会将中断信号转发到此处理器核。

所有控制器，包括中断控制器，都提供了一系列寄存器，用来接收处理器核通过内部总线写入的配置。对于除中断控制器外的其他控制器（在此称为外围控制器），在它们所有的配置中，其中有一个配置是：是否使能中断。对于中断控制器，其所有的配置都是关于中断的，这些配置包括使能/禁止来自指定控制器的中断，指定来自某控制器的中断和处理器核的对应关系等。

软件可以通过写寄存器使能/禁止中断，有三种方案可供选择。

- 方案 1：写外围控制器的相应寄存器，允许/禁止这些控制器因为指定原因产生中断。
- 方案 2：写中断控制器的相应寄存器，允许/禁止将指定外围控制器的中断转发给处理器核。
- 方案 3：写处理器核中的相应寄存器，允许/禁止处理器核处理所有来自中断引脚的中断。

如果选择方案 1，可以使能/禁止外围控制器由于某些原因（比如完成了某个操作）引起的中断，但不影响其他原因（比如发生了某种错误）引起的中断。如果选择方案 2，可以使能/禁止指定外围控制器的所有中断。如果选择方案 3，可以使能/禁止某个处理器核对所有外部中断的响应。驱动程序工程师需要根据实际场景，在上面三种方案中选择最合适的。

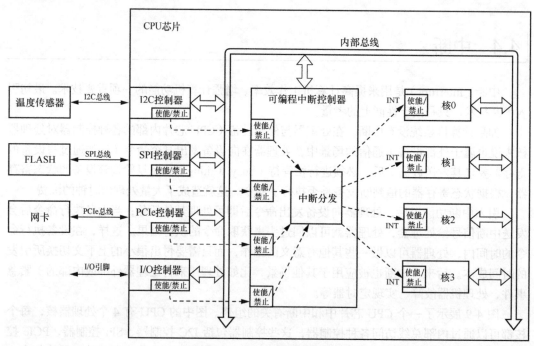

图 4-9　CPU 中断系统示意

例如，某个外围控制器出现了故障，一直把中断信号拉低（即持续触发中断）。在针对这种场景的处理逻辑中，可以选择方案 2，把此外围控制器引起的中断全部屏蔽，并且不影响其他控制器。

再如，某个处理器核需要专心做某项工作，不处理任何来自外部的中断，此时可以选择方案 3。为了防止继续有中断发给此处理器核却一直得不到处理的情况，需要提前修改中断控制器的中断分发配置。

处理器核收到中断信号后，会跳转到某个特定的地址开始执行中断处理程序。中断处理程序是一个比较笼统的概念，它实际上涉及一系列的函数调用和操作，包括操作系统准备的中断入口函数、读取中断控制器判断中断源的逻辑、某些架构包含的硬中断号和软中断号的转换逻辑，以及设备（包括外围控制器）对应的驱动程序向操作系统注册的中断处理函数（interrupt handler）。

大多数情况下，处理器收到中断时正在执行其他进程。此时操作系统需要把当前执行环境的上下文（比如一些寄存器的值）临时保存起来，待恢复运行时使用。这个保存和恢复的过程虽然很快，但如果中断的频率太高，对处理器来说仍然是一种负担。具体到处理网络数据包的场景中，一旦处理器的负载过重，有可能会因为来不及处理某些数据包而导致丢包。为了解决此类问题，Linux 操作系统在 2.6 版本中引入了 NAPI 机制。NAPI 的核心概念是不再只采用中断的方式处理数据包，而代之以首先由中断唤醒接收数据的服务进程，然后在进程中用轮询的方式来处理数据包。以接收数据包为例，当有中断触发时，驱动程序会关闭中断，通知内核接收数据包，内核中的 ksoftirqd（软中断处理）进程会（调用驱动程序提供的函数）轮询当前网卡的接收队列，在规定时间内尽可能多地接收数据包。等到超过规定时间或者没有数据包可接收时，驱动程序会开启中断，准备下一次接收数据包。

PCI/PCIe 设备的中断

图 4-9 中展示的中断大都由各种控制器发起，一般某个外部设备要发起中断，只能通过 I/O 引脚传递进 CPU，但 PCI/PCIe 设备是例外。PCI/PCIe 总线提供两种中断方式：Legacy 中断方式和 MSI/MSI-X 中断方式。

先介绍 Legacy 中断方式。PCI 总线使用 INTA#、INTB#、INTC#和 INTD#信号向 CPU 发出中断请求。这些中断请求信号为低电平有效，并与 CPU 中的中断控制器连接，具体地说是连接到中断控制器提供的一些中断请求引脚（IRQ_PINx#）上。假设在一个处理器系统中，共有 3 个 PCI 插槽（分别为插槽 A、B 和 C），这些插槽与中断控制器的 IRQ_PINx#引脚可以按照图 4-10 所示的拓扑结构进行连接。

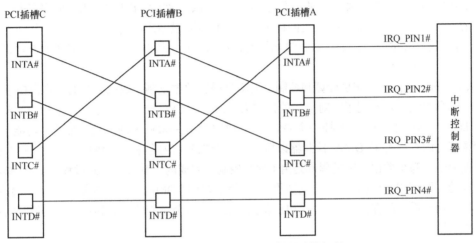

图 4-10　PCI 插槽与中断控制器连接拓扑

采用图 4-10 所示的拓扑结构时，3 个 PCI 插槽的 INTA#、INTB#、INTC#信号被分散连接到中断控制器的 IRQ_PIN1#、IRQ_PIN2#、IRQ_PIN3#引脚，而所有 INTD#信号共享 IRQ_PIN4#引脚。采用这种连接方式时，整个处理器系统使用的中断请求信号的负载较为均衡。而且这种连接方式保证了每个 PCI 插槽的 INTA#信号都分别与一根单独的 IRQ_PINx#引脚对应，从而提高了 PCI 插槽的中断请求的效率。多数 PCI 设备仅使用 INTA#信号，很少使用 INTB#和 INTC#信号，几乎不使用 INTD#信号。PCI 设备配置空间的 Interrupt Pin 寄存器记录该设备究竟使用哪个 INTx#信号。

在 PCI 总线中，所有需要提交中断请求的设备必须支持 Legacy 中断方式，而 MSI/MSI-X 中断方式是一个可选项。在 PCIe 总线中，PCIe 设备必须支持 MSI/MSI-X 中断方式，可以不支持 Legacy 中断方式。

在 PCIe 总线中，MSI/MSI-X 中断方式使用存储器写请求 TLP（transaction layer packet），即一种 PCIe 事务报文，向处理器提交中断请求，可以把这种 TLP 报文简称为 MSI/MSI-X 报文。PCIe 设备在提交 MSI/MSI-X 中断请求时，都是向其 MSI/MSI-X Capability 结构中的 Message Address 地址中写 Message Data 数据，从而组成一个 MSI/MSI-X 报文，向处理器提交中断请求。

不同的处理器使用不同的机制处理 MSI/MSI-X 中断请求，如 PowerPC 处理器使用其 MPIC 中断控制器处理 MSI/MSI-X 中断请求，而 x86 处理器使用 FSB Interrupt Message 方式处理 MSI/MSI-X 中断请求。

MSI 和 MSI-X 机制的基本原理相同，其中 MSI 中断机制最多支持 32 个中断请求，而且要求中断向量连续； MSI-X 中断机制可以支持更多的中断请求，并且不要求中断向量连续。与 MSI 中断机制相比，MSI-X 中断机制更为合理。

4.5 DMA

直接存储器访问（direct memory access，DMA）意为外设对内存的读写过程可以不用 CPU 参与而直接进行。

如果没有 DMA，一个普通网卡为了从内存获取需要发送的数据，需要通过总线告知 CPU 自己的数据请求（具体方法是，网卡通过中断通知 CPU，然后 CPU 主动来读取寄存器，获取网卡的请求），然后 CPU 会把主机内存中的数据复制到设备内部的存储空间中，其间可能还需要 CPU 寄存器的暂存。如果数据量比较大，那么很长一段时间内 CPU 都会忙于复制数据而无法投入其他工作。

CPU 的最主要的工作是计算和控制，而不是进行数据复制，数据复制的工作白白浪费了 CPU 的计算能力，也减弱了它对全局的控制力。为了让 CPU 投入更有意义的工作中，人们设计了 DMA 机制，比如总线上挂一个 DMA 控制器（现在一般网卡内部就自带这个功能），专门用来读写内存。有了 DMA 控制器以后，当网卡想要从内存中复制数据时，除了一些必要的控制命令，整个数据复制过程都是由 DMA 控制器完成的。其数据复制过程与 CPU 参与时是一样的，只不过这次是把内存中的数据通过总线复制到 DMA 控制器内部的寄存器/缓存中，再复制到网卡设备的存储空间中。CPU 除了关注一下这个过程的开始和结束，其他时间可以做别的事情。

## 第 5 章

内核协议栈方案及其存在的问题

本章将简要描述目前应用最广泛的以 Linux 内核网络协议栈为基础的网络方案的工作流程，并分析其存在的问题。这些问题正是本书重点讲述的各种高性能网络方案之所以存在的原因。

5.1　内核协议栈方案的工作过程

本书把 Linux 操作系统中的"网络协议栈+网络设备驱动程序"的网络方案称为 Linux 内核网络协议栈应用方案，简称内核协议栈方案。

图 5-1 展示了在使用内核协议栈方案的场景中，分别在两台机器上运行的应用程序，在其互相通信的过程中需要用到的主要软件模块和硬件设备，以及它们的整体交互流程。

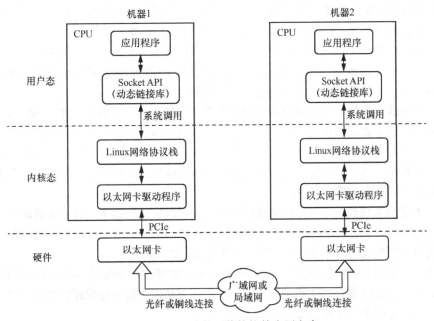

图 5-1　Linux 内核网络协议栈应用方案

软件部分全部运行在主机 CPU 上（数据保存在主机内存）。其中应用程序和它调用的动态链接库运行在用户态；Linux 网络协议栈和以太网卡驱动程序运行在内核态。Linux 网络协议栈是连接应用和驱动程序的中间层，负责按照应用程序的要求建立网络连接和封装（发送时）、解析（接收时）数据包。以太网卡驱动程序是和特定的网卡绑定的，负责操控硬件，将协议栈封装好的数据包发送到外部网络中，或将网卡从外部网络接收到的数据包转发给协议栈。关于应用程序如何调用套接字（socket）接口，以及 Linux 网络协议栈的具体实现，目前有很多书和资料进行介绍，不属于本书的关注范围。本书后文会介绍一个开源的基于 FPGA 的网卡驱动程序，目的是以此为基础介绍 DPDK 驱动程序的实现。

关于硬件部分，在不考虑多设备的情况下，主机的以太网卡是和外部进行网络互连的唯一硬件设备。网卡通过光纤或铜线等物理链路连接到网络，链路的对端可能是另一台主机（这种情况称为直连），也可能是各种路由器或交换机组成的广域网或局域网。出于简化网络拓扑以突出重点模块的目的，本书中涉及的网络连接一般为直连模式。另外，这里所说的网卡有其他很多种类似的名称，比如网络接口控制器（network interface controller, NIC）、网络适配器（network adapter）、网络接口卡（network interface card）或局域网适配器（LAN adapter）等。为了和后文提到的 RDMA 网卡区分开来，本书将使用内核协议栈方案的网卡称为以太网卡。

接下来看看以太网卡和 CPU 的连接。在大多数 PC 和服务器上，采用 PCIe 总线连接 CPU 和对速率要求较高的外部设备，包括以太网卡。虽然具有 USB 接口的网卡因其可插拔和便携性受到很多消费者的喜爱，但这种网卡的性能普遍达不到高性能网卡的标准，一般只能满足个人普通上网需求，所以不属于本书的讨论范畴。PCIe 除了有高速率的特点，还允许软件（一般是驱动程序）通过直接读写某段内存地址的方式访问和控制硬件设备，非常便于编程以及实现 DMA 操作。因此，除非特别说明，本书中所有网卡设备和主机 CPU 的连接总线都是 PCIe 总线。

在图 5-1 所示的方案中，假设机器 1 中运行的应用程序（发送端）要给机器 2 中运行的应用程序（接收端）发送数据，一次完整的数据发送和接收操作的简要步骤如下。

（1）初始化阶段。发送端和接收端应用程序通过调用动态链接库提供的套接字（socket）接口函数（比如 connect、bind）建立连接，并分别在主机内存中申请用于存放待发送和待接收的数据的缓存（buffer）。此类缓存位于用户空间。

（2）开始发送阶段。发送端应用程序再次调用套接字接口函数（比如 send、sendto），调用函数时传递了数据缓存的地址、数据长度等参数。随后系统进入内核态，内核协议栈也会分配数据缓存（位于主机内存，但属于内核空间），并将待发送的数据从用户空间的缓存复制到此缓存中。然后，待发送的数据经过内核协议栈的层层封装，组成一个或多个完整的报文，并继续保存在主机内存中。

（3）发送端协议栈通过网卡驱动程序告知网卡可以发送数据了（接下来是硬件的工作，软件可以返回用户态了），网卡将通过 DMA（方向为 Host to Device）从主机内存中复制已封装好的数据包到硬件内部缓存中，然后将其发送到物理链路。

（4）接收端网卡收到数据包后，先将数据包保存在硬件内部缓存，再将其通过 DMA（方向为 Device to Host）复制到主机内存（对应接收端驱动程序提前分配好的数据缓存，位于内核空间），并通过中断通知 CPU。

（5）接收端 CPU 收到中断，运行驱动程序向内核注册的中断处理程序。随后驱动程序中的接收处理逻辑将数据提交给内核协议栈。协议栈对报文进行层层解析，提取出有效的应用层数据。

（6）接收端应用程序已经提前申请好了数据缓存（位于用户空间），并已提前通过调用套接字接口函数（比如 recv、recvfrom）进入内核态。此时协议栈将数据从内核空间的缓存复制到用户空间的缓存，交给应用程序后，告知应用程序返回用户态。至此，一次完整的数据发送和接收操作结束。

5.2　内核协议栈方案的数据流

本节关注数据在各种缓存间的搬移过程。

在 5.1 节描述的数据发送和接收流程中，双方应用程序在第 1 步中申请的数据缓存属于用户空间，此缓存的虚拟地址连续，但物理地址不一定连续。

协议栈在第 2 步中封装数据前申请的数据缓存和第 4 步中提到的驱动程序提前分配好的数据缓存，都属于内核空间。由于需要提供给硬件访问，因此此类缓存的虚拟地址和物理地址都是连续的。

这两种缓存只能被同等权限的程序访问（除非进行额外的内存映射，这里不考虑这种情况），这就意味着应用程序和协议栈在交换数据时必须进行数据复制。

图 5-2 从数据搬移的角度，展示了数据在两台机器之间以及在机器内部各种存储介质之间的传递过程。其中机器 1 为发送端，机器 2 为接收端。整个过程可分为 5 个步骤，分别对应 5 次数据复制行为（见图 5-2 中的标号）。

① 发送端的应用程序发起一次发送操作后，数据首先被从用户空间的缓存复制到内核空间的缓存，这一次复制由 CPU 完成。随后内核协议栈负责给数据添加各层网络报头和校验信息。

② 发送端网卡通过 DMA 操作从主机内存复制数据到自己的内部缓存中。

③ 发送端网卡通过物理链路发送带有完整网络报文的数据给接收端网卡。

④ 接收端网卡收到数据后，将自己缓存中的数据包通过 DMA 操作复制到主机内存中的内核空间的缓存，由运行在 CPU 上的驱动程序和协议栈处理。

⑤ CPU 运行协议栈对数据包进行逐层解析和校验，并将数据复制到用户空间的缓存，最终交给接收端的应用程序。

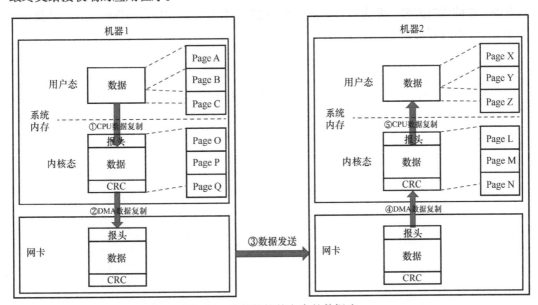

图 5-2　内核协议栈方案的数据流

从整个过程中可以看出，包括网卡间的数据传递，数据的复制行为共进行了 5 次。数据复制是非常耗时的行为，会提高数据传输过程中的时延，这也是以 Linux 内核网络协议栈为基础的应用方案存在的一个主要问题。按照现在的计算机系统硬件架构，第 2、3、4 次数据复制都是在不同的硬件之间进行的，无法避免。第 1 次和第 5 次数据复制是在主机内存芯片内部进行的，在理论上是可以避免的。这意味着存在很大的可能来降低数据传输过程中的时延。

5.3　内核协议栈方案的缺点

从前两节的描述中，可以总结出以 Linux 内核网络协议栈为基础的应用方案存在的几个缺点。

- 应用程序和网络协议栈的交互过程中存在用户态和内核态的频繁切换，操作系统在执行类似行为时，会涉及当前进程上下文（包括程序调用栈、寄存器等）的保存和恢复工作；TLB（页表的缓存）也会被频繁更新，导致 MMU 需要经常访问页表。这些都影响了数据收发的整体时延。
- 存在用户空间缓存和内核空间缓存之间的数据复制行为，消耗了大量时间。
- 内核协议栈对数据包的各种封装和解析也会消耗 CPU 时钟。

以上几个缺点都会提高传递过程中的整体时延，导致内核协议栈方案无法满足当前的一些热门需求，比如跨主机进行的分布式神经网络计算。另外，现在云计算服务的发展非常迅猛，服务器的 CPU 核对云计算业务提供商来说是稀缺资源，他们的服务经常是按照虚拟机使用的 CPU 核的个数收费。如果在网络传输处理中占用过多的 CPU 负载，就导致只剩较少的 CPU 核资源提供给用户，也就意味着利润的降低。

不过只要思想不滑坡，办法总比困难多。计算机专家们已经想出了很多新技术来解决（或部分解决）上述这些问题，这些新技术包括 RDMA、DPDK、XDP 等。本书的重点就是介绍这些新技术的实现方案，尤其是它们在工作的过程中如何进行软件和硬件的交互，以及如何为这些方案编写驱动程序等。

## 第 6 章

Corundum——一个开源的基于 FPGA 的 100G 网卡方案

Corundum 是一款基于 FPGA 的 100G 以太网卡解决方案。2020 年,加州大学圣地亚哥分校的博士研究生 Alex Forencich 在 FCCM2020 会议上发表了 *Corundum: An Open-Source 100-Gbps Nic* 一文,随后 Corundum 受到广泛关注。

Corundum 方案中的所有源码(包括 Verilog、Linux 网络驱动程序、仿真框架)都是开源的,可以从 GitHub 网站下载。

Corundum 具有如下特点。

- 基于 FPGA、开源的 100G 高性能网卡。
- 提供了数千个传输队列和可扩展的传输调度器,用于对数据流的细粒度控制。
- FPGA 的资源占用率相当小,即使在资源相对较少的 FPGA 上,也为附加逻辑留出了充足的空间。
- 有一个可扩展、开源、基于 Python 的仿真框架来评估整个设计。
- 提供高性能的并自动支持多种板卡变体的 Linux 网络设备驱动程序。
- 提供基于 IEEE 1588 PTP 时间戳接口,可实现微秒级时分多址(TDMA)硬件调度。

在本章中,6.1 节简要介绍 Corundum 的整体方案,其中大部分内容是其 FPGA 部分的实现框架。6.2 节阐述 Corundum 使用的队列机制。6.3 节详细解析 Corundum 的以太网驱动程序。

6.1 Corundum 方案简介

Corundum 是一个开源、基于 FPGA 的原型平台,可用于速率高达 100Gbit/s 及以上的网络接口开发。Corundum 平台有几个核心功能,以支持实时、高速的操作。这些核心功能包括高性能数据路径(datapath)、10G/25G/100G 以太网 MAC、PCIe 3.0 总线接口、自定义 PCIe DMA 引擎和本地高精度 IEEE 1588 PTP 时间戳。Corundum 的一个关键特性是可扩展队列,可以支持超过 10000 个队列,并与可扩展的传输调度器相结合实现对数据包传输的细粒度硬件控制。另外,Corundum 还支持分散/聚集(scatter/gather)DMA、校验和卸载(checksum offloading)等功能。

此方案有多个物理网络接口,每个物理接口包含多个端口,每个端口有自己的事件驱动的传输调度,这些功能可用于开发高级网络接口、架构和协议。这些硬件功能的软件接口是基于 Linux 网络协议栈的驱动程序。

方案中还提供了一个全面、开源、基于 Python 的仿真框架,使得开发和调试都很方便。该框架几乎包括整个系统,比如驱动程序、PCI Express 接口的仿真模型和以太网物理接口。

图 6-1 展示了 Corundum 方案在 FPGA 上的实现。此图中有很多缩略语,它们的意义如下。

- PCIe HIP: PCIe 硬 IP 核。
- AXIL M：AXI lite master。
- DMA IF：DMA 接口。
- PTP HC：PTP 硬件时钟。
- TXQ：发送队列管理器。
- TXCQ：发送完成队列管理器。
- RXQ：接收队列管理器。
- RXCQ：接收完成队列管理器。
- EQ：事件队列管理器。
- MAC+PHY：以太网媒体访问控制器（MAC）和物理接口层（PHY）。

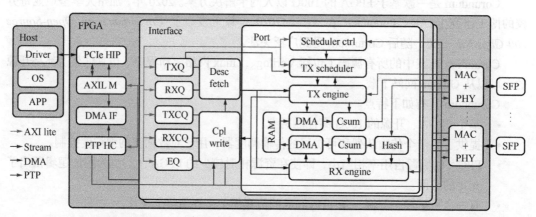

图 6-1　Corundum 以太网卡方案

在较高层面上，此以太网卡主要由 3 个嵌套的模块组成，这 3 个模块分别对应图 6-1 中的 3 个最大的方框，方框按照从大到小排列依次为 FPGA、接口（Interface）和端口（Port）。

FPGA 中（除了它内部的接口和端口）主要包含起支持作用和对外连接作用的组件。这些组件有 PCIe 硬 IP 核、DMA 接口、PTP 硬件时钟和以太网对外连接组件（包括 MAC+PHY 和相关的串行器）。

FPGA 中还包括一个或多个接口模块。每个接口模块对应一个操作系统级网络接口（比如常见的 eth0）。每个接口模块都包含队列管理逻辑以及描述符和完成处理逻辑。队列管理逻辑维护所有队列（包括发送队列、发送完成队列、接收队列、接收完成队列和事件队列）的队列状态。

每个接口模块还包含一个或多个端口模块。每个端口模块向 MAC 提供一个 AXI 流接口，并包含一个发送调度器、发送和接收引擎、发送和接收数据路径，以及一个暂存器（scratchpad）RAM，用于在 DMA 操作期间临时存储传入和传出的数据包。

对于每个端口，端口模块中的发送调度器决定用哪些队列进行数据发送。发送调度器为发送引擎生成命令，该引擎协调发送数据路径上的操作。调度器是一个灵活的功能模块，可以对其进行修改或替换，以支持可能由事件驱动的任意调度安排。调度器的默认实现是简单的循环。与同一接口模块关联的所有端口共同同一组发送队列，向操作系统显示为单个统一的接口（也就是说端口这个概念对操作系统是透明的）。这样一来，仅更改发送调度器设置，就可以在端口之间迁移流或在多个端口之间实现负载均衡，而不会影响整个方案的其余部分。这种动态的由调度器定义的队列到端口的映射是 Corundum 的一个独特功能，它可用于研究新的协议和网络架构。

在接收方向上,传入的数据包通过流散列(flow hash)模块来确定使用哪个接收队列,并为接收引擎生成命令,该引擎协调接收数据路径上的操作。由于同一接口模块中的所有端口共享同一组接收队列,因此不同端口上的传入流合并到同一组队列中。此外,工程师还可以向网卡中添加自定义模块,以便在传入数据包后,穿过 PCIe 总线送到主机之前对数据包进行预处理和过滤。

Corundum 方案的作者使用安装在 Dell R540 服务器(双 Xeon 6138 CPU)中的 Alpha Data ADM-PCIE-9V3 开发板评估 100G Corundum 网卡的性能。该开发板使用 QSFP28 光模块和直连光纤连接到插在另一台同型号服务器上的比较先进的商用网卡(Mellanox ConnectX-5)。此外,还对安装在同一台服务器上的另外两个 Mellanox ConnectX-5 网卡进行了测试,以进行比较。测试中运行了多达 8 个 iperf3 进程,以使链路饱和。测试结果如图 6-2 所示。

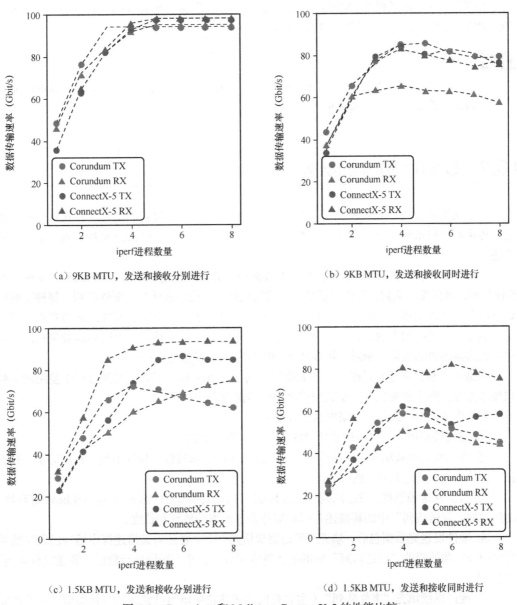

图 6-2　Corundum 和 Mellanox ConnectX-5 的性能比较

　　为了比较 Corundum 和 Mellanox ConnectX-5 的性能差异，两个网卡最初都配置了 9000 字节的最大传输单元（MTU）。对于这种配置，Corundum 可以分别实现 95.5 Gbit/s RX（接收）和 94.4 Gbit/s TX（发送）的速率，如图 6-2（a）所示。在相同条件下，Mellanox ConnectX-5 的发送和接收速率均达到 97.8 Gbit/s。

　　当运行更多的 iperf 实例，以同时使链路在发送和接收两个方向上饱和时，Corundum 的性能降低到 65.7 Gbit/s RX 和 85.9 Gbit/s TX，如图 6-2（b）所示。在相同条件下，Mellanox ConnectX-5 的接收和发送速率也降低到 83.4 Gbit/s。

　　图 6-2（c）和图 6-2（d）比较了在 1500 字节 MTU 的条件下 Corundum 和 Mellanox ConnectX-5 的性能差异。只发送单向数据时，Corundum 可以分别实现 75.0 Gbit/s RX 和 72.2 Gbit/s TX，如图 6-2（c）所示。双向饱和时，可实现 53.0 Gbit/s RX 和 57.6 Gbit/s TX，如图 6-2（d）所示。在相同条件下，Mellanox ConnectX-5 可以分别实现 93.4 Gbit/s RX 和 86.5 Gbit/s TX；收发同时进行时，可实现 82.7 Gbit/s RX 和 62.0 Gbit/s TX。

> **注：**
>
> 　　对更具体的 FPGA 层面的实现细节感兴趣的读者，可自行搜索并阅读 *Corundum: An Open-Source 100-Gbps Nic* 一文。

6.2　Corundum 的队列

　　在前文第 4 章中，已经提到了队列和队列中的元素——描述符，这是一种在软件和硬件之间传递数据的重要的组织形式。在阅读本节之前，建议读者先阅读前文对队列和描述符的描述。

　　Corundum 方案中使用了队列，在收发数据前，必须先创建队列。Corundum 方案中共有 5 种队列，包括发送队列、发送完成队列、接收队列、接收完成队列、事件队列。每种队列的数量以及队列内元素（描述符）的数量各不相同，具体的数量取决于硬件的能力和软件的配置。但是，发送队列和发送完成队列必须是一一对应的，意思是这两种队列的数量相同，两种队列内描述符的数量也相同。接收队列和接收完成队列也是一一对应的。

　　数据发送和数据接收过程中使用的队列不同，图 6-3 展示了数据发送过程中使用的队列和操作流程，图中箭头是指主要数据或命令的传递方向。

　　对应图 6-3 中的编号，数据发送过程如下。

　　① 协议栈调用驱动程序初始化时注册的数据发送函数。

　　② 数据发送函数填充"发送队列"（向其描述符中填写数据包的地址、长度等），并更新软件计数的"发送队列"的 head。

　　③ 数据发送函数将"发送队列"的新 head 写入硬件提供的"发送队列"的 head 寄存器，硬件读取"发送队列"中的新描述符以获取待发送数据的地址和长度。

　　④ 硬件发送完数据包后，填充"发送完成队列"（主要是向其描述符中填写已发送的数据包的长度和处理的"发送队列"中的描述符索引等），并更新硬件计数的"发送完成队列"的 head。

　　⑤ 硬件继续填充"事件队列"（主要是向其描述符中填写已完成的事件类型——发送完

成，和刚刚填充的"发送完成队列"的索引），更新硬件计数的"事件队列"的 head，随后发起中断。

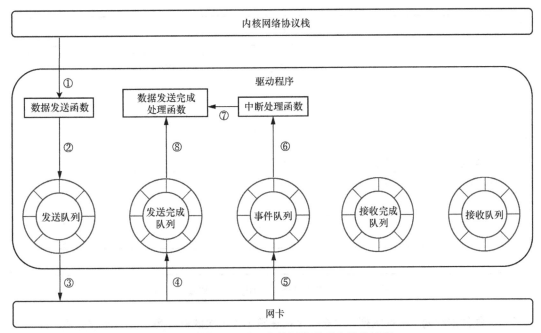

图 6-3 数据发送过程中使用的队列和操作流程

⑥ CPU 收到中断，调用驱动程序注册的中断处理函数。中断处理函数读取"事件队列"的 head 寄存器，从硬件获取"事件队列"的 head，发现和软件自己记录的"事件队列"的 tail 不相等，表明有新事件发生。然后从"事件队列"中读取描述符获取新事件，经判断，此事件是一个发送完成事件。"事件队列"描述符中还包含了对应此事件的"发送完成队列"的索引，即编号。

⑦ 中断处理函数（引发 NAPI 调度）调用数据发送完成处理函数。

⑧ 数据发送完成处理函数读取"发送完成队列"的 head 寄存器，发现新 head 和自己记录的"发送完成队列"的 tail 不相等，表明"发送完成队列"中有新的描述符（意味着有数据被硬件发送出去了）。随后读取"发送完成队列"中的描述符，获知硬件处理过的"发送队列"的描述符的索引，将其指向的数据缓存释放。最后更新软件中"发送完成队列"的 tail 计数，并写 tail 寄存器告知硬件处理完成。

图 6-4 展示了数据接收过程中使用的队列和操作流程，图中箭头是指主要数据或命令的传递方向。

对应图 6-4 中的编号，数据接收过程如下。

① 驱动程序初始化过程中，或上一个数据包接收完成后，驱动程序会填充"接收队列"，即向其描述符中写入可存放下一次接收到的数据的数据缓存的地址和长度。随后，更新软件计数的"接收队列"的 head，同时写"接收队列"的 head 寄存器通知硬件。

② 硬件发现"接收队列"的 head 和自己记录的 tail 不相等，开始从"接收队列"读取描述符信息，获知下一次接收到的数据包可以存放的数据缓存的地址。

③ 硬件从网络收到数据包，放入数据缓存后，向"接收完成队列"填充一个描述符（含接收到的数据包长度和对应的"接收队列"描述符的索引），并更新硬件计数的"接收完成队列"的 head。

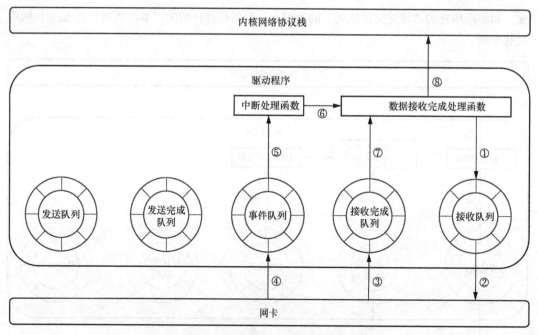

图 6-4　数据接收过程中使用的队列和操作流程

④ 硬件继续向"事件队列"填充一个描述符（含本次的事件类型——接收完成，以及使用的"接收完成队列"的索引），并更新硬件计数的"事件队列"的 head，随后向 CPU 发起中断。

⑤ CPU 收到中断，调用驱动程序初始化时注册的中断处理函数。中断处理函数读取"事件队列"的 head 寄存器，从硬件获取"事件队列"的新 head，发现和自己记录的"事件队列"的 tail 不相等，表明有新事件发生。然后从"事件队列"读取新描述符，得知新事件类型为接收完成；并从描述符获得对应此事件的"接收完成队列"的索引，即编号。

⑥ 中断处理函数随后调用数据接收完成处理函数。

⑦ 数据接收完成处理函数读取"接收完成队列"的 head 寄存器，发现和自己记录的"接收完成队列"的 tail 不相等，表明队列中有新的描述符（意味着有新数据被硬件接收了）。随后，读取"接收完成队列"的描述符，获知收到的数据包的长度以及对应的"接收队列"中的描述符索引（同时获得了此描述符指向的存放接收到的数据的数据缓存的地址）。最后更新软件中"接收完成队列"的 tail 计数，并写"接收完成队列"的 tail 寄存器告知硬件处理完成。

⑧ 驱动程序将收到的数据交给协议栈。随后重新填充"接收队列"，即回到①。

以上内容描述了 Corundum 方案中的各种队列在数据发送和数据接收过程中所起的作用。在后文的代码解析中，读者可以重点关注程序是如何操作这些队列的。

6.3　Corundum 的 Linux 网络设备驱动程序解析

作者为 Corundum 编写了 DPDK 方案的驱动程序，具体细节将在第 12 章中介绍。但在此之前，本节将分析 Corundum 开源项目自带的 Linux 网络设备驱动程序，使读者能够先了解一个网卡的驱动程序需要做哪些事情才能控制网卡去发送和接收数据，并在读完第 12 章后能更好地理解 Linux 网络设备驱动程序和 DPDK 驱动程序的区别。

6.3.1 驱动程序源码概览

如果读者已经下载了 Corundum 项目的源码，进入 modules/mqnic 目录，输入 tree 命令就可以看到如下文件，这些文件就是 Corundum 的 Linux 网卡驱动程序的所有代码。"//"之后的中文描述是作者加的注释，之后所有的代码解析部分都是如此。

```
~/corundum/modules/mqnic$ tree
├── Makefile
├── mqnic_cq.c    //和完成队列相关的源码，包括创建完成队列、更新队列头尾指针等功能
├── mqnic_dev.c   //建立一个misc设备，应用程序可通过ioctl访问这个设备获取一些板卡相关的信息
├── mqnic_eq.c    //和事件队列相关的源码，跟中断处理有关，根据事件队列中的消息可判断当前完成的操作是数据
│                 //接收还是数据发送
├── mqnic_ethtool.c  //支持ethtool工具，可为用户随时读取光模块和板卡上的EEPROM芯片的信息（不属于
│                    //本书的描述范围）
├── mqnic.h
├── mqnic_hw.h
├── mqnic_i2c.c   //和I2C功能有关的源码，负责打开和关闭光模块、读取EEPROM等(不属于本书的描述范围)
├── mqnic_ioctl.h
├── mqnic_main.c  //驱动程序入口，负责驱动模块的启动和退出
├── mqnic_netdev.c  //负责网络设备初始化，启动和关闭网口(对应Linux系统中的ethX)等功能
├── mqnic_port.c  //端口配置相关的源码，包括激活端口、设置MTU、设置RSS等
├── mqnic_ptp.c   //提供PTP时钟功能，不属于本书描述范围
├── mqnic_rx.c    //提供数据接收功能，包括创建接收队列、数据接收等
└── mqnic_tx.c    //提供数据发送功能，包括创建发送队列、数据发送、处理发送完成队列等
```

6.3.2 驱动程序的编译和使用

驱动程序代码的编译非常简单，进入 modules/mqnic 目录直接运行 make 命令即可。但需要注意的是，如果主机的 Linux 内核版本过低，可能需要修改代码。建议升级 Linux 内核版本后再使用。作者使用的 Linux 5.8.1 版本没有遇到任何编译问题。编译完成后，在当前目录下会发现文件 mqnic.ko，此文件即为驱动模块的最终目标文件。

如果之前已经把写入了正确 Corundum FPGA 镜像文件的 FPGA 卡（作者使用了浪潮 F37X FPGA 加速卡）插在了主机的 PCIe 插槽上，此时运行 lspci 命令，就可以找到类似如下输出：

```
03:00.0 Ethernet controller: Device 1234:1001
```

其中，前面的 03:00.0 是 PCI 设备编号，格式为"Domain:Bus:Function"，和网卡所在的槽位号以及主机的 PCIe 总线拓扑结构有关，这里不必关注。比较重要的是后面的设备 ID，即"1234:1001"，具体地说，其表示厂家 ID 为 0x1234，设备 ID 为 0x1001。为了描述方便，本书还是把这两个 ID 合称为设备 ID。在驱动程序的加载过程中，这个 ID 被用来匹配驱动程序和设备。

随后，执行 insmod 命令加载驱动程序：

```
#sudo insmod mqnic.ko
```

如果没有报错，一般就说明加载成功了。如果失败了（比如直接打印错误、运行 dmesg 命令后发现系统中有错误或运行 ifconfig 命令没有发现新的网络接口），可能是因为系统在 PCIe 总线上搜索不到和前文提到的设备 ID 对应的 PCIe 设备，此时需要检查硬件（FPGA 卡本身或者其使用的 FPGA 镜像文件）是否有问题。使用 dmesg 命令可以查看驱动程序加载后初始化过程中的打印。

驱动程序加载成功后执行 ifconfig 命令，即可看见大家熟悉的 eth0 和 eth1 了（根据具体环境的不同，也可能是其他名字），软件工程师大多称之为网络接口，一般可以对应到网卡上的一个物理接口。具体到作者环境上的 F37X 加速卡，由于 FPGA 工程师只使能了其中的一个网口，因此其实只有 eth0 有效，eth1 无法用来收发数据包。

```
eth0: flags=4163<UP,BROADCAST,RUNNING,MULTICAST>  mtu 1500
      inet6 fe80::5003:1eef:d5a3:2cb6  prefixlen 64  scopeid 0x20<link>
      ether 9e:ab:45:5f:cc:44  txqueuelen 1000  (Ethernet)
      RX packets 0  bytes 0 (0.0 B)
      RX errors 0  dropped 0  overruns 0  frame 0
      TX packets 14  bytes 2065 (2.0 KB)
      TX errors 0  dropped 0  overruns 0  carrier 0  collisions 0

eth1: flags=4163<UP,BROADCAST,RUNNING,MULTICAST>  mtu 1500
      inet6 fe80::7508:a27d:62d9:dbdc  prefixlen 64  scopeid 0x20<link>
      ether 72:65:3f:17:98:7f  txqueuelen 1000  (Ethernet)
      RX packets 0  bytes 0 (0.0 B)
      RX errors 0  dropped 0  overruns 0  frame 0
      TX packets 16  bytes 2512 (2.5 KB)
      TX errors 0  dropped 0  overruns 0  carrier 0  collisions 0
```

如果硬件链路连接正常，此时为 eth0 设置好 IP，就可以和对端通信了。作者试着和对端的 Mellanox 100G 网卡通信（ping），是可以成功的。当然，两块 FPGA 板卡之间也可以通信。

6.3.3　驱动程序的加载和注册

接下来开始分析驱动程序代码。千里之行始于足下，一个驱动程序的辛劳历程要从它的加载开始讲起。

在 mqnic_main.c 文件的最后，有如下两行代码。

```
module_init(mqnic_init);
module_exit(mqnic_exit);
```

这两行代码是在告诉内核：在用户加载（insmod）此驱动程序的时候，请调用函数 mqnic_init；在用户卸载（rmmod）此驱动程序的时候，请调用函数 mqnic_exit。

继续进入 mqnic_init 和 mqnic_exit 这两个函数的内部。

```
static int __init mqnic_init(void)
{
    return pci_register_driver(&mqnic_pci_driver);
}
```

```
static void __exit mqnic_exit(void)
{
    pci_unregister_driver(&mqnic_pci_driver);
}
```

内容非常简洁明了。加载时，mqnic_init 函数调用 pci_register_driver 函数向内核注册了一个名为 mqnic_pci_driver 的变量，此变量所使用的数据结构为 struct pci_driver。这个语句的作用是向内核注册一个 PCI 设备驱动程序。卸载时，mqnic_exit 函数调用 pci_unregister_driver 函数把驱动程序从内核中移除。

6.3.4　驱动程序和设备的匹配

驱动程序加载到内核后，一旦内核检测到对应的设备，就可以使用驱动程序去控制设备了。这句话有两个关键词，一个是"检测"，另一个是"对应"。

检测是指操作系统首先要发现这个设备，这是由操作系统使用总线的驱动程序（本例中为 PCIe 总线，使用内核中的 PCI 总线驱动）扫描整个总线实现的。对于 Linux，扫描 PCI 总线的操作发生在操作系统的启动过程中。因此，系统启动后，工程师就可以随时输入 lspci 命令去查看 PCI 总线上的所有设备，即使这个设备本身的驱动程序还没有被加载到内核。在此我们不考虑热插拔的情况，所以需要在开机前就把 FPGA 网卡插到 PCIe 插槽中。

对应是指驱动程序和设备的匹配。具体到当前这个场景，Corundum 的网卡驱动程序如何匹配插在 PCIe 插槽上的 FPGA 卡呢？这就又要涉及前文提到过的设备 ID 了。

前文提到驱动程序加载时调用 pci_register_driver 向内核注册了一个名为 mqnic_pci_driver（数据结构为 struct pci_driver）的变量，此变量定义如下：

```
static struct pci_driver mqnic_pci_driver = {
    .name = DRIVER_NAME,
    .id_table = mqnic_pci_id_table,
    .probe = mqnic_pci_probe,
    .remove = mqnic_pci_remove,
    .shutdown = mqnic_pci_shutdown
};
```

其各主要成员的意义如下。
- mqnic_pci_id_table：当前驱动程序支持的设备 ID 列表。
- mqnic_pci_probe：驱动程序和设备匹配以后最先调用的函数。
- mqnic_pci_remove：设备被从系统移除（一般是设备被拔出）时调用的函数。

本节主要关注数据结构中的第二个成员 mqnic_pci_id_table 的定义：

```
static const struct pci_device_id mqnic_pci_id_table[] = {
    { PCI_DEVICE(0x1234, 0x1001) },
    { PCI_DEVICE(0x5543, 0x1001) },
    { 0 /* end */ }
};
```

Linux 内核匹配驱动程序和设备的过程是这样的：在 Corundum 驱动程序向内核注册后，内核就知道了这是一个 PCI 设备（因为驱动程序所使用的注册函数是 pci_register_driver）。随后，内核从驱动程序定义的 pci_driver 结构（mqnic_pci_driver 变量）的成员 id_table （mqnic_pci_id_table）得知此驱动程序支持设备 ID 为"0x1234, 0x1001"和"0x5543, 0x1001"的 PCI 设备。于是内核去查找自己已经通过 PCI 总线扫描到的设备的列表，如果发现其中有一个设备的 ID 为"0x1234, 0x1001"（正是作者之前用 lspci 命令查看到的）或"0x5543, 0x1001"，内核就认为 Corundum 网卡驱动程序和这个设备相匹配。然后，内核开始调用 pci_driver 结构中定义的 probe 函数 mqnic_pci_probe。

6.3.5　初始化阶段

内核开始调用 probe 函数 mqnic_pci_probe，这意味着进入了网卡驱动的初始化阶段。

1.　probe 函数

如果说 mqnic_init 是驱动程序加载的入口，那么 probe 函数 mqnic_pci_probe 就是驱动程序真正开始工作的入口，内核一旦找到了和驱动程序匹配的设备，第一个运行的就是这个 probe 函数。

此函数比较长，在此依次截取一些重要的片段进行解释。

probe 函数代码片段 1：

```
    struct mqnic_dev *mqnic;
    struct device *dev = &pdev->dev;
......//此处删除了不重要的代码（比如打印、错误处理、和主流功能无关的配置等）以突出重点，本书后面章节的代
......//码解析都是如此
if (!(mqnic = devm_kzalloc(dev, sizeof(*mqnic), GFP_KERNEL)))
//为当前 PCI 设备申请私有数据存储空间
    {
        return -ENOMEM;
    }

    mqnic->dev = dev;
    mqnic->pdev = pdev;
pci_set_drvdata(pdev, mqnic);
//把 mqnic 变量设置为当前 PCI 设备的私有数据
```

作者在代码中加的后两句注释就是此段代码的主要作用。这段代码为 mqnic 指针指向的数据结构申请了地址空间，此数据结构将成为当前 PCI 设备的私有数据结构。

在 probe 函数接下来的流程中，程序会陆续把一些初始化后得到的值保存到 mqnic 指向的数据结构中。由于这段代码的最后通过调用 pci_set_drvdata 把设备私有数据结构的地址注册到了 Linux 内核的 PCI 设备驱动程序框架，而驱动程序框架在以后调用驱动程序注册（此注册是通过 mqnic_pci_driver 变量的声明实现的）的其他回调函数时，会在参数中带上设备私有数据结构的地址。因此，驱动程序中的其他函数也可以使用设备的私有数据了，进而得到 probe 函数做初始化时保存的各种变量的值。

这种把设备私有数据结构注册到驱动程序框架，再被驱动程序注册的回调函数使用的方法，是各种 Linux 驱动程序架构常用的一种技巧。

probe 函数代码片段 2：

```
    // Enable device
    ret = pci_enable_device_mem(pdev);
    if (ret)
```

```
    {
        dev_err(dev, "Failed to enable PCI device");
        goto fail_enable_device;
    }
```

此段代码只调用了一个内核函数 pci_enable_device_mem。如果到 Linux 内核源码中去查看这个函数，它的注释中有 "Initialize a device for use with Memory space" 这样的描述。即 "使能"（Enable）此 PCI 设备（包括把设备的 D-State 设置为 D0）的同时，也使能了 "像读写内存地址那样" 访问它的方式。内核通过向设备的 PCI 配置空间发送相关命令实现这一点，对此感兴趣的读者可以沿着此函数的调用栈继续深入阅读 Linux 内核源码。

probe 函数代码片段 3：

```
    // Set mask
    ret = dma_set_mask_and_coherent(dev, DMA_BIT_MASK(64));
    if (ret)
    {
......
    }
```

dma_set_mask_and_coherent 是内核提供的函数，有两个作用。

第一个作用对应函数名中的 mask，具体来说是设置 PCI 总线控制器，使其可以支持 64 位地址 DMA 读写（重点是 Inbound，即设备访问主机内存的方向）。由于目前实际在用的计算机支持最大 64 位地址空间，这个设置相当于给了 PCI 设备访问所有主机内存地址的权限。

第二个作用对应函数名中的 coherent，在函数中（见内核代码）为设备设置了一个名为 coherent_dma_mask 的标记，顾名思义是用于申请一致性 DMA 缓存。内核提供了 dma_alloc_coherent 函数供驱动程序调用（本驱动程序也会用到），用于申请一致性 DMA 缓存（最简单的实现方式就是把这段地址空间的 Cache 功能关闭，使 CPU 和设备访问到的内存内容持续保持一致）。在申请缓存的过程中会查看设备的 coherent_dma_mask 标记，以判断可以申请的缓存的地址范围。在本例中，此标记被设置为 DMA_BIT_MASK(64)，意味着地址范围没有限制。

probe 函数代码片段 4：

```
    // Reserve regions
1.    ret = pci_request_regions(pdev, DRIVER_NAME);
......
2.    mqnic->hw_regs_size = pci_resource_len(pdev, 0);
3.    mqnic->hw_regs_phys = pci_resource_start(pdev, 0);
    // Map BAR
4.    mqnic->hw_addr = pci_ioremap_bar(pdev, 0);
......
```

第 1 行代码调用内核函数 request_mem_region，其作用仅是通知 Linux 内核把一块内存区域预留出来，意思是 "这块内存我已经占用了，别人就不要动了"。具体到本驱动程序，这块内存区域就是操作系统为此 PCI 设备的 BAR0 预留的那段地址空间，即此设备的寄存器地址空间。

第 2 和第 3 行代码获取设备寄存器空间的起始（物理）地址和长度。

第 4 行代码为寄存器空间进行内存映射，具体地说是为 CPU 的内存管理单元（MMU）

建立一段虚拟地址到物理地址的映射（保存在页表）。程序指令在此之后访问寄存器的虚拟
地址时，MMU 就会从页表中读取虚拟地址对应的表项，以获取寄存器的物理地址，并将物理
地址信号发送到总线上去访问寄存器。寄存器空间（虚拟地址）的首地址最终被保存到
mqnic->hw_addr，驱动程序运行时会无数次使用这个地址（加上某个偏移量）以访问设备的
各个寄存器。

probe 函数代码片段 5：

```
// Read ID registers
mqnic->fw_id = ioread32(mqnic->hw_addr+MQNIC_REG_FW_ID);
dev_info(dev, "FW ID: 0x%08x", mqnic->fw_id);
mqnic->fw_ver = ioread32(mqnic->hw_addr+MQNIC_REG_FW_VER);
dev_info(dev, "FW version: %d.%d", mqnic->fw_ver >> 16, mqnic->fw_ver & 0xffff);
mqnic->board_id = ioread32(mqnic->hw_addr+MQNIC_REG_BOARD_ID);
dev_info(dev, "Board ID: 0x%08x", mqnic->board_id);
mqnic->board_ver = ioread32(mqnic->hw_addr+MQNIC_REG_BOARD_VER);
dev_info(dev, "Board version: %d.%d", mqnic->board_ver >> 16, mqnic->board_ver & 0xffff);
......
mqnic->if_count = ioread32(mqnic->hw_addr+MQNIC_REG_IF_COUNT);
dev_info(dev, "IF count: %d", mqnic->if_count);
mqnic->if_stride = ioread32(mqnic->hw_addr+MQNIC_REG_IF_STRIDE);
dev_info(dev, "IF stride: 0x%08x", mqnic->if_stride);
mqnic->if_csr_offset = ioread32(mqnic->hw_addr+MQNIC_REG_IF_CSR_OFFSET);
dev_info(dev, "IF CSR offset: 0x%08x", mqnic->if_csr_offset);
```

从此段代码开始，驱动程序开始从设备寄存器读取信息了。本代码片段中，省略号上面
的几行代码只是在获取固件和设备的 ID 以及版本信息，这些信息在接下来的运行中没有什么
用处。当然如果想针对某些固件版本或板卡版本执行特殊操作，就会用到这些信息了，不过
在本例中并未用到。

省略号下面的几行代码比较重要。执行完毕后，if_count 中保存的是接口（Interface）的
数量，实际是 2，这就是驱动程序加载后会出现 eth0 和 eth1 两个网络接口的原因。两个接口
各有自己的寄存器地址空间，if_stride 中保存的是两个地址空间之间的偏移。if_csr_offset 是
各接口寄存器空间的内部保存属性（比如发送队列和接收队列的数量）的那段寄存器相对于
接口寄存器空间基地址的偏移量。

probe 函数代码片段 6：

```
// Allocate MSI IRQs
mqnic->irq_count = pci_alloc_irq_vectors(pdev, 1, 32, PCI_IRQ_MSI);
......
// Set up interrupts
for (k = 0; k < mqnic->irq_count; k++)
{
    ret = pci_request_irq(pdev, k, mqnic_interrupt, 0, mqnic, "mqnic%d-%d", mqnic->id, k);
......
    mqnic->irq_map[k] = pci_irq_vector(pdev, k);
}
```

首先调用 pci_alloc_irq_vectors 函数为设备申请 MSI 类型（PCI 设备的一种触发中断的方
式，可以理解为，设备通过 PCIe 总线和 CPU 内部总线给中断控制器发 MSI 中断消息，中断
控制器再发中断信号给处理器的 INT 引脚）的中断号，参数 1 和 32 的意思是希望系统最少分

配 1 个，最多分配 32 个中断号。最终能申请到多少个中断号，取决于当前 PCI 设备支持（从其 PCI 配置空间读取）的 MSI 中断的数量。在作者的测试环境上，最终实际获取的中断个数为最大值 32。

接下来调用 pci_request_irq 为每个中断号注册中断处理函数 mqnic_interrupt，后文会讲到此函数的内容。

在驱动程序加载完成后，如果执行命令 cat /proc/interrupts，就可以看到 32 个依次被命名为从 mqnic0-0 到 mqnic0-31 的中断。

probe 函数代码片段 7：

```
// Enable bus mastering for DMA
pci_set_master(pdev);
```

此处只有一行代码，但非常重要。它调用内核提供的 pci_set_master 函数，通过写命令到 PCI 设备的配置空间，给予设备作为 master 主动访问 PCI 总线的权限，这种权限对于设备发起 DMA 读写操作是必需的。

probe 函数代码片段 8：

```
for (k = 0; k < mqnic->if_count; k++)
{
    dev_info(dev, "Creating interface %d", k);
    ret = mqnic_init_netdev(mqnic, k, mqnic->hw_addr + k*mqnic->if_stride);
......
    }
```

为每个网络接口调用 mqnic_init_netdev 函数。mqnic_init_netdev 函数是驱动程序自己的代码，从函数名看是用来初始化网络设备的，后面会单独介绍。在此之前需要注意它的最后一个输入参数 "mqnic->hw_addr + k*mqnic->if_stride"，其中 k 是网络接口的编号，mqnic->if_stride 是每个网络接口的寄存器空间的长度，两者相乘后再加上 mqnic->hw_addr（所有寄存器的基地址）就是当前网络接口的寄存器基地址。

另外，probe 函数中还有 I2C 接口初始化和 misc 设备注册之类的操作，用于读取板上的 EEPROM 以获取 MAC 地址以及提供 ioctl 接口给应用程序以获取设备信息。由于这些都不属于驱动程序的主要功能（收发数据包），在此略过。

2. 网络接口的初始化和注册

在 probe 函数完成了 PCI 总线和中断相关的配置后，会继续调用 mqnic_init_netdev 函数。mqnic_init_netdev 函数负责单个网络接口的初始化和注册。

mqnic_init_netdev 函数中各种变量和逻辑的前后联系比较紧密，因此不再分段解析，否则难以理解上下文。

```
int mqnic_init_netdev(struct mqnic_dev *mdev, int port, u8 __iomem *hw_addr)
{
    struct device *dev = mdev->dev;
    struct net_device *ndev;
    struct mqnic_priv *priv;
    int ret = 0;
    int k;
    u32 desc_block_size;
```

```
//①
ndev = alloc_etherdev_mqs(sizeof(*priv), MQNIC_MAX_TX_RINGS, MQNIC_MAX_RX_RINGS);
if (!ndev)
{
    return -ENOMEM;
}


SET_NETDEV_DEV(ndev, dev);
ndev->dev_port = port;

//②
// init private data
priv = netdev_priv(ndev);
memset(priv, 0, sizeof(struct mqnic_priv));

spin_lock_init(&priv->stats_lock);

priv->ndev = ndev;
priv->mdev = mdev;
priv->dev = dev;
priv->port = port;
priv->port_up = false;

//③
priv->hw_addr = hw_addr;
priv->csr_hw_addr = hw_addr+mdev->if_csr_offset;

//④
// read ID registers
priv->if_id = ioread32(priv->csr_hw_addr+MQNIC_IF_REG_IF_ID);
dev_info(dev, "IF ID: 0x%08x", priv->if_id);
priv->if_features = ioread32(priv->csr_hw_addr+MQNIC_IF_REG_IF_FEATURES);
dev_info(dev, "IF features: 0x%08x", priv->if_features);

priv->event_queue_count = ioread32(priv->csr_hw_addr+MQNIC_IF_REG_EVENT_QUEUE_COUNT);
dev_info(dev, "Event queue count: %d", priv->event_queue_count);
priv->event_queue_offset = ioread32(priv->csr_hw_addr+MQNIC_IF_REG_EVENT_QUEUE_OFFSET);
dev_info(dev, "Event queue offset: 0x%08x", priv->event_queue_offset);
priv->tx_queue_count = ioread32(priv->csr_hw_addr+MQNIC_IF_REG_TX_QUEUE_COUNT);
dev_info(dev, "TX queue count: %d", priv->tx_queue_count);
priv->tx_queue_offset = ioread32(priv->csr_hw_addr+MQNIC_IF_REG_TX_QUEUE_OFFSET);
dev_info(dev, "TX queue offset: 0x%08x", priv->tx_queue_offset);
priv->tx_cpl_queue_count = ioread32(priv->csr_hw_addr+MQNIC_IF_REG_TX_CPL_QUEUE_COUNT);
dev_info(dev, "TX completion queue count: %d", priv->tx_cpl_queue_count);
priv->tx_cpl_queue_offset = ioread32(priv->csr_hw_addr+MQNIC_IF_REG_TX_CPL_QUEUE_OFFSET);
dev_info(dev, "TX completion queue offset: 0x%08x", priv->tx_cpl_queue_offset);
priv->rx_queue_count = ioread32(priv->csr_hw_addr+MQNIC_IF_REG_RX_QUEUE_COUNT);
dev_info(dev, "RX queue count: %d", priv->rx_queue_count);
priv->rx_queue_offset = ioread32(priv->csr_hw_addr+MQNIC_IF_REG_RX_QUEUE_OFFSET);
dev_info(dev, "RX queue offset: 0x%08x", priv->rx_queue_offset);
priv->rx_cpl_queue_count = ioread32(priv->csr_hw_addr+MQNIC_IF_REG_RX_CPL_QUEUE_COUNT);
dev_info(dev, "RX completion queue count: %d", priv->rx_cpl_queue_count);
priv->rx_cpl_queue_offset = ioread32(priv->csr_hw_addr+MQNIC_IF_REG_RX_CPL_QUEUE_OFFSET);
dev_info(dev, "RX completion queue offset: 0x%08x", priv->rx_cpl_queue_offset);
priv->port_count = ioread32(priv->csr_hw_addr+MQNIC_IF_REG_PORT_COUNT);
```

```
dev_info(dev, "Port count: %d", priv->port_count);
priv->port_offset = ioread32(priv->csr_hw_addr+MQNIC_IF_REG_PORT_OFFSET);
dev_info(dev, "Port offset: 0x%08x", priv->port_offset);
priv->port_stride = ioread32(priv->csr_hw_addr+MQNIC_IF_REG_PORT_STRIDE);
dev_info(dev, "Port stride: 0x%08x", priv->port_stride);

if (priv->event_queue_count > MQNIC_MAX_EVENT_RINGS)
    priv->event_queue_count = MQNIC_MAX_EVENT_RINGS;
if (priv->tx_queue_count > MQNIC_MAX_TX_RINGS)
    priv->tx_queue_count = MQNIC_MAX_TX_RINGS;
if (priv->tx_cpl_queue_count > MQNIC_MAX_TX_CPL_RINGS)
    priv->tx_cpl_queue_count = MQNIC_MAX_TX_CPL_RINGS;
if (priv->rx_queue_count > MQNIC_MAX_RX_RINGS)
    priv->rx_queue_count = MQNIC_MAX_RX_RINGS;
if (priv->rx_cpl_queue_count > MQNIC_MAX_RX_CPL_RINGS)
    priv->rx_cpl_queue_count = MQNIC_MAX_RX_CPL_RINGS;

if (priv->port_count > MQNIC_MAX_PORTS)
    priv->port_count = MQNIC_MAX_PORTS;

//⑤
netif_set_real_num_tx_queues(ndev, priv->tx_queue_count);
netif_set_real_num_rx_queues(ndev, priv->rx_queue_count);

// set MAC
ndev->addr_len = ETH_ALEN;
memcpy(ndev->dev_addr, mdev->base_mac, ETH_ALEN);

if (!is_valid_ether_addr(ndev->dev_addr))
{
    dev_warn(dev, "Bad MAC in EEPROM; using random MAC");
    //⑥
    eth_hw_addr_random(ndev);
}
else
{
    ndev->dev_addr[ETH_ALEN-1] += port;
}

priv->hwts_config.flags = 0;
priv->hwts_config.tx_type = HWTSTAMP_TX_OFF;
priv->hwts_config.rx_filter = HWTSTAMP_FILTER_NONE;

//⑦
// determine desc block size
iowrite32(0xf << 8,
hw_addr+priv->tx_queue_offset+MQNIC_QUEUE_ACTIVE_LOG_SIZE_REG);
priv->max_desc_block_size = 1 <<
((ioread32(hw_addr+priv->tx_queue_offset+MQNIC_QUEUE_ACTIVE_LOG_SIZE_REG) >> 8) & 0xf);
iowrite32(0, hw_addr+priv->tx_queue_offset+MQNIC_QUEUE_ACTIVE_LOG_SIZE_REG);

dev_info(dev, "Max desc block size: %d", priv->max_desc_block_size);

priv->max_desc_block_size = priv->max_desc_block_size < MQNIC_MAX_FRAGS ? priv->max_
desc_block_size : MQNIC_MAX_FRAGS;
```

```
        desc_block_size = priv->max_desc_block_size < 4 ? priv->max_desc_block_size : 4;

    //⑧
    // allocate rings
    for (k = 0; k < priv->event_queue_count; k++)
    {
        ret = mqnic_create_eq_ring(priv, &priv->event_ring[k], 1024, MQNIC_EVENT_SIZE, k,
hw_addr+priv->event_queue_offset+k*MQNIC_EVENT_QUEUE_STRIDE);
        if (ret)
        {
            goto fail;
        }
    }


    for (k = 0; k < priv->tx_queue_count; k++)
    {
        ret = mqnic_create_tx_ring(priv, &priv->tx_ring[k], 1024, MQNIC_DESC_SIZE*desc_
block_size, k, hw_addr+priv->tx_queue_offset+k*MQNIC_QUEUE_STRIDE);
        if (ret)
        {
            goto fail;
        }
    }



    for (k = 0; k < priv->tx_cpl_queue_count; k++)
    {
        ret = mqnic_create_cq_ring(priv, &priv->tx_cpl_ring[k], 1024, MQNIC_CPL_SIZE, k, hw_
addr+priv->tx_cpl_queue_offset+k*MQNIC_CPL_QUEUE_STRIDE);
        if (ret)
        {
            goto fail;
        }
    }


    for (k = 0; k < priv->rx_queue_count; k++)
    {
        ret = mqnic_create_rx_ring(priv, &priv->rx_ring[k], 1024, MQNIC_DESC_SIZE, k, hw_
addr+priv->rx_queue_offset+k*MQNIC_QUEUE_STRIDE);
        if (ret)
        {
            goto fail;
        }
    }


    for (k = 0; k < priv->rx_cpl_queue_count; k++)
    {
        ret = mqnic_create_cq_ring(priv, &priv->rx_cpl_ring[k], 1024, MQNIC_CPL_SIZE, k, hw_
addr+priv->rx_cpl_queue_offset+k*MQNIC_CPL_QUEUE_STRIDE); // TODO configure/constant
        if (ret)
        {
            goto fail;
        }
    }


    for (k = 0; k < priv->port_count; k++)
```

```
    {
        ret = mqnic_create_port(priv, &priv->ports[k], k, hw_addr+priv->port_offset+
k*priv->port_stride);
        if (ret)
        {
            goto fail;
        }

        mqnic_port_set_rss_mask(priv->ports[k], 0xffffffff);
    }

    //⑨
    ndev->netdev_ops = &mqnic_netdev_ops;
    //⑩
    ndev->ethtool_ops = &mqnic_ethtool_ops;

    // set up features
    ndev->hw_features = NETIF_F_SG;

    if (priv->if_features & MQNIC_IF_FEATURE_RX_CSUM)
    {
        ndev->hw_features |= NETIF_F_RXCSUM;
    }

    if (priv->if_features & MQNIC_IF_FEATURE_TX_CSUM)
    {
        ndev->hw_features |= NETIF_F_HW_CSUM;
    }

    ndev->features = ndev->hw_features | NETIF_F_HIGHDMA;
    ndev->hw_features |= 0;

    //⑪
    ndev->min_mtu = ETH_MIN_MTU;
    ndev->max_mtu = 1500;

    if (priv->ports[0] && priv->ports[0]->port_mtu)
    {
        ndev->max_mtu = priv->ports[0]->port_mtu-ETH_HLEN;
    }

    netif_carrier_off(ndev);

    //⑫
    ret = register_netdev(ndev);
    if (ret)
    {
        dev_err(dev, "netdev registration failed on port %d", port);
        goto fail;
    }

    priv->registered = 1;

    mdev->ndev[port] = ndev;

    return 0;
```

```
fail:
    mqnic_destroy_netdev(ndev);
    return ret;
}
```

mqnic_init_netdev 函数中依次完成了如下工作(对应代码中注释的编号)。

① 调用内核函数 alloc_etherdev_mqs,为此网络接口申请自己的管理结构 struct net_device 所使用的地址空间(其中包含网络接口私有数据结构 struct mqnic_priv),并设置最多可以支持的发送队列和接收队列的数量。

② 调用 netdev_priv 函数以获取私有数据结构 struct mqnic_priv 的地址,将其赋值给变量 priv,并将整个数据结构初始化为 0。

③ 把 priv->hw_addr 赋值为网络接口寄存器空间的首地址,priv->csr_hw_addr 为接口配置相关寄存器的首地址。

④ 读取一系列配置寄存器,获取事件队列(event queue)、发送队列(tx queue)、发送完成队列(tx cpl queue)、接收队列(rx queue)、接收完成队列(rx cpl queue)、端口(port,是一个硬件内部逻辑,负责传输调度和负载均衡,软件不必过多关心,但需要将其激活)的数量和各队列自身的寄存器偏移。队列数量和寄存器偏移都从硬件获取,然后根据获取的具体数据动态配置资源和计算寄存器地址。这是一种比较好的在软件和硬件间进行适配的方法,因为以后每次硬件做相关修改(甚至添加了新的硬件版本)时软件可以自动适配而不必相应修改代码。

⑤ 分别调用函数 netif_set_real_num_tx_queues 和 netif_set_real_num_rx_queues 向内核设置设备真正支持的发送队列和接收队列的数量。

⑥ 调用内核函数 eth_hw_addr_random 随机生成 MAC 地址(浪潮 F37X 加速卡上没有 EEPROM 芯片,故无法从硬件读取默认的 MAC 地址),并保存在 net_device 结构中。此后,系统发送数据时内核网络协议栈会使用这个 MAC 地址封装数据包。

⑦ 确定发送描述符块(desc_block_size)的大小(作者测试环境上此数值最后确定为 4)。具体的作用会在 6.3.7 节介绍。

⑧ 从注释"//allocate rings"开始,创建(事件、发送、发送完成、接收、接收完成)队列,即为所有的队列(程序中称之为 ring,因为软硬件都以环形队列的形式管理这些队列)申请队列管理结构(struct mqnic_ring,由软件中的队列管理逻辑所使用,普通内存即可)和描述符缓存(存放所有描述符,软硬件交换数据时使用,为一致性 DMA 内存)所需的内存地址空间。后文会以创建发送队列的 mqnic_create_tx_ring 函数为例详细介绍。

⑨ 为操作系统控制网络接口提供一系列回调函数。其中比较重要的是 open 函数 mqnic_open 和数据发送函数 mqnic_start_xmit。

⑩ 为支持 ethtool 工具,提供一系列功能函数。

⑪ 设置协议栈支持的 MTU。

⑫ register_netdev 函数,将网络接口注册到内核。

⑨中设置的系列回调函数如下。后文会详细讲述其中的 mqnic_open 和 mqnic_start_xmit 函数,这两个函数分别用于网络接口的打开和数据发送。

```
static const struct net_device_ops mqnic_netdev_ops = {
    .ndo_open           = mqnic_open,
    .ndo_stop           = mqnic_close,
    .ndo_start_xmit      = mqnic_start_xmit,
```

```
    .ndo_get_stats64        = mqnic_get_stats64,
    .ndo_validate_addr      = eth_validate_addr,
    .ndo_change_mtu         = mqnic_change_mtu,
    .ndo_do_ioctl           = mqnic_ioctl,
};
```

3. 创建队列

在上面⑧中提到了创建队列，这是使用队列进行数据发送和接收的基础。这里以发送队列为例，介绍驱动程序中是如何创建一个队列的。

回顾 mqnic_init_netdev 函数中的下面这段代码：

```
for (k = 0; k < priv->tx_queue_count; k++)
{
    ret = mqnic_create_tx_ring(priv, &priv->tx_ring[k], 1024,
        MQNIC_DESC_SIZE*desc_block_size, k,
        hw_addr+priv->tx_queue_offset+k*MQNIC_QUEUE_STRIDE);
    if (ret)
    {
        goto fail;
    }
}
```

在这段代码的 for 循环中，每次调用函数 mqnic_create_tx_ring 函数时都会创建一个发送队列。

函数 mqnic_create_tx_ring 的定义如下。

```
int mqnic_create_tx_ring(struct mqnic_priv *priv, struct mqnic_ring **ring_ptr, int size,
int stride, int index, u8 __iomem *hw_addr);
```

结合 mqnic_create_tx_ring 函数的定义和 mqnic_init_netdev 函数中调用它时的代码，我们可以知道 mqnic_create_tx_ring 函数的主要参数的意义和程序运行时这些参数的值。

- size 是单个队列中描述符的个数，被设置为 1024。
- stride 是前后两个描述符间的地址偏移（距离），等于 MQNIC_DESC_SIZE*desc_block_size，实际值为 16×4=64。
- index 为当前发送队列的编号。第一个发送队列的编号为 0，之后的发送队列的编号依次加 1，直到最后一个发送队列。
- hw_addr 为当前队列的寄存器基地址。计算方法为 hw_addr+priv->tx_queue_offset+k*MQNIC_QUEUE_STRIDE，即"网络接口的寄存器基地址+所有发送队列的总偏移+当前发送队列的编号×相邻队列间的步长"。
- 函数为了管理这个队列，会创建并初始化数据结构为 struct mqnic_ring 的变量。变量地址最后被保存在网络接口的私有数据结构 struct mqnic_priv 的成员变量 tx_ring（指针数组）中。然后，在负责发送数据的函数中才能找到某个发送队列的管理结构。

接下来看看具体的创建发送队列的过程。以下是 mqnic_create_tx_ring 函数的代码。

```
int mqnic_create_tx_ring(struct mqnic_priv *priv, struct mqnic_ring **ring_ptr, int size,
int stride, int index, u8 __iomem *hw_addr)
{
```

```
    struct device *dev = priv->dev;
    struct mqnic_ring *ring;
    int ret;

    //①
    ring = kzalloc(sizeof(*ring), GFP_KERNEL);
    if (!ring)
    {
        dev_err(dev, "Failed to allocate TX ring");
        return -ENOMEM;
    }

    //②
    ring->size = roundup_pow_of_two(size);
    ring->full_size = ring->size >> 1;
    ring->size_mask = ring->size-1;
    ring->stride = roundup_pow_of_two(stride);

    ring->desc_block_size = ring->stride/MQNIC_DESC_SIZE;
    ring->log_desc_block_size =
        ring->desc_block_size < 2 ? 0 : ilog2(ring->desc_block_size-1)+1;
    ring->desc_block_size = 1 << ring->log_desc_block_size;

    //③
    ring->tx_info = kvzalloc(sizeof(*ring->tx_info)*ring->size, GFP_KERNEL);
    if (!ring->tx_info)
    {
        dev_err(dev, "Failed to allocate tx_info");
        ret = -ENOMEM;
        goto fail_ring;
    }

    //④
    ring->buf_size = ring->size*ring->stride;
    //⑤
    ring->buf = dma_alloc_coherent(dev, ring->buf_size, &ring->buf_dma_addr,
        GFP_KERNEL);
    if (!ring->buf)
    {
        dev_err(dev, "Failed to allocate TX ring DMA buffer");
        ret = -ENOMEM;
        goto fail_info;
    }

    //⑥
    ring->hw_addr = hw_addr;
    ring->hw_ptr_mask = 0xffff;
    ring->hw_head_ptr = hw_addr+MQNIC_QUEUE_HEAD_PTR_REG;
    ring->hw_tail_ptr = hw_addr+MQNIC_QUEUE_TAIL_PTR_REG;

    ring->head_ptr = 0;
    ring->tail_ptr = 0;
    ring->clean_tail_ptr = 0;

    //⑦
    // deactivate queue
```

```
    iowrite32(0, ring->hw_addr+MQNIC_QUEUE_ACTIVE_LOG_SIZE_REG);
    // set base address
    iowrite32(ring->buf_dma_addr, ring->hw_addr+MQNIC_QUEUE_BASE_ADDR_REG+0);
    iowrite32(ring->buf_dma_addr >> 32,
        ring->hw_addr+MQNIC_QUEUE_BASE_ADDR_REG+4);
    // set completion queue index
    iowrite32(0, ring->hw_addr+MQNIC_QUEUE_CPL_QUEUE_INDEX_REG);
    // set pointers
    iowrite32(ring->head_ptr & ring->hw_ptr_mask,
        ring->hw_addr+MQNIC_QUEUE_HEAD_PTR_REG);
    iowrite32(ring->tail_ptr & ring->hw_ptr_mask,
        ring->hw_addr+MQNIC_QUEUE_TAIL_PTR_REG);
    // set size
    iowrite32(ilog2(ring->size) | (ring->log_desc_block_size << 8),
        ring->hw_addr+MQNIC_QUEUE_ACTIVE_LOG_SIZE_REG);

    *ring_ptr = ring;
    return 0;

fail_info:
    kvfree(ring->tx_info);
    ring->tx_info = NULL;
fail_ring:
    kfree(ring);
    *ring_ptr = NULL;
    return ret;
}
```

mqnic_create_tx_ring 函数完成了以下工作（对应代码中注释的编号）。

① 为 struct mqnic_ring 结构分配地址空间，这是一个用于管理当前发送队列的数据结构，其成员变量会保存队列的 head、tail、描述符数量（size）、队列缓存（用于存放所有描述符）的地址及长度等信息。

② 计算描述符数量（size）和相邻描述符之间的地址距离（stride）。其实这两个数值原本是以参数传进来的，但此时需要经过 roundup_pow_of_two 操作，使数值扩大到其最接近的 2 的指数次幂。如果 size 为 3，经过 roundup_pow_of_two 计算就变成 4（2^2）；如果 size 为 6，经过 roundup_pow_of_two 计算就变成 8（2^3）。这样做有利于加速硬件对这些数据的计算和利用，因为硬件可以对其进行移位操作。

③ 申请和描述符同样个数的 struct mqnic_tx_info。在数据发送过程中，此结构用于保存每个描述符对应的数据包管理结构 struct sk_buff 的指针和各分片的数量、物理地址、数据长度等信息。

④ 计算整个队列的描述符缓存的长度，计算方法为"描述符个数×每个描述符占用的地址段长度"。

⑤ 调用内核函数 dma_alloc_coherent，申请一致性 DMA 缓存（存放所有描述符，软件和硬件都可访问）。

⑥ 把队列的寄存器基地址、head 寄存器地址、tail 寄存器地址保存到 struct mqnic_ring 的几个成员中。这样，驱动程序在之后读写寄存器时就可以直接使用，不用每次都用偏移去计算地址了。

⑦ 配置了几个寄存器，目的是把描述符缓存的物理地址等信息配置到硬件中。但其实在

之后打开网络接口的过程中，所调用的 mqnic_activate_tx_ring 函数中实现了相同的功能（并且激活了队列），所以在此可以忽略。

4. 初始化过程总结

之前的几部分，包括 probe 函数、网络接口的初始化和注册以及创建队列，已经详细地介绍了一个网卡驱动程序初始化过程中的所有步骤。但细节过于繁多，很难抓住重点，所以在此化繁为简地总结其中的核心内容。

- PCIe 总线相关的配置，包括设备使能、预留地址空间、给予设备 master 权限等。
- 中断相关的配置，包括向内核申请中断号、设置中断处理函数等。
- 各种地址空间的申请或映射，这些地址空间包括设备的整个寄存器空间、管理网络接口和队列的私有数据结构空间、各队列的描述符缓存等。
- 网络接口的回调函数设置，包括接口打开函数、数据发送函数等。
- 向内核注册网络接口。

6.3.6 打开网络接口

在网络接口初始化和注册的过程中，注册了几个回调函数，其中的 mqnic_open 函数将在驱动程序加载完成后（比如执行 ifconfig eth0 up 命令时）被调用。

```
static int mqnic_open(struct net_device *ndev)
{
    struct mqnic_priv *priv = netdev_priv(ndev);
    struct mqnic_dev *mdev = priv->mdev;
    int ret = 0;

    mutex_lock(&mdev->state_lock);

    ret = mqnic_start_port(ndev);

    if (ret)
    {
        dev_err(mdev->dev, "Failed to start port: %d", priv->port);
    }

    mutex_unlock(&mdev->state_lock);
    return ret;
}
```

从 mqnic_open 函数的内容看，它主要是调用了函数 mqnic_start_port。

```
static int mqnic_start_port(struct net_device *ndev)
{
    struct mqnic_priv *priv = netdev_priv(ndev);
    struct mqnic_dev *mdev = priv->mdev;
    int k;

    dev_info(mdev->dev, "mqnic_start_port on port %d", priv->port);

    //①
```

```
// set up event queues
for (k = 0; k < priv->event_queue_count; k++)
{
    priv->event_ring[k]->irq = mdev->irq_map[k % mdev->irq_count];
    mqnic_activate_eq_ring(priv, priv->event_ring[k], k % mdev->irq_count);
    mqnic_arm_eq(priv->event_ring[k]);
}

//②
// set up RX completion queues
for (k = 0; k < priv->rx_cpl_queue_count; k++)
{
    mqnic_activate_cq_ring(priv, priv->rx_cpl_ring[k], k % priv->event_queue_count);
    priv->rx_cpl_ring[k]->ring_index = k;
    priv->rx_cpl_ring[k]->handler = mqnic_rx_irq;

    netif_napi_add(ndev, &priv->rx_cpl_ring[k]->napi,
            mqnic_poll_rx_cq, NAPI_POLL_WEIGHT);
    napi_enable(&priv->rx_cpl_ring[k]->napi);

    mqnic_arm_cq(priv->rx_cpl_ring[k]);
}

//③
// set up RX queues
for (k = 0; k < priv->rx_queue_count; k++)
{
    priv->rx_ring[k]->mtu = ndev->mtu;
    if (ndev->mtu+ETH_HLEN <= PAGE_SIZE)
        priv->rx_ring[k]->page_order = 0;
    else
        priv->rx_ring[k]->page_order =
                ilog2((ndev->mtu+ETH_HLEN+PAGE_SIZE-1)/PAGE_SIZE-1)+1;
    mqnic_activate_rx_ring(priv, priv->rx_ring[k], k);
}

//④
// set up TX completion queues
for (k = 0; k < priv->tx_cpl_queue_count; k++)
{
    mqnic_activate_cq_ring(priv, priv->tx_cpl_ring[k], k % priv->event_queue_count);
    priv->tx_cpl_ring[k]->ring_index = k;
    priv->tx_cpl_ring[k]->handler = mqnic_tx_irq;

    netif_tx_napi_add(ndev, &priv->tx_cpl_ring[k]->napi,
            mqnic_poll_tx_cq, NAPI_POLL_WEIGHT);
    napi_enable(&priv->tx_cpl_ring[k]->napi);

    mqnic_arm_cq(priv->tx_cpl_ring[k]);
}

//⑤
// set up TX queues
```

```
    for (k = 0; k < priv->tx_queue_count; k++)
    {
        mqnic_activate_tx_ring(priv, priv->tx_ring[k], k);
        priv->tx_ring[k]->tx_queue = netdev_get_tx_queue(ndev, k);
    }

    //⑥
    // configure ports
    for (k = 0; k < priv->port_count; k++)
    {
        // set port MTU
        mqnic_port_set_tx_mtu(priv->ports[k], ndev->mtu+ETH_HLEN);
        mqnic_port_set_rx_mtu(priv->ports[k], ndev->mtu+ETH_HLEN);
    }

    //⑦
    // enable first port
    mqnic_activate_port(priv->ports[0]);

    priv->port_up = true;

    //⑧
    netif_tx_start_all_queues(ndev);
    netif_device_attach(ndev);

    //netif_carrier_off(ndev);
    netif_carrier_on(ndev); // TODO link status monitoring

    return 0;
}
```

mqnic_start_port 函数看起来比较长,但大部分代码是在完成一件事——激活队列(激活后各队列才会开始运转)。接下来先大致描述该函数的所有工作,再以一个队列激活函数为例来具体解析。

① 激活事件队列,并赋予其产生中断的能力。

② 激活接收完成队列,添加 NAPI 轮询接收处理函数 mqnic_poll_rx_cq(在 6.3.10 节解读),向硬件设置接收完成队列对应的事件队列编号(即告知硬件在填充此接收完成队列后,应该向哪个事件队列报告此事件)。

③ 激活接收队列。

④ 激活发送完成队列,并添加 NAPI 轮询发送处理函数 mqnic_poll_tx_cq(用于释放已发送的数据缓存、更新队列的 tail 指针、唤醒之前因队列满而被停止的发送队列等),向硬件设置发送完成队列对应的事件队列编号。

⑤ 激活发送队列。

⑥ 设置 MTU 到硬件。

⑦ 激活第一个端口,这意味着硬件已经准备好了收发数据。

⑧ 通知内核此网络接口可以工作了。

上面的步骤中激活了一系列的队列,接下来以发送队列的激活函数 mqnic_activate_tx_ring 为例,看看代码中是如何激活一个队列的。

```
int mqnic_activate_tx_ring(struct mqnic_priv *priv, struct mqnic_ring *ring, int cpl_index)
{
    // deactivate queue
    iowrite32(0, ring->hw_addr+MQNIC_QUEUE_ACTIVE_LOG_SIZE_REG);
    // set base address
    iowrite32(ring->buf_dma_addr, ring->hw_addr+MQNIC_QUEUE_BASE_ADDR_REG+0);
    iowrite32(ring->buf_dma_addr >> 32,
        ring->hw_addr+MQNIC_QUEUE_BASE_ADDR_REG+4);
    // set completion queue index
    iowrite32(cpl_index, ring->hw_addr+MQNIC_QUEUE_CPL_QUEUE_INDEX_REG);
    // set pointers
    iowrite32(ring->head_ptr & ring->hw_ptr_mask,
        ring->hw_addr+MQNIC_QUEUE_HEAD_PTR_REG);
    iowrite32(ring->tail_ptr & ring->hw_ptr_mask,
        ring->hw_addr+MQNIC_QUEUE_TAIL_PTR_REG);
    // set size and activate queue
    iowrite32(ilog2(ring->size) | (ring->log_desc_block_size << 8) |
        MQNIC_QUEUE_ACTIVE_MASK,
        ring->hw_addr+MQNIC_QUEUE_ACTIVE_LOG_SIZE_REG);

    return 0;
}
```

mqnic_activate_tx_ring 函数其实只做了一件事——写各种不同的寄存器。它先通过写寄存器把队列关闭；然后继续写寄存器把队列的描述符缓存的首地址、缓存中描述符的个数（size，在最后一个语句）配置到硬件；再继续写寄存器告知硬件当前队列的 head 和 tail（已提前初始化为 0），以及发送完成后应通知到的发送完成队列的编号（实际运行时，和当前发送队列的编号相同），最后写值（起作用的是 MQNIC_QUEUE_ACTIVE_MASK 宏定义中的一个位）到寄存器激活队列。

6.3.7 数据发送

经过前文中介绍的步骤，软硬件都已经准备好了收发数据。接下来看一下驱动程序在数据发送过程中具体需要做哪些事。在阅读本节前，建议读者先理解前文 6.2 节中的 Corundum 方案中各种队列的角色定位和使用流程。

一旦内核协议栈准备好了要发送的数据包，就会调用在网络接口初始化过程中注册的回调函数 mqnic_start_xmit。此函数代码过于冗长，因此下面省略了和时钟及校验和（checksum）计算相关的内容。

```
netdev_tx_t mqnic_start_xmit(struct sk_buff *skb, struct net_device *ndev)
{
    struct skb_shared_info *shinfo = skb_shinfo(skb);
    struct mqnic_priv *priv = netdev_priv(ndev);
    struct mqnic_ring *ring;
    struct mqnic_tx_info *tx_info;
    struct mqnic_desc *tx_desc;
    int ring_index;
    u32 index;
    bool stop_queue;
    u32 clean_tail_ptr;
```

```
    if (unlikely(!priv->port_up))
    {
        goto tx_drop;
    }

    //①
    ring_index = skb_get_queue_mapping(skb);

    if (unlikely(ring_index >= priv->tx_queue_count))
    {
        // queue mapping out of range
        goto tx_drop;
    }

    //②
    ring = priv->tx_ring[ring_index];

    clean_tail_ptr = READ_ONCE(ring->clean_tail_ptr);

    // prefetch for BQL
    netdev_txq_bql_enqueue_prefetchw(ring->tx_queue);

    //③
    index = ring->head_ptr & ring->size_mask;

    //④
    tx_desc = (struct mqnic_desc *)(ring->buf + index*ring->stride);

    tx_info = &ring->tx_info[index];
    ......
    if (shinfo->nr_frags > ring->desc_block_size-1 ||
        (skb->data_len && skb->data_len < 32))
    {
        // too many frags or very short data portion; linearize
        if (skb_linearize(skb))
        {
            goto tx_drop_count;
        }
    }

    //⑤
    // map skb
    if (!mqnic_map_skb(priv, ring, tx_info, tx_desc, skb))
    {
        // map failed
        goto tx_drop_count;
    }

    // count packet
    ring->packets++;
    ring->bytes += skb->len;

    // enqueue
    //⑥
    ring->head_ptr++;
    ......
    stop_queue = mqnic_is_tx_ring_full(ring);
    if (unlikely(stop_queue))
    {
```

```
            dev_info(priv->dev, "mqnic_start_xmit TX ring %d full on port %d",
                    ring_index, priv->port);
            netif_tx_stop_queue(ring->tx_queue);
        }

        // enqueue on NIC
#if LINUX_VERSION_CODE >= KERNEL_VERSION(5,2,0)
        if (unlikely(!netdev_xmit_more() || stop_queue))
#else
        if (unlikely(!skb->xmit_more || stop_queue))
#endif
        {
            dma_wmb();
            //⑦
            mqnic_tx_write_head_ptr(ring);
        }

        // check if queue restarted
        if (unlikely(stop_queue))
        {
            smp_rmb();

            clean_tail_ptr = READ_ONCE(ring->clean_tail_ptr);

            if (unlikely(!mqnic_is_tx_ring_full(ring)))
            {
                netif_tx_wake_queue(ring->tx_queue);
            }
        }

        return NETDEV_TX_OK;

tx_drop_count:
        ring->dropped_packets++;
tx_drop:
        dev_kfree_skb_any(skb);
        return NETDEV_TX_OK;
    }
```

内核协议栈在调用此函数发送数据包时传递了两个参数。一个参数是 skb 指针,指向数据结构为 struct sk_buff 的一段数据,内含待发送数据包的地址、长度、协议类型等信息;另一个参数是 ndev,数据结构为 struct net_device,表示当前的网络接口,以它为参数调用 netdev_priv 函数可以获取此网络接口的私有数据。

对应代码中注释的编号,mqnic_start_xmit 函数依次完成了如下工作。

① 最开始调用函数 skb_get_queue_mapping,是为了从 skb 中获取内核安排此数据包从哪个发送队列发出,ring_index 为此发送队列的索引。

② 顺理成章地使用①中获取的索引从 tx_ring 数组中找到当前发送队列的指针,该指针指向的数据结构为 struct mqnic_ring,即驱动程序中管理此发送队列的数据结构,其所在的内存是由前文描述的初始化过程中调用的 mqnic_create_tx_ring 函数申请的。

③ 对于驱动程序来说,发送一段数据时直接要做的,就是把这段数据的物理地址和长度放在发送队列的一个描述符中,然后把队列 head 加 1,并把 head 写到硬件寄存器。问题是该使用哪个描述符呢? 答案是当前队列 head 指向的描述符,它也是队列中第一个未被软件填充的描述符。所以我们看到代码中使用 index = ring->head_ptr & ring->size_mask;计算描述符的索引。

编程小技巧

当软件填满队列（填充了最后一个成员）后，一般不会把队列 head 重置为 0（tail 也是如此），而是继续加 1，这样做的好处是在判断队列是否已满时可以使用"head 减去 tail，如果其值等于描述符的总个数，则队列已满"的判断方法。但用于保存队列 head（和 tail）的变量一般为 unsigned int 类型，它可以是很大的数，而队列的长度要小得多，怎么才能仍然用 head 去索引队列呢？等到变量自动溢出是不可能的，答案是"index = head & size_mask"。size_mask 的计算方法是队列长度 size 减 1，比如队列长度为 4096，即 0x1000，size_mask 即为 0xFFF。当 head 值不断增加，达到 4096 时，使 index = head & size_mask = 0x1000 & 0xFFF = 0，这样算出来的 index 就可以作为索引去访问队列成员了。这也解释了一般会把 size 设置为 2 的 N 次幂的原因。

④ 在创建发送队列时，函数 mqnic_create_tx_ring 的 ring->buf = dma_alloc_coherent(......) 语句已经把描述符缓存的起始地址保存到了 ring->buf 中，现在就可以用描述符索引计算描述符所在的内存地址了。

⑤ 找到了描述符的地址，接下来调用 mqnic_map_skb 函数去填充描述符。

⑥ 更新软件计数的队列 head。

⑦ 把新 head 写入寄存器告知硬件，此动作会触发硬件开始处理描述符并发送数据。

如果在这个过程中发现队列已经满了，会调用内核函数 netif_tx_stop_queue 通知内核停止使用当前发送队列发送数据。等到 NAPI 轮询处理过程中发现此队列有空描述符时再恢复。

以上就是协议栈发送数据时调用的回调函数 mqnic_start_xmit 的全部内容，但个问题还没有搞清楚——如何填充描述符？其中涉及的描述符的数据结构如下。

```
struct mqnic_desc {
    __u16 rsvd0;
    __u16 tx_csum_cmd;
    __u32 len;
    __u64 addr;
};
```

按照 Corundum 方案的设计，每个描述符所使用的数据结构为 struct mqnic_desc，忽略校验和（checksum）功能，数据结构中有用的变量只有 len 和 addr，分别存放待收发数据的长度和物理地址。Corundum 方案中，发送队列和接收队列的描述符采用了同样的数据结构，不同的是数据结构的数量不同。接收队列的每个描述符占 16 字节，内含 1 个 struct mqnic_desc。发送队列的每个描述符占 64 字节，内含 4 个 struct mqnic_desc，对于一些包含（小于或等于 3 个）额外分片的数据包，驱动程序就可以把每个分片的长度和物理地址依次填在后面的 3 个 struct mqnic_desc 中，没有对应数据的 struct mqnic_desc 全部填 0。这是 Corundum 为了提升数据发送速度提出的优化方法，也是 6.3.5 节的"网络接口的初始化和注册"部分中提到的 desc_block_size 为 4 的意义。

⑤中调用了 mqnic_map_skb 函数，此函数负责填充描述符，其代码如下。

```
static bool mqnic_map_skb(struct mqnic_priv *priv, struct mqnic_ring *ring, struct
mqnic_tx_info *tx_info, struct mqnic_desc *tx_desc, struct sk_buff *skb)
{
    struct skb_shared_info *shinfo = skb_shinfo(skb);
```

```
        u32 i;
        u32 len;
        dma_addr_t dma_addr;

        // update tx_info
        tx_info->skb = skb;
        tx_info->frag_count = 0;

        for (i = 0; i < shinfo->nr_frags; i++)
        {
            const skb_frag_t *frag = &shinfo->frags[i];
            len = skb_frag_size(frag);
            dma_addr = skb_frag_dma_map(priv->dev, frag, 0, len, DMA_TO_DEVICE);
            if (unlikely(dma_mapping_error(priv->dev, dma_addr)))
            {
                // mapping failed
                goto map_error;
            }

            // write descriptor
            tx_desc[i+1].len = len;
            tx_desc[i+1].addr = dma_addr;

            // update tx_info
            tx_info->frag_count = i+1;
            tx_info->frags[i].len = len;
            tx_info->frags[i].dma_addr = dma_addr;
        }

        for (i = tx_info->frag_count; i < ring->desc_block_size-1; i++)
        {
            tx_desc[i+1].len = 0;
            tx_desc[i+1].addr = 0;
        }

        // map skb
        len = skb_headlen(skb);
        dma_addr = dma_map_single(priv->dev, skb->data, len, PCI_DMA_TODEVICE);

        if (unlikely(dma_mapping_error(priv->dev, dma_addr)))
        {
            // mapping failed
            goto map_error;
        }

        // write descriptor
        tx_desc[0].len = len;
        tx_desc[0].addr = dma_addr;

        // update tx_info
        dma_unmap_addr_set(tx_info, dma_addr, dma_addr);
        dma_unmap_len_set(tx_info, len, len);

        return true;

map_error:
```

```
    dev_err(priv->dev, "mqnic_map_skb DMA mapping failed");

    // unmap frags
    for (i = 0; i < tx_info->frag_count; i++)
    {
        dma_unmap_page(priv->dev, tx_info->frags[i].dma_addr, tx_info->frags[i].len,
        PCI_DMA_TODEVICE);
    }

    // update tx_info
    tx_info->skb = NULL;
    tx_info->frag_count = 0;

    return false;
}
```

在 mqnic_map_skb 函数的第一个 for 循环中，程序把当前数据包中每个（已有代码保证其少于 3 个）分片的物理地址和长度（从 skb 获取）填入发送队列描述符的第二～四个 struct mqnic_desc 中。如果分片不足 3 个，随后第二个 for 循环会把没用到的（不含第一个）struct mqnic_desc 置 0。

随后，处理 skb 中的主要（非分片）数据，同样是获取其长度和物理地址，填入发送队列描述符的第一个 struct mqnic_desc。

另外，mqnic_map_skb 函数中还调用了内核提供的 skb_frag_dma_map 和 dma_map_single 函数，并分别使用了参数 DMA_TO_DEVICE 和 PCI_DMA_TODEVICE（这两者是相等的），其作用都是告知 CPU 刷新一次 Cache，如果 Cache 中有这段地址的数据，就把数据更新到主机内存，这样硬件才能确保从主机内存读到最新的数据。协议栈在分配内存的时候并不知道某个数据包最后是否要被硬件读取，因此并没有区别对待，数据包所在的内存通常都是使能了 Cache 的。

小知识 内核提供的 DMA 映射函数到底做了什么？

内核提供的 dma_map_single、dma_map_page 等函数会调用各 CPU 体系结构提供的 arch_sync_dma_for_device 函数。对于这个函数的实现，PowerPC 体系结构的代码写得比较清晰。在 Linux 内核代码 arch/powerpc/mm/dma-noncoherent.c 中，有下面这么一段代码：

```
static void __dma_sync(void *vaddr, size_t size, int direction)
{
    unsigned long start = (unsigned long)vaddr;
    unsigned long end   = start + size;



    switch (direction) {
    case DMA_NONE:
        BUG();
    case DMA_FROM_DEVICE:
        /*
         * invalidate only when cache-line aligned otherwise there is
         * the potential for discarding uncommitted data from the cache
         */
```

```
            if ((start | end) & (L1_CACHE_BYTES - 1))
                flush_dcache_range(start, end);
            else
                invalidate_dcache_range(start, end);
            break;
        case DMA_TO_DEVICE:          /* writeback only */
            clean_dcache_range(start, end);
            break;
        case DMA_BIDIRECTIONAL:      /* writeback and invalidate */
            flush_dcache_range(start, end);
            break;
    }
}
```

从它的注释中我们可以知道 dma_map_xxx 系列函数的具体操作。

- 对于数据搬移方向为 DMA_FROM_DEVICE（设备向主存写数据）的缓存，把数据 Cache 中和这段地址有关的 Cache Line 设置为无效（invalid data cache），作用是让 CPU 之后直接从主机内存读取这段地址的数据。对于非 Cache Line 对齐的数据，改为 "flash data cache line"，即刷新数据 Cache 中和这段地址有关的 Cache Line，原因是此时 Cache Line 中可能含有不属于此缓存的地址的数据，需要将这些数据先写入内存，再把 Cache Line 设置为无效。

- 对于数据搬移方向为 DMA_TO_DEVICE（设备从主存读数据）的缓存，操作为 "clean data cache"，作用是将数据 Cache 中和这段地址有关的 Cache Line 的数据写入主机内存。

- 对于双向缓存，操作为 "flush data cache"，也就是先把数据 Cache 中和这段地址有关的 Cache Line 的数据写入内存，然后让 CPU 之后直接从内存读取这段地址的数据。

6.3.8　中断处理

　　中断是网络数据收发过程中的重要一环，由硬件触发，CPU 响应，最终调用驱动程序提供的中断处理函数进行处理。

　　Corundum 方案中，关于中断，硬件的行为逻辑（以发送完成中断为例，接收完成中断类似，不考虑异常或错误引发的中断）是这样的：网卡处理完 "发送队列" 中的一个描述符并完成数据发送后，在往 "发送队列" 对应的 "发送完成队列" 填充一个描述符的同时，会往 "发送完成队列" 对应的 "事件队列" 也填充一个描述符。如果这个 "事件队列" 已经被 arm（允许发送中断）了，硬件会通过 PCIe 总线发送一个 MSI 中断消息给中断控制器，随后中断控制器通过处理器核的 INT 引脚触发中断，处理器核进入中断处理流程。

　　在此过程中，有下面几点需要注意。

- 在所有的 "发送队列" 和 "发送完成队列" 中，编号相同的两个队列是一一对应的，即 0 号 "发送队列" 对应 0 号 "发送完成队列"，这种对应关系是在前文描述的 mqnic_activate_tx_ring 函数中设置的。

- 多个 "发送完成队列" 可使用同一个 "事件队列"，对应关系在 mqnic_activate_cq_ring 函数中设置。

- arm，即允许事件队列触发中断。驱动程序在初始化的过程中，通过调用 mqnic_arm_eq 函数，将一个中断编号写入 "事件队列" 的中断索引寄存器来实现 arm。这里说的中断编号并不是系统的中断号，而只是设备内部的一个编号。

在前文描述的 probe 函数中，调用内核函数 pci_request_irq 注册了中断处理函数 mqnic_interrupt。对于驱动程序来说，mqnic_interrupt 就是中断处理的入口函数。操作系统的中断处理流程在经过一系列处理（比如查询中断源；写中断控制器寄存器关闭中断，以防止中断嵌套；对某些体系结构，需要做硬件中断号到软件中断号的转换等）后，会调用驱动程序注册的中断处理函数，其代码如下。

```
static irqreturn_t mqnic_interrupt(int irq, void *data)
{
    struct mqnic_dev *mqnic = data;
    struct mqnic_priv *priv;

    int k, l;

    for (k = 0; k < ARRAY_SIZE(mqnic->ndev); k++)
    {
        if (unlikely(!mqnic->ndev[k]))
            continue;

        priv = netdev_priv(mqnic->ndev[k]);

        if (unlikely(!priv->port_up))
            continue;

        for (l = 0; l < priv->event_queue_count; l++)
        {
            if (unlikely(!priv->event_ring[l]))
                continue;

            if (priv->event_ring[l]->irq == irq)
            {
                mqnic_process_eq(priv->ndev, priv->event_ring[l]);
                mqnic_arm_eq(priv->event_ring[l]);
            }
        }
    }

    return IRQ_HANDLED;
}
```

函数中会处理每个网络接口的每个事件队列，如果中断号能匹配上（即当前产生的中断对应的中断号和当初注册时使用的中断号相同），就为此事件队列依次调用函数 mqnic_process_eq（处理事件）和 mqnic_arm_eq（再次允许事件队列触发中断）。在此只关注函数 mqnic_process_eq，其代码如下。

```
void mqnic_process_eq(struct net_device *ndev, struct mqnic_eq_ring *eq_ring)
{
    struct mqnic_priv *priv = netdev_priv(ndev);
    struct mqnic_event *event;
    u32 eq_index;
    u32 eq_tail_ptr;
    int done = 0;
```

```
if (unlikely(!priv->port_up))
{
    return;
}

// read head pointer from NIC
//①
mqnic_eq_read_head_ptr(eq_ring);

eq_tail_ptr = eq_ring->tail_ptr;
//②
eq_index = eq_tail_ptr & eq_ring->size_mask;

//③
while (eq_ring->head_ptr != eq_tail_ptr)
{
    event = (struct mqnic_event *)(eq_ring->buf + eq_index*eq_ring->stride);

    if (event->type == MQNIC_EVENT_TYPE_TX_CPL)
    {
        // transmit completion event
        //④
        if (unlikely(event->source > priv->tx_cpl_queue_count))
        {
            dev_err(priv->dev, "mqnic_process_eq on port %d: unknown event source %d
            (index %d, type %d)", priv->port, event->source, eq_index, event->type);
            print_hex_dump(KERN_ERR, "", DUMP_PREFIX_NONE, 16, 1, event,
            MQNIC_EVENT_SIZE, true);
        }
        else
        {
            struct mqnic_cq_ring *cq_ring = priv->tx_cpl_ring[event->source];
            if (likely(cq_ring && cq_ring->handler))
            {
                cq_ring->handler(cq_ring);
            }
        }
    }
    else if (event->type == MQNIC_EVENT_TYPE_RX_CPL)
    {
        // receive completion event
        //⑤
        if (unlikely(event->source > priv->rx_cpl_queue_count))
        {
            dev_err(priv->dev, "mqnic_process_eq on port %d: unknown event source %d
            (index %d, type %d)", priv->port, event->source, eq_index, event->type);
            print_hex_dump(KERN_ERR, "", DUMP_PREFIX_NONE, 16, 1, event,
            MQNIC_EVENT_SIZE, true);
        }
        else
        {
            struct mqnic_cq_ring *cq_ring = priv->rx_cpl_ring[event->source];
            if (likely(cq_ring && cq_ring->handler))
            {
                cq_ring->handler(cq_ring);
```

```
        }
      }
    }
    else
    {
      dev_err(priv->dev, "mqnic_process_eq on port %d: unknown event type %d
      (index %d, source %d)", priv->port, event->type, eq_index, event->source);
      print_hex_dump(KERN_ERR, "", DUMP_PREFIX_NONE, 16, 1, event,
      MQNIC_EVENT_SIZE, true);
    }

    done++;

    //⑥
    eq_tail_ptr++;
    eq_index = eq_tail_ptr & eq_ring->size_mask;
  }

  // update eq tail
  eq_ring->tail_ptr = eq_tail_ptr;
  //⑦
  mqnic_eq_write_tail_ptr(eq_ring);
}
```

对应代码中注释的编号,此函数完成了如下工作。

① "事件队列"(另外还有"接收完成队列"和"发送完成队列")的生产者是硬件,消费者是软件。所以,和处理发送队列时不同,软件需要(调用函数 mqnic_eq_read_head_ptr)从硬件寄存器读取当前队列的 head。

② 如果新 head 和软件记录的 tail 不相等,就从 tail 开始处理每个事件描述符,此时描述符索引为 eq_index = eq_tail_ptr & eq_ring->size_mask。

事件描述符的数据结构 struct mqnic_event 如下,只有两个成员,type 表示事件类型(0:发送完成;1:接收完成),source 表示事件源(即事件的来源为"发送完成队列"或"接收完成队列")的编号。

```
struct mqnic_event {
    __u16 type;
    __u16 source;
};
```

③ while 循环中的代码依次处理每个事件描述符。先计算当前事件描述符的虚拟地址(事件队列描述符缓存的首地址+描述符索引×两个描述符之间的跨距),然后读取描述符中的 type,根据 type 的值,有不同的处理分支。

④ 如果是"发送完成",以 source 为索引找到"发送完成队列",调用其处理函数(cq_ring->handler,此函数指针已在 6.3.6 节介绍的 mqnic_start_port 函数中被赋值为 mqnic_tx_irq)。

⑤ 如果是"接收完成",以 source 为索引找到"接收完成队列",调用其处理函数(cq_ring->handler,此函数指针已被赋值为 mqnic_rx_irq)。

⑥ 每处理完一个事件描述符,驱动程序都会把自己计数的事件队列的 tail 加 1。

⑦ 在处理完所有的事件描述符后,将新 tail 写入事件队列 tail 寄存器,其作用是告知硬

件，软件已处理完毕（从原 tail 到新 tail 之间的）这些描述符。

6.3.9 发送完成处理

在 6.3.8 节中提到，中断处理过程中如果发现"事件队列"中某个描述符的事件类型（type）为"发送完成"，则以描述符中的 source 为索引找到"发送完成队列"，以"发送完成队列"管理结构的地址为参数调用处理函数 mqnic_tx_irq。问题是，已经发送完成了，还要做什么呢？主要是为了释放已经被发送的数据所在的缓存，以及维护队列状态。

mqnic_tx_irq 函数代码如下。

```
void mqnic_tx_irq(struct mqnic_cq_ring *cq)
{
    struct mqnic_priv *priv = netdev_priv(cq->ndev);


    if (likely(priv->port_up))
    {
        napi_schedule_irqoff(&cq->napi);
    }
    else
    {
        mqnic_arm_cq(cq);
    }
}
```

函数本身没有做什么具体的事情，只是调用 napi_schedule_irqoff 函数去调度当前"发送完成队列"对应的 NAPI 处理函数，即 mqnic_poll_tx_cq（此处理函数已在 6.3.6 节描述的 mqnic_start_port 函数中被注册到内核），内容如下。

```
int mqnic_poll_tx_cq(struct napi_struct *napi, int budget)
{
    struct mqnic_cq_ring *cq_ring = container_of(napi, struct mqnic_cq_ring, napi);
    struct net_device *ndev = cq_ring->ndev;
    int done;

    done = mqnic_process_tx_cq(ndev, cq_ring, budget);

    if (done == budget)
    {
        return done;
    }

    napi_complete(napi);

    mqnic_arm_cq(cq_ring);

    return done;
}
```

mqnic_poll_tx_cq 函数完成了三件事。
• 调用 mqnic_process_tx_cq 函数完成实际的发送完成处理。

- 调用内核函数 napi_complete 通知 NAPI 模块此次处理已完成。
- 调用 mqnic_arm_cq 函数再次 arm "发送完成队列"，使其能够继续发送事件到 "事件队列"。

重点关注 mqnic_process_tx_cq 函数，其代码如下。

```
int mqnic_process_tx_cq(struct net_device *ndev, struct mqnic_cq_ring *cq_ring, int napi_
budget)
{
    struct mqnic_priv *priv = netdev_priv(ndev);
    struct mqnic_ring *ring = priv->tx_ring[cq_ring->ring_index];
    struct mqnic_tx_info *tx_info;
    struct mqnic_cpl *cpl;
    u32 cq_index;
    u32 cq_tail_ptr;
    u32 ring_index;
    u32 ring_clean_tail_ptr;
    u32 packets = 0;
    u32 bytes = 0;
    int done = 0;
    int budget = napi_budget;

    if (unlikely(!priv->port_up))
    {
        return done;
    }

    // prefetch for BQL
    netdev_txq_bql_complete_prefetchw(ring->tx_queue);

    // process completion queue
    // read head pointer from NIC
    //①
    mqnic_cq_read_head_ptr(cq_ring);

    cq_tail_ptr = cq_ring->tail_ptr;
    //②
    cq_index = cq_tail_ptr & cq_ring->size_mask;

    while (cq_ring->head_ptr != cq_tail_ptr && done < budget)
    {
        //③
        cpl = (struct mqnic_cpl *)(cq_ring->buf + cq_index*cq_ring->stride);

        //④
        ring_index = cpl->index & ring->size_mask;
        tx_info = &ring->tx_info[ring_index];

        // TX hardware timestamp
        if (unlikely(tx_info->ts_requested))
        {
            struct skb_shared_hwtstamps hwts;
            dev_info(priv->dev, "mqnic_process_tx_cq TX TS requested");
            hwts.hwtstamp = mqnic_read_cpl_ts(priv->mdev, ring, cpl);
            skb_tstamp_tx(tx_info->skb, &hwts);
```

```
    }

    // free TX descriptor
    //⑤
    mqnic_free_tx_desc(priv, ring, ring_index, napi_budget);

    packets++;
    bytes += cpl->len;

    done++;

    //⑥
    cq_tail_ptr++;
    cq_index = cq_tail_ptr & cq_ring->size_mask;
}

// update CQ tail
cq_ring->tail_ptr = cq_tail_ptr;
//⑦
mqnic_cq_write_tail_ptr(cq_ring);

// process ring
// read tail pointer from NIC
//⑧
mqnic_tx_read_tail_ptr(ring);

ring_clean_tail_ptr = READ_ONCE(ring->clean_tail_ptr);
ring_index = ring_clean_tail_ptr & ring->size_mask;

while (ring_clean_tail_ptr != ring->tail_ptr)
{
    tx_info = &ring->tx_info[ring_index];

    if (tx_info->skb)
        break;

    ring_clean_tail_ptr++;
    ring_index = ring_clean_tail_ptr & ring->size_mask;
}

// update ring tail
WRITE_ONCE(ring->clean_tail_ptr, ring_clean_tail_ptr);

// BQL
//netdev_tx_completed_queue(ring->tx_queue, packets, bytes);

// wake queue if it is stopped
if (netif_tx_queue_stopped(ring->tx_queue) && !mqnic_is_tx_ring_full(ring))
{
    //⑨
    netif_tx_wake_queue(ring->tx_queue);
}

return done;
}
```

对应代码中注释的编号，mqnic_process_tx_cq 函数的主要工作内容如下。

① 和处理事件队列类似，先调用 mqnic_cq_read_head_ptr 函数从硬件读取"发送完成队列"的 head，如果新 head 不等于软件记录的原 tail，说明有新的描述符待处理。

② 以队列的 tail 作为第一个描述符的索引，开始处理所有描述符。

"发送完成队列"（和"接收完成队列"）的描述符数据结构如下。其成员 index 表示的是"发送队列"之前完成此次发送时处理的描述符的索引（硬件会将 index 持续加 1，所以需要"与"size_mask 后才能使用）。len 表示发送完成的数据长度。其余成员和时钟及校验功能有关，在此忽略。

```
struct mqnic_cpl {
    __u16 queue;
    __u16 index;
    __u16 len;
    __u16 rsvd0;
    __u32 ts_ns;
    __u16 ts_s;
    __u16 rx_csum;
    __u32 rx_hash;
    __u8 rx_hash_type;
    __u8 rsvd1;
    __u8 rsvd2;
    __u8 rsvd3;
    __u32 rsvd4;
    __u32 rsvd5;
};
```

注：

现在进入 while 循环，开始处理"发送完成队列"中的所有描述符。

③ 先计算当前描述符的虚拟地址（"发送完成队列"描述符缓存的首地址+描述符索引×两个描述符之间的跨距）。

④ 再从此"发送完成队列"的描述符中获取，为完成此次发送而之前处理的"发送队列"的描述符的索引。

⑤ 调用 mqnic_free_tx_desc 函数，释放已经发送的数据所在的缓存。随后统计发包数和发包字节数。

⑥ 更新"发送完成队列"的软件计数的 tail。

注：

跳出 while 循环后，此时"发送完成队列"中的描述符都已被处理完毕。

⑦ 调用 mqnic_cq_write_tail_ptr 函数将"发送完成队列"的新 tail 写入 tail 寄存器，以通知硬件：软件已处理完从原 tail 到新 tail 之间的描述符。

⑧ 从硬件读取"发送队列"的 tail，用于更新软件记录的 tail，这样在以后发送新的数据时才能知道"发送队列"的哪些描述符是空闲的（已被硬件处理完，软件可填充）。

⑨ 如果"发送队列"之前因为队列满而被内核停止使用了，并且此时队列中有了空闲描

述符，就通知内核恢复使用当前"发送队列"。

6.3.10 数据接收

每次数据发送都是由内核协议栈发起的，源头是软件。而每次数据接收都是由中断触发的，源头是硬件。这也很容易理解，谁先拿到数据，谁就先开始干活，然后调动别的模块继续干活。

前文提到，在中断处理过程中，如果发现"事件队列"中某个描述符中的事件类型为"接收完成"，则以描述符中的 source 为索引找到"接收完成队列"，以此"接收完成队列"的管理结构的地址为参数，调用处理函数 mqnic_rx_irq，此函数内容如下。

```
void mqnic_rx_irq(struct mqnic_cq_ring *cq)
{
    struct mqnic_priv *priv = netdev_priv(cq->ndev);


    if (likely(priv->port_up))
    {
        napi_schedule_irqoff(&cq->napi);
    }
    else
    {
        mqnic_arm_cq(cq);
    }
}
```

函数 mqnic_rx_irq 调用 napi_schedule_irqoff 函数发起 NAPI 调度，随后，NAPI 机制会调用处理函数 mqnic_poll_rx_cq。

mqnic_poll_rx_cq 函数是在 6.3.6 节描述的 mqnic_start_port 函数中，激活"接收完成队列"的同时注册到 NAPI 的。函数 mqnic_poll_rx_cq 的代码如下。

```
int mqnic_poll_rx_cq(struct napi_struct *napi, int budget)
{
    struct mqnic_cq_ring *cq_ring = container_of(napi, struct mqnic_cq_ring, napi);
    struct net_device *ndev = cq_ring->ndev;
    int done;

    done = mqnic_process_rx_cq(ndev, cq_ring, budget);

    if (done == budget)
    {
        return done;
    }

    napi_complete(napi);

    mqnic_arm_cq(cq_ring);

    return done;
}
```

和处理发送完成的过程中调用的 mqnic_poll_tx_cq 函数类似，mqnic_poll_rx_cq 函数也完成了三件事。

- 调用 mqnic_process_rx_cq 函数完成实际的接收完成处理。
- 调用内核函数 napi_complete 通知内核中的 NAPI 模块已完成此次处理。
- 调用 mqnic_arm_cq 函数再次 arm "接收完成队列"，使其能够继续发送事件到 "事件队列"。

在此主要关注负责实际工作的 mqnic_process_rx_cq 函数。

```
int mqnic_process_rx_cq(struct net_device *ndev, struct mqnic_cq_ring *cq_ring, int napi_budget)
{
    struct mqnic_priv *priv = netdev_priv(ndev);
    struct mqnic_ring *ring = priv->rx_ring[cq_ring->ring_index];
    struct mqnic_rx_info *rx_info;
    struct mqnic_cpl *cpl;
    struct sk_buff *skb;
    struct page *page;
    u32 cq_index;
    u32 cq_tail_ptr;
    u32 ring_index;
    u32 ring_clean_tail_ptr;
    int done = 0;
    int budget = napi_budget;
    u32 len;

    if (unlikely(!priv->port_up))
    {
        return done;
    }

    // process completion queue
    // read head pointer from NIC
    //①
    mqnic_cq_read_head_ptr(cq_ring);

    //②
    cq_tail_ptr = cq_ring->tail_ptr;
    cq_index = cq_tail_ptr & cq_ring->size_mask;

    ......

    while (cq_ring->head_ptr != cq_tail_ptr && done < budget)
    {
        //③
        cpl = (struct mqnic_cpl *)(cq_ring->buf + cq_index*cq_ring->stride);

        //④
        ring_index = cpl->index & ring->size_mask;
        rx_info = &ring->rx_info[ring_index];

        //⑤
        page = rx_info->page;
```

```
if (unlikely(!page))
{
    dev_err(priv->dev, "mqnic_process_rx_cq ring %d null page at index %d",
        cq_ring->ring_index, ring_index);
    print_hex_dump(KERN_ERR, "", DUMP_PREFIX_NONE, 16, 1, cpl,
    MQNIC_CPL_SIZE, true);
    break;
}

//⑥
skb = napi_get_frags(&cq_ring->napi);
if (unlikely(!skb))
{
    dev_err(priv->dev, "mqnic_process_rx_cq ring %d failed to allocate skb",
    cq_ring->ring_index);
    break;
}
......
//⑦
skb_record_rx_queue(skb, cq_ring->ring_index);
......
// unmap
//⑧
dma_unmap_page(priv->dev, dma_unmap_addr(rx_info, dma_addr),
dma_unmap_len(rx_info, len), PCI_DMA_FROMDEVICE);
rx_info->dma_addr = 0;

//⑨
len = min_t(u32, cpl->len, rx_info->len);

dma_sync_single_range_for_cpu(priv->dev, rx_info->dma_addr,
rx_info->page_offset, rx_info->len, PCI_DMA_FROMDEVICE);

//⑩
__skb_fill_page_desc(skb, 0, page, rx_info->page_offset, len);
rx_info->page = NULL;

skb_shinfo(skb)->nr_frags = 1;
skb->len = len;
skb->data_len = len;
skb->truesize += rx_info->len;

//⑪
// hand off SKB
napi_gro_frags(&cq_ring->napi);

//⑫
ring->packets++;
ring->bytes += cpl->len;

done++;

//⑬
cq_tail_ptr++;
```

```
        cq_index = cq_tail_ptr & cq_ring->size_mask;
    }

    // update CQ tail
    cq_ring->tail_ptr = cq_tail_ptr;
    //⑭
    mqnic_cq_write_tail_ptr(cq_ring);

    // process ring
    // read tail pointer from NIC
    //⑮
    mqnic_rx_read_tail_ptr(ring);

    ring_clean_tail_ptr = READ_ONCE(ring->clean_tail_ptr);
    ring_index = ring_clean_tail_ptr & ring->size_mask;

    while (ring_clean_tail_ptr != ring->tail_ptr)
    {
        rx_info = &ring->rx_info[ring_index];

        if (rx_info->page)
            break;

        ring_clean_tail_ptr++;
        ring_index = ring_clean_tail_ptr & ring->size_mask;
    }

    // update ring tail
    WRITE_ONCE(ring->clean_tail_ptr, ring_clean_tail_ptr);

    // replenish buffers
    //⑯
    mqnic_refill_rx_buffers(priv, ring);

    return done;
}
```

对应代码中注释的编号，函数 mqnic_process_rx_cq 的工作流程如下。

① 调用 mqnic_cq_read_head_ptr 函数从硬件获取"接收完成队列"的 head，如果 head 不等于软件记录的此队列的 tail，则说明硬件在"接收完成队列"中添加了新的描述符。

② 将 tail 作为第一个描述符的索引。接下来依次处理"接收完成队列"中所有有效的描述符，所以③到⑬会在一个 while 循环中进行。

③ 计算当前索引指向的描述符的地址，计算方法为"接收完成队列的描述符缓存首地址+描述符索引×两个描述符之间的跨距"。

在前文中已经介绍过"发送完成队列"的描述符所使用的数据结构 struct mqnic_cpl，"接收完成队列"的描述符也使用同样的结构，只是其两个成员的意义有些变化：index 表示的是"接收队列"之前完成此次接收时处理的描述符的索引（硬件会将其持续加 1，所以需要"与"size_mask 后才能使用）；len 表示接收到的数据长度。于是就可以执行下述操作。

④ 使用 ring_index = cpl->index & ring->size_mask;获取"接收队列"中描述符的索引。

⑤ 从"接收队列"描述符对应的 rx_info 结构中获取描述符对应的内存页（由数据结构

为 struct page 的指针表示。所有"接收队列"描述符对应的内存页都是在激活"接收队列"的过程中分配的，其物理地址也已填写进"接收队列"描述符）。

⑥ 调用内核函数 napi_get_frags 函数，用于申请 skb 来管理接收到的数据，注意其参数为"接收完成队列"私有数据结构中保存的 struct napi_struct，也就是说此 skb 是和 NAPI 绑定的，因此后面使用 napi_gro_frags 将 skb 交给内核时，参数不是 skb，而是 NAPI 数据结构的地址。

⑦ 调用 skb_record_rx_queue 函数往 skb 中保存当前"接收队列"的编号，供协议栈后期使用。

⑧ 调用 dma_unmap_page 函数，并不是要释放内存页（真正的释放动作是协议栈处理完数据包后进行的，不属于本书讨论范畴），而是解除这段内存页的 DMA 映射。

⑨ 获取数据长度 len，方法是在"接收完成队列"描述符中的 len（硬件填充的长度）和 rx_info->len（软件申请的数据缓存长度）中取最小值。其实如果前者大于后者，肯定发生了错误。

⑩ 到此，驱动程序已经获取了本次接收到的数据包的全部信息，比如分片数量、数据长度、内存页等，可以填充 skb 了。

⑪ 填充 skb 后，调用 napi_gro_frags 函数将 skb 交给内核协议栈。

⑫ 统计数据包的个数和字节数。

⑬ 把软件计数的"接收完成队列"的 tail 加 1。

到此为止，驱动程序已经把接收到的数据包都交给了内核协议栈，但仍需要完成某些事情才能收尾，比如现在硬件还不知道软件已经处理了接收完成队列中的哪些描述符，以及"接收队列"描述符中的 addr 成员指向的数据页已经交给内核协议栈了（最后会被协议栈释放），那么下次再接收数据时，放在什么地方呢？

⑭ 调用 mqnic_cq_write_tail_ptr 函数将新 tail 写入"接收完成队列"的 tail 寄存器。

⑮ 更新软件保存的"接收队列"tail。

⑯ 调用 mqnic_refill_rx_buffers 函数，再次申请将来接收数据时保存数据所使用的数据缓存，重新填充"接收队列"的描述符（同时更新 head），并将"接收队列"的新 head 写入寄存器。

小知识 **内核提供的解除 DMA 映射的函数到底做了什么？**

内核提供的 dma_unmap_page 会调用各 CPU 体系结构提供的 arch_sync_dma_for_cpu 函数。其中 PowerPC 体系结构对于这个函数的实现，最终调用的仍然是 __dma_sync_page 函数，也就是说和"DMA 映射函数"调用了同样的底层函数（见前文"小知识：内核提供的 DMA 映射函数到底做了什么？"）。这就意味着对于 PowerPC 体系结构来说，map 和 unmap 没有区别，做什么动作取决于函数的使用者填的参数是 DMA_TO_DEVICE、DMA_FROM_DEVICE 还是 DMA_BIDIRECTIONAL。

一般情况下，如果是驱动程序申请了一段缓存给硬件填充数据，比较典型的是网卡的收包行为。无论是将缓存地址交给硬件前调用的 dma_map_xxx 系列函数，还是接收到数据后驱动程序回收缓存前调用的 dma_unmap_xxx 系列函数，都要使用参数 DMA_FROM_DEVICE。所起的作用是"invalid data cache"，就是将数据 Cache 中和这段地址有关的 Cache Line 设置为无效，让 CPU 之后直接从主机内存读取这段地址中的数据。

　　相反地，如果是驱动程序申请了一段缓存，并在填充数据后交给硬件来读取，比较典型的是网卡的发包行为。无论是将缓存地址交给硬件前调用的 dma_map_xxx 系列函数，还是硬件读取数据后驱动程序回收缓存前调用的 dma_unmap_xxx 系列函数，都要使用参数 DMA_TO_DEVICE。所起的作用是 "clean data cache"，就是将数据 Cache 中和这段地址有关的 Cache Line 中的数据写入主机内存。

　　这样看来，发包完成后再去调用 dma_unmap_xxx 系列函数就没什么意义了，收包前调用 dma_map_xxx 系列函数也没什么用，但内核中的很多代码还是在这么做。这么做是为了 map 和 unmap 行为的对称，并且这对其他体系结构可能是有实际意义的。

第 2 部分

DPDK

第 5 章中在介绍以内核协议栈为基础的网络方案时，提到了该方案存在的几个问题，具体如下：

- 软件运行时频繁地在内核态与用户态之间切换；
- 在内核空间与用户空间的缓存之间，存在大量的数据复制行为；
- 数据包的封装和解析工作由 CPU 执行。

这些问题之所以成为问题，是因为它们都会消耗大量的 CPU 运行时间，增加了发送和接收数据包过程中的时延。

本部分介绍的 DPDK 技术可用于解决前两个问题。

本部分由以下各章构成。

- 第 7 章，认识 DPDK
- 第 8 章，DPDK 的内存管理
- 第 9 章，UIO——DPDK 的基石
- 第 10 章，DPDK 的基本使用方法
- 第 11 章，测试和分析高性能网卡
- 第 12 章，为 Corundum 编写 DPDK 驱动程序

认识 DPDK

数据平面开发工具包（data plane development kit，DPDK）是在用户态运行的一组软件库和驱动程序，可在所有主要 CPU 体系结构上加速对网络数据包的处理。作为 Linux 基金会旗下的一个开源项目，DPDK 在推动通用 CPU 在高性能网络环境（比如企业数据中心、电信网络）中的使用方面发挥了很大作用。

7.1 为什么需要 DPDK

诺基亚、思科、爱立信、华为等传统的网络设备供应商提供的产品，在执行低层（low-level，指对应较低层级的网络协议）数据平面功能（data plane function），比如数据包的转发和路由时，使用的都是专用集成电路（application specific integrated circuit，ASIC）芯片。在这些 ASIC 芯片中，某些是设备供应商自己研发的，某些是博通（Broadcom）或美满科技（Marvell）等芯片供应商提供的标准产品。以这些 ASIC 芯片为基础运行的专属软件，实现了防火墙、路由器、交换机、基站和其他网络设备所需的各种网络协议。虽然这种"ASIC 芯片+专属软件"的产品架构提供的吞吐量达到了高性能网络的要求，但其新产品推出的时间受到漫长的芯片开发/调试周期的限制，而且供应商之间不存在软件移植的可能。

2007 年，Intel、Cavium（已被美满科技收购）、飞思卡尔（Freescale，已被 NXP 收购）和 NetLogic（已被博通收购）等半导体公司开始将通用多核处理器引入网络数据处理领域，进行低层的数据包处理。这种方案在处理器性能和成本方面，可以与基于 ASIC 芯片的网络产品进行竞争，但问题在于软件：以 Linux 内核协议栈为基础的网络方案存在许多瓶颈，无法高性能地处理数据包。

此时需要一个解决方案来消除这些瓶颈，同时保持与原有 Linux 应用程序的兼容。另外，新方案还应该适合以库的形式打包到 Linux 发行版中，在用户需要时用来管理各种网络设备。这些目标最初是在 2010 年实现的，当时 Intel 基于 Nehalem 微架构的 Xeon 处理器推出了 DPDK 的初始版本。DPDK 绕过（bypass）Linux 内核，在用户态执行数据包处理，以提供尽可能高的网络性能。

DPDK 程序运行在操作系统的用户态，利用自带的"数据平面库"进行数据包的发送、处理和接收，绕过了运行在内核态的 Linux 网络协议栈，提升了数据包处理效率。图 7-1 展示了 DPDK 在软件架构上与内核协议栈方案的差异。

DPDK 的网卡驱动程序运行在用户态，其屏蔽了网卡硬件发起的大部分（除了断链、错误等类型的）中断，采用主动轮询的模式，持续检查网卡的接收/发送队列，查看是否有新数据到达或者是否可以继续发送数据，从而实现高吞吐量和低时延。因此，DPDK 的驱动程序被称为轮询模式驱动程序（poll mode driver，PMD）。

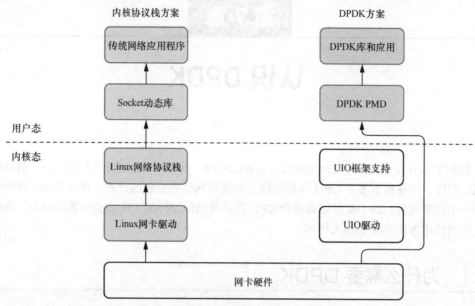

图 7-1　DPDK 和内核协议栈方案的比较

不过，Linux 内核仍然是 DPDK 实现的基础。比如内核中的 UIO 驱动框架，它为 DPDK 驱动程序提供了获取寄存器地址和长度、地址映射和读取中断计数等功能（具体如何以及是否使用这些功能，还要看 DPDK 驱动程序的具体实现）。另外，内核提供的"大页"机制也是 DPDK 进行内存管理的重要手段。

7.2　DPDK 体系结构

　　DPDK 为需要快速处理数据包的数据平面应用提供了一个简单、完整的框架。该框架通过创建环境抽象层（environment abstraction layer，EAL），为特定环境提供一组库。这里提到的特定环境，指的是 CPU 体系结构（比如 32 位或 64 位 x86 处理器）、GCC 编译器或某些特定的平台。这些环境通过使用 meson 文件和配置文件来指定。一旦创建了 EAL 库，用户就可以与该库链接以执行自己的应用程序。DPDK 也提供了 EAL 之外的其他库，比如哈希（hash）、最长前缀匹配（LPM）库等。此外，DPDK 代码中的示例应用程序可以帮助用户了解如何使用 DPDK 提供的各种功能。

　　DPDK 为处理数据包实现了一个"运行到完成"（run to completion）的模型，在执行数据平面处理逻辑之前，必须先分配所有资源，然后以逻辑核上执行单元（线程）的形式运行。该模型不支持调度器，以轮询的方式访问所有设备。处理数据包时不使用中断，主要原因是中断处理会产生较大的性能开销。

7.2.1　核心组件

　　DPDK 中的核心组件是一组库，这些库为应用程序提供了高性能处理数据包所需的所有元素。图 7-2 展示了 DPDK 的核心组件（库）以及它们之间的依赖关系。库的名称中 rte 前缀的意思是运行时环境（run time environment）。具体到代码编译后生成的库文件，还要在名称前加上 lib，比如 librte_mbuf。

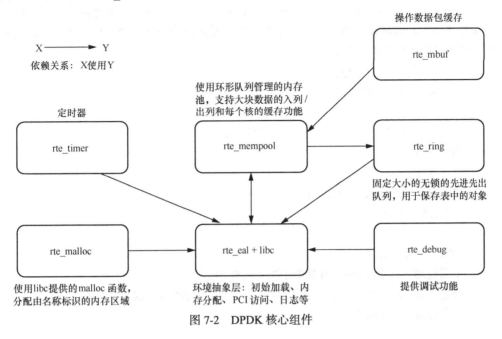

图 7-2　DPDK 核心组件

1．环形管理器（librte_ring）

环形管理器（ring manager）使用环形队列，在有限大小的表中，提供了无锁的多生产者、多消费者的先进先出队列（FIFO）以及操作队列的 API。与普通无锁队列相比，它有一些优势，比如易实现、适合批量操作、速度快等。内存池管理器就使用了此模块提供的机制。另外，环形队列还可用作逻辑核间或单个逻辑核上连接在一起的执行块之间的通用通信机制。

2．内存池管理器（librte_mempool）

内存池管理器（memory pool manager）负责分配内存中的对象池。池（pool）由名称标识，并使用环（ring）管理空闲（free）的对象。它还提供了一些可选服务，例如每个核的对象缓存和对齐协助（填充对象，使对象在所有 DDR 通道上均匀分布）。

3．网络数据包缓存管理（librte_mbuf）

此库提供了创建和销毁数据缓存的功能，这些数据缓存被 DPDK 应用程序用来保存网络数据包。数据缓存在 DPDK 启动时作为一个整体被创建，存储在 mempool 中。librte_mbuf 库提供了 API 来分配/释放 mbuf，mbuf 是用于操作存储数据包的缓存的数据结构。第 8 章中对此有更详细的描述。

4．时间管理器（librte_timer）

该库为 DPDK 执行单元提供定时器服务和异步执行函数的功能。它可以提供周期性函数调用，也可以提供一次性函数调用。它使用环境抽象层提供的定时器接口以获得精确的时间基准，并可以根据需要在每个核上启动。

5. 环境抽象层（librte_eal）

环境抽象层负责访问底层资源，如硬件和内存空间。它提供了一组通用接口，可以对应用程序和其他库隐藏环境细节，使得应用程序不需要知道当前运行的环境上使用了什么样的CPU，编译时用的什么编译器等。

环境抽象层提供的服务包括：

- DPDK 的加载和启动；
- 支持多进程和多线程执行；
- 设置处理器核的亲和性（affinity）或任务分配（创建执行实例）；
- 系统内存的分配/释放；
- 原子/锁操作；
- 时间基准（time reference）；
- PCI 总线访问；
- 跟踪和调试功能；
- CPU 特征识别；
- 中断处理（注册/撤销针对某个中断源的处理函数）；
- 警告（alarm）操作（设置/删除在特定时间运行的回调函数）；
- 内存分配（malloc）。

7.2.2　轮询模式驱动

DPDK 的代码中已经包含了很多网卡的驱动程序，这些驱动程序都采用了轮询模式。

轮询模式驱动程序（poll mode driver，PMD）需要提供一系列 API，用于配置设备、创建队列、发送数据包、接收数据包等。PMD 直接访问接收队列和发送队列的描述符以及寄存器，无须处理任何中断（除了链路状态更改中断），即可在用户态的应用程序中快速接收、处理和发送数据包。

1. 两种数据包处理模式

为了支持处理数据包的应用程序，DPDK 提供了两种模式。

- 运行到完成（run-to-completion）模式。接收时，通过 API 轮询特定网络接口的接收队列描述符/寄存器获取数据包。然后，在同一个核上处理数据包。处理完毕后，通过其他 API 将数据包放置在网络接口的发送队列描述符中，进行数据发送。
- 流水线（pipeline）模式。接收时，一个核上运行的程序通过 API 轮询一个或多个网络接口的接收队列描述符/寄存器。数据包被接收后，通过环形队列传递给另一个核。另一个核会继续处理数据包，处理完毕后，通过 API 将数据包放在网络接口的发送队列描述符中，进行数据发送。

运行到完成模式属于同步模式，流水线模式属于异步模式。

图 7-3 是运行到完成模式的示意。一个核运行一个包处理循环，该循环包括以下三步。

（1）通过 PMD 提供的接收 API 从硬件接收数据包。

（2）处理接收到的数据包。

（3）通过 PMD 提供的发送 API 把数据包发送出去。

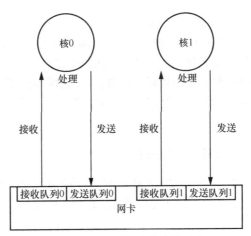

图 7-3　运行到完成模式的示意

　　图 7-4 是流水线模式的示意。一个或多个核负责接收数据包，并将数据包放入环形队列。其他核会从环形队列中取出数据包，并负责处理和发送。

　　接收数据包的核执行接收循环，该循环有两步。

　　（1）通过 PMD 提供的接收 API 从硬件接收数据包。

　　（2）把接收到的数据包放入环形队列。

　　负责处理数据包的核执行包处理循环，该循环有三步。

　　（1）从环形队列取出数据包。

　　（2）处理接收到的数据包。

　　（3）如果需要的话，通过 PMD 提供的发送 API 把数据包发送出去。

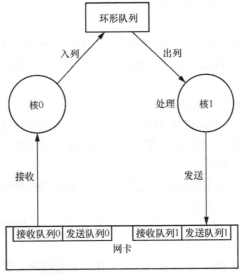

图 7-4　流水线模式的示意

2. 驱动程序设计原则

PMD 应该协助上层应用达到全局目标。

例如，PMD 提供的接收 API 和发送 API 都要有一个参数用来表明每次最多处理多少个数据包或描述符。换一种说法，PMD 需要支持 burst 方式，即一次性接收和发送多个数据包。这使得使用运行到完成模式的程序可以根据具体情况动态调整自己的收发包策略，比如：

- 以零碎的方式一次一个地接收、处理和发送数据包；
- 接收尽可能多的数据包，然后处理所有接收到的数据包，并立即发送它们；
- 接收给定最大数量的数据包，处理接收到的数据包，并累积，最后将所有累积的数据包一次性发送出去。

3. 处理器核、内存和队列之间的关系

DPDK 支持 NUMA 架构。当处理器核和网络接口使用本地内存时（即 CPU、网卡、DDR 属于同一个 NUMA 节点），可以获得更好的性能。因此，应该从位于本地内存的内存池中分配数据包缓存（mbuf）。

多个核不应该共享接收队列或发送队列，因为这将需要引入全局锁，从而影响性能。

4. 设备配置

PMD 需要提供一些 API 对设备进行配置，这些配置包括但不限于：

- 重置（reset）设备为默认状态；
- 使能或断开物理链接；
- 初始化硬件中的数据包计数；
- 启动/停止多播功能；
- 使能/禁止某些硬件卸载（offload）功能，比如分片、校验等。

7.3 一个典型的 DPDK 应用程序

在 DPDK 示例程序中，有一个可以进行数据包转发的程序，名为 dpdk-testpmd。图 7-5 展示了此程序的运行流程，以及其在整个执行过程中调用的其他 DPDK 模块提供的功能（函数）。

从图 7-5 中，可以得到以下信息。

- 程序启动后，首先调用环境抽象层（librte_eal 库）提供的函数进行一系列初始化操作，包括解析命令选项、扫描总线、管理并映射大页、建立堆（heap）、创建新线程、扫描并初始化网卡设备等。
- 环境抽象层依赖其他模块进行一些具体工作，比如需要使用总线驱动程序扫描设备，依赖设备驱动程序初始化网卡。
- dpdk-testpmd 使用了运行到完成模式，在"主核"之外的其他核上执行一个包处理循环，进行数据包的接收和发送。
- librte_ethdev 负责网络设备相关的抽象工作，其依赖网卡驱动程序执行具体的数据包收发工作。

注：

　　"主核"指运行初始化线程的核，程序启动后，此核运行的线程还会继续负责管理其他核/线程、响应用户输入等工作。

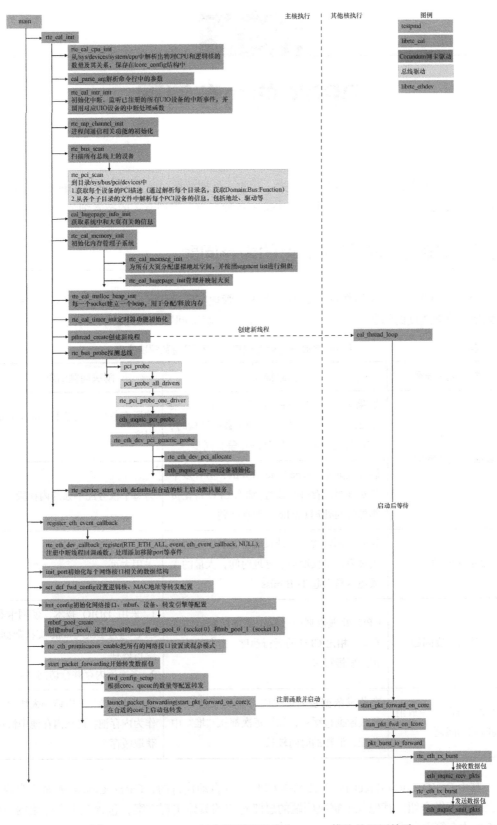

图 7-5 dpdk-testpmd 运行流程以及多个 DPDK 模块的调用关系

## 第8章

DPDK 的内存管理

良好的内存管理机制是实现高速发送、接收、处理数据包的关键，也是 DPDK 在做性能优化时重点关注的领域。本章将讨论 DPDK 中各种与内存管理有关的技术细节。

8.1 影响数据包处理速度的内存问题

为了实现高速处理网络数据，DPDK 在内存管理方面采用了多种技术，解决了一系列影响数据包处理速度的问题。表 8-1 列出了这些问题和解决问题的思路。

表 8-1 可能影响数据包处理速度的内存问题和解决方案

内存问题分类	问题描述	解决问题的思路
Cache 一致性的问题	如果两个数据结构属于同一个 Cache Line，在两个核分别访问两个数据结构时，CPU 将花费额外时间处理竞争和同步	使所有数据结构按照 Cache Line 对齐
	假设数据是 Cache Line 对齐的，但有多个核对该段内存进行读写，那么 CPU 将花费额外时间处理 Cache 一致性问题	为每个核分配单独的内存段
TLB miss 问题	如果采用常规大小的页（4KB），需要两级页表，不仅增加了寻址时间，大量的表项还容易引起 TLB miss	采用大页
内存读写速度问题	CPU 处理数据的过程中需要频繁访问内存。但相比 CPU 的运行速度，内存的响应速度要慢很多	1. 采用 DDIO 技术，使网卡和 CPU 通过 LLC Cache 交换数据，绕过内存 2. 多通道内存并行访问
缓存的分配和释放消耗时间的问题	在收发数据包的过程中，需要频繁分配/释放数据包缓存，如果每次都从"堆"中分配，消耗的时间较长	提前从"堆"中申请一大块内存作为内存池，再从内存池中快速获取缓存

其中 DDIO（data direct I/O）技术是 CPU 硬件自动执行的，Cache Line 对齐属于常规操作，在此不做介绍。其他几个解决问题的思路对应的具体实现方案，包含在本章介绍的一些 DPDK 内存管理方案中。

8.2 大页

3.3 节中描述了虚拟地址到物理地址的转换过程和 TLB 的工作原理。从中可以知道，如果一个内存页的长度为 4KB，在运行的物理地址小于 16KB，最多占用 4 个内存页的应用程序时，要让 TLB 总能命中，只需要在 TLB 中缓存 4 个表项。

但是对于一些占用内存比较多的程序就没这么容易了。假设一个程序占用了 4MB 大小的内存，那么它最少也得使用 1024 个页，然后 TLB 中至少需要缓存 1024 个表项才能保证不会出现 TLB miss。而 TLB 的大小是非常有限的，随着程序代码量变大或者程序中应用数据的增加，势必会出现 TLB 不够用而引发 TLB miss 的情况。

在这种情况下，大页（huge page）的优势就显现出来了。如果采用 2MB 的大页，对于同样占用 4MB 内存的程序，TLB 中只需要缓存 2 个表项（前提是这 4MB 内存被分配在了两个内存页内），就可以保证不出现 TLB miss。对于消耗更多内存（以 GB 为单位）的大型程序，可以采用 1GB 的大页，进一步减少 TLB miss。

8.2.1 在 Linux 系统中预留和配置大页

如果准备让 DPDK 应用程序使用大页，需要先在 Linux 系统中为其预留大页。x86 体系结构上运行的 Linux 支持 2MB 和 1GB 的大页。下面以 CentOS 系统为例，分别介绍这两种大页的配置方法。在给 DPDK 使用时，这两种配置的大页可以任选其一，也可以两者同时用。

1. 配置 1GB 的大页

在配置 1GB 的大页时，步骤如下。

（1）首先需要修改 Linux 启动选项，在主机内存中预留大页。

比如在安装了 CentOS 7 的机器上，打开/boot/grub2/grub.cfg 文件后，在内核配置选项一行添加如下粗体的部分。意思是把默认大页的 size 设置为 1GB，并且在系统启动时预留 8 个大页，总共 8GB。

```
./grub.cfg:99:  linux16 /vmlinuz-5.8.1 root=/dev/mapper/centos-root ro crashkernel=auto
rd.lvm.lv=centos/root rd.lvm.lv=centos/swap rhgb quiet default_hugepagesz=1G hugepagesz=1G
hugepages=8
```

修改完成后，将文件保存，重新启动计算机。

（2）检查系统中是否有预留的大页。

对于 NUMA 系统，Linux 操作系统会按照 CPU 的个数平均分配大页。例如作者的工作站中有两个 CPU 芯片（也就是有两个 NUMA 节点或两个槽位），每个 CPU 直连的 DDR 上都会分配 4GB 大页。可以使用如下命令查看系统为每个 NUMA 节点预留的 1GB 大页的数量。

```
#cat /sys/devices/system/node/node0/hugepages/hugepages-1048576kB/nr_hugepages
4
#cat /sys/devices/system/node/node1/hugepages/hugepages-1048576kB/nr_hugepages
4
```

也可以执行 cat /proc/meminfo 命令，检查系统中预留大页的数量，命令执行后的输出中应该包含如下几行。

```
HugePages_Total:        8  //总共有 8 个大页
HugePages_Free:         8  //当前有 8 个大页未分配给应用
Hugepagesize:    1048576 kB  //每个大页为 1GB
```

（3）最后把大页作为一种文件系统挂载（mount）到某个目录。

执行下面两行命令，先建立一个目录/mnt/huge，再将大页文件系统挂载到此目录。

```
mkdir -p /mnt/huge
mount -t hugetlbfs nodev /mnt/huge
```

2. 配置 2MB 的大页

配置 2MB 的大页的步骤如下。

（1）用如下命令为每个 NUMA 节点预留 1024 个 2MB 大小的大页。

```
echo 1024 > /sys/devices/system/node/node0/hugepages/hugepages-2048kB/nr_hugepages
echo 1024 > /sys/devices/system/node/node1/hugepages/hugepages-2048kB/nr_hugepages
```

（2）挂载到目录。

执行下面两行命令，先建立一个目录/mnt/huge_2m，再将大小为 2MB 的大页挂载到此目录。

```
mkdir -p /mnt/huge_2m
mount -t hugetlbfs nodev /mnt/huge_2m -o pagesize=2MB
```

8.2.2　DPDK 的大页管理

在系统中预留了大页后，DPDK 需要先从系统申请大页并做适当管理，才能将大页作为一种资源池，并以此为基础在 DPDK 内部进行更精细的内存管理，实现动态分配/释放内存的功能。

首先进行的是为所有大页分配虚拟地址空间。假设当前 Linux 系统中大页的分配是按照8.2.1 节中描述的方法进行的，结果如表 8-2 所示，作为接下来继续分析的基础。根据表中的数据，当前系统总共预留了 12GB 的大页。

表 8-2　　　　　　　　　　　　　当前 Linux 系统中大页的配置

NUMA 节点（槽位）	页数量	单页大小	内存容量
0	4	1GB	4GB
	1024	2MB	2GB
1	4	1GB	4GB
	1024	2MB	2GB

DPDK 应用程序会从操作系统的/sys/kernel/mm/hugepage/和/proc/mounts 等目录或文

件获取系统中有关大页资源的信息（即表 8-2 中的信息），随后为所有大页分配虚拟地址空间，无论 DPDK 接下来是否真正使用这些大页。所有的虚拟地址空间按照内存类型（memory type）→段列表（segment list）→段（segment）的层次进行管理，如图 8-1 和图 8-2 所示。

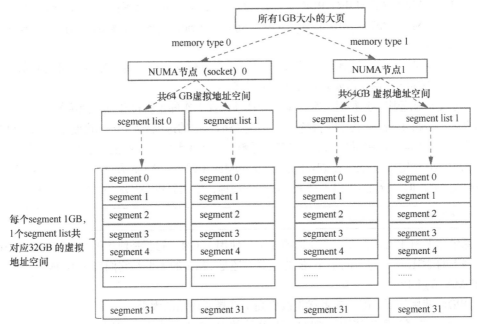

图 8-1　DPDK 为所有 1GB 的大页分配虚拟地址空间

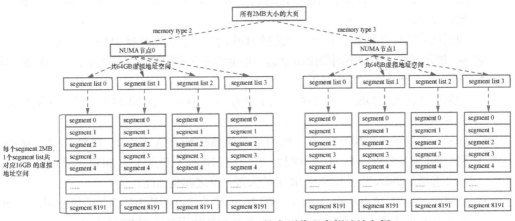

图 8-2　DPDK 为所有 2MB 的大页分配虚拟地址空间

不同的页大小（page size）和不同的 NUMA 节点组成了不同的 memory type。比如图 8-1 和图 8-2 中，2MB 和 1GB 两种大小的大页，分别位于两个 NUMA 节点，组成了 4 种 memory type。每种 memory type 中，包含了多个 segment list，每个 segment list 包含多个 segment。每个 segment 都会被分配不同的虚拟地址，相邻的 segment 的虚拟地址是连续的。最终分配的全部虚拟地址空间（256GB）远远大于实际存在的物理地址空间（12GB）。

注意，图 8-1 和图 8-2 是按照 DPDK 的默认配置运行的结果显示的。这种默认配置通常不需要修改。但如果确实需要修改的话，也很容易，DPDK 的 config/rte_config.h 文件中提供了如下宏定义。修改相应宏定义的数值后重新编译 DPDK 即可。

- RTE_MAX_MEMSEG_LISTS：表示 DPDK 中最多包含的 segment list 数量
- RTE_MAX_MEMSEG_PER_LIST：每个 segment list 最多包含的 segment 数量。
- RTE_MAX_MEM_MB_PER_LIST：每个 segment list 最多处理的内存容量（单位 MB）。
- RTE_MAX_MEMSEG_PER_TYPE：每种 memory type 最多包含的 segment 数量。
- RTE_MAX_MEM_MB_PER_TYPE：每种 memory type 最多处理的内存容量（单位 MB）。

为所有大页分配完虚拟地址空间后，接下来应该建立虚拟地址到物理地址的映射了，这时出现了一个问题：程序需要知道使用哪些大页。

DPDK 应用程序在运行时，会根据命令选项选择工作的逻辑核和总共使用的大页空间。比如用户运行 dpdk-testpmd 程序时，执行的下面这条命令中的选项-c7（7 的二进制数表示为 0b111，低 3 位为 1）指定了将使用 0、1、2 共三个逻辑核（在作者的工作站上位于 NUMA 节点 0），选项-m 10240 指定程序初始化过程中分配 10240MB（即 10GB）的大页，也就是说系统虽然有 12GB 的大页，但只分配 10GB。接下来以此为前提，继续分析 DPDK 对大页的管理。

```
dpdk-testpmd -c7  -m 10240 ……
```

系统中共有 12GB 大页，命令选项规定只使用 10GB，问题是使用哪些大页构成这 10GB 呢？剩下的 2GB 中，包含的是 1GB 的大页，还是 2MB 的大页？它们属于 NUMA 节点 0 还是 NUMA 节点 1？

DPDK 使用如下策略（前者优先级更高）选择要使用的大页。

- 优先选择和逻辑核所属 CPU 芯片直连的 DDR 上的大页，即逻辑核所在的 NUMA 节点的大页；如果涉及多个 NUMA 节点，根据不同 NUMA 节点上使用的逻辑核数量按比例分配。
- 如果所需地址空间大于 1GB，则选择 1GB 的大页，否则选择 2MB 的大页。

表 8-3 展示了对于多种不同的由命令选项指定的逻辑核配置和内存大小，DPDK 是如何选择大页的。下面是几个典型的例子。

- 如果所有逻辑核都属于 NUMA 节点 1 中的 CPU，优先选择 NUMA 节点 1 对应的 DDR 上的大页。
- 如果 1 个逻辑核在 NUMA 节点 0，2 个逻辑核在 NUMA 节点 1，按照 1∶2 的比例在两个 NUMA 节点的 DDR 上分配大页。只有 NUMA 节点 1 的 DDR 上大页不足时，才会选择 NUMA 节点 0 的 DDR 上的大页，反之亦是如此。
- 如果在 NUMA 节点 0 的 DDR 上分配 3000MB（注意不是 3GB）的地址空间，先分配 2 个 1GB 的大页，剩下的不满 1GB 的地址空间使用多个 2MB 的大页。

表 8-3　　　　　　　　　　　　　　　DPDK 的大页选择策略示例

参数 -c（指定工作的核）	参数-m（指定分配的内存大小，单位 MB）	NUMA 节点 0		NUMA 节点 1	
		分配的 1GB 大页数量（共 4 个）	分配的 2MB 大页数量（共 1024 个）	分配的 1GB 大页数量（共 4 个）	分配的 2MB 大页数量（共 1024 个）

		NUMA 节点 0		NUMA 节点 1	
7 （3个核全部在 NUMA 节点 0）	800	0	400	0	0
	1024	1	0	0	0
	3000	2	476	0	0
	4096	4	0	0	0
	5000	4	452	0	0
	8000	4	1024	1	416
	10240	4	1024	4	0
1C00 （3个核全部在 NUMA 节点 1）	800	0	0	0	400
	1024	0	0	1	0
	3000	0	0	2	476
	4096	0	0	4	0
	5000	0	0	4	452
	8000	1	416	4	1024
	10240	4	0	4	1024
C03 （NUMA 节点 0 和 NUMA 节 点 1 分别有两 个核）	800	0	200	0	200
	1024	0	256	0	256
	3000	1	238	1	238
	4096	2	0	2	0
	10240	4	512	4	512
C01 （1 个核在 NUMA 节点 0， 2 个核在 NUMA 节点 1）	600	0	100	0	200
	800	0	124	0	267
	3000	0	500	1	488
	4096	1	171	2	342
	10240	4	0	4	1024

在分配完虚拟地址空间并选择了要使用的大页（同时也确定了大页的物理地址）后，DPDK 应用程序将以图 8-1 和图 8-2 中的 memory type 编号→segment list 编号→segment 编号为顺序，以 segment 为单位，依次调用 mmap 函数建立虚拟地址和物理地址的映射。注意，由于这个方法是以 segment 为单位依次调用 mmap 进行映射，因此只能保证每个 segment 内部的虚拟地址和物理地址是连续的，而不能保证虚拟地址连续的两个 segment 在物理地址上也是连续的。

假设分配的大页全在 NUMA 节点 0，总共需要建立 3000MB 的地址映射，会有图 8-3 所示的映射结果。图中阴影部分的 segment 对应的虚拟地址空间映射了有效的物理地址。

注：

图 8-3 中 addr 的数值为虚拟地址，物理地址已由操作系统提前分配。

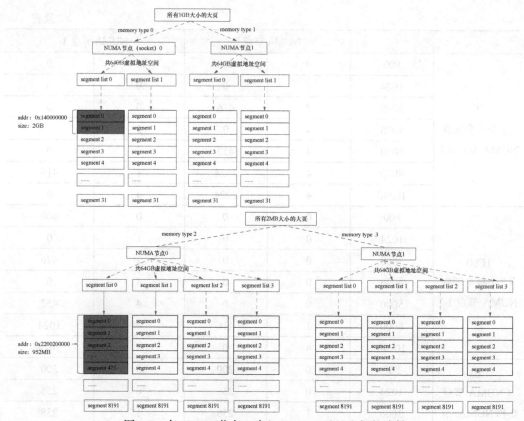

图 8-3　在 NUMA 节点 0 建立 3000MB 地址空间的映射

　　至此，DPDK 已经为需要的所有大页建立了虚拟地址到物理地址的映射。但此时这种粗粒度的内存管理还无法满足应用程序的需要。接下来 DPDK 会将这些大块内存作为资源池，建立内部堆（heap），为动态分配做准备。

　　DPDK 为每一个 NUMA 节点建立一个 heap，管理其所有大页，用于后续的动态分配。每个 heap 中有多个 elem，每个 elem 表示一个虚拟地址连续的内存块，最初的 elem 是通过扫描所有有效的（虚拟地址连续的）segment 建立的。

　　每个 heap 中有多个 free list，每个 free list 是一个链表，链接多个 elem。不同的 free list 管理不同大小（size）的处在 free 状态（即未分配状态）的 elem。下面是一段从 DPDK 代码中截取的注释，作为一个示例。可见这个 heap 中有 5 个 free list（每个 free list 的表头被称为 free head），分别管理不同 size 范围的内存块。以字节为单位，这 5 个 size 的范围分别为小于 2^8、$2^8 \sim 2^{10}$、$2^{10} \sim 2^{12}$、$2^{12} \sim 2^{14}$ 和大于 2^{14}。

```
Example element size ranges for a heap with five free lists:
heap->free_head[0] - (0    , 2^8]
heap->free_head[1] - (2^8, 2^10]
heap->free_head[2] - (2^10 ,2^12]
heap->free_head[3] - (2^12, 2^14]
heap->free_head[4] - (2^14, MAX_SIZE]
```

　　DPDK 把所有 elem 按照其虚拟地址空间的大小（size）进行分类，加入相应的 free list 中。在动态分配内存时，先按照 size 找到 free head（即 free list 的表头），再从其中的 elem

分配内存。如果一个 elem 中处于 free 状态的内存空间变小了,不再适合当前 free list 的 size,此 elem 会被移动到更小 size 的 free list 中。释放内存时,如果发现和当前 elem 虚拟地址相邻的 elem 也处于 free 状态,则会把两个 elem 合并为一个更大的 elem。如果合并后的 elem 的 size 不再适合当前的 free list 的 size,则会被移动到更大 size 的 free list 中。

在映射完所有大页,并建立了 heap 后,所有大页已经成为一个可以用来分配内存的总资源池,供 DPDK 应用程序动态分配内存(比如各种数据结构和 mempool)使用。

8.3 mempool

DPDK 使用大页作为其内存分配总资源池,是为了减少 TLB miss,以加快系统运行速度。除此之外,DPDK 还使用了 mempool 机制,对收发数据包时使用的内存进行更细致和更有效率的管理。

对于需要频繁分配/释放的数据结构,最典型的就是管理和保存数据包的数据结构,可以采用内存池的方式预先动态分配一整块内存区域,然后统一进行管理并提供更快速的分配和回收,从而免除频繁地动态分配/释放过程,既提高了性能,也减少了内存碎片的产生。这就是 DPDK 中 mempool 机制出现的原因。DPDK 中,数据包的内存操作对象被抽象为 mbuf,其对应的 struct rte_mbuf 数据结构对象存储在内存池中。DPDK 以环形队列(ring)的形式组织内存池中空闲或被占用的内存。此外还考虑了地址和 Cache Line 对齐等因素,以提升性能。

图 8-4 描述了 mempool 的工作原理。每个 obj(图中右方)都是一个 mbuf(存放一个数据包)。rte_ring(图中下方)采用环形队列和生产者-消费者模式对所有 mbuf 进行管理。在每个处理器核(图中左上)上运行的程序想要获取 mbuf 时,最开始都是从 rte_ring 中申请,但同时会多申请一些 mbuf 放入当前核私有的 object cache(注:不是 CPU 中的 Cache,是 DPDK 软件内部建立的一种缓存机制)中,用于以后的快速分配。

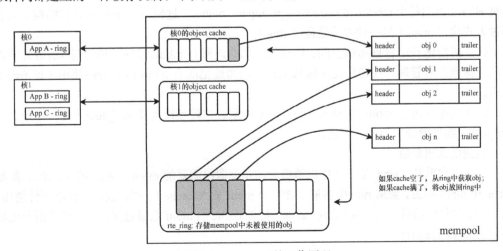

图 8-4 mempool 的工作原理

图 8-5 展示了 mempool 机制所使用的主要数据结构及其相互关系。

- mempool 数据空间是为所有 mbuf（每个 mbuf 存放一个数据包）提前从堆（heap）中申请的地址空间，每个 mbuf 使用数据结构 struct rte_mbuf 进行管理，紧跟其后（图中 Data Room）存放数据包的数据。

- mempool 管理结构空间主要由 struct rte_mempool 和每个核的 cache 管理结构 struct rte_mempool_cache 组成。后者用于快速获取 mbuf。

- ring 管理结构空间由 struct rte_ring（用于环形管理所有 mbuf）和 struct rte_mbuf 类型的指针数组组成。以环形队列的方式管理 mempool 中的所有 mbuf。

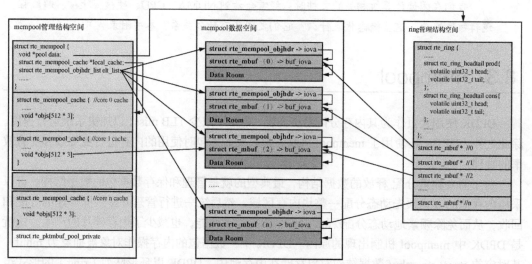

图 8-5 mempool 机制所使用的主要数据结构及其相互关系

整个 mempool 机制的实现比较复杂，在此只简要介绍一些主要的操作步骤。

初始化阶段

（1）从 heap 中依次分配 mempool 管理结构空间、ring 管理结构空间、mempool 数据空间（包含所有 mbuf）。

（2）初始化 mempool 管理结构空间，使其成员 pool_data 指向 ring 管理结构空间，列表成员 elt_list 指向每个 mbuf 前的 struct rte_mempool_objhdr。这使得 mempool 管理结构空间有两种方式找到 mbuf（另一种方式是通过 ring）。

（3）初始化 ring 管理结构空间，用指针队列指向所有 mbuf，并使用生产者-消费者模式的环形队列进行管理，在初始化阶段从生产者的角度把所有 mbuf 设置为待使用（即 free）状态。

（4）初始化每个 mbuf 的 struct rte_mbuf 对象，主要是设置其 buf_addr（虚拟地址）、buf_iova（物理地址）等成员变量。

发送数据包阶段

（1）发包前从 cache 或 ring 中以消费者的角度取出需要的 mbuf（优先使用 cache，如果 cache 中 mbuf 不足，会从 ring 中多取出 250 个 mbuf 放入 cache），填充数据后交给硬件使用。

（2）发包成功后，把 mbuf 交还 cache。如果 cache 中 mbuf 数量过多，从生产者的角度把多余的 mbuf 放回 ring。

8.4 通道和 rank

CPU 可以使用多通道（channel）并行访问 DDR（主机内存），以提高单次访问位宽。DDR 通过 CPU 上的存储器控制器和总线与计算机的其余部分进行数据交换。在 DDR 和存储器控制器之间增加通道可以加快数据传输速率。存储器控制器通常有单通道、双通道、四通道、六通道和八通道等。六通道和八通道架构通常是为服务器设计的。从理论上讲，多通道的数据传输速率可以成倍地增加（多通道速率 ＝ 单通道速率 × 通道数量）。

每个通道上的 DDR 阵列（可对应多个 DDR 插槽）含有多个 rank，用于增加每个通道的内存密度，即扩展地址空间以存放更多数据。每个 rank 有单独的片选信号，无法被同一路通道同时访问。但是不同通道上的不同 rank 是可以同时访问的。比如通道 0 的 rank 0 和通道 1 的 rank 1 可以被 CPU 同时访问。

图 8-6 展示的是一个双通道，每个通道上 4 个 rank 的存储架构。

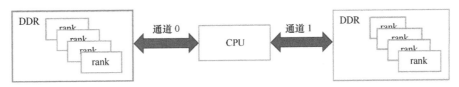

图 8-6 双通道×4 个 rank

我们知道 CPU 的运行速度比内存响应 CPU 访问的速度快很多，所以在访问内存的过程中，CPU 消耗了很多时钟等待内存响应。如果能够同时访问多块内存，即使 CPU 仍然会等待，同一时间段内访问的数据量也会成倍地增加。DPDK 就使用了这个方法，根据具体的 DDR 硬件排列，在数据对象之间添加特定的填充，目的是确保每个对象的起始地址被均匀地分布在不同的通道和 rank 上，以实现所有通道的负载均衡，增大单位时间内的数据访问量。这种做法尤其适合在执行 L3 转发或流分类等操作时处理数据包缓存。L3 转发或流分类等操作只访问数据包的前 64 字节，因此可以通过将数据对象的起始地址分布在不同的通道和 rank 中来提高性能。

如图 8-7 所示，假设现在单个 CPU 芯片有两个通道，每个通道上有 4 个 rank。我们可以在两个数据包所占用的地址间加入填充（padding），使得两个数据包的起始地址属于不同通道的不同 rank，这样 CPU 上不同的核/线程就可以同时处理这两个数据包了。

图 8-7 加入填充使两个数据包的起始地址属于不同通道的不同 rank

8.5 DPDK 使用的内存管理技巧总结

本章讨论了多种 DPDK 使用的用于提高数据包处理速度的内存管理技术，总结如下。

- 大页，作用是避免 TLB miss。
- 对于 NUMA 系统，优先选择和处理器属于同一 NUMA 节点的 DDR 中的大页，作用是缩短 CPU 对内存的访问时间。
- mempool，作用是提前（从而避免收发包时）从堆中申请内存空间。
- 每个核都有自己的 mbuf cache，作用是避免多核竞争，提高从 mempool 中获取 mbuf 的速度，也提高处理器核的 Cache 命中率。
- 多个通道和 rank 并行访问，作用是增大单位时间的内存访问量。

## 第 9 章

UIO——DPDK 的基石

　　Linux 内核为支持用户空间驱动程序的开发提供了一个框架，名为 UIO（userspace I/O）。这是一个通用的内核驱动程序，可以帮助开发人员编写能够访问设备寄存器和处理中断的用户空间驱动程序。DPDK 也是 UIO 的使用者。

　　UIO 的基本工作原理如图 9-1 所示。使用 UIO 后，应用程序中的驱动程序可以直接访问寄存器控制硬件，但中断处理仍需要经过内核态驱动。

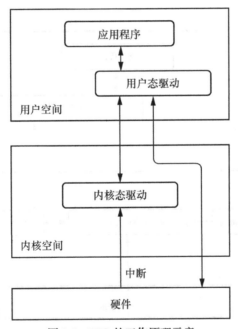

图 9-1　UIO 的工作原理示意

9.1　UIO 驱动程序的构成

　　Linux 源代码的 drivers/uio 目录下有两种不同又有关联的 UIO 驱动程序，它们分别是 UIO 核心驱动程序（uio.c）和 UIO 设备驱动程序（如 uio_pdrv_genirq.c、uio_pci_generic.c 等）。前者是 UIO 框架的核心，只要使用 UIO，就必然会用到此驱动程序。后者和设备强相关，具体使用哪种 UIO 设备驱动程序，取决于设备和总线的类型。两种 UIO 驱动程序的功能描述如下（其中的设备驱动程序，以最常用的平台设备驱动程序为例）。

- UIO 核心驱动程序（uio.c）

> ➢ 负责在 sysfs 中创建描述 UIO 设备的属性文件。
> ➢ 提供 mmap 函数将设备内存/寄存器的物理地址映射到进程中的虚拟地址。
> ➢ 和 UIO 设备驱动程序一起搭建 UIO 框架。设备驱动程序包括处理通用中断的 UIO 平台设备驱动程序 uio_pdrv_genirq.c、PCI 设备驱动程序 uio_pci_generic.c 或用户提供的专有设备驱动程序。uio.c 中包含了这些设备驱动程序调用的常用接口（比如注册 UIO 设备的 API）。

- UIO 平台设备驱动程序 （uio_pdrv_genirq.c）
  > ➢ 为 UIO 框架提供了通用的平台型驱动程序，以支持中断处理。
  > ➢ 调用 uio.c 提供的 API 注册 UIO 设备，向用户呈现设备文件/dev/uioX。
  > ➢ UIO 平台设备驱动程序的配置来源于设备树（dts，x86 体系结构不支持）或加载驱动程序时的选项。

上述两个驱动程序紧密耦合在一起，图 9-2 呈现了它们之间的关系以及在系统中的位置。从图中可以看出，直接和应用程序（或其包含的用户态驱动）交互的是 uio.c，直接和中断交互的是 uio_pdrv_genirq.c。

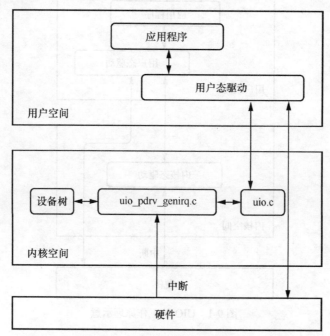

图 9-2　内核中两种 UIO 驱动程序之间的关系和作用示意

具体到两个 UIO 驱动程序的调用流程和其他代码细节，详见图 9-3。图中比较清楚地呈现了应用程序和两个 UIO 驱动程序的关系，以及中断的注册和处理流程。

UIO 平台设备驱动程序（uio_pdrv_genirq.c）可以被用户自己编写的 UIO 设备驱动程序代替，如图 9-4 所示。

除了可以自己编写 UIO 设备驱动程序，内核代码 drivers/uio 目录下还存在其他类似的可以直接使用的驱动程序，比如专门用于 PCI 设备的 uio_pci_generic.c。由于网卡大都是 PCI 设备，因此本书后文提到的各种测试中经常使用此驱动程序。

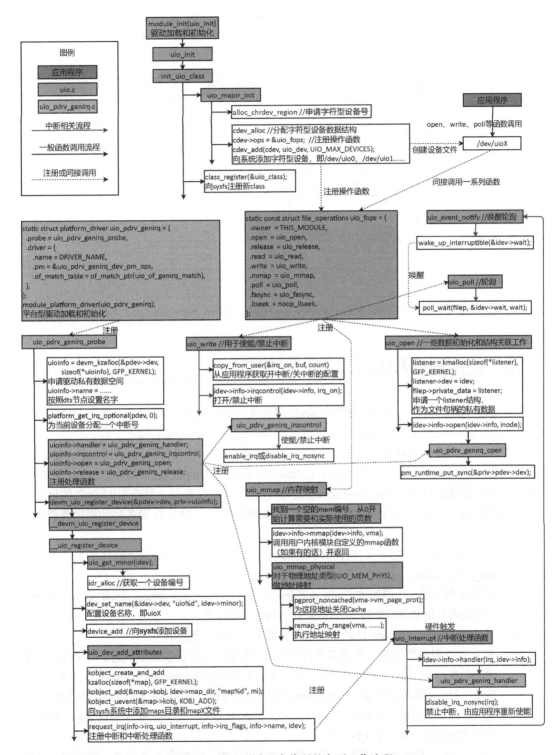

图 9-3　UIO 驱动程序代码的主要工作流程

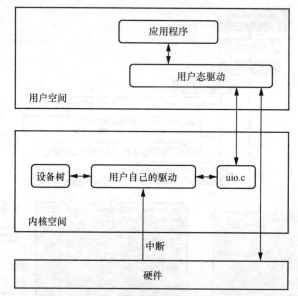

图 9-4　用户编写 UIO 设备驱动程序代替 uio_pdrv_genirq.c

9.2　应用程序和 UIO 的交互方式

应用程序通过一个设备文件和几个 sysfs 属性文件访问每个 UIO 设备。第一个设备的设备文件名为/dev/uio0，后续设备的设备文件名为/dev/uio1、/dev/uio2；以此类推。

内核中的 UIO 驱动程序在 sys 文件系统中创建描述 UIO 设备的属性文件。/sys/class/uio/ 是所有属性文件的根目录。在目录/sys/class/uio/下，有每个 UIO 设备的单独编号的目录结构，第一个 UIO 设备的目录是/sys/class/uio/uio0。再进到下一级目录时，每个 UIO 设备的目录下的内容就不完全一样了，具体有哪些文件和文件夹取决于加载的 UIO 设备驱动程序类型。一般典型的内容如下。

- /sys/class/uio/uioX/name 文件的内容为此设备对应的 UIO 设备驱动程序的名字，比如 uio_pci_generic.c。
- 如果是 PCI 设备，即加载了 uio_pci_generic 驱动程序，/sys/class/uio/uio0/device/resource 文件的内容是 PCI 设备的每个 BAR 空间的地址和长度。
- /sys/class/uio/uio0/maps 目录下包含设备的所有内存地址范围。
- 每个 UIO 设备可以为一个或多个内存（或寄存器）区域提供地址映射。每个内存区域的映射在 sysfs 中都有自己的目录，第一个映射对应目录/sys/class/uio/uioX/maps/map0/。后续映射会创建同级目录 map1/、map2/等。注意，只有当映射的地址空间大小不是 0 时，这些目录才会出现。每个/sys/class/uio/uioX/maps/mapX/目录包含 4 个只读文件，描述内存区域的属性，这 4 个文件如下。
  - ➢ name：此映射的字符串标识符。这是可选的，字符串可以为空。驱动程序可以设置此选项，使应用程序更容易地找到正确的地址映射。
  - ➢ addr：内存区域的起始地址。
  - ➢ size：内存区域的长度（单位为字节）。

> ➤ offset：偏移量（单位为字节）。在应用程序中，必须把此值添加到 mmap 函数
> 返回的地址上才能得到实际的设备内存地址。

应用程序通过读取文件/dev/uioX 获取中断。一旦发生中断，程序之前访问文件/dev/uioX 时调用且被阻塞的 read/select 函数就会返回。从/dev/uioX 读取到的整数值表示总共发生的中断的计数，应用程序可以用这个数字来判断是否错过了一些中断。

应用程序还可以以/dev/uioX 为文件句柄，调用 mmap 函数（间接调用 UIO 驱动程序中的 uio_mmap 函数），将设备内存/寄存器映射到进程的虚拟地址空间。

9.3 UIO 驱动程序的 API

如果想要编写自己的内核态 UIO 设备驱动程序，需要先了解 UIO 驱动框架提供的程序接口，其中最主要是数据结构 struct uio_info 和设备注册函数 uio_register_device。

struct uio_info 中包含了 UIO 驱动框架需要的 UIO 设备驱动程序的详细信息。其中有些成员是必选的，有些是可选的。以下是 struct uio_info 的一些成员。

- const char *name：必选。在应用程序读取文件/sys/class/uio/uioX/name 时出现，是 UIO 设备驱动程序的名称。
- const char *version：必选。此字符串会在应用程序读取文件/sys/class/uio/uioX/version 时出现，是 UIO 设备驱动程序的版本号。
- struct uio_mem mem[MAX_UIO_MAPS]：如果有可以调用 mmap 映射的内存，则必须使用。每个映射需要填充一个 struct uio_mem 结构。关于更多详细信息，参见后文的描述。
- long irq：必选。如果硬件产生中断，填写当前驱动模块在初始化期间从操作系统或 dts 配置获取的中断号。如果没有硬件生成的中断，但希望以其他方式触发中断处理程序，需将 irq 设置为 UIO_IRQ_CUSTOM（-1）。如果没有中断，可以将 irq 设置为 UIO_IRQ_NONE（0），尽管这几乎没有意义。
- unsigned long irq_flags：如果已将 irq 设置为硬件中断号，则需要设置此标志量。此标志量将在调用 request_irq 函数时使用。
- int (*mmap)(struct uio_info *info, struct vm_area_struct *vma)：可选。如果需要在设备驱动程序中实现一个自定义的 mmap 函数，可以在这里设置。如果此指针不为 NULL，那么应用程序将通过系统调用间接使用这里设置的 mmap 函数，而不是 uio.c 中默认的。
- int (*open)(struct uio_info *info, struct inode *inode)：可选。如果希望拥有自己的 open 处理函数，可以在这里添加。例如，希望实现功能——仅在设备实际使用时启用中断。
- int (*release)(struct uio_info *info, struct inode *inode)：可选。如果定义了自己的 open 处理函数，可能还需要一个自定义的 release 函数。比如，实现功能——在设备关闭时禁用中断。
- int (*irqcontrol)(struct uio_info *info, s32 irq_on)：可选。如果应用程序需要通过写入 /dev/uioX 来启用或禁用中断，可以实现这个函数。参数 irq_on 为 0 时会禁用中断，为 1 时则使能中断。

通常，设备会有一个或多个可映射到用户空间的内存区域。对于每个区域，必须在 struct uio_info 的成员 mem[]数组中设置一个元素，其数据结构为 struct uio_mem。

下面是对数据结构 struct uio_mem 中主要字段的描述。

- int memtype：如果使用映射，则必须设置。如果要映射设备的物理内存/寄存器，需将其设置为 UIO_MEM_PHYS。如果是逻辑内存（例如使用 kmalloc 分配的地址空间），设置为 UIO_MEM_LOGICAL。另外还有虚拟内存所使用的 UIO_MEM_VIRTUAL。后两个使用较少，特别是第三个。并且后两个其实没有本质的区别，只是命名习惯的不同，它们在 uio.c 驱动程序的（应用程序调用 mmap 函数时会间接调用的）uio_mmap 函数中的处理逻辑是相同的。
- unsigned long addr：设备的内存/寄存器区域的物理地址。
- unsigned long size：填写 addr 指向的内存块的大小。如果内存块大小为零，则认为映射未使用。注意，对于所有未使用的映射，必须将此字段初始化为零。
- void *internal_addr：如果某内核模块需要访问此内存区域，则需要调用 ioremap 函数或其他类似的方法对此区域进行内核内部的地址映射。Ioremap 函数返回的地址无法在用户空间访问，因此不能将其存储在 addr 中，但可以保存在 internal_addr 中。

函数 uio_register_device 将设备驱动程序连接到 UIO 框架。

- 需要将 struct uio_info 作为输入参数。
- 通常在 UIO 设备驱动程序的 probe 函数中调用。
- 它创建设备文件/dev/uioX（X 从 0 开始）和所有相关的 sysfs 属性文件。
- 函数 uio_unregister_device 是它的反操作，其将断开 UIO 设备驱动程序和 UIO 框架的连接，删除设备文件/dev/uioX。

9.4 DPDK 如何使用 UIO

以某个拥有两个网络接口的网卡为例，在运行 DPDK 应用程序前，需要先完成以下几个步骤。

（1）运行如下命令，将两个网络接口关闭，这是把网卡和 Linux 网络设备驱动程序解绑的前提，当然卸载驱动程序也可以。

```
sudo ifconfig ens3f0 down
sudo ifconfig ens3f1 down
```

（2）加载 Linux 自带的 UIO（PCI）设备驱动程序 uio_pci_generic。

```
sudo modprobe uio_pci_generic
```

（3）在 DPDK 代码的根目录下运行如下命令，将网卡的第一个网络接口和 Linux 原生的网络设备驱动程序解绑并重新绑定到 UIO 设备驱动程序 uio_pci_generic 上。第二个网络接口暂不使用。

```
sudo ./usertools/dpdk-devbind.py --bind=uio_pci_generic 06:00.0
```

注：

此时需要知道网络接口的 PCI 设备编号，运行 lspci 命令查看即可，这里假设其为 0000:06:00.0。此 PCI 设备编号并不是 CPU 访问 PCI 设备时使用的物理地址，它主要表示设备在 PCI 总线上的位置和设备提供的功能数量，格式为 bus:slot.func，即总线号:设备号:功能号。

在加载 UIO 设备驱动程序 uio_pci_generic 并绑定网络接口后，Linux 操作系统中会出现文件 /sys/bus/pci/devices/0000:06:00.0/resource。DPDK 应用程序在启动的过程中会调用 pci_parse_sysfs_resource 函数来解析这个文件，以获取设备的各个 BAR（base address register）空间的物理地址、长度和 flag。

例如，在作者的工作站上，此时使用的网卡的每个网络接口有多个 BAR 空间，读取 resource 文件可以得到如下输出。

```
root@local:/sys/bus/pci/devices/0000:06:00.0# cat resource
0x00000000f2100000 0x00000000f217ffff 0x0000000000040200
0x0000000000000000 0x0000000000000000 0x0000000000000000
0x0000000000005000 0x000000000000501f 0x0000000000040101
0x00000000f2180000 0x00000000f2183fff 0x0000000000040200
0x0000000000000000 0x0000000000000000 0x0000000000000000
```

以上输出的每一行都代表一个 BAR 空间。第一列数字是 BAR 空间的起始物理地址，第二列数字是 BAR 空间的结束物理地址，第三列是 flag。

如果打开了日志，DPDK 应用程序在初始化的过程中会有如下输出，和 resource 文件的内容完全对应。flag 中粗体的域如果是 1，表示当前 BAR 是 IO 类型；如果是 2，表示当前 BAR 是 MEM 类型（可作为内存地址直接访问）。

```
EAL: pci_parse_one_sysfs_resource(): phys_addr = 0xf2100000, end_addr = 0xf217ffff, flags =
0x40200
EAL: pci_parse_one_sysfs_resource(): phys_addr = 0x0, end_addr = 0x0, flags = 0x0
EAL: pci_parse_one_sysfs_resource(): phys_addr = 0x5000, end_addr = 0x501f, flags = 0x40101
EAL: pci_parse_one_sysfs_resource(): phys_addr = 0xf2180000, end_addr = 0xf2183fff, flags =
0x40200
```

接下来，在 pci_get_kernel_driver_by_path 函数中，DPDK 通过解析下面这个软链接，获取 UIO 设备驱动程序的名称 uio_pci_generic。

```
# ls -al /sys/bus/pci/devices/0000:06:00.0/driver
/sys/bus/pci/devices/0000:06:00.0/driver -> ../../../../bus/pci/drivers/uio_pci_generic
```

对于 MEM 类型的 BAR，DPDK 接下来需要进行地址映射，将物理地址映射为虚拟地址。这个过程对应的函数调用流程非常长，如下：

main→rte_eal_init→rte_bus_probe→pci_probe→pci_probe_all_drivers→rte_pci_probe_one_driver→rte_pci_map_device→pci_uio_map_resource→pci_uio_map_resource_by_index→pci_map_resource→rte_mem_map→mem_map→mmap。

可见 DPDK 最终调用了 mmap 函数完成地址映射，其使用的句柄 fd 对应打开的文件 /sys/bus/pci/devices/0000:XX:XX.X/resource0，其中目录 0000:XX:XX.X 是 PCI 设备编号，文件 resource0 对应 BAR0。

之后，在 Linux 系统内部，是哪个函数响应了这次 mmap 系统调用，从而最终实现了地址映射呢？不是 uio.c 中的 uio_mmap 函数（它对应的文件是 /dev/uioX），而是 linux/driver/pci/pci-sysfs.c 中定义的 pci_mmap_resource 函数。

总结一下，DPDK 主要通过以下三个步骤使用 UIO。

（1）将设备和 UIO 设备驱动程序绑定。

（2）从 UIO 设备驱动程序生成的系统文件中，获取设备内存/寄存器的物理地址和长度。

（3）进行地址映射，将物理地址映射为虚拟地址。此处获取的虚拟地址，即为 DPDK 应用程序可访问的网卡的寄存器基地址，是下一步运行 DPDK 网卡驱动程序的基础。

第 10 章

DPDK 的基本使用方法

本章将使用 DPDK 应用程序 dpdk-testpmd 和 pktgen，对两个商业网卡，包括 Intel I350 1G 以太网卡和 Mellanox ConnectX-4 Lx 10G 网卡，进行最基本的数据包转发性能测试。目的是熟悉 DPDK 应用程序的基本使用方法。

在使用 DPDK 进行测试前，需要先对其进行编译，包括编译 DPDK 中的核心库、示例程序和驱动程序，编译方法会在下文介绍。

> **注：**
>
> 在运行 DPDK 程序前，需要提前在操作系统中预留大页，具体方法可见 8.2.1 节。

10.1 编译 DPDK

DPDK 官方网站提供了 DPDK 的下载，读者可访问该网站下载最新版本的 DPDK 并学习其使用方法。

下载 DPDK 源代码压缩包后，首先解压压缩包，进入其根目录，先后运行以下两条命令编译 DPDK。

```
meson -Dexamples=all build    //生成配置文件，并要求编译 examples 目录下的所有示例
ninja -C build    //编译 DPDK
```

如果要把 DPDK 安装到系统中，需要把第二条命令改为如下命令（或者再运行一次）：

```
sudo ninja -C build install    //编译并安装 DPDK
```

然后运行如下命令：

```
ldconfig    //使新安装的动态库在系统中生效
```

10.2 使用 dpdk-testpmd 进行数据包转发测试

本节进行最简单的数据包转发测试。运行 DPDK 提供的示例程序 dpdk-testpmd，进行本机单个网卡的两个物理接口之间的"回环+转发"测试，程序可以自己产生数据包。本节的目标是学习 DPDK 的基本使用方法，查看使用 UIO 驱动程序（意味着在用户态执行轮询模式驱动程序）和 Linux 网卡驱动程序的效果差异。

10.2.1 运行环境和连接方式

本次测试使用的软件版本和网卡型号如下。

- 操作系统发行版本：Ubuntu 20.04.4。
- Linux 内核版本：5.8.1。
- DPDK 版本：20.11。
- 编译器和版本：GCC 9.4.0。
- 测试网卡：Intel I350 1G 以太网卡。

测试中使用一台工作站，其 PCIe 插槽中插入了一块 Intel I350 1G 以太网卡，此网卡有两个物理接口。如图 10-1 所示，使用 8 芯网线将两个接口直连，组成回环通路，并保证其为 1Gbit/s 连接。dpdk-testpmd 程序将创建两个负责转发数据包的线程，分别绑定到两个核上。两个线程分别接收来自两个接口的数据包，并将其发送到另一个接口。

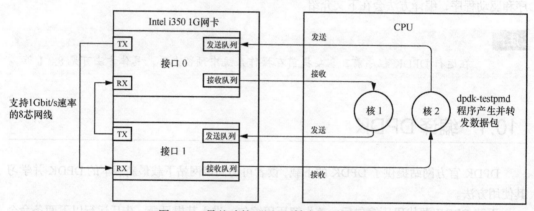

图 10-1 最基础的 "回环+转发" 测试连接

在作者的工作站上，系统启动后运行 ifconfig 命令可看到两个网络接口，名称分别为 ens2f0 和 ens2f1。可使用 ethtool ens2f0 命令确认两个接口已经建立连接，连接速率为 1Gbit/s。

```
# ethtool ens2f0
Settings for ens2f0:
        Supported ports: [ TP ]
        Supported link modes:   10baseT/Half 10baseT/Full
                                100baseT/Half 100baseT/Full
                                1000baseT/Full
        Supported pause frame use: Symmetric
        Supports auto-negotiation: Yes
        Supported FEC modes: Not reported
        Advertised link modes:  10baseT/Half 10baseT/Full
                                100baseT/Half 100baseT/Full
                                1000baseT/Full
        Advertised pause frame use: Symmetric
        Advertised auto-negotiation: Yes
        Advertised FEC modes: Not reported
        Speed: 1000Mb/s
        Duplex: Full
        Port: Twisted Pair
        PHYAD: 1
```

```
Transceiver: internal
Auto-negotiation: on
MDI-X: off (auto)
Supports Wake-on: pumbg
Wake-on: g
Current message level: 0x00000007 (7)
                  drv probe link
Link detected: yes
```

10.2.2 使用 Linux 以太网驱动程序运行 dpdk-testpmd

DPDK 应用程序可以在不使用轮询模式驱动程序（PMD）的情况下运行，此时，其使用的是 Linux 内核中的网卡驱动程序。

首先，在没有加载 UIO 驱动程序的情况下，运行 dpdk-testpmd，查看测试效果。在 DPDK 根目录下，执行如下命令：

```
sudo build/app/dpdk-testpmd -c7 --vdev=net_pcap0,iface=ens2f0 --vdev=net_pcap1, iface=ens2f1 --
-i --nb-cores=2 --nb-ports=2
```

命令中几个选项的解释如下。

- iface=ens2f0 和 iface=ens2f1 指定了两个目标网络接口，其中的 ens2fX 就是执行 ifconfig 命令看到的操作系统中抽象的两个网络接口的名称，分别对应 I350 网卡的两个物理接口。这也意味着此次使用的是 Linux 内核中的网卡驱动程序。
- -c7 选项指定本次运行使用的 CPU 核（逻辑核）。其中的 7，用 8 位二进制数表示为 0b00000111，它的低 3 位为 1，表示本次运行将使用编号最小的 3 个核，即核 0、核 1 和核 2。具体执行时，DPDK 应用程序会使用核 0 运行主线程，负责初始化和管理，其他两个核负责转发数据包。
- --nb-cores=2 表示本次运行使用 2 个核负责接收和发送数据包。如果没有指定其他参数，DPDK 会把 2 个核按照编号依次分配给两个接口，分别负责接收两个接口的数据包，并从另一个接口发送出去。
- --nb-ports=2 表示本次测试使用两个网络接口。

执行命令后，如果顺利的话，会直接进入 dpdk-testpmd 程序的命令行，此时可以看到提示符 testpmd>。如果遇到了问题，可参考后文列出的一些问题和解决问题的方法。

在命令行中，先输入 show port stats all 命令查看两个接口的状态，会发现当前两个接口的收发包计数都为 0。

```
testpmd> show port stats all

  ###################### NIC statistics for port 0 ######################
  RX-packets: 0        RX-missed: 0        RX-bytes: 0
  RX-errors: 0
  RX-nombuf: 0
  TX-packets: 0        TX-errors: 0        TX-bytes: 0

  Throughput (since last show)
  Rx-pps:         0    Rx-bps:          0
  Tx-pps:         0    Tx-bps:          0
  ######################################################################
```

```
###################### NIC statistics for port 1 ######################
RX-packets: 0          RX-missed: 0          RX-bytes: 0
RX-errors: 0
RX-nombuf:  0
TX-packets: 0          TX-errors: 0          TX-bytes: 0

Throughput (since last show)
Rx-pps:          0     Rx-bps:          0
Tx-pps:          0     Tx-bps:          0
######################################################################
```

接下来执行 start tx_first 命令（tx_first 表示程序本身会产生数据包），开始数据包转发测试。

```
testpmd> start tx_first
io packet forwarding - ports=2 - cores=2 - streams=2 - NUMA support enabled, MP allocation mode: native
Logical Core 1 (socket 0) forwards packets on 1 streams:
  RX P=0/Q=0 (socket 0) -> TX P=1/Q=0 (socket 0) peer=02:00:00:00:00:01
Logical Core 2 (socket 0) forwards packets on 1 streams:
  RX P=1/Q=0 (socket 0) -> TX P=0/Q=0 (socket 0) peer=02:00:00:00:00:00

  io packet forwarding packets/burst=32
  nb forwarding cores=2 - nb forwarding ports=2
  port 0: RX queue number: 1 Tx queue number: 1
    Rx offloads=0x0 Tx offloads=0x0
    RX queue: 0
      RX desc=0 - RX free threshold=0
      RX threshold registers: pthresh=0 hthresh=0  wthresh=0
      RX Offloads=0x0
    TX queue: 0
      TX desc=0 - TX free threshold=0
      TX threshold registers: pthresh=0 hthresh=0  wthresh=0
      TX offloads=0x0 - TX RS bit threshold=0
  port 1: RX queue number: 1 Tx queue number: 1
    Rx offloads=0x0 Tx offloads=0x0
    RX queue: 0
      RX desc=0 - RX free threshold=0
      RX threshold registers: pthresh=0 hthresh=0  wthresh=0
      RX Offloads=0x0
    TX queue: 0
      TX desc=0 - TX free threshold=0
      TX threshold registers: pthresh=0 hthresh=0  wthresh=0
      TX offloads=0x0 - TX RS bit threshold=0
```

程序的这段输出中有一些重要信息。第 3 行的 Logical Core 1 (socket 0) forwards packets on 1 streams，表示核 1 位于 NUMA 节点 0，正在负责转发一个数据流（中的数据包），操作的对象在第 4 行。第 4 行的 RX P=0/Q=0 (socket 0) -> TX P=1/Q=0，表示核 1 负责接收来自接口 0（P=0）的接收队列 0（对应第一个 Q=0）的数据包，并将其转发到接口 1（P=1）的发送队列 0（对应第二个 Q=0），并且接口 0 所属的网卡位于 NUMA 节点 0（即槽位 0）。另外，输出中的 burst=32 表示每次发送和接收时都一次性处理最多 32 个数据包。

此时执行 show port stats all 命令可以查看接口状态，输出中有 PPS/BPS 等描述速率的数据。因为程序在计算速率时使用的总时间，是按照两次执行 show port stats all 命令间隔的时间计算的，而第一次执行 show port stats all 命令时，程序还没有开始产生和转发数据包，所以此时看到的速率不准确。因此，此时需连续执行两次（中间间隔一段时间）show port stats all 命令，然后查看执行第二次命令后的输出结果，如下。

```
testpmd> show port stats all

  ######################## NIC statistics for port 0  ########################
  RX-packets: 19488      RX-missed: 0         RX-bytes: 1247232
  RX-errors: 0
  RX-nombuf:  0
  TX-packets: 19552      TX-errors: 0         TX-bytes: 1251328

  Throughput (since last show)
  Rx-pps:        3992     Rx-bps:      2044104
  Tx-pps:        4016     Tx-bps:      2056424
  ############################################################################

  ######################## NIC statistics for port 1  ########################
  RX-packets: 19520      RX-missed: 0         RX-bytes: 1249280
  RX-errors: 0
  RX-nombuf:  0
  TX-packets: 19520      TX-errors: 0         TX-bytes: 1249280

  Throughput (since last show)
  Rx-pps:        4016     Rx-bps:      2056448
  Tx-pps:        3992     Tx-bps:      2044136
  ############################################################################
```

从结果可以看出，数据收发速率约为 2Mbit/s，但现在用的是 1Gbit/s 的网卡，是因为发的数据包太小了吗？接下来把产生的数据包大小设置为 1500。

在修改数据包的大小前，需要先执行 stop 命令结束测试，程序会输出（从 start 到 stop）这段时间内每个接口上接收和发送的数据包计数。

```
testpmd> stop
Telling cores to stop...
Waiting for lcores to finish...

  ---------------------- Forward statistics for port 0  ----------------------
  RX-packets: 94912      RX-dropped: 0        RX-total: 94912
  TX-packets: 94944      TX-dropped: 0        TX-total: 94944
  ----------------------------------------------------------------------------

  ---------------------- Forward statistics for port 1  ----------------------
  RX-packets: 94912      RX-dropped: 0        RX-total: 94912
  TX-packets: 94944      TX-dropped: 0        TX-total: 94944
  ----------------------------------------------------------------------------

  +++++++++++++++ Accumulated forward statistics for all ports+++++++++++++++
  RX-packets: 189824     RX-dropped: 0        RX-total: 189824
  TX-packets: 189888     TX-dropped: 0        TX-total: 189888
  ++++++++++++++++++++++++++++++++++++++++++++++++++++++++++++++++++++++++++++
```

执行 show config txpkts 命令，查看程序默认产生多大的数据包。

```
testpmd> show config txpkts
Number of segments: 1
Segment sizes: 64
Split packet: off
```

可见程序默认产生的数据包大小为 64，执行命令 set txpkts 1500 将数据包大小设置为 1500。

```
testpmd> set txpkts 1500
testpmd> show config txpkts
Number of segments: 1
Segment sizes: 1500
Split packet: off
```

按照前文描述的流程重新测试，结果如下。

```
testpmd> show port stats all


  ######################## NIC statistics for port 0  ########################
  RX-packets: 115816    RX-missed: 0       RX-bytes: 37373682
  RX-errors: 0
  RX-nombuf:  0
  TX-packets: 115872    TX-errors: 0       TX-bytes: 37468416

  Throughput (since last show)
  Rx-pps:        4004       Rx-bps:     48058640
  Tx-pps:        4004       Tx-bps:     48058640
  ############################################################################


  ######################## NIC statistics for port 1  ########################
  RX-packets: 115848    RX-missed: 0       RX-bytes: 37421682
  RX-errors: 0
  RX-nombuf:  0
  TX-packets: 115840    TX-errors: 0       TX-bytes: 37420416

  Throughput (since last show)
  Rx-pps:        4004       Rx-bps:     48058816
  Tx-pps:        4004       Tx-bps:     48058816
  ############################################################################
```

可见速率有了大幅提高，但还是只有约 45Mbit/s。

为什么无法达到 1Gbit/s 呢？原因是现在使用的驱动程序并不是 DPDK 的轮询模式驱动程序，而是性能较低的运行在 Linux 内核态的网卡驱动程序。如果在测试过程中运行 top 命令（启动后按 1）查看 CPU 占用率，可以看到核 1 和核 2 有约 42% 的时间消耗在了内核态（标记为 sy）。

```
# top
top - 14:09:55 up 21 min,  3 users,  load average: 1.01, 0.89, 0.67
Tasks: 537 total,   1 running, 536 sleeping,   0 stopped,   0 zombie
%Cpu0  :  0.0 us,  0.0 sy,  0.0 ni,100.0 id,  0.0 wa,  0.0 hi,  0.0 si,  0.0 st
%Cpu1  : 58.6 us, 41.4 sy,  0.0 ni,  0.0 id,  0.0 wa,  0.0 hi,  0.0 si,  0.0 st
%Cpu2  : 58.3 us, 41.7 sy,  0.0 ni,  0.0 id,  0.0 wa,  0.0 hi,  0.0 si,  0.0 st
%Cpu3  :  0.0 us,  0.0 sy,  0.0 ni,100.0 id,  0.0 wa,  0.0 hi,  0.0 si,  0.0 st
%Cpu4  :  0.0 us,  0.0 sy,  0.0 ni,100.0 id,  0.0 wa,  0.0 hi,  0.0 si,  0.0 st
```

按照 DPDK 的设计原则，应该使用运行在用户态的轮询模式驱动程序（PMD），才能更有效率地处理数据包。接下来使用 DPDK 轮询模式驱动程序进行测试。

10.2.3 使用轮询模式驱动程序运行 dpdk-testpmd

要想使用轮询模式驱动程序，有下面 3 个前提：

- 加载 UIO 驱动程序，以支持 DPDK 获取 PCI 设备的物理地址等信息；
- 卸载 Linux 网卡驱动程序，或将网络接口关闭；
- 将网络接口和 Linux 网卡驱动程序解绑，并绑定到 UIO 驱动程序。

因此，在测试前，需要先执行如下步骤。

（1）关闭两个网络接口。

```
sudo ifconfig ens2f0 down
sudo ifconfig ens2f1 down
```

（2）加载 Linux 内核自带的 uio_pci_generic 驱动程序。

```
sudo modprobe uio_pci_generic
```

（3）查看 I350 网卡的两个网络接口的 PCI 设备编号（格式为 Domain:Bus:Function），得到 02:00.0 和 02:00.1。

```
# lspci |grep I350
02:00.0 Ethernet controller: Intel Corporation I350 Gigabit Network Connection (rev 01)
02:00.1 Ethernet controller: Intel Corporation I350 Gigabit Network Connection (rev 01)
```

（4）在 DPDK 根目录下运行如下命令，将两个网络接口和 Linux 网卡驱动程序解绑，并绑定到 uio_pci_generic 驱动程序（需要指定网络接口的 PCI 设备编号）。

```
sudo ./usertools/dpdk-devbind.py --bind=uio_pci_generic 02:00.0
sudo ./usertools/dpdk-devbind.py --bind=uio_pci_generic 02:00.1
```

执行如下命令查看效果，可见 I350 网卡的两个网络接口已经在使用 DPDK 兼容的驱动程序了，驱动程序名为 uio_pci_generic。

```
$ ./usertools/dpdk-devbind.py --status-dev net
Network devices using DPDK-compatible driver
============================================
0000:02:00.0 'I350 Gigabit Network Connection 1521' drv=uio_pci_generic unused=igb,vfio-pci
0000:02:00.1 'I350 Gigabit Network Connection 1521' drv=uio_pci_generic unused=igb,vfio-pci
```

接下来执行如下命令，开始测试。命令中不再指定 Linux 系统中的网络接口名称。

```
sudo build/app/dpdk-testpmd -c7  -- -i --nb-cores=2 --nb-ports=2
```

执行命令后的输出中，显示 DPDK 检测（probe）到了 I350 网卡的两个网络接口。

```
EAL: Detected 40 lcore(s)
EAL: Detected 2 NUMA nodes
EAL: Multi-process socket /var/run/dpdk/rte/mp_socket
EAL: Selected IOVA mode 'PA'
EAL: No available hugepages reported in hugepages-2048kB
```

```
EAL: Probing VFIO support...
EAL: VFIO support initialized
EAL: Probe PCI driver: net_e1000_igb (8086:1521) device: 0000:02:00.0 (socket 0)
EAL: Probe PCI driver: net_e1000_igb (8086:1521) device: 0000:02:00.1 (socket 0)
EAL: No legacy callbacks, legacy socket not created
Interactive-mode selected
testpmd: create a new mbuf pool <mb_pool_0>: n=163456, size=2176, socket=0
testpmd: preferred mempool ops selected: ring_mp_mc
Configuring Port 0 (socket 0)
Port 0: 80:61:5F:08:13:00
Configuring Port 1 (socket 0)
Port 1: 80:61:5F:08:13:01
Checking link statuses...
Done
testpmd>
```

再次输入 start tx_first 命令开始测试。

```
testpmd> start tx_first
```

然后执行两次 show port stats all 命令，查看测试结果，收发包速率相比使用 Linux 网卡驱动程序时有了很大改善，达到 700Mbit/s。

```
testpmd> show port stats all

  ###################### NIC statistics for port 0 ######################
  RX-packets: 79314906   RX-missed: 0        RX-bytes: 5076154324
  RX-errors: 0
  RX-nombuf: 0
  TX-packets: 79319253   TX-errors: 0        TX-bytes: 5076432396

  Throughput (since last show)
  Rx-pps:     1420372        Rx-bps:    727230584
  Tx-pps:     1420455        Tx-bps:    727272856
  ######################################################################


  ###################### NIC statistics for port 1 ######################
  RX-packets: 79319413   RX-missed: 0        RX-bytes: 5076442840
  RX-errors: 0
  RX-nombuf: 0
  TX-packets: 79315076   TX-errors: 0        TX-bytes: 5076165136
  Throughput (since last show)
  Rx-pps:     1420443        Rx-bps:    727267400
  Tx-pps:     1420361        Tx-bps:    727224952
  ######################################################################
```

把数据包大小改为 1500 后重新测试，此时基本可以达到硬件能力上限（1Gbit/s）了。

```
testpmd> show port stats all

  ###################### NIC statistics for port 0 ######################
  RX-packets: 347835035  RX-missed: 0        RX-bytes: 22897064664
  RX-errors: 0
```

```
RX-nombuf:  0
TX-packets: 347854859  TX-errors: 0          TX-bytes:  22898330528

Throughput (since last show)
Rx-pps:        82024     Rx-bps:    984290888
Tx-pps:        82024     Tx-bps:    984295528
#########################################################################

###################### NIC statistics for port 1 ######################
RX-packets: 347854869  RX-missed: 0          RX-bytes:  22898345528
RX-errors: 0
RX-nombuf:  0
TX-packets: 347835046  TX-errors: 0          TX-bytes:  22897081164

Throughput (since last show)
Rx-pps:        82024     Rx-bps:    984295464
Tx-pps:        82024     Tx-bps:    984295464
#########################################################################
```

与此同时，执行 top 命令后的输出也是符合 DPDK 设计原理的，用户态（标记为 us）占用了 100%的 CPU 负载，表示当前程序完全运行在用户态。

```
# top
top - 17:07:54 up 3:19,  3 users,  load average: 1.98, 1.45, 0.74
Tasks: 536 total,   1 running, 535 sleeping,  0 stopped,  0 zombie
%Cpu0 :  0.0 us,  0.0 sy,  0.0 ni,100.0 id,  0.0 wa,  0.0 hi,  0.0 si,  0.0 st
%Cpu1 :100.0 us,  0.0 sy,  0.0 ni,  0.0 id,  0.0 wa,  0.0 hi,  0.0 si,  0.0 st
%Cpu2 :100.0 us,  0.0 sy,  0.0 ni,  0.0 id,  0.0 wa,  0.0 hi,  0.0 si,  0.0 st
%Cpu3 :  0.0 us,  0.0 sy,  0.0 ni,100.0 id,  0.0 wa,  0.0 hi,  0.0 si,  0.0 st
%Cpu4 :  0.0 us,  0.0 sy,  0.0 ni,100.0 id,  0.0 wa,  0.0 hi,  0.0 si,  0.0 st
```

初次进行 DPDK 测试（比如运行 dpdk-testpmd）时，程序的启动过程中可能会遇到一些错误。在此列出几种错误和对应的解决办法。

（1）关于大页的几个错误。

```
EAL: 64 hugepages of size 1073741824 reserved, but no mounted hugetlbfs found for that size
```

或

```
EAL: No available hugepages reported in hugepages-2048kB
```

解决方法：事先配置好 1GB 和 2MB 的大页。

```
EAL: Couldn't get fd on hugepage file
```

解决方法：权限不足，需使用 root 权限执行命令。

（2）运行时发现如下错误。

```
EAL: failed to parse device "net_pcap0"
```

解决办法：安装 libpcap（Ubuntu 上可以执行 apt install libpcap-dev 命令），然后重新编译 DPDK。

10.3 使用 pktgen 测试 Mellanox ConnectX-4 LX 10G 网卡

本节不再使用 Intel 网卡，而使用 Mellanox ConnectX-4 LX 10G 双接口网卡进行测试，目标是熟悉 Mellanox 网卡的使用方法（包括其驱动程序的下载和安装），并学习使用 pktgen。pktgen 是一个用来产生、发送和接收数据包的应用程序，它不属于 DPDK 代码库，但其编译和运行分别依赖 DPDK 的头文件和动态库。如果读者需要自行开发基于 DPDK 的应用程序，pktgen 的代码是很好的参考。

10.3.1 硬件环境

本次测试使用的硬件设备如下。

- 主机：2 × 工作站。
- CPU：型号为 Intel(R) Xeon(R) CPU E5-2640 v4 @ 2.40GHz。每个工作站有 2 个 NUMA 节点，即 2 个物理的 CPU 芯片。每个 CPU 芯片中有 10 个硬核，每个硬核中有 2 个逻辑核，所以系统中共有 40 个逻辑核。
- 内存：256GB（8 × 16GB DIMM × 2 个 NUMA 节点，2667MHz）。
- 网卡：2 × Mellanox ConnectX-4 Lx 10G 双端口网卡。

10.3.2 软件版本

本次测试使用的软件版本如下。

- 操作系统：Ubuntu 18.04 LTS。
- 内核版本：Linux 5.8.1。
- 网卡驱动程序版本：MLNX_OFED_LINUX-5.4-1.0.3.0-ubuntu18.04-x86_64。
- DPDK 版本：20.11。
- pktgen 版本：21.03.1。

10.3.3 安装 Mellanox 网卡驱动程序

Linux 自带的网卡驱动程序无法满足此次测试要求，需要到英伟达官方网站下载对应的网卡驱动程序。在下载时，注意选择适合自己的操作系统发行版的驱动程序下载，驱动程序本身的版本号选择最新的即可。

下载驱动程序文件到本地后，需要先进行解压，然后执行如下命令进行安装。该驱动程序安装时间较长，过程中可能会更新当前网卡的固件（firmware）。

```
sudo ./mlnxofedinstall --add-kernel-support
```

安装结束后，执行如下命令加载驱动程序。

```
sudo /etc/init.d/mlnx-en.d restart
```

10.3.4　编译和安装 DPDK

在安装 Mellanox 驱动程序后，需要重新编译 DPDK。由于接下来运行的 pktgen 应用程序依赖 DPDK 动态库，因此需要将 DPDK 安装到系统中。

进入 DPDK 根目录，依次执行如下 4 条命令。

```
rm -rf build  //将以前编译的文件删除
meson -Dexamples=all build  //生成配置文件，要求编译 examples 目录下的所有示例
sudo ninja -C build install  //编译和安装 DPDK
ldconfig  //使新安装的动态库生效
```

> **小知识**　**运行应用程序时指定动态库**
>
> 　　如果在系统中找不到动态库，是有办法运行应用程序的。例如未安装 DPDK 动态库到系统时也是有办法运行 pktgen 的，只要在运行 pktgen 时加上 -d 选项指定需要的动态库的所在位置。比如下面这条命令，使用 -d 选项指定了网卡驱动程序动态库文件 librte_net_mqnic.so 和内存池动态库文件 librte_mempool_ring.so 的位置。这种方法在开发自己的 DPDK 驱动程序，或修改并调试某些 DPDK 自带的库时，非常有用。
>
> ```
> sudo ./build/app/pktgen -v -c 0x3E0 --proc-type auto -d /home/xxx/dpdk/dpdk-20.11/build
> /drivers/librte_net_mqnic.so -d /home/xxx/dpdk/dpdk-20.11/build/drivers/librte_mempool_
> ring.so -- -P -v -m "[6-7:8-9].0"
> ```

10.3.5　"回环+转发"测试

本节先使用之前测试 Intel I350 1G 网卡时采用的"回环+转发"的方法，测试 Mellanox ConnectX-4 Lx 10G 网卡的性能。

测试场景如图 10-2 所示，只使用一台工作站。由于网卡本身有两个网络接口，因此可以把这两个接口的发送端和接收端用光纤交叉连接，组成回环通路。另外，由于此次测试把网卡插在了和 NUMA 节点 1 中的 CPU 芯片直连的 PCIe 插槽上，因此此次测试使用核 11 和核 12 进行转发（参考附录 A），这需要在执行 dpdk-testpmd 命令时使用选项 -c1C00（读者先用二进制数表示 0x1C00，然后看看它哪些位为 1，就能理解了）。

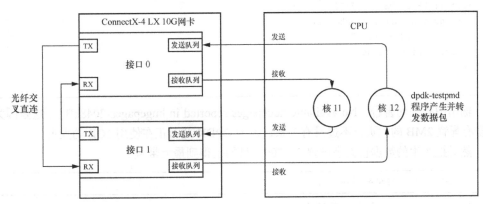

图 10-2　使用 Mellanox 10G 网卡进行"回环+转发"测试

测试时，先执行如下命令启动测试进程。

```
sudo build/app/dpdk-testpmd -c1C00 -- -i --nb-cores=2 --portmask=6
```

选项-c1C00 按位指定了将要使用编号为 10、11、12 的三个核。其中核 10 运行主线程，负责初始化和管理。核 11 和核 12 上运行的线程负责数据包的接收和发送。

由于作者的工作站上还插了一块有一个网络接口的 Mellanox ConnectX-5 100G 网卡，因此程序会检测到 3 个网络接口。为了在测试中只使用 Mellanox ConnectX-4 Lx 10G 网卡的两个网络接口，需要添加命令选项--portmask=6，其中的数字 6 按位指定了测试时使用 1 号和 2 号接口（排除了 100G 网卡的 0 号接口）。

执行命令后会有如下输出，并进入程序的命令行。

```
$ sudo build/app/dpdk-testpmd -c1C00 -- -i --nb-cores=2 --portmask=6
EAL: Detected 40 lcore(s)
EAL: Detected 2 NUMA nodes
EAL: Multi-process socket /var/run/dpdk/rte/mp_socket
EAL: Selected IOVA mode 'PA'
EAL: No available hugepages reported in hugepages-2048kB
EAL: Probing VFIO support...
EAL: VFIO support initialized
EAL: Probe PCI driver: mlx5_pci (15b3:1017) device: 0000:02:00.0 (socket 0)
mlx5_pci: Size 0xFFFF is not power of 2, will be aligned to 0x10000.
EAL: Probe PCI driver: mlx5_pci (15b3:1015) device: 0000:82:00.0 (socket 1)
mlx5_pci: No available register for Sampler.
mlx5_pci: Size 0xFFFF is not power of 2, will be aligned to 0x10000.
EAL: Probe PCI driver: mlx5_pci (15b3:1015) device: 0000:82:00.1 (socket 1)
mlx5_pci: No available register for Sampler.
mlx5_pci: Size 0xFFFF is not power of 2, will be aligned to 0x10000.
EAL: No legacy callbacks, legacy socket not created
Interactive-mode selected
previous number of forwarding ports 3 - changed to number of configured ports 2
testpmd: create a new mbuf pool <mb_pool_1>: n=163456, size=2176, socket=1
testpmd: preferred mempool ops selected: ring_mp_mc
testpmd: create a new mbuf pool <mb_pool_0>: n=163456, size=2176, socket=0
testpmd: preferred mempool ops selected: ring_mp_mc
Configuring Port 0 (socket 0)
Port 0: B8:59:9F:B0:CC:70
Configuring Port 1 (socket 1)
Port 1: 98:03:9B:88:47:D6
Configuring Port 2 (socket 1)
Port 2: 98:03:9B:88:47:D7
Checking link statuses...
Done
testpmd>
```

输出中有一句警告"No available hugepages reported in hugepages-2048kB"。这是因为作者没有配置 2MB 的大页，不过没有关系，因为 DPDK 此时正在使用 1GB 的大页。

然后把产生的数据包大小设置为 1500，目的是得到最大带宽。

```
testpmd> set txpkts 1500
```

执行 start tx_first 命令，开始自发包测试，此时会有如下输出。

```
testpmd> start tx_first
io packet forwarding - ports=2 - cores=2 - streams=2 - NUMA support enabled, MP allocation
mode: native
Logical Core 11 (socket 1) forwards packets on 1 streams:
  RX P=1/Q=0 (socket 1) -> TX P=2/Q=0 (socket 1) peer=02:00:00:00:00:02
Logical Core 12 (socket 1) forwards packets on 1 streams:
  RX P=2/Q=0 (socket 1) -> TX P=1/Q=0 (socket 1) peer=02:00:00:00:00:01

  io packet forwarding packets/burst=32
  nb forwarding cores=2 - nb forwarding ports=2
  port 0: RX queue number: 1 Tx queue number: 1
    Rx offloads=0x0 Tx offloads=0x0
    RX queue: 0
      RX desc=256 - RX free threshold=64
      RX threshold registers: pthresh=0 hthresh=0  wthresh=0
      RX Offloads=0x0
    TX queue: 0
      TX desc=256 - TX free threshold=0
      TX threshold registers: pthresh=0 hthresh=0  wthresh=0
      TX offloads=0x0 - TX RS bit threshold=0
  port 1: RX queue number: 1 Tx queue number: 1
    Rx offloads=0x0 Tx offloads=0x0
    RX queue: 0
      RX desc=256 - RX free threshold=64
      RX threshold registers: pthresh=0 hthresh=0  wthresh=0
      RX Offloads=0x0
    TX queue: 0
      TX desc=256 - TX free threshold=0
      TX threshold registers: pthresh=0 hthresh=0  wthresh=0
      TX offloads=0x0 - TX RS bit threshold=0
  port 2: RX queue number: 1 Tx queue number: 1
    Rx offloads=0x0 Tx offloads=0x0
    RX queue: 0
      RX desc=256 - RX free threshold=64
      RX threshold registers: pthresh=0 hthresh=0  wthresh=0
      RX Offloads=0x0
    TX queue: 0
      TX desc=256 - TX free threshold=0
      TX threshold registers: pthresh=0 hthresh=0  wthresh=0
      TX offloads=0x0 - TX RS bit threshold=0
```

这些输出提供了很多信息，具体如下。

- 有两个核（核 11 和核 12，都位于 NUMA 节点 1）在分别转发两条数据流，第一条数据流从网络接口 1 接收进来转发到网络接口 2，第二条数据流从网络接口 2 接收进来转发到到网络接口 1。
- 每条数据流对应一个接口的 0 号接收队列和另一个接口的 0 号发送队列。
- 发送队列和接收队列中的描述符都共有 256 个。
- 两个接口所属的网卡位于 NUMA 节点 1，即和第二个 CPU 芯片直连。
- 采用了 burst 模式，一次性接收和发送最多 32 个数据包。

接下来执行 show port stats all 命令查看速率。在执行该命令时，可以先执行一次，间隔几秒之后再执行一次，并忽略第一次执行该命令时的输出。

```
testpmd> show port stats all

  ######################## NIC statistics for port 0  ########################
```

```
RX-packets: 0          RX-missed: 0          RX-bytes:  0
RX-errors: 0
RX-nombuf:  0
TX-packets: 0          TX-errors: 0          TX-bytes:  0

Throughput (since last show)
Rx-pps:          0          Rx-bps:          0
Tx-pps:          0          Tx-bps:          0
########################################################################


###################### NIC statistics for port 1 ######################
RX-packets: 12711611   RX-missed: 0          RX-bytes: 19067408588
RX-errors: 0
RX-nombuf:  0
TX-packets: 12709880   TX-errors: 0          TX-bytes: 19064820000

Throughput (since last show)
Rx-pps:     819575          Rx-bps:  9834906864
Tx-pps:     819539          Tx-bps:  9834475512
########################################################################


###################### NIC statistics for port 2 ######################
RX-packets: 12710209   RX-missed: 0          RX-bytes: 19065305588
RX-errors: 0
RX-nombuf:  0
TX-packets: 12711993   TX-errors: 0          TX-bytes: 19067989500

Throughput (since last show)
Rx-pps:     819539          Rx-bps:  9834475536
Tx-pps:     819573          Tx-bps:  9834878144
########################################################################
```

可以看到刚开始的速率可以达到 9.16Gbit/s。

然而过了大概 10 分钟左右再去查看速率时，可以发现速率有了明显的下降，到了 8.8Gbit/s。

```
testpmd> show port stats all

###################### NIC statistics for port 0 ######################
RX-packets: 0          RX-missed: 0          RX-bytes:  0
RX-errors: 0
RX-nombuf:  0
TX-packets: 0          TX-errors: 0          TX-bytes:  0

Throughput (since last show)
Rx-pps:          0          Rx-bps:          0
Tx-pps:          0          Tx-bps:          0
########################################################################


###################### NIC statistics for port 1 ######################
RX-packets: 3654936856 RX-missed: 0          RX-bytes: 1581935533291
RX-errors: 0
RX-nombuf:  0
TX-packets: 3811362411 TX-errors: 0          TX-bytes: 1576544116584

Throughput (since last show)
Rx-pps:    2748225          Rx-bps:  9434042600
Tx-pps:    2866256          Tx-bps:  9401513672
########################################################################
```

```
####################### NIC statistics for port 2 #######################
RX-packets: 3811364166 RX-missed: 0        RX-bytes: 1576544594315
RX-errors: 0
RX-nombuf:  0
TX-packets: 3654938445 TX-errors: 0        TX-bytes: 1581936116622

Throughput (since last show)
Rx-pps:     2866257    Rx-bps:   9401513616
Tx-pps:     2748226    Tx-bps:   9434042608
#########################################################################
```

再过了大概两个小时，速率下降到了约 8Gbit/s。不过此后可以在很长时间内维持在这个速率。

```
testpmd> show port stats all

####################### NIC statistics for port 0 #######################
RX-packets: 0          RX-missed: 0        RX-bytes: 0
RX-errors: 0
RX-nombuf:  0
TX-packets: 0          TX-errors: 0        TX-bytes: 0

Throughput (since last show)
Rx-pps:            0    Rx-bps:            0
Tx-pps:            0    Tx-bps:            0
#########################################################################

####################### NIC statistics for port 1 #######################
RX-packets: 52105769440 RX-missed: 0       RX-bytes: 10726083895540
RX-errors: 0
RX-nombuf:  0
TX-packets: 55329718660 TX-errors: 0       TX-bytes: 10642144016293

Throughput (since last show)
Rx-pps:     6604657    Rx-bps:   8717174232
Tx-pps:     7207390    Tx-bps:   8598558184
#########################################################################

####################### NIC statistics for port 2 #######################
RX-packets: 55329721607 RX-missed: 0       RX-bytes: 10642144412172
RX-errors: 0
RX-nombuf:  0
TX-packets: 52105772120 TX-errors: 0       TX-bytes: 10726084380456

Throughput (since last show)
Rx-pps:     7207487    Rx-bps:   8598667352
Tx-pps:     6604736    Tx-bps:   8717280120
#########################################################################
```

在开始的一段时间内，网络速率有所下降的原因如下。

- 转发的过程中有少量的丢包（比如执行 show fwd stats all 命令可以看到丢包数）。
- 程序只在刚开始测试时自己产生数据包，随着丢包的发生，网络中的数据包越来越少了。

在此不再深究丢包的原因，因为这种自己产生数据包，回环后再负责转发的测试方式不会出现在实际应用中。如果采用"外部发包+本地转发"的模式，应该能在更接近实际应用场景的情况下，让网卡维持在接近满带宽的状态。接下来的测试可以验证这个猜想。

10.3.6 编译 pktgen

pktgen 是一个独立于 DPDK 的应用程序，但在编译和执行过程中仍依赖 DPDK。pktgen 可以产生、发送和接收数据包，它还支持其他多种功能，比如多核多线程、设置 MTU，以及设置产生数据包的协议、IP 和 MAC 等。

DPDK 官方网站提供了 pktgen 的下载，本书使用的版本为 21.03.1。下载完成后，需要先进行解压，然后进入 pktgen-dpdk 目录，依次执行如下命令编译 pktgen。

```
meson build
ninja -C build
```

10.3.7 "外部发包+本地转发"测试

本次测试使用 pktgen 产生和发送数据包。观察能否解决之前的"回环+转发"测试中遇到的速率不断下降的问题，并熟悉 pktgen 收发包工具的使用方法。

测试场景如图 10-3 所示。两台工作站（工作站 1 和工作站 2）上各有一块 Mellanox ConnectX-4 LX 10G 网卡，两块网卡之间用光纤直连。测试时，在工作站 1 上运行 pktgen 程序产生、发送和接收数据包（收到数据包后，只计数，然后直接丢弃），在工作站 2 上运行 dpdk-testpmd 程序转发数据包。对于工作站 1 上的网卡来说，接口 1 收到的数据包是自己的接口 0 之前发送出去的，反之亦是如此。

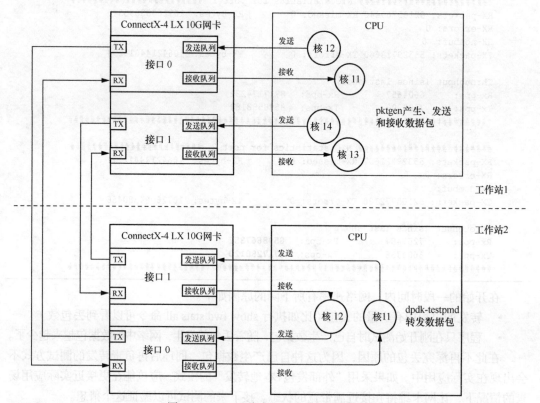

图 10-3 pktgen 发包，testpmd 转发测试

下面准备进行测试，具体步骤如下。

（1）在工作站 2 上执行如下命令，启动 dpdk-testpmd 程序，程序启动后会自动开始转发数据包。

```
sudo build/app/dpdk-testpmd -c1C00  -- -i --nb-cores=2  --portmask=6
```

dpdk-testpmd 程序启动后，在命令行中执行 start 命令，即开始转发（当然此时还没有数据包可供其转发）。注意不要执行 start tx_first 命令，因为该程序此时只负责转发，不需要自己产生数据包。之后可以随时执行 show port stats all 命令查看转发速率。

（2）在工作站 1 上执行如下命令启动 pktgen。

```
sudo ./build/app/pktgen -v -c 0x7C00 --proc-type auto --log-level=8  -d librte_net_mlx5.so
-d librte_mempool_ring.so -- -P -v -m "[11:12].0,[13:14].1"
```

在上述命令中，选项 -c 0x7C00（根据其二进制数的位）表示此进程将使用 10、11、12、13、14 共五个核，其中核 10 运行主线程，负责初始化和管理；其余四个核上运行的线程负责数据包的发送或接收。

命令中进一步使用了选项 -m "[11:12].0,[13:14].1"，表示核 11 和 12 分别负责接口 0 的接收和发送，核 13 和 14 分别负责接口 1 的接收和发送（如图 10-3 所示）。

（3）与 dpdk-testpmd 类似，pktgen 程序启动后也提供了命令行（提示符 Pktgen:/>）接受用户配置。在命令行中执行如下命令把两个接口将要发送的数据包的大小都设置成 1500，使其带宽尽可能大。

```
Pktgen:/> set 0 size 1500
Pktgen:/> set 1 size 1500
```

（4）执行 str 命令，开始发包。

```
Pktgen:/> str
```

结果会显示当前的收发包速率（10Gbit/s）、已发送和已接收的数据包计数以及程序使用了何种协议封装数据包等信息。

```
/ Ports 0-1 of 2    <Main Page>  Copyright(c) <2010-2021>, Intel Corporation
  Flags:Port     : P------Sngl     :0 P------Sngl     :1
Link State       :     <UP-10000-FD>      <UP-10000-FD>   ---Total Rate---
Pkts/s Rx        :           824,937            824,858         1,649,795
       Tx        :           824,864            824,928         1,649,792
MBits/s Rx/Tx    :       10,031/10,030      10,030/10,031     20,061/20,061
Pkts/s Rx Max    :           829,870            830,543         1,659,688
       Tx Max    :           829,856            830,432         1,659,680
Broadcast        :                 0                  0
Multicast        :                 0                  0
Sizes 64         :                 0                  0
      65-127     :                 0                  0
      128-255    :                 0                  0
      256-511    :                 0                  0
      512-1023   :                 0                  0
      1024-1518  :        16,810,487         16,810,981
Runts/Jumbos     :               0/0                0/0
ARP/ICMP Pkts    :               0/0                0/0
Errors Rx/Tx     :               0/0                0/0
```

```
        Total Rx Pkts      :              16,277,919             16,278,637
              Tx Pkts      :              16,278,336             16,278,240
            Rx/Tx MBs      :         197,939/197,944        197,948/197,943
        Pattern Type       :                  abcd...                abcd...
        Tx Count/% Rate    :            Forever /100%          Forever /100%
        Pkt Size/Tx Burst  :              1500 /  32             1500 /  32
        TTL/Port Src/Dest  :          64/ 1234/ 5678         64/ 1234/ 5678
        Pkt Type:VLAN ID   :          IPv4 / TCP:0001        IPv4 / TCP:0001
        802.1p CoS/DSCP/IPP :           0/  0/  0              0/  0/  0
        VxLAN Flg/Grp/vid  :          0000/  0/  0           0000/  0/  0
        IP  Destination    :              192.168.1.1            192.168.0.1
             Source        :           192.168.0.1/24         192.168.1.1/24
        MAC Destination    :        98:03:9b:88:43:53      98:03:9b:88:43:52
             Source        :        98:03:9b:88:43:52      98:03:9b:88:43:53
        PCI Vendor/Addr    :        15b3:1015:82:00.0      15b3:1015:82:00.1
        -- Pktgen 21.03.1 (DPDK 20.11.0)  Powered by DPDK  (pid:4058) -----------------
```

（5）回到工作站 2，执行 show port stats all 命令查看转发速率。

```
testpmd> show port stats all

  ######################## NIC statistics for port 0  ########################
  RX-packets: 0          RX-missed: 0          RX-bytes: 0
  RX-errors: 0
  RX-nombuf:  0
  TX-packets: 0          TX-errors: 0          TX-bytes: 0


  Throughput (since last show)
  Rx-pps:            0          Rx-bps:            0
  Tx-pps:            0          Tx-bps:            0
  ############################################################################


  ######################## NIC statistics for port 1  ########################
  RX-packets: 12108486   RX-missed: 0          RX-bytes: 18114295056
  RX-errors: 0
  RX-nombuf:  0
  TX-packets: 12108107   TX-errors: 0          TX-bytes: 18113728072


  Throughput (since last show)
  Rx-pps:       820042          Rx-bps:   9814269072
  Tx-pps:       820000          Tx-bps:   9813761800
  ############################################################################


  ######################## NIC statistics for port 2  ########################
  RX-packets: 12108478   RX-missed: 0          RX-bytes: 18114283088
  RX-errors: 0
  RX-nombuf:  0
  TX-packets: 12108857   TX-errors: 0          TX-bytes: 18114850072


  Throughput (since last show)
  Rx-pps:       820006          Rx-bps:   9813841744
  Tx-pps:       820049          Tx-bps:   9814355048
  ############################################################################
```

测试结果显示，转发速率会一直持续在接近满带宽的状态，不会像"回环+转发"测试中那样逐渐降低。

10.3.8 测试过程中可能遇到的问题及解决方法

在执行测试的过程中，可能会遇到多种问题，下面列举一些问题及其解决方法。

- 执行 dpdk-testpmd 程序时，发现错误输出 "EAL: DPDK is running on a NUMA system, but is compiled without NUMA support."。

  解决方法：安装 libnuma，可在 Ubuntu 中执行 sudo apt install libnuma-dev 命令。

- 执行 dpdk-testpmd 程序时，发现错误输出 "testpmd: No probed ethernet devices"。

  解决方法：这是因为没有先安装 Mellanox 网卡驱动程序。必须先安装驱动程序，再编译 DPDK。

- 执行 pktgen 程序时，发现错误输出 "!PANIC!: *** Did not find any ports to use ***"。

  解决方法：命令选项中加-d librte_net_mlx5.so，以告知应用程序去链接 Mellanox 网卡驱动程序的动态库。

- 执行 pktgen 程序时，发现错误输出 "!PANIC!: Cannot create mbuf pool (Default RX 0:0) port 0, queue 0, nb_mbufs 4096, socket_id 1: Invalid argument"。

  解决方法：命令选项中加-d librte_mempool_ring.so。

第 11 章

测试和分析高性能网卡

本章将使用 DPDK 应用程序 pktgen 对 Mellanox ConnectX-5 100G 单接口网卡（型号 MCX515A-CCAT）进行基本的数据包收发性能测试。作者在测试为 Corundum 编写的 DPDK 网卡驱动程序（见第 12 章）时，也采用了类似的方法。

对于最高带宽达到 100Gbit/s 的网卡，要想在实际运行时真正达到满带宽，仅用单核执行线程发送数据可能是不够的（依赖具体的硬件配置），为什么呢？本章会给出分析，并用测试结果证明。

DPDK 的一个特点是能够挖掘整个系统的潜力，从使用大页、内存对齐到单指令多数据（single instruction multiple data，SIMD），无所不用其极，期望达到硬件能力支持的极致性能。框架本身的设计很好，但也很复杂，如果在配置或开发新程序的过程中遇到了性能相关的问题，无法满足业务需要，如何定位是哪里出了问题呢？本章介绍的 Intel VTune Profiler 工具可以提供很多帮助。

11.1 关于 DDR 访问速率的思考和测试

不考虑网络中的路由器等设备，在网络数据包的传递路径上，主要有三种硬件节点，它们是 CPU、主机内存（DDR）和网卡。这些节点通过内部总线、PCIe 总线、光纤等物理链路连接。

以数据发送流程为例（见图 11-1），一个数据包，从由本机 CPU 产生，到被对端 CPU 获取，在整个传递路径上共被搬移了 5 次，对应以下 5 个步骤。

① 机器 1 的 CPU 通过内部总线将数据包写入 DDR。

② 机器 1 的网卡通过 PCIe 总线（和内部总线）从 DDR 读取数据包。

③ 机器 1 的网卡将数据包通过光纤发送到机器 2 的网卡。

④ 机器 2 的网卡将数据包通过 PCIe 总线（和内部总线）写入 DDR。

⑤ 机器 2 的 CPU 通过内部总线从 DDR 读取数据包。

为了达到目标传输速率，比如 100Gbit/s，必须保证图 11-1 中的每一步数据传递都能达到这个速率，达不到的位置就会成为瓶颈。最终的数据包传输速率取决于这五步中最慢的那一步。

每一步的传输速率依赖多种因素，比如软件设计、硬件能力和物理链路（包括总线）的带宽。

从物理链路的角度看，内部总线是计算机系统中最快的总线，一般其传输速率远超过网络的目标速率；网卡间只要使用配套的光模块和光纤连接，肯定可以支持网卡的最高速率；PCIe 总线的速率是有表可查的，比如 PCIe 3.0 ×16 就可以满足 100G 网卡的要求（当然实际使用时也要考虑多种因素，比如有效数据占总带宽的比例等，不过这些因素影响较小）。

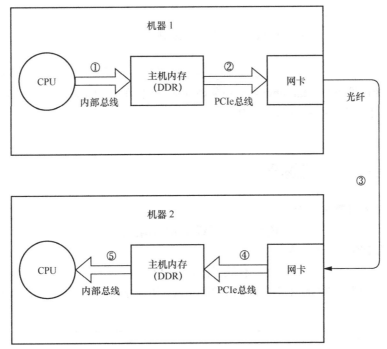

图 11-1 数据包传递路径

从设备能力的角度看，网卡本身的数据传输能力是厂商承诺的；CPU 和 DDR 的理论工作频率也大都能满足数据传递的要求。

但是，即使理论上各节点和它们之间物理链路的能力能满足网卡的最高速率的要求，但当把它们放在同一个系统中综合考虑时，情况就变得复杂了。以 DDR 为例，不仅要考虑其本身的访问速率，还要考虑诸如 CPU 指令访问位宽、访问 DDR 的核数、Cache 的影响等多种因素。接下来，将使用内存性能测试工具 mbw，测试作者使用的浪潮 P8000 工作站上的 DDR 访问速率。目的是研究在什么情况下，DDR 访问速率能满足 100Gbit/s 网络速率的要求。

> **注：**
>
> 由于影响 DDR 访问性能的因素很多，因此本节的结论并不十分严谨。之所以做这种测试，是出于对计算机系统内部进行更细致研究的考虑。对此不感兴趣的读者可以跳过本节接下来的内容，不影响对本书后续内容的理解。

11.1.1 硬件配置和软件版本

本章接下来的测试使用的硬件配置和软件版本如下。

- 主机：一台浪潮 P8000 工作站。
- CPU：型号为 Intel(R) Xeon(R) CPU E5-2640 v4 @ 2.40GHz，其 Cache Line 为 64。每台主机有 2 个 NUMA 节点，共 40 个逻辑核。
- 内存：256GB（8 × 16GB DIMM × 2 个 NUMA 节点，2667MHz）。
- 操作系统发行版：Ubuntu 20.04.3 LTS。

- GCC 版本：9.4.0。
- mbw 版本：v1.5（从 GitHub 网站下载并编译）。

11.1.2　DDR 理论速率

DDR 的带宽计算公式为：

核心频率×总线位数×倍增系数

简化后的带宽计算公式为：

有效工作频率×位宽

作者使用的浪潮 P8000 工作站上的 DDR 信息如下所示（可执行命令 sudo dmidecode -t 17
查询）。

```
$ sudo dmidecode -t 17
# dmidecode 3.2
Getting SMBIOS data from sysfs.
SMBIOS 2.8 present.

Handle 0x0066, DMI type 17, 40 bytes
Memory Device
        Array Handle: 0x0064
        Error Information Handle: Not Provided
        Total Width: 72 bits
        Data Width: 72 bits
        Size: 16384 MB
        Form Factor: RIMM
        Set: None
        Locator: DIMM_A1
        Bank Locator: NODE 1
        Type: DDR4
        Type Detail: Synchronous
        Speed: 2667 MT/s
        Manufacturer: Micron
        Serial Number: 273E2B51
        Asset Tag: DIMM_A1_AssetTag
        Part Number: 18ASF2G72PDZ-2G6E1
        Rank: 2
        Configured Memory Speed: 2133 MT/s
```

可见其位宽为 72，去除校验位后的实际数据位宽为 64。DDR 支持的最高工作频率为
2667MT/s，但实际的工作频率是 2133MT/s。

因此，可以计算出作者使用的 DDR 的理论最大速率：2133×64/8=17064MB/s = 16.7GB/s。

但在计算机实际运行时，对 DDR 真正有效的访问是不可能保持理论上的最大速率的，原
因如下。

- CPU 还需要计算、判断、跳转、访问其他设备等，不可能持续访问内存。

- CPU 访问内存时，无法做到每次访问的有效数据都是满位宽（64 位，即 8 字节）。很多代码中会经常使用 char、short 类型的变量，读写这种类型的变量时，访问内存的有效数据只有 1 或 2 字节。
- DDR 对不同寻址方式的响应速度不同，比如连续寻址快于离散寻址。
- DDR 对读操作和写操作的响应速度不同，一般读快于写。
- 访问内存的并不只有 CPU，还有其他设备，比如网卡。此时的访问速率还会受到 PCIe 总线带宽的限制。
- 跨 NUMA 节点的内存访问需要经过 QPI 总线的转发，速率较慢。

为了尽可能提高系统对 DDR 的有效数据访问速率，可以考虑以下方案。

- 在更多的核上执行程序。一个核在计算的同时，其他核有可能在访问内存，提高了整体访问内存的效率。
- 数据量较大时，尽可能使用占用更多字节的变量，以有效利用 DDR 位宽。
- 把数据保存在物理地址连续的内存段中，并顺序访问。
- 使用速率尽可能高的 PCIe 链路。
- 使程序运行的核和它访问的 DDR 位于同一 NUMA 节点。

11.1.3　内存性能测试工具 mbw

mbw 是一个测试主机内存性能的工具。

从 GitHub 网站下载 mbw 代码后，需要进入 mbw 目录中，把 Makefile 文件第一行的 "#CFLAGS=-O2 -Wall -g"中的"#"删除（即打开编译器优化选项），然后执行 make 命令进行编译，之后即可执行./mbw 命令运行测试程序。根据命令选项的不同，mbw 可以进行 MEMCPY、DUMB、MCBLOCK 等不同数据复制操作类型的内存带宽测试。

mbw 的代码（mbw.c 文件）较短，其核心处理逻辑在函数 worker 中（如下代码片段），从中可以看出三种数据复制操作类型的具体行为。

- MEMCPY 测试：对所有目标内存直接调用 memcpy 函数。
- MCBLOCK 测试：分块调用 memcpy 函数，每个块为 256KB。
- DUMP 测试：以 long 类型（使用 64 位编译器时，为 8 字节）为单位，进行循环赋值操作（先将数据从源地址读入寄存器，再从寄存器写入目的地址）。

```
double worker(unsigned long long asize, long *a, long *b, int type, unsigned long long block_size)
{
    unsigned long long t;
    struct timeval starttime, endtime;
    double te;
    register long aaa;
    unsigned int long_size=sizeof(long);
    /* array size in bytes */
    unsigned long long array_bytes=asize*long_size;

    if(type==TEST_MEMCPY) { /* memcpy test */
        /* timer starts */
        gettimeofday(&starttime, NULL);
        memcpy(b, a, array_bytes);
        /* timer stops */
        gettimeofday(&endtime, NULL);
```

```
    } else if(type==TEST_MCBLOCK) { /* memcpy block test */
        char* src = (char*)a;
        char* dst = (char*)b;
        gettimeofday(&starttime, NULL);
        for (t=array_bytes; t >= block_size; t-=block_size, src+=block_size){
            dst=(char *) memcpy(dst, src, block_size) + block_size;
        }
        if(t) {
            dst=(char *) memcpy(dst, src, t) + t;
        }
        gettimeofday(&endtime, NULL);
    } else if(type==TEST_DUMB) { /* dumb test */
        gettimeofday(&starttime, NULL);
        for(t=0; t<asize; t++) {
            b[t]=a[t];
        }
        gettimeofday(&endtime, NULL);
    }

    te=((double)(endtime.tv_sec*1000000-starttime.tv_sec*1000000+endtime.
    tv_usec-starttime.tv_usec))/1000000;

    return te;
}
```

此工具有个不足的地方，其测试时访问的内存地址段是通过调用 calloc 函数分配的，无法确定分配到的内存所在的 DDR 芯片和运行测试程序的处理器核是否属于同一个 NUMA 节点。操作系统默认先分配 NUMA 节点 0 的内存，并且有系统调用可以修改这个默认配置。

为了验证这一点，作者在测试的过程中，曾经分别把 mbw 进程绑定到分别属于 NUMA 节点 0 和 NUMA 节点 1 的处理器核上测试，前者的访问速率快一些（速率大概比后者高 9%），所以系统确实是默认把内存分配在了 NUMA 节点 0 所属的 DDR。因为接下来的测试中最多同时使用的内存大小为 8GB（每个进程 2GB，最多 4 个进程同时执行），而 NUMA 节点 0 的 DDR 在去除了预留的大页后还有 112GB，所以可以认为测试时的目标内存全部属于 NUMA 节点 0。因此，在测试过程中，作者把所有进程都绑定到了属于 NUMA 节点 0 的处理器核上。

11.1.4　单核测试

本节测试单核执行内存访问可以达到的性能，目的是推测单核执行 DPDK 程序能否满足 100G 网卡的最高速率要求。

在 mbw 目录下，执行如下命令开始测试：

```
taskset -c 8 ./mbw -n 10 1024
```

命令选项 -c 8 表示把 mbw 进程绑定到核 8 上（属于 NUMA 节点 0），-n 10 表示进行 10 次测试后取平均值，1024 表示每次测试的内存大小为 1024MB，即 1GB。

> **注：**
>
> 测试时，会把一个 1GB 的缓存中的数据复制到另外一个 1GB 的缓存，所以每个进程会从系统申请 2GB 的内存。

从下面的（每 10 次测试后的平均值）结果可以看出，MEMCPY 测试的单核速率为 8856.377 MB/s，约为 8.6GB/s，是三种数据复制操作方法中最快的。DUMP 测试的（每次读写 8 字节）速率（4.9GB/s）居中，MCBLOCK 测试的速率（4.4GB/s）最慢。

```
$ taskset -c 5 ./mbw -n 10 1024
Long uses 8 bytes. Allocating 2*134217728 elements = 2147483648 bytes of memory.
Using 262144 bytes as blocks for memcpy block copy test.
Getting down to business... Doing 10 runs per test.
0       Method: MEMCPY     Elapsed: 0.11527      MiB: 1024.00000 Copy: 8883.183 MiB/s
1       Method: MEMCPY     Elapsed: 0.11509      MiB: 1024.00000 Copy: 8897.307 MiB/s
2       Method: MEMCPY     Elapsed: 0.11502      MiB: 1024.00000 Copy: 8903.032 MiB/s
3       Method: MEMCPY     Elapsed: 0.11498      MiB: 1024.00000 Copy: 8905.742 MiB/s
4       Method: MEMCPY     Elapsed: 0.11503      MiB: 1024.00000 Copy: 8901.793 MiB/s
5       Method: MEMCPY     Elapsed: 0.11500      MiB: 1024.00000 Copy: 8904.193 MiB/s
6       Method: MEMCPY     Elapsed: 0.11499      MiB: 1024.00000 Copy: 8904.812 MiB/s
7       Method: MEMCPY     Elapsed: 0.11506      MiB: 1024.00000 Copy: 8899.472 MiB/s
8       Method: MEMCPY     Elapsed: 0.12068      MiB: 1024.00000 Copy: 8485.110 MiB/s
9       Method: MEMCPY     Elapsed: 0.11509      MiB: 1024.00000 Copy: 8897.307 MiB/s
AVG     Method: MEMCPY     Elapsed: 0.11562      MiB: 1024.00000 Copy: 8856.377 MiB/s
0       Method: DUMB       Elapsed: 0.20686      MiB: 1024.00000 Copy: 4950.112 MiB/s
1       Method: DUMB       Elapsed: 0.20146      MiB: 1024.00000 Copy: 5082.844 MiB/s
2       Method: DUMB       Elapsed: 0.20705      MiB: 1024.00000 Copy: 4945.546 MiB/s
3       Method: DUMB       Elapsed: 0.20130      MiB: 1024.00000 Copy: 5087.061 MiB/s
4       Method: DUMB       Elapsed: 0.20706      MiB: 1024.00000 Copy: 4945.426 MiB/s
5       Method: DUMB       Elapsed: 0.20128      MiB: 1024.00000 Copy: 5087.440 MiB/s
6       Method: DUMB       Elapsed: 0.20697      MiB: 1024.00000 Copy: 4947.577 MiB/s
7       Method: DUMB       Elapsed: 0.20136      MiB: 1024.00000 Copy: 5085.318 MiB/s
8       Method: DUMB       Elapsed: 0.20706      MiB: 1024.00000 Copy: 4945.331 MiB/s
9       Method: DUMB       Elapsed: 0.20139      MiB: 1024.00000 Copy: 5084.737 MiB/s
AVG     Method: DUMB       Elapsed: 0.20418      MiB: 1024.00000 Copy: 5015.180 MiB/s
0       Method: MCBLOCK    Elapsed: 0.23090      MiB: 1024.00000 Copy: 4434.839 MiB/s
1       Method: MCBLOCK    Elapsed: 0.22569      MiB: 1024.00000 Copy: 4537.177 MiB/s
2       Method: MCBLOCK    Elapsed: 0.23103      MiB: 1024.00000 Copy: 4432.248 MiB/s
3       Method: MCBLOCK    Elapsed: 0.23098      MiB: 1024.00000 Copy: 4433.246 MiB/s
4       Method: MCBLOCK    Elapsed: 0.22545      MiB: 1024.00000 Copy: 4542.007 MiB/s
5       Method: MCBLOCK    Elapsed: 0.23084      MiB: 1024.00000 Copy: 4435.954 MiB/s
6       Method: MCBLOCK    Elapsed: 0.22561      MiB: 1024.00000 Copy: 4538.766 MiB/s
7       Method: MCBLOCK    Elapsed: 0.23097      MiB: 1024.00000 Copy: 4433.419 MiB/s
8       Method: MCBLOCK    Elapsed: 0.22548      MiB: 1024.00000 Copy: 4541.463 MiB/s
9       Method: MCBLOCK    Elapsed: 0.23094      MiB: 1024.00000 Copy: 4434.148 MiB/s
AVG     Method: MCBLOCK    Elapsed: 0.22879      MiB: 1024.00000 Copy: 4475.728 MiB/s
```

我们姑且把 MEMCPY 测试的结果看作单核执行软件能达到的访问 DDR 的最大速率，来和理论值做下比较。8.6GB/s 看起来比理论最大速率（16.7GB/s）小了很多，这是因为测试结果可能受到以下一些因素的影响。

- 测试进行中的每一次数据复制（包括 memcpy 函数的内部实现）其实都包括了读和写两步操作，并且读和写没有同时进行。假设读和写的速率相同，那么单独的读或写操作消耗的时间应该是整个数据复制操作的一半，也就是说测试出的速率需要加倍，为 17.2GB/s。

- CPU 在访问内存的过程中，理论上还会在其他方面消耗一些时间，比如 TLB miss 后的页表访问操作、用户态和内核态的切换等。但经过观察 top 命令的输出，在测试进行中的大部分时间里（除了开始和结束部分），用户态的 CPU 占用率为 98.5%～100%。

另外从 sudo sar -B 1 命令的输出来看，真正测试时 TLB miss 是很少的。所以可以不考虑这个因素。

- memcpy 函数的实现使用了一些优化方法（比如 prefetch 操作，关于这一点可参考附录 C）加快数据复制的速度。
- CPU 的 Cache 功能会大幅加快 DDR 访问速度。比如每次需要读取内存时，CPU 都会读取一个 Cache Line 大小的数据保存到 Cache 中，下一次访问相邻的并且属于同一个 Cache Line 的地址时，从 Cache 获取即可。
- CPU 执行的其他指令（比如判断和跳转）也会消耗时间，从而增加总的测试时间，降低测试出的速率。

上面这几项，有的会加快内存访问速度，有的则会降低内存访问速度，很难搞清楚每项对于最终测试结果起了多大作用。

在此把 8.6～17.2GB/s（读写的速率到单读/单写的速率）这个范围当作单核执行内存读写的性能，其最大值已经超过了 DDR 的理论速率（16.7GB/s），可以理解为 Cache 功能在起作用。把单位换算成 bit/s 的话就是 68.8～137.6 Gbit/s。看起来其最大值高于 100Gbit/s，但在实际中，用单核执行 DPDK 线程来满足 100G 网卡对数据发送速率的要求（先不考虑接收和转发，因为接收和转发时 CPU 并不需要访问整个数据包）是很难做到的，因为 CPU 不仅需要准备待发送的数据，还需要消耗时间去读写描述符和访问网卡的 PCIe 地址空间（即读写寄存器）触发发送操作，而后者速度比读写 DDR 慢。最后也是很重要的一点，DDR 本身也不是只被 CPU 访问的，它还需要接受网卡的 DMA 访问，这又涉及总线抢占和等待等问题。

接下来进行多核测试。

11.1.5　多核测试

多核测试是在相同主机的不同终端中执行类似下面这条命令。每个终端中命令选项-c 的设置不同，比如双核测试会在两个终端中分别使用选项-c 5 和-c 6，使 mbw 程序在不同的核（注意要属于同一个 NUMA 节点）上运行。命令选项-t0 指示程序只进行 MEMCPY 类型的测试。由于多核测试会涉及每个核上的进程的启动有先有后的问题，首尾几次测试的结果可能不太准确，为了使平均值更贴近实际，把测试次数增大了一倍，使用了-n 20 选项。

```
taskset -c 6 ./mbw -t0 -n 20 1024
```

下面是双核测试的结果，由于两个终端上输出的结果类似，因此只展示其中一个终端上的输出。

```
$ taskset -c 6 ./mbw -t0 -n 20 1024
Long uses 8 bytes. Allocating 2*134217728 elements = 2147483648 bytes of memory.
Getting down to business... Doing 20 runs per test.
0       Method: MEMCPY Elapsed: 0.12325     MiB: 1024.00000 Copy: 8308.586 MiB/s
1       Method: MEMCPY Elapsed: 0.12299     MiB: 1024.00000 Copy: 8325.542 MiB/s
2       Method: MEMCPY Elapsed: 0.12272     MiB: 1024.00000 Copy: 8344.266 MiB/s
3       Method: MEMCPY Elapsed: 0.12332     MiB: 1024.00000 Copy: 8303.398 MiB/s
4       Method: MEMCPY Elapsed: 0.12304     MiB: 1024.00000 Copy: 8322.361 MiB/s
5       Method: MEMCPY Elapsed: 0.12281     MiB: 1024.00000 Copy: 8338.355 MiB/s
6       Method: MEMCPY Elapsed: 0.12312     MiB: 1024.00000 Copy: 8317.157 MiB/s
```

```
7      Method: MEMCPY Elapsed: 0.12901      MiB: 1024.00000 Copy: 7937.185 MiB/s
8      Method: MEMCPY Elapsed: 0.12238      MiB: 1024.00000 Copy: 8367.654 MiB/s
9      Method: MEMCPY Elapsed: 0.12291      MiB: 1024.00000 Copy: 8331.638 MiB/s
10     Method: MEMCPY Elapsed: 0.12829      MiB: 1024.00000 Copy: 7981.978 MiB/s
11     Method: MEMCPY Elapsed: 0.12271      MiB: 1024.00000 Copy: 8344.674 MiB/s
12     Method: MEMCPY Elapsed: 0.12309      MiB: 1024.00000 Copy: 8319.386 MiB/s
13     Method: MEMCPY Elapsed: 0.12908      MiB: 1024.00000 Copy: 7932.880 MiB/s
14     Method: MEMCPY Elapsed: 0.12259      MiB: 1024.00000 Copy: 8353.183 MiB/s
15     Method: MEMCPY Elapsed: 0.12297      MiB: 1024.00000 Copy: 8327.167 MiB/s
16     Method: MEMCPY Elapsed: 0.12889      MiB: 1024.00000 Copy: 7944.759 MiB/s
17     Method: MEMCPY Elapsed: 0.12013      MiB: 1024.00000 Copy: 8524.028 MiB/s
18     Method: MEMCPY Elapsed: 0.11164      MiB: 1024.00000 Copy: 9172.093 MiB/s
19     Method: MEMCPY Elapsed: 0.11043      MiB: 1024.00000 Copy: 9273.010 MiB/s
AVG    Method: MEMCPY Elapsed: 0.12277      MiB: 1024.00000 Copy: 8340.915 MiB/s
```

从测试结果可以看出，双核同时进行内存访问时，每个核的速率和单核独自访问内存时比下降的幅度有限（大概下降了 6%）。MEMCPY 测试项可以达到 8340.915 MB/s，约为 8.1GB/s。

如果再单独考虑读或写操作，简单地把测试结果乘以 2，可以认为 DDR 的访问速率在 8.1~16.2GB/s。再考虑到此时是双核在同时访问 DDR，那么实际的 CPU 对内存的读写速率应该在 16.2~32.4GB/s。再把速率单位换算成 bit/s，为 129.6~259.2Gbit/s，其最小值已经超过了 100Gbit/s，大概率能满足 100G 网卡的要求。

接下来在 4 个核上同时运行 mbw 程序进行测试。其中某个核的测试结果如下。

```
$ taskset -c 7 ./mbw -t0 -n 20 1024
Long uses 8 bytes. Allocating 2*134217728 elements = 2147483648 bytes of memory.
Getting down to business... Doing 20 runs per test.
0      Method: MEMCPY Elapsed: 0.14574      MiB: 1024.00000 Copy: 7026.307 MiB/s
1      Method: MEMCPY Elapsed: 0.14588      MiB: 1024.00000 Copy: 7019.661 MiB/s
2      Method: MEMCPY Elapsed: 0.14998      MiB: 1024.00000 Copy: 6827.577 MiB/s
3      Method: MEMCPY Elapsed: 0.17374      MiB: 1024.00000 Copy: 5893.864 MiB/s
4      Method: MEMCPY Elapsed: 0.17321      MiB: 1024.00000 Copy: 5911.762 MiB/s
5      Method: MEMCPY Elapsed: 0.17528      MiB: 1024.00000 Copy: 5841.915 MiB/s
6      Method: MEMCPY Elapsed: 0.18280      MiB: 1024.00000 Copy: 5601.781 MiB/s
7      Method: MEMCPY Elapsed: 0.17493      MiB: 1024.00000 Copy: 5853.804 MiB/s
8      Method: MEMCPY Elapsed: 0.17380      MiB: 1024.00000 Copy: 5891.830 MiB/s
9      Method: MEMCPY Elapsed: 0.18351      MiB: 1024.00000 Copy: 5579.986 MiB/s
10     Method: MEMCPY Elapsed: 0.17418      MiB: 1024.00000 Copy: 5879.010 MiB/s
11     Method: MEMCPY Elapsed: 0.17264      MiB: 1024.00000 Copy: 5931.487 MiB/s
12     Method: MEMCPY Elapsed: 0.18265      MiB: 1024.00000 Copy: 5606.412 MiB/s
13     Method: MEMCPY Elapsed: 0.17282      MiB: 1024.00000 Copy: 5925.137 MiB/s
14     Method: MEMCPY Elapsed: 0.14257      MiB: 1024.00000 Copy: 7182.386 MiB/s
15     Method: MEMCPY Elapsed: 0.14860      MiB: 1024.00000 Copy: 6890.936 MiB/s
16     Method: MEMCPY Elapsed: 0.13724      MiB: 1024.00000 Copy: 7461.545 MiB/s
17     Method: MEMCPY Elapsed: 0.12296      MiB: 1024.00000 Copy: 8327.708 MiB/s
18     Method: MEMCPY Elapsed: 0.12179      MiB: 1024.00000 Copy: 8408.260 MiB/s
19     Method: MEMCPY Elapsed: 0.12847      MiB: 1024.00000 Copy: 7970.857 MiB/s
AVG    Method: MEMCPY Elapsed: 0.15914      MiB: 1024.00000 Copy: 6434.612 MiB/s
```

可以看到四核同时访问 DDR 时，每个核的 DDR 访问速率和单核独自访问时比，下降的幅度还是比较大的（大概下降了 27%），MEMCPY 测试项的速率大概为 6.3GB/s。

再次把速率乘以 2（只考虑读或者写），得到此时单核的速率范围为 6.3~12.6GB/s。再考虑到此时是四核同时访问 DDR，那么实际上 CPU 对内存访问速率应该是在 25.2~50.4GB/s。

从多核测试的结果看，如果处理得好，当前硬件环境上的两个核同时访问 DDR，即两个核进行数据的产生和发送，另外两个核进行数据接收，应该能够满足 100G 网卡对数据处理速度的要求。此外，最好不要使用过多的核，因为那样 DDR 的使用效率并不高，还浪费了处理器核的宝贵资源。

11.2　基于 100G 网卡的单核和多核测试

在 11.1 节中，得出了下面这两个不是十分严谨的结论。

- 单核运行程序发送/接收数据包，无法满足 100G 网卡对数据处理速度的要求。
- 从多核测试的结果看，如果处理得好，当前硬件环境的两个处理器核同时发送/接收数据包，应该能够满足 100G 网卡对数据处理速度的要求。

本节使用两台同样的工作站，各插入一块 Mellanox ConnectX-5 100G 网卡，并运行 DPDK 应用程序互相发送和接收数据包，来验证上述两个结论是否正确。

11.2.1　硬件配置

本次测试使用的硬件配置如下。

- 主机：2 × 浪潮 P8000 工作站。
- CPU：型号为 Intel(R) Xeon(R) CPU E5-2640 v4 @ 2.40GHz，其 Cache Line 为 64。每台工作站有 2 个 NUMA 节点，共 40 个逻辑核。
- 内存：256GB（8 × 16GB DIMM × 2 个 NUMA 节点，2667MHz）。
- 网卡：2 × Mellanox ConnectX-5 100G（MCX515A-CCAT）单接口网卡。
- 光模块：2 × QSFP28。

11.2.2　软件版本和配置

本次测试使用的软件版本和配置如下。

- 操作系统：Ubuntu 18.04 LTS。
- 内核版本：Linux 5.8.1。
- 内核启动参数：添加 isolcpus=5-9,25-29。作用是把测试中用到的几个逻辑核从系统自动调度中排除。本测试所有线程运行在逻辑核 5～9 上，之所以把逻辑核 25～29 也隔离掉，是因为它们分别和逻辑核 5～9 属于同一个硬核，需要避免它们对 DPDK 线程的运行产生影响。
- 网卡驱动版本：MLNX_OFED_LINUX-5.4-1.0.3.0-ubuntu18.04-x86_64。
- DPDK 版本：20.11。
- pktgen 版本：21.03.1。

11.2.3　单核测试

所谓单核测试，指的是每个网卡接口的接收和发送操作各由一个核（上面绑定的线程）

处理。测试场景如图 11-2 所示。

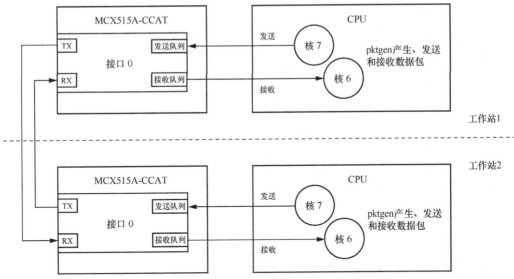

图 11-2 100G 网卡互相发包测试（单核）

测试时，先后在两个工作站上进入 pktgen-dpdk 目录，并执行如下命令，启动 pktgen 测试程序。

```
sudo ./build/app/pktgen -v -c 0xE0 --proc-type auto --log-level=8  -d librte_net_mlx5.so -d
librte_mempool_ring.so  -- -P -v -m "[6:7].0"
```

命令中的选项-m "[6:7].0"，表示核 6 和核 7 分别负责接口 0（唯一接口）的数据接收和数据发送。

程序启动后，在其命令行中执行如下命令把数据包大小设置成 1500（因为此次测试的一个原因是验证 DDR 访问速率对网卡收发包速率的影响，所以应尽可能把数据包设置得大一些），并让双方开始对向发包。

```
Pktgen:/> set 0 size 1500
Pktgen:/> str
```

双方终端上可以看到如下测试结果。收发速率大概为 85Gbit/s，正如预期，离 100Gbit/s 还有一定的距离。

```
/ Ports 0-0 of 1   <Main Page>  Copyright(c) <2010-2021>, Intel Corporation
   Flags:Port    : P------Sngl       :0
Link State       :     <UP-100000-FD>     ---Total Rate---
Pkts/s Rx        :        6,685,187         6,685,187
       Tx        :        7,269,568         7,269,568
MBits/s Rx/Tx    :    81,291/88,397     81,291/88,397
Pkts/s Rx Max    :        6,742,452         6,742,452
       Tx Max    :        7,935,424         7,935,424
Broadcast        :                0
Multicast        :                1
Sizes 64         :                0
      65-127     :                3
      128-255    :                0
```

```
256-511                :                    1
512-1023               :                    0
1024-1518              :          264,755,580
Runts/Jumbos           :                  0/0
ARP/ICMP Pkts          :                  0/0
Errors Rx/Tx           :                  0/0
Total Rx Pkts          :          259,782,659
    Tx Pkts            :          319,648,544
    Rx/Tx MBs          :  3,158,957/3,886,926
Pattern Type           :              abcd...
Tx Count/% Rate        :        Forever /100%
Pkt Size/Tx Burst      :             1500 / 32
TTL/Port Src/Dest      :         64/ 1234/ 5678
Pkt Type:VLAN ID       :        IPv4 / TCP:0001
802.1p CoS/DSCP/IPP :              0/  0/  0
VxLAN Flg/Grp/vid      :         0000/  0/   0
IP  Destination        :          192.168.1.1
    Source             :        192.168.0.1/24
MAC Destination        :    00:00:00:00:00:00
    Source             :    b8:59:9f:c4:51:3a
PCI Vendor/Addr        :    15b3:1017:02:00.0
-- Pktgen 21.03.1 (DPDK 20.11.0) Powered by DPDK  (pid:3178) ------------------
```

11.2.4 双核测试

接下来进行双核测试,网络接口的发送和接收各由两个核处理,每个核上运行一个 DPDK 线程操作一个发送队列或接收队列。测试场景如图 11-3 所示。

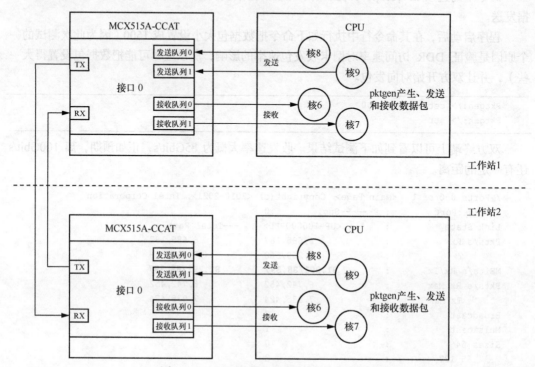

图 11-3 100G 网卡互相发包测试（双核）

测试时，进入两个工作站的 pktgen-dpdk 目录，然后执行如下命令，启动 pktgen 测试程序。

```
sudo ./build/app/pktgen -v -c 0x3E0 --proc-type auto --log-level=8  -d librte_net_mlx5.so
-d librte_mempool_ring.so -- -P -v -m "[6-7:8-9].0"
```

命令中的选项 -m "[6-7:8-9].0" 表示 6、7 两个核负责接口 0 的数据接收，8、9 两个核负责接口 0 的数据发送。

之后把数据包的大小设置成 1500，然后双方开始对向发包。

```
Pktgen:/> set 0 size 1500
Pktgen:/> str
```

测试结果如下。可见网卡速率已经可以达到 97Gbit/s，非常接近满带宽。

```
\ Ports 0-0 of 1    <Main Page> Copyright(c) <2010-2021>, Intel Corporation
  Flags:Port      : P------Sngl      :0
  Link State      :       <UP-100000-FD>    ---Total Rate---
  Pkts/s Rx       :          8,128,900         8,128,900
       Tx         :          8,012,256         8,012,256
  MBits/s Rx/Tx   :       98,847/97,428    98,847/97,428
  Pkts/s Rx Max   :          8,320,387         8,320,387
       Tx Max     :          8,053,600         8,053,600
  Broadcast       :                  0
  Multicast       :                  0
  Sizes 64        :                  0
       65-127     :                  0
       128-255    :                  0
       256-511    :                  0
       512-1023   :                  0
       1024-1518  :        389,813,187
  Runts/Jumbos    :                0/0
  ARP/ICMP Pkts   :                0/0
  Errors Rx/Tx    :                0/0
  Total Rx Pkts   :        381,880,004
       Tx Pkts    :        324,772,608
       Rx/Tx MBs  : 4,643,660/3,949,234
  Pattern Type    :             abcd...
  Tx Count/% Rate :       Forever /100%
  Pkt Size/Tx Burst :         1500 /   32
  TTL/Port Src/Dest :      64/ 1234/ 5678
  Pkt Type:VLAN ID  :     IPv4 / TCP:0001
  802.1p CoS/DSCP/IPP :     0/  0/  0
  VxLAN Flg/Grp/vid :     0000/   0/    0
  IP  Destination   :         192.168.1.1
      Source        :      192.168.0.1/24
  MAC Destination   :   00:00:00:00:00:00
      Source        :   b8:59:9f:c4:51:3a
  PCI Vendor/Addr   :   15b3:1017/02:00.0
-- Pktgen 21.03.1 (DPDK 20.11.0) Powered by DPDK  (pid:3246) -----------------
```

经过进一步的测试，使用更多的处理器核也无法再提高数据收发速率了。

11.2.5　测试结果总结

本次测试的结果，符合 11.1 节得出的结论。

- 单核运行程序发送/接收数据包，无法满足 100G 网卡对数据处理速度的要求。
- 双核同时发送/接收数据包，能够满足 100G 网卡对数据处理速度的要求。

注:

此处的结论和测试结果，依赖于作者使用的硬件配置。

11.3 使用 Intel VTune Profiler 定量分析 DPDK

在网络数据包的处理路径上，有多种硬件和总线，比如 CPU、DDR、PCIe、网卡等。如果发现系统处理网络数据的速率不如预期，一般是由于某个设备（包括 CPU 上运行的软件）或总线成为了瓶颈，比如 PCIe 带宽不足、DDR 访问速率不达标、软件处理速度太慢等。想要定位具体的瓶颈，需要使用专门的工具做定量分析。Intel 提供了一个用于分析和改进应用程序和系统性能的工具，叫作 Intel VTune Profiler（简称为 VTune Profiler）。它可以用于分析本地和远端的设备，可用于各种不同的操作系统（Windows、macOS 和 Linux）。使用 VTune Profiler，可通过如下四步来改进应用程序和操作系统的性能。

- 分析算法选择。
- 查找串行和并行的代码瓶颈。
- 了解应用程序在何处以及如何从可用的硬件资源中受益。
- 加快应用程序的运行速度。

本节将使用 VTune Profiler 分析 DPDK testpmd 应用程序，一方面初步学习这个工具的使用方法，另一方面展示 DPDK 程序在运行过程中的一些比较细节的性能指标，为将来的问题分析和性能优化工作做准备。

11.3.1 硬件环境和软件版本

本节的测试使用如下硬件环境。

- 主机：2 × 浪潮 P8000 工作站。
- CPU：型号为 Intel(R) Xeon(R) CPU E5-2640 v4 @ 2.40GHz，其 Cache Line 为 64。每台工作站有 2 个 NUMA 节点，共 40 个逻辑核。
- 内存：256GB（8 × 16GB DIMM × 2 个 NUMA 节点， 2667MHz）。
- 网卡：2 × Mellanox ConnectX-5 100G（MCX515A-CCAT）单接口网卡。
- 光模块：2 × QSFP28。

各种软件的版本如下。

- 操作系统：Ubuntu 18.04 LTS。
- 内核版本：Linux 5.8.1。
- 网卡驱动程序版本：MLNX_OFED_LINUX-5.4-1.0.3.0-ubuntu18.04-x86_64。
- DPDK 版本：dpdk-20.11。
- pktgen 版本：pktgen-dpdk-pktgen-21.03.1。
- VTune Profiler 版本：Intel oneAPI VTune Profiler 2021.5.0 (build 618064)。

11.3.2　Intel VTune Profiler 的下载和安装

Intel 官方网站提供对 oneAPI Base Toolkit 的下载，其包含了 VTune Profiler。下载时需要选择操作系统类型和安装方式，作者选择了 Linux 操作系统和 offline 的安装方式，最终下载的安装文件为 l_BaseKit_p_2021.3.0.3219_offline.sh。其版本在网站上一直在更新。

直接运行此文件就可以安装。

```
sudo bash l_BaseKit_p_2021.3.0.3219_offline.sh
```

整个 Toolkit 默认安装到 /opt/intel/oneapi/ 目录下。可执行的命令在目录 /opt/intel/oneapi/vtune/2021.5.0/bin64/下，如果要运行 VTune Profiler，可以执行如下命令（需要添加命令选项，后文有说明）。

```
sudo /opt/intel/oneapi/vtune/2021.5.0/bin64/vtune
```

11.3.3　测试模型

接下来使用 VTune Profiler 采集 dpdk-testpmd 应用程序在工作时与各种行为和状态相关的数据。测试模型如图 11-4 所示。

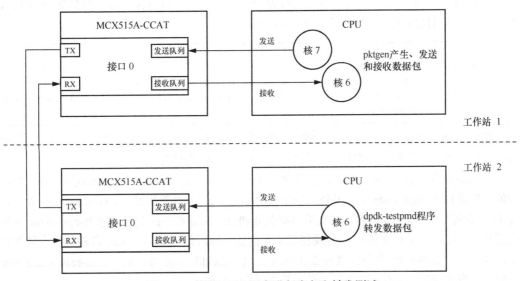

图 11-4　使用 100G 网卡进行发包和转发测试

由于没有流量发生器（traffic generator），作者使用一台运行 pktgen 的工作站（图 11-4 中的工作站 1）来发包。VTune Profiler 和 dpdk-testpmd 运行在工作站 2 上。

11.3.4　重新编译安装 DPDK

为了使 DPDK 支持 VTune Profiler，必须重新编译 DPDK。根据 VTune Profiler 官方网站中的描述，DPDK 18.11 之后的版本是可以支持 VTune Profiler 的，如果使用更旧的版本需要额外打补丁。另外，还需要在 DPDK 代码中添加两个宏定义，然后重新配置和编译 DPDK。

作者使用的 DPDK 版本是符合要求的，不需要打补丁。并且其配置文件 config/rte_config.h 中已经存在下面两个宏定义中的第一个了，只需添加第二个。

```
#define RTE_ETHDEV_RXTX_CALLBACKS 1
#define RTE_ETHDEV_PROFILE_WITH_VTUNE 1
```

然后执行下面三条命令重新编译和安装 DPDK。

```
meson -Dexamples=all build
sudo ninja -C build install
sudo ldconfig
```

11.3.5　使用 Intel VTune Profiler 启动和监控 dpdk-testpmd

程序和运行环境都准备好之后，可以开始执行测试和数据采集了。Intel VTune Profiler 的使用分为开启 VTune Profiler、配置和运行分析、分析性能数据三个步骤。接下来的内容基本遵循这三个步骤。

VTune Profiler 有命令行和图形界面两种运行方式。

1. 命令行运行方式

先来看 VTune Profiler 的命令行运行方式。方法是先运行目标程序，然后运行 VTune Profiler 去监控目标程序。先后执行下面两条命令。

```
sudo build/app/dpdk-testpmd -l 5-9 -- -i --nb-ports=1 --auto-start
sudo /opt/intel/oneapi/vtune/2021.5.0/bin64/vtune -collect io -collect memory-access -knob
kernel-stack=false -knob dpdk=true -knob collect-pcie-bandwidth=true -knob collect-memory-
bandwidth=true -knob dram-bandwidth-limits=false -r /home/bruce/vtune_dir/1 -cpu-mask=6 -duration=10
--target-process=dpdk-testpmd
```

第一条命令启动 dpdk-testpmd，其命令选项-l 5-9 表示把程序运行在核 5～9 上。实际运行时，核 5 运行主线程，负责初始化和配置；核 6 运行数据转发线程。

第二条命令运行 VTune Profiler，并使用命令选项--target-process=dpdk-testpmd 指定要监控的目标进程为 dpdk-testpmd。另外，命令选项-duration=10 的意思是：VTune Profiler 会在运行 10 秒后退出；在此 10 秒内，它会采集有关 dpdk-testpmd 程序的信息。选项-cpu-mask=6 的意思是：只收集与运行在核 6 上的线程相关的信息，原因是 dpdk-testpmd 启动的负责数据转发的线程运行在核 6 上。命令选项 collect-memory-bandwidth=true 和 collect-pcie-bandwidth=true 分别表示需要收集内存访问带宽和 PCIe 带宽相关的数据。

10 秒后，VTune Profiler 运行结束，并输出它在这 10 秒内收集到的有关 dpdk-testpmd 程序的信息。部分输出信息如下。

```
vtune: Executing actions 75 % Generating a report                Elapsed Time: 10.001s
    CPU Time: 9.788s
        Effective Time: 9.788s
            Idle: 0.004s
            Poor: 9.784s
            Ok: 0s
            Ideal: 0s
            Over: 0s
```

```
      Spin Time: 0s
      Overhead Time: 0s
   Instructions Retired: 83,656,800,000
   CPI Rate: 0.396
   Total Thread Count: 1
   Paused Time: 0s
PCIe Traffic Summary
   Inbound PCIe Read, MB/sec: 11,442.879
      L3 Hit, %: 99.684
      L3 Miss, %: 0.316
   Inbound PCIe Write, MB/sec: 10,962.103
      L3 Hit, %: 98.658
      L3 Miss, %: 1.342
   Outbound PCIe Read, MB/sec: 0.008
   Outbound PCIe Write, MB/sec: 15.238
```

Bandwidth Utilization

Bandwidth Domain	Platform Maximum	Observed Maximum	Average	% of Elapsed Time with High BW tilization(%)
DRAM, GB/sec	130	1.700	0.006	0.0%
DRAM Single-Package, GB/sec	65	1.400	0.012	0.0%
QPI Outgoing Single-Link, GB/sec	16	0.100	0.000	0.0%
QPI Outgoing, GB/sec	68	0.500	0.000	0.0%
PCIe Bandwidth, MB/sec	40	24,127.900	22,302.738	97.3%

Top Hotspots

Function	Module	CPU Time
rxq_cq_process_v	dpdk-testpmd	3.729s
tpss_dpdk_handle_rx_burst_call	libtpsstool.so	2.266s
mlx5_rx_burst_vec	dpdk-testpmd	1.563s
pkt_burst_io_forward	dpdk-testpmd	0.890s
mlx5_tx_burst_none_empw	dpdk-testpmd	0.317s
[Others]	N/A	1.022s

```
Effective Physical Core Utilization: 4.9% (0.979 out of 20)
 | The metric value is low, which may signal a poor physical CPU cores
 | utilization caused by:
 |    - load imbalance
 |    - threading runtime overhead
 |    - contended synchronization
 |    - thread/process underutilization
 |    - incorrect affinity that utilizes logical cores instead of physical
 |      cores
 | Explore sub-metrics to estimate the efficiency of MPI and OpenMP parallelism
 | or run the Locks and Waits analysis to identify parallel bottlenecks for
 | other parallel runtimes.
 |
   Effective Logical Core Utilization: 2.4% (0.979 out of 40)
    | The metric value is low, which may signal a poor logical CPU cores
    | utilization. Consider improving physical core utilization as the first
    | step and then look at opportunities to utilize logical cores, which in
    | some cases can improve processor throughput and overall performance of
    | multi-threaded applications.
    |
Collection and Platform Info
   User Name: root
   Operating System: 5.8.1inspurp8000 DISTRIB_ID=Ubuntu DISTRIB_RELEASE=20.04 DISTRIB_
```

```
CODENAME=focal DISTRIB_DESCRIPTION="Ubuntu 20.04.3 LTS"
Computer Name: P800001
Result Size: 31.4 MB
Collection start time: 02:43:58 06/05/2022 UTC
Collection stop time: 02:44:08 06/05/2022 UTC
Collector Type: Event-based sampling driver,User-mode sampling and tracing
CPU
    Name: Intel(R) Xeon(R) Processor code named Broadwell
    Frequency: 2.395 GHz
    Logical CPU Count: 40
    Cache Allocation Technology
        Level 2 capability: not detected
        Level 3 capability: available
```

在这段输出中，可以看到 PCIe 带宽、Cache 命中率、函数运行时长排名和 CPU 频率等信息。

2. 图形界面运行方式

接下来介绍图形界面形式的 VTune Profiler 的使用方法。在图 11-4 所示的工作站 2 上执行以下步骤。

（1）启动图形界面的 Vtune Profiler。

```
sudo /opt/intel/oneapi/vtune/2021.5.0/bin64/vtune-gui
```

（2）创建一个项目（Project）。

单击左上角的 ☰ 图标，选择 New→Project...，在 Create Project 对话框中指定项目名称和项目文件的存放位置，最后单击 Create Project 按钮创建项目。

（3）按照图 11-5 进行分析配置（Analysis Configuration）。

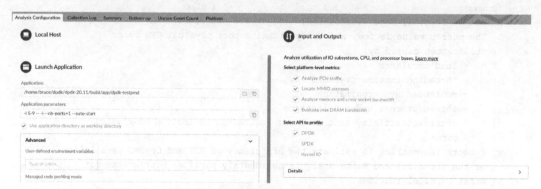

图 11-5　Intel VTune Profiler 的分析配置

图 11-5 中有几个关键配置，包括启动和分析的应用程序、命令选项、需要采集并剖析（profile）的内容等。

另外，Advanced 选项中还可以配置 CPU mask（图中未显示），如果只想监控 Core 6（本次实验中这个核负责转发），可以把 CPU mask 设置为 6。

（4）单击按钮 Start 就可以运行了。随后 VTune Profiler 会启动 dpdk-testpmd，由于命令选项中有--auto-start，dpdk-testpmd 程序启动后会自动开始转发数据。

11.3.6 开始产生和发送数据包

按照前文的操作，此时在图 11-4 所示的工作站 2 上，dpdk-testpmd 程序已经开始转发数据包了，VTune Profiler 正对其进行监控并采集系统（尤其是核 6）的各项数据。

现在，在工作站 1 执行如下命令开始运行 pktgen 程序产生和发送数据包。

```
    sudo ./build/app/pktgen -v -c 0x3E0 --proc-type auto --log-level=8  -d librte_net_mlx5.so
-d librte_mempool_ring.so  -- -P -v -m "[6-7:8-9].0"
```

为了使 VTune Profiler 能够采集并呈现 PCIe 总线上以及内存访问方面数据量的变化，pktgen 程序启动后，每隔一段时间（大概 10 秒）依次执行如下命令。其中的 set 0 rate 25 是要求程序按照网卡满带宽的 25%来发送数据包。由于网卡满带宽为 100Gbit/s，所以这几条命令执行后的效果是：先发送 25Gbit/s 的流量，之后每 10 秒增大一次，依次增大为 50Gbit/s、75Gbit/s、100Gbit/s，最终执行 stp 命令停止发包。

```
    Pktgen:/> set 0 rate 25
    Pktgen:/> str
    Pktgen:/> set 0 rate 50
    Pktgen:/> set 0 rate 75
    Pktgen:/> set 0 rate 100
    Pktgen:/> stp
```

11.3.7 统计和分析

工作站 1 发包完成后，回到工作站 2。单击 VTune Profiler 右下角的 STOP 按钮，VTune Profile 会停止应用程序 dpdk-testpmd，统计并分析之前采集到的各项数据，然后在图形界面呈现出来。

图 11-6 呈现了 VTune Profile 采集的调用栈（Call Stack）信息，属于 Bottom-up 选项卡。从中可以看到每个函数的具体数据，包括消耗的 CPU 运行时间（CPU Time）、调用次数（Instructions Retried）、所属模块（Module）、起始地址（Start Address）等。其中 CPU 运行时间最长、调用次数最多的函数是 mlx5_rx_burst_vec。此函数属于网卡驱动程序，dpdk-testpmd 持续调用此函数轮询接收队列。

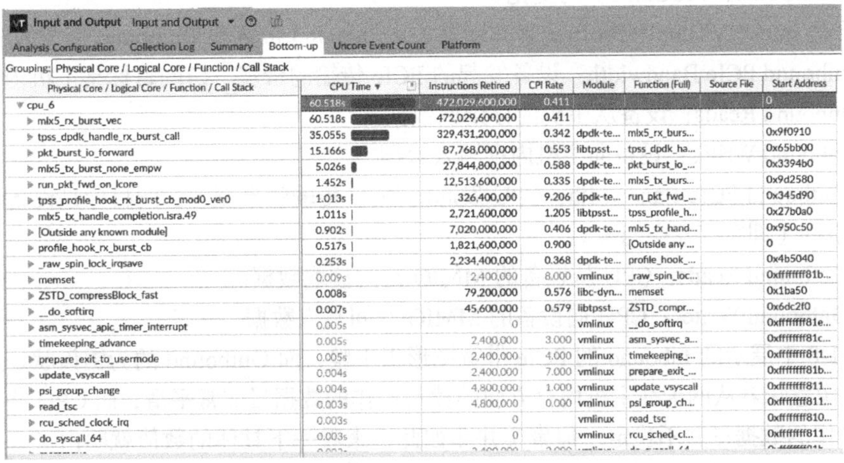

Physical Core / Logical Core / Function / Call Stack	CPU Time	Instructions Retired	CPI Rate	Module	Function (Full)	Source File	Start Address
cpu_6	60.518s	472,029,600,000	0.411				0
mlx5_rx_burst_vec	60.518s	472,029,600,000	0.411				0
tpss_dpdk_handle_rx_burst_call	35.055s	329,431,200,000	0.342	dpdk-te...	mlx5_rx_burs...		0x9f0910
pkt_burst_io_forward	15.166s	87,768,000,000	0.553	libtpsst...	tpss_dpdk_ha...		0x65bb00
mlx5_tx_burst_none_empw	5.026s	27,844,800,000	0.588	dpdk-te...	pkt_burst_io_...		0x3394b0
run_pkt_fwd_on_lcore	1.452s	12,513,600,000	0.335	dpdk-te...	mlx5_tx_burs...		0x9d2580
tpss_profile_hook_rx_burst_cb_mod0_ver0	1.013s	326,400,000	9.206	dpdk-te...	run_pkt_fwd_...		0x345d90
mlx5_tx_handle_completion.isra.49	1.011s	2,721,600,000	1.205	libtpsst...	tpss_profile_h...		0x27b0a0
[Outside any known module]	0.902s	7,020,000,000	0.406	dpdk-te...	mlx5_tx_hand...		0x950c50
profile_hook_rx_burst_cb	0.517s	1,821,600,000	0.900		[Outside any ...		0
_raw_spin_lock_irqsave	0.253s	2,234,400,000	0.368	dpdk-te...	profile_hook_...		0x4b5040
memset	0.009s	2,400,000	8.000	vmlinux	_raw_spin_loc...		0xffffffff81b...
ZSTD_compressBlock_fast	0.008s	79,200,000	0.576	libc-dyn...	memset		0x1ba50
__do_softirq	0.007s	45,600,000	0.579	libtpsst...	ZSTD_compr...		0x6dc2f0
asm_sysvec_apic_timer_interrupt	0.005s	0		vmlinux	__do_softirq		0xffffffff81e...
timekeeping_advance	0.005s	2,400,000	3.000	vmlinux	asm_sysvec_a...		0xffffffff81c...
prepare_exit_to_usermode	0.005s	2,400,000	4.000	vmlinux	timekeeping_...		0xffffffff811...
update_vsyscall	0.004s	2,400,000	7.000	vmlinux	prepare_exit_...		0xffffffff81b...
psi_group_change	0.004s	4,800,000	1.000	vmlinux	update_vsyscall		0xffffffff811...
read_tsc	0.003s	4,800,000	0.000	vmlinux	psi_group_ch...		0xffffffff811...
rcu_sched_clock_irq	0.003s	0		vmlinux	read_tsc		0xffffffff810...
do_syscall_64	0.003s	0		vmlinux	rcu_sched_cl...		0xffffffff811...

图 11-6 调用栈（Call Stack）信息

在图 11-6 所示的界面上，如果单击某个函数，还可以看到进一步的信息，如图 11-7 所示。函数中每条汇编指令所消耗的时间都被采集到了，并做了统计。在分析和性能有关的问题时，这种信息非常有用。

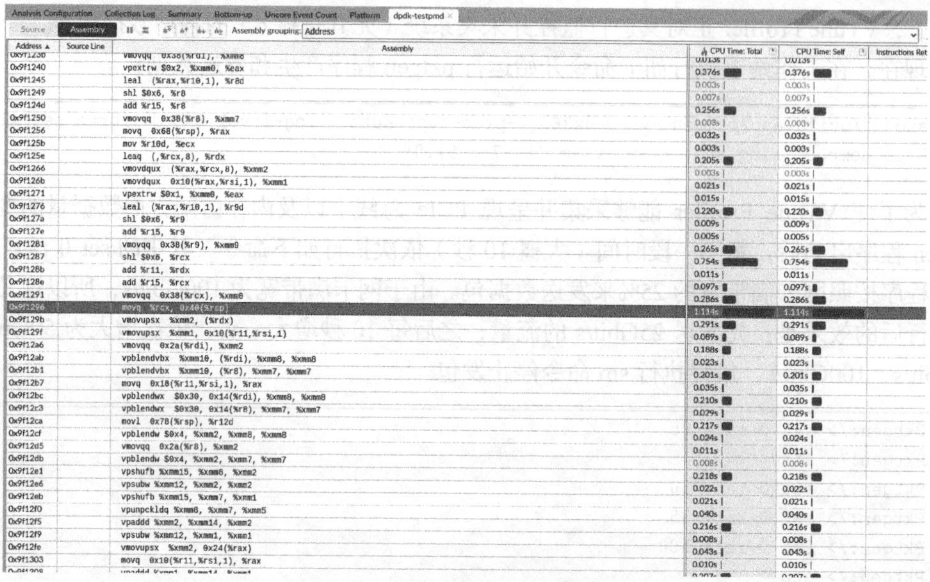

图 11-7　每条汇编指令的消耗时间

图 11-8 展示的是 Platform 选项卡。其中呈现了 DPDK Rx Spin Time（图中箭头所指的部分），按照定义，其计算方法是接收数据包时轮询到 0 个报文的次数与总共轮询的次数之比，表示接收端的空闲情况。从结果看，dpdk-testpmd 应用程序在转发报文的过程中，会持续遇到轮询到 0 个报文的情况，接收端的压力不大。

$$\text{DPDK Rx Spin Time} = \frac{\text{接收数据包时轮询到 0 个报文的次数}}{\text{总共轮询的总次数}}$$

另外从图 11-8 中的 PCIe Bandwidth 部分（上面为 Inbound 的带宽，下面为 Outbound 的带宽），可以看出明显的阶梯状走势，从低到高依次对应测试过程中发包速率（25Gbit/s、50Gbit/s、75Gbit/s、100Gbit/s）的变化。

以下是 Intel® VTune™ Profiler 官方网站关于 Inbound 带宽和 Outbound 带宽的解释。

- Inbound PCIe Bandwidth：设备发起的 PCIe 传输的带宽，访问目标是主机内存。
- Inbound Reads：设备从主机内存读取数据。
- Inbound Writes：设备向主机内存写入数据。
- Outbound PCIe Bandwidth：CPU 发起的 PCIe 传输的带宽，访问目标是设备的 MMIO 空间（即寄存器空间）。
- Outbound Reads：CPU 从设备的 MMIO 空间读取数据。
- Outbound Writes：CPU 向设备的 MMIO 空间写入数据。

图 11-8 中展示的 Inbound 的 PCIe 带宽图形很平整，而 Outbound 的为锯齿状。从表面上看，这好像意味着从网卡往主机内存方向的读写操作的数据量非常平滑，而 CPU 往网卡方向的读写操作的数据量并不稳定。但事实并非如此，来看一下具体的数值就明白了。把鼠标光标放在梯形图上，可以显示 PCIe 带宽的数值。

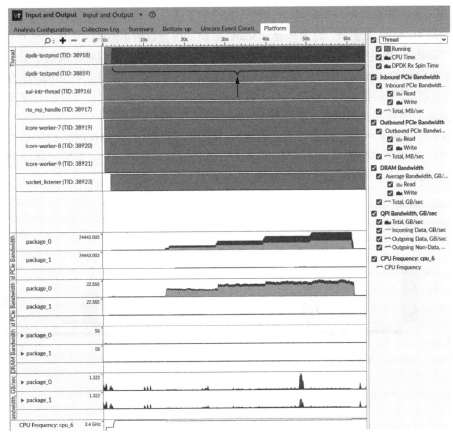

图 11-8　Platform 选项卡

图 11-9 展示了 Inbound 方向的带宽数值（如果左右移动鼠标，这个数值是变化的）。图中的带宽数值显示在对应梯形图的下方。

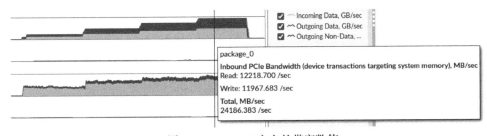

图 11-9　Inbound 方向的带宽数值

再看 Outbound 方向的带宽数值，如图 11-10 所示。

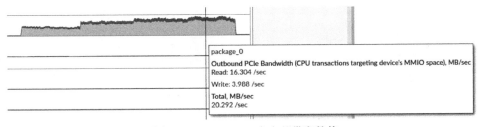

图 11-10　Outbound 方向的带宽数值

可见 Inbound 方向和 Outbound 方向的带宽数值不是一个数量级的，前者是 10Gbit/s 数量级，后者是 10Mbit/s 数量级。这意味着 Inbound 方向的带宽数值虽然随时间的推移有变化（变化量是 10Mbit/s 数量级），但不容易在图形中按比例展现出来，所以看起来很平滑。为什么 Inbound 方向和 Outbound 方向会有这种不同数量级的差异呢？原因是：在 Inbound 方向，设备向主机内存读写的数据内容是数据包，数据量大；在 Outbound 方向，CPU 向设备读写的数据内容是各种控制和状态信息，数据量小。

图 11-11 呈现了 PCIe 总线的带宽占用情况。从图中可以看出，大约 6GB/s、12GB/s、18GB/s、24GB/s 的几个速率都持续了 10 秒左右，依次对应测试过程中修改 pktgen 配置造成的 25Gbit/s、50Gbit/s、75Gbit/s、100Gbit/s 的发包速率。

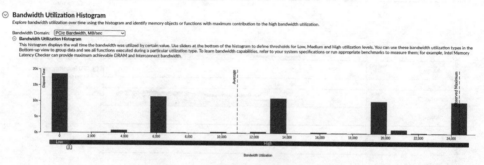

图 11-11　PCIe 总线带宽占用情况柱状图

## 第12章

为 Corundum 编写 DPDK 驱动程序

第 6 章介绍了 Corundum 方案的总体架构，并且详细地解读了其开源的 Linux 网卡驱动程序的源代码及相关实现机制。但 Corundum 开源项目并没有 DPDK 驱动程序。为了利用 DPDK 的各种优点，也出于研究和学习的目的，作者参考 Corundum 的 Linux 网卡驱动程序，为其开发了 DPDK 驱动程序，可完全适配同样的硬件，即加载了 Corundum 镜像文件的浪潮 F37X FPGA 加速卡，并可使用 pktgen 应用程序对其进行测试。

测试场景如图 12-1 所示。测试的场景和步骤都和前文测试 Mellanox 100G 网卡时（见图 11-2）非常类似，故不再赘述。需要注意的是，运行 pktgen 程序时，-d 选项不再指定 Mellanox 网卡驱动程序的动态库文件，而是指定 Corundum 网卡驱动程序的动态库文件 librte_net_mqnic.so。

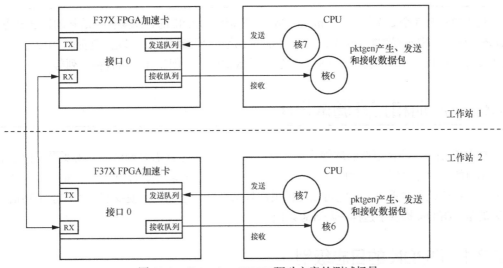

图 12-1　Corundum DPDK 驱动方案的测试场景

对于大小为 1500 字节的数据包，目前 DPDK 驱动方案的运行带宽已达到 89.7Gbit/s TX 和 84Gbit/s RX，和 Corundum 论文中描述的 72.2Gbit/s TX 和 75 Gbit/s RX 相比，有较大的提升（见表 12-1）。

表 12-1　　　　DPDK 驱动方案和 Linux 网卡驱动方案的带宽比较

方案	单向（只发送或只接收）		双向	
	发送（Gbit/s）	接收（Gbit/s）	发送（Gbit/s）	接收（Gbit/s）
Linux 网卡驱动（多队列）	72.2	75	57.6	53
DPDK 驱动(收发都为单核单队列)	89.7	84	88.9	56.8

本章介绍作者为 Corundum 编写的 DPDK 驱动程序。驱动源代码已上传至 GitHub，感兴趣的读者可到 GitHub 主页搜索关键词"DPDK-with-Corundum"，然后下载获取。

12.1　Corundum DPDK 驱动程序的组成

作者为 Corundum 编写的 DPDK 驱动程序包含如下代码文件，使用时放置在 DPDK 中的 drivers/net/mqnic 目录下，和其他网卡驱动程序一起编译即可。

```
~/dpdk/dpdk-20.11/drivers/net/mqnic$ tree
.
├── meson.build
├── mqnic_defines.h
├── mqnic_ethdev.c
├── mqnic_ethdev.h
├── mqnic_hw.h
├── mqnic_logs.c
├── mqnic_logs.h
├── mqnic_osdep.h
├── mqnic_regs.h
├── mqnic_rxtx.c
└── version.map
```

代码中只有 3 个.c 文件，其中 mqnic_logs.c 负责向 DPDK 的日志架构注册新的调试日志；mqnic_rxtx.c 负责网络数据的收发；mqnic_ethdev.c 是整个驱动程序的核心，负责向 DPDK PMD 驱动架构注册 PCI 设备、提供 probe 函数进行设备初始化、创建和激活各种队列等工作。

12.2　注册和打开调试日志

DPDK 是一个非常复杂的软件系统，所以在其出现问题并需要调试或者需要弄明白它的某些细节的实现方法时，工程师需要陷入海量代码中去抽丝剥茧，深度解析。此时，一个良好的日志系统就非常重要了，它可以提供灵活且精准的信息输出，使我们的工作事半功倍。幸运的是，DPDK 提供了这样一种日志系统。

12.2.1　DPDK 的日志级别

DPDK 通过日志（log）系统记录相关的日志信息。对于每一条日志，除日志信息（即具体内容）外，还有两个附加信息：日志级别和日志类型。开发人员可根据级别和类型对日志进行过滤，只记录或输出必要的日志信息。

根据日志的优先级高低，DPDK 将日志分为 8 个级别（宏定义如下）。数字越小级别越高，其中 RTE_LOG_DEBUG 的值为 8，这是日志的最低级别，意味着输出的日志信息最多，因为高于这个级别的日志的信息都会被输出；相应地，RTE_LOG_EMERG 为日志的最高级别，只输出严重错误的信息。

```
#define RTE_LOG_EMERG    1U  /**< System is unusable.               */
#define RTE_LOG_ALERT    2U  /**< Action must be taken immediately. */
```

```
#define RTE_LOG_CRIT     3U  /**< Critical conditions.           */
#define RTE_LOG_ERR      4U  /**< Error conditions.              */
#define RTE_LOG_WARNING  5U  /**< Warning conditions.            */
#define RTE_LOG_NOTICE   6U  /**< Normal but significant condition. */
#define RTE_LOG_INFO     7U  /**< Informational.                 */
#define RTE_LOG_DEBUG    8U  /**< Debug-level messages.          */
```

DPDK 在运行时，每个日志类型都有当前配置的日志级别，代码中每一条日志输出语句也都有其固定的日志级别。只有代码语句中的日志级别（数字）小于或等于此条日志对应的日志类型的日志级别时，才会输出该条日志。

下面以 Corundum DPDK 驱动程序中注册的日志类型和日志级别为例，看看 DPDK 日志系统的具体使用方法。

12.2.2 Corundum DPDK 驱动程序的日志

在 mqnic_ethdev.c 文件中，有如下代码段，其中的 RTE_INIT 表示此函数会在 DPDK 启动的过程中被调用。

```
RTE_INIT(mqnic_init_log)
{
    mqnic_mqnic_init_log();
}
```

其调用的 mqnic_mqnic_init_log 函数定义在 mqnic_logs.c 文件中，负责注册和初始化驱动程序的日志。

```
void mqnic_mqnic_init_log(void)
{
    if (mqnic_log_initialized)
        return;

    mqnic_logtype_init = rte_log_register("pmd.net.mqnic.init");
    if (mqnic_logtype_init >= 0)
        rte_log_set_level(mqnic_logtype_init, RTE_LOG_NOTICE);

#ifdef RTE_LIBRTE_MQNIC_DEBUG_RX
    mqnic_logtype_rx = rte_log_register("pmd.net.mqnic.rx");
    if (mqnic_logtype_rx >= 0)
        rte_log_set_level(mqnic_logtype_rx, RTE_LOG_NOTICE);
#endif

#ifdef RTE_LIBRTE_MQNIC_DEBUG_TX
    mqnic_logtype_tx = rte_log_register("pmd.net.mqnic.tx");
    if (mqnic_logtype_tx >= 0)
        rte_log_set_level(mqnic_logtype_tx, RTE_LOG_NOTICE);
#endif

    mqnic_log_initialized = 1;
}
```

mqnic_mqnic_init_log 函数中先后调用了三次 rte_log_register 函数，分别注册了三种日志类型。这三种日志类型的名字依次为 pmd.net.mqnic.init、pmd.net.mqnic.rx 和 pmd.net.mqnic.tx，分别用于调试驱动程序的初始化、数据接收和数据发送过程。如果需要使用后两种日志类型，还必须定义如下两个宏，并且需要在编译前将这两个宏添加到项目根目录下的

config/rte_config.h 文件中。

```
#define RTE_LIBRTE_MQNIC_DEBUG_RX 1
#define RTE_LIBRTE_MQNIC_DEBUG_TX 1
```

在调试时将这两个宏打开，在运行时关闭（即将宏删除，再编译），可以略微提升运行速度。

mqnic_mqnic_init_log 函数中每次注册了一种日志类型后，紧接着会调用 rte_log_set_level 函数设置这种日志类型对应的默认日志级别。本例中为三种日志类型设置的默认级别都为 RTE_LOG_NOTICE（数字 6）。

如果要在程序运行时输出日志，需要同时满足以下两个条件。

- 日志打印命令中的级别高于（数字小于）或等于日志系统的全局级别。
- 日志打印命令中的级别高于（数字小于）或等于当前日志类型的级别。

对于第一个条件，DPDK 的日志系统初始化的过程中已经在下面这个代码段中把全局级别设置为 RTE_LOG_DEBUG（数字 8）了，所以默认满足。

```
/******dpdk-20.11/lib/librte_eal/common/eal_common_log.c******/
RTE_INIT_PRIO(rte_log_init, LOG)
{
......
    rte_log_set_global_level(RTE_LOG_DEBUG);
......
}
```

举个例子，作者在驱动程序的初始化过程（具体代码为函数 eth_mqnic_dev_init）中添加如下 4 行代码，即 4 条级别从高到低的日志打印命令，它们的日志类型都为 pmd.net.mqnic.init。PMD_INIT_LOG 是一个宏，用来输出 pmd.net.mqnic.init 类型的日志，定义在 mqnic_logs.h 文件中，比较简单，感兴趣的读者可以自行阅读。

```
PMD_INIT_LOG(WARNING, "I am WARNING.");
PMD_INIT_LOG(NOTICE, "I am NOTICE.");
PMD_INIT_LOG(INFO, "I am INFO.");
PMD_INIT_LOG(DEBUG, "I am DEBUG.");
```

如果 DPDK 程序（比如 dpdk-testpmd 或 pktgen）启动时不带命令选项--log-level，表示日志系统的全局级别和名为 pmd.net.mqnic.init 的日志类型的级别都为默认值（前者为 RTE_LOG_DEBUG，后者为 RTE_LOG_NOTICE），这意味着只有高于或等于 RTE_LOG_NOTICE 级别的日志打印命令才能输出。所以程序启动过程中，会有如下输出。

```
eth_mqnic_dev_init(): I am WARNING.
eth_mqnic_dev_init(): I am NOTICE.
```

但是如果命令选项中包含了 --log-level="pmd.net.mqnic.init":8，其作用是把名为 pmd.net.mqnic.init 的日志类型的级别改为 RTE_LOG_DEBUG（数字 8），就会得到如下输出。所有高于或等于 RTE_LOG_DEBUG 级别的日志语句都能输出。

```
eth_mqnic_dev_init(): I am WARNING.
eth_mqnic_dev_init(): I am NOTICE.
eth_mqnic_dev_init(): I am INFO.
eth_mqnic_dev_init(): I am DEBUG.
```

如果继续修改日志系统的全局级别，比如使用如下命令。

```
sudo build/app/dpdk-testpmd --log-level="pmd.net.mqnic.init":8 --log-level=6
```

命令中，带有命令选项--log-level="pmd.net.mqnic.init":8 的同时，还加上--log-level=6 把全局级别设置成了 RTE_LOG_NOTICE（数字 6），则又只输出下面两行了。

```
eth_mqnic_dev_init(): I am WARNING.
eth_mqnic_dev_init(): I am NOTICE.
```

12.3 Corundum DPDK 驱动程序的注册

在文件 mqnic_ethdev.c 的最后部分，有如下三行代码。

```
RTE_PMD_REGISTER_PCI(net_mqnic_igb, rte_mqnic_pmd);
RTE_PMD_REGISTER_PCI_TABLE(net_mqnic_igb, pci_id_mqnic_map);
RTE_PMD_REGISTER_KMOD_DEP(net_mqnic_igb, "uio_pci_generic");
```

从第三行代码开始看。它是在告知 DPDK PMD 驱动架构此驱动程序所依赖的内核模块。比如当前驱动程序依赖内核中的 uio_pci_generic 驱动程序，也就是必须执行 insmod uio_pci_generic.ko，才能运行 DPDK。

> **注：**
>
> 　　除了加载 uio_pci_generic 驱动程序外，还需要把此 UIO 驱动程序和设备绑定，比如通过执行下面这条命令。
>
> ```
> dpdk-devbind.py --bind=uio_pci_generic 02:00.0
> ```

第二行代码注册了一个 PCI 设备表，为匹配驱动程序和设备做准备，其中 pci_id_mqnic_map 的定义如下。

```
static const struct rte_pci_id pci_id_mqnic_map[] = {
    { RTE_PCI_DEVICE(MQNIC_INTEL_VENDOR_ID, MQNIC_DEV_ID) },
    { .vendor_id = 0,  },
};
```

代码中用两个宏定义了一个 PCI 设备，这两个宏定义如下，分别是 Corundum 网卡的厂商 ID 和设备 ID。作者使用的硬件网卡为浪潮 F37X FPGA 加速卡，这里的两个 ID 都是由 Corundum FPGA 镜像文件决定的，并非 FPGA 卡本身的厂商 ID 和设备 ID。

```
#define MQNIC_INTEL_VENDOR_ID 0x1234
#define MQNIC_DEV_ID          0x1001
```

最后看第一行代码，其中 rte_mqnic_pmd 有如下定义。

```
static struct rte_pci_driver rte_mqnic_pmd = {
    .id_table = pci_id_mqnic_map,
    .drv_flags = RTE_PCI_DRV_NEED_MAPPING,
```

```
        .probe = eth_mqnic_pci_probe,
        .remove = eth_mqnic_pci_remove,
    };
```

数据结构 struct rte_pci_driver 用于定义一个 PCI 设备驱动程序。这段代码中赋值的第一个成员.id_table = pci_id_mqnic_map 用于匹配设备和驱动程序，一旦发现和当前驱动程序匹配的设备，就调用 probe 函数 eth_mqnic_pci_probe。关于这一点，可以参考 6.3.4 节。

第二个成员的赋值语句.drv_flags = RTE_PCI_DRV_NEED_MAPPING 是在设置驱动程序的标志，表示此驱动程序需要进行地址映射，即把（PCI 设备 BAR 空间，即寄存器地址空间的）物理地址映射到虚拟地址，才能由软件访问。

.probe = eth_mqnic_pci_probe,和.remove = eth_mqnic_pci_remove,这两行代码的意思就很明显了，是在注册 probe 和 remove 回调函数，它们分别是检测到设备后和移除设备时的入口函数。接下来重点关注 eth_mqnic_pci_probe。

```
static int eth_mqnic_pci_probe(struct rte_pci_driver *pci_drv __rte_unused,
    struct rte_pci_device *pci_dev)
{
    return rte_eth_dev_pci_generic_probe(pci_dev,
        sizeof(struct mqnic_adapter), eth_mqnic_dev_init);
}
```

eth_mqnic_pci_probe 调用了 DPDK 的 librte_ethdev 模块提供的函数 rte_eth_dev_pci_generic_probe，用于创建一个 eth_dev，即网卡设备。而 rte_eth_dev_pci_generic_probe 又会马上调用作为其参数传入的函数 eth_mqnic_dev_init。驱动程序中真正执行设备初始化就是从函数 eth_mqnic_dev_init 开始的。

12.4　Corundum DPDK 驱动程序的初始化

接上文，eth_mqnic_dev_init 函数负责设备的初始化，其代码如下。

```
static int eth_mqnic_dev_init(struct rte_eth_dev *eth_dev)
{
    int error = 0;
    struct rte_pci_device *pci_dev = RTE_ETH_DEV_TO_PCI(eth_dev);
    struct mqnic_hw *hw =
        MQNIC_DEV_PRIVATE_TO_HW(eth_dev->data->dev_private);
    struct mqnic_adapter *adapter =
        MQNIC_DEV_PRIVATE(eth_dev->data->dev_private);
    //①
    eth_dev->dev_ops = &eth_mqnic_ops;
    eth_dev->rx_pkt_burst = &eth_mqnic_recv_pkts;
    eth_dev->tx_pkt_burst = &eth_mqnic_xmit_pkts;
    eth_dev->tx_pkt_prepare = &eth_mqnic_prep_pkts;

    /* for secondary processes, we don't initialise any further as primary
     * has already done this work. Only check we don't need a different
     * RX function */
    if (rte_eal_process_type() != RTE_PROC_PRIMARY){
        if (eth_dev->data->scattered_rx)
```

```
        eth_dev->rx_pkt_burst = &eth_mqnic_recv_scattered_pkts;
    return 0;
}


rte_eth_copy_pci_info(eth_dev, pci_dev);
eth_dev->data->dev_flags |= RTE_ETH_DEV_AUTOFILL_QUEUE_XSTATS;

//②
hw->hw_addr = (void *)pci_dev->mem_resource[0].addr;
hw->hw_regs_size = pci_dev->mem_resource[0].len;
//③
mqnic_identify_hardware(eth_dev, pci_dev);
//④
if (mqnic_get_basic_info_from_hw(hw) != MQNIC_SUCCESS) {
    error = -EIO;
    goto err_late;
}

hw->hw_addr = hw->hw_addr + 0*hw->if_stride;  //use interface 0
//⑤
eth_mqnic_get_if_hw_info(eth_dev);
//⑥
mqnic_determine_desc_block_size(eth_dev);

//⑦
mqnic_all_event_queue_create(eth_dev, 0);
mqnic_tx_cpl_queue_create(eth_dev, 0);
mqnic_rx_cpl_queue_create(eth_dev, 0);
mqnic_all_port_setup(eth_dev);

//⑧
/* Read the permanent MAC address out of the EEPROM */
if (mqnic_read_mac_addr(hw) != 0) {
    PMD_INIT_LOG(ERR, "EEPROM error while reading MAC address");
    error = -EIO;
    goto err_late;
}

/* Allocate memory for storing MAC addresses */
eth_dev->data->mac_addrs = rte_zmalloc("mqnic",
    RTE_ETHER_ADDR_LEN, 0);
if (eth_dev->data->mac_addrs == NULL) {
    PMD_INIT_LOG(ERR, "Failed to allocate %d bytes needed to "
                "store MAC addresses",
            RTE_ETHER_ADDR_LEN);
    error = -ENOMEM;
    goto err_late;
}

/* Copy the permanent MAC address */
rte_ether_addr_copy((struct rte_ether_addr *)hw->mac.addr,
        &eth_dev->data->mac_addrs[0]);

adapter->stopped = 0;

PMD_INIT_LOG(DEBUG, "port_id %d vendorID=0x%x deviceID=0x%x",
```

```
                eth_dev->data->port_id, pci_dev->id.vendor_id,
                pci_dev->id.device_id);

    return 0;

err_late:
    return error;
}
```

eth_mqnic_dev_init 函数主要完成了如下几项工作（对应代码中注释的编号）。

① 注册一系列回调函数（大部分被包含在 eth_mqnic_ops 中，随后会介绍），分别负责设备的打开/关闭、队列的设置/移除，以及数据的发送/接收等。

② 从 PCI 设备数据结构中获取网卡寄存器空间（在之前 PCI 总线扫描过程中已经完成了 BAR 空间物理地址到虚拟地址的映射）的虚拟地址和长度。

③ 获取 PCI 设备的厂商 ID、设备 ID 等信息。

④ 获取 Corundum 网卡（F37X FPGA 加速卡）的板卡 ID、网络接口数量、接口间的寄存器偏移量等信息。

⑤ 获取网络接口的各种队列（包括事件队列、发送队列、发送完成队列、接收队列、接收完成队列）的数量和各自的寄存器偏移。

⑥ 计算发送队列描述符的 desc_block_size。其具体含义可见 6.3.7 节。

⑦ 创建事件队列、发送完成队列、接收完成队列，并设置端口（port）。发送队列和接收队列并没有在此创建，而是被包含在队列设置阶段，下文会介绍。

⑧ 获取 MAC 地址。由于 F37X FPGA 加速卡上没有 EEPROM，因此 MAC 实际是随机生成的。

大部分对设备执行具体操作的回调函数被包含在数据结构为 struct eth_dev_ops 的对象 eth_mqnic_ops 中，其定义如下。

```
static const struct eth_dev_ops eth_mqnic_ops = {
    .dev_configure        = eth_mqnic_configure,
    .dev_start            = eth_mqnic_start,
    .dev_stop             = eth_mqnic_stop,
    .dev_close            = eth_mqnic_close,
    .dev_reset            = eth_mqnic_reset,
    .promiscuous_enable   = eth_mqnic_promiscuous_enable,
    .promiscuous_disable  = eth_mqnic_promiscuous_disable,
    .link_update          = eth_mqnic_link_update,
    .stats_get            = eth_mqnic_stats_get,
    .stats_reset          = eth_mqnic_stats_reset,
    .dev_infos_get        = eth_mqnic_infos_get,
    .dev_supported_ptypes_get = eth_mqnic_supported_ptypes_get,
    .mtu_set              = eth_mqnic_mtu_set,
    .rx_queue_setup       = eth_mqnic_rx_queue_setup,
    .rx_queue_release     = eth_mqnic_rx_queue_release,
    .tx_queue_setup       = eth_mqnic_tx_queue_setup,
    .tx_queue_release     = eth_mqnic_tx_queue_release,
    .tx_done_cleanup      = eth_mqnic_tx_done_cleanup,
    .rxq_info_get         = mqnic_rxq_info_get,
    .txq_info_get         = mqnic_txq_info_get,
};
```

其中的回调函数 eth_mqnic_tx_queue_setup 和 eth_mqnic_rx_queue_setup 分别负责创建发送队列和接收队列。函数 eth_mqnic_start 和 eth_mqnic_stop 分别负责启动和停止设备。

这里出现了一个问题，这么多回调函数，DPDK 程序在运行时，按照什么顺序调用这些函数呢？这决定了我们在编写驱动程序时应该把哪些功能放到对应的回调函数中，才能保证一些操作按序进行。比如需要保证在激活"发送队列"前先创建"发送队列"。经过作者确认，除去一些对 Corundum 没有实际意义的函数，在执行数据收发前，有如下执行顺序。

（1）eth_mqnic_dev_init()，负责设备初始化，前面已详细介绍。

（2）eth_mqnic_tx_queue_setup()，负责创建发送队列。

（3）eth_mqnic_rx_queue_setup()，负责创建接收队列。

（4）eth_mqnic_start()，收发数据前的启动工作，比如激活队列等，将在 12.5 节介绍。

我们把（1）～（3）步都看作驱动程序的初始化阶段。下面以 eth_mqnic_tx_queue_setup 函数为例，描述 DPDK 驱动程序中如何创建（发送）队列。

```c
int eth_mqnic_tx_queue_setup(struct rte_eth_dev *dev,
        uint16_t queue_idx,
        uint16_t nb_desc,
        unsigned int socket_id,
        const struct rte_eth_txconf *tx_conf)
{
    const struct rte_memzone *tz;
    struct mqnic_tx_queue *txq;
    uint64_t offloads;
    struct mqnic_priv *priv =
        MQNIC_DEV_PRIVATE_TO_PRIV(dev->data->dev_private);

    offloads = tx_conf->offloads | dev->data->dev_conf.txmode.offloads;

    /*
     * Validate number of transmit descriptors.
     * It must not exceed hardware maximum, and must be multiple
     * of MQNIC_ALIGN.
     */
    if (nb_desc % IGB_TXD_ALIGN != 0 ||
            (nb_desc > MQNIC_MAX_RING_DESC) ||
            (nb_desc < MQNIC_MIN_RING_DESC)) {
        PMD_INIT_LOG(INFO, "nb_desc(%d) must > %d and < %d.",
            nb_desc, MQNIC_MIN_RING_DESC, MQNIC_MAX_RING_DESC);
        return -EINVAL;
    }

    /* Free memory prior to re-allocation if needed */
    if (dev->data->tx_queues[queue_idx] != NULL) {
        mqnic_tx_queue_release(dev->data->tx_queues[queue_idx]);
        dev->data->tx_queues[queue_idx] = NULL;
    }

    //①
    /* First allocate the tx queue data structure */
    txq = rte_zmalloc("ethdev TX queue", sizeof(struct mqnic_tx_queue),
                    RTE_CACHE_LINE_SIZE);
    if (txq == NULL)
        return -ENOMEM;
```

```
//②
txq->size = roundup_pow_of_two(nb_desc);
txq->full_size = txq->size >> 1;
txq->size_mask = txq->size-1;
txq->stride = roundup_pow_of_two(MQNIC_DESC_SIZE*priv->desc_block_size);

txq->desc_block_size = txq->stride/MQNIC_DESC_SIZE;
txq->log_desc_block_size =
        txq->desc_block_size < 2 ? 0 : ilog2(txq->desc_block_size-1)+1;
txq->desc_block_size = 1 << txq->log_desc_block_size;

txq->buf_size = txq->size*txq->stride;

/*
 * Allocate TX ring hardware descriptors. A memzone large enough to
 * handle the maximum ring size is allocated in order to allow for
 * resizing in later calls to the queue setup function.
 */
//③
tz = rte_eth_dma_zone_reserve(dev, "tx_ring", queue_idx, txq->buf_size,
                MQNIC_ALIGN, socket_id);
if (tz == NULL) {
    mqnic_tx_queue_release(txq);
    return -ENOMEM;
}

txq->nb_tx_desc = txq->size;
txq->queue_id = queue_idx;
txq->reg_idx = queue_idx;
txq->port_id = dev->data->port_id;
txq->tx_ring_phys_addr = tz->iova;
txq->tx_ring = (struct mqnic_desc *) tz->addr;

//④
txq->sw_ring = rte_zmalloc("txq->sw_ring",
                sizeof(struct mqnic_tx_entry) * txq->nb_tx_desc,
                RTE_CACHE_LINE_SIZE);
if (txq->sw_ring == NULL) {
    PMD_INIT_LOG(ERR, "failed to alloc sw_ring");
    mqnic_tx_queue_release(txq);
    return -ENOMEM;
}
PMD_INIT_LOG(DEBUG, "tx sw_ring=%p hw_ring=%p dma_addr=0x%"PRIx64,
        txq->sw_ring, txq->tx_ring, txq->tx_ring_phys_addr);

//⑤
txq->hw_addr = priv->hw_addr+priv->tx_queue_offset+
        queue_idx*MQNIC_QUEUE_STRIDE;
txq->hw_ptr_mask = 0xffff;
txq->hw_head_ptr = txq->hw_addr+MQNIC_QUEUE_HEAD_PTR_REG;
txq->hw_tail_ptr = txq->hw_addr+MQNIC_QUEUE_TAIL_PTR_REG;
txq->head_ptr = 0;
txq->tail_ptr = 0;
txq->clean_tail_ptr = 0;
```

```
//⑥
mqnic_reset_tx_queue(txq, dev);
dev->data->tx_queues[queue_idx] = txq;
txq->offloads = offloads;

return 0;
}
```

eth_mqnic_tx_queue_setup 函数的功能和 Linux 网卡驱动程序中的 mqnic_create_tx_ring 函数非常类似，都是用来创建发送队列。代码内容也非常类似，毕竟此 DPDK 驱动程序是作者以 Corundum 的 Linux 网卡驱动程序为基础改写的。对应代码中注释的编号，eth_mqnic_tx_queue_setup 函数完成了以下工作。

① 调用 DPDK 库函数 rte_zmalloc，为此队列的管理数据结构 struct mqnic_tx_queue 分配内存。

② 描述符个数表示为函数参数 nb_desc，所以按照 nb_desc 设置和计算 size_mask、buf_size（所有描述符所在的缓存的长度）等数值。

③ 调用 DPDK 库函数 rte_eth_dma_zone_reserve，为发送队列的所有描述符分配物理地址连续的内存（即描述符缓存）。其物理地址和虚拟地址分别被保存到 txq->tx_ring_phys_addr 和 txq->tx_ring，接下来前者会被写入队列基地址寄存器。

④ 调用 rte_zmalloc 函数为所有描述符分配一段内存，地址放入 sw_ring，用于以环形队列的方式管理所有描述符，并被用来释放（已被发送的）数据包所占用的内存。

⑤ 计算当前发送队列的寄存器基地址和 head、tail 寄存器的地址。

⑥ 调用 mqnic_reset_tx_queue 函数，初始化以上分配的所有数据结构。

12.5　启动队列

初始化过程中注册的回调函数 eth_mqnic_start 负责在收发数据包前做最后的准备工作，包括激活所有队列。

```
static int eth_mqnic_start(struct rte_eth_dev *dev)
{
    struct mqnic_adapter *adapter =
        MQNIC_DEV_PRIVATE(dev->data->dev_private);
    struct mqnic_priv *priv =
        MQNIC_DEV_PRIVATE_TO_PRIV(dev->data->dev_private);
    int ret;

    PMD_INIT_FUNC_TRACE();
    adapter->stopped = 0;

    mqnic_all_event_queue_active(dev);
    mqnic_rx_cpl_queue_active(dev);

    /* This can fail when allocating mbufs for descriptor rings */
    ret = eth_mqnic_rx_init(dev);
    if (ret) {
        PMD_INIT_LOG(ERR, "Unable to initialize RX hardware");
        mqnic_dev_clear_queues(dev);
```

```
            return ret;
        }

        mqnic_tx_cpl_queue_active(dev);
        eth_mqnic_tx_init(dev);

        mqnic_set_port_mtu(dev, 1500);
        mqnic_activate_first_port(dev);
        priv->port_up = true;

        eth_mqnic_link_update(dev, 0);

        PMD_INIT_LOG(DEBUG, "<<");

        return 0;
    }
```

此函数的逻辑比较清晰，按顺序依次执行了如下步骤。

（1）激活事件队列（mqnic_all_event_queue_active）。

（2）激活接收完成队列（mqnic_rx_cpl_queue_active）。

（3）激活接收队列（eth_mqnic_rx_init）。

（4）激活发送完成队列（mqnic_tx_cpl_queue_active）。

（5）激活发送队列（eth_mqnic_tx_init）。

（6）激活端口（mqnic_activate_first_port）。

这些激活队列的步骤中，只有激活接收队列稍微复杂一些，因为涉及如何为保存接收到的数据提前申请缓存的问题。所以，接下来以 eth_mqnic_rx_init 函数为例描述如何激活一个队列。

```
int eth_mqnic_rx_init(struct rte_eth_dev *dev)
{
    struct mqnic_rx_queue *rxq;
    uint16_t i;
    int ret;
    struct mqnic_priv *priv =
        MQNIC_DEV_PRIVATE_TO_PRIV(dev->data->dev_private);

    PMD_INIT_LOG(DEBUG, "eth_mqnic_rx_init");

    /* Configure and enable each RX queue. */
    for (i = 0; i < dev->data->nb_rx_queues; i++) {

        rxq = dev->data->rx_queues[i];
        if (rxq == NULL) {
            PMD_INIT_LOG(ERR, "invalid rx queue buffer, i = %d.", i);
            return -1;
        }

        rxq->flags = 0;
        rxq->priv = priv;

        /* Allocate buffers for descriptor rings and set up queue */
        ret = mqnic_alloc_rx_queue_mbufs(rxq);
        if (ret)
```

```
        return ret;

    mqnic_activate_rxq(rxq, i);
    MQNIC_WRITE_FLUSH(priv);
    mqnic_rx_write_head_ptr(rxq);
    MQNIC_WRITE_FLUSH(priv);
    }

    if (dev->data->dev_conf.rxmode.offloads & DEV_RX_OFFLOAD_SCATTER) {
        if (!dev->data->scattered_rx)
            PMD_INIT_LOG(DEBUG, "forcing scatter mode");
        dev->rx_pkt_burst = eth_mqnic_recv_scattered_pkts;
        dev->data->scattered_rx = 1;
    }

    return 0;
}
```

在此我们只关注函数中的 for 循环。在 for 循环中, 依次为每个队列调用了下面两个函数。

- **mqnic_alloc_rx_queue_mbufs**: 用来为接收队列申请 mbuf。
- **mqnic_activate_rxq**: 激活接收队列。

第一个函数 mqnic_alloc_rx_queue_mbufs 的定义如下。

```
static int mqnic_alloc_rx_queue_mbufs(struct mqnic_rx_queue *rxq)
{
    struct mqnic_rx_entry *rxe = rxq->sw_ring;
    uint64_t dma_addr;
    unsigned i;

    /* Initialize software ring entries. */
    for (i = 0; i < rxq->nb_rx_desc; i++) {
        volatile struct mqnic_desc *rxd;
        struct rte_mbuf *mbuf = rte_mbuf_raw_alloc(rxq->mb_pool);

        if (mbuf == NULL) {
            PMD_INIT_LOG(ERR, "RX mbuf alloc failed "
                    "queue_id=%hu", rxq->queue_id);
            return -ENOMEM;
        }
        dma_addr = rte_cpu_to_le_64(rte_mbuf_data_iova_default(mbuf));
        rxd = &rxq->rx_ring[i];
        rxd->len = mbuf->buf_len;
        rxd->addr = dma_addr;
        rxe[i].mbuf = mbuf;

        rxq->head_ptr++;

        if((rxq->head_ptr == 1) || (rxq->head_ptr == rxq->nb_rx_desc)){
            PMD_INIT_LOG(DEBUG, "rxd->len = mbuf->buf_len = %d,
                dma_addr=0x%lx, rxq->head_ptr=%d",
                mbuf->buf_len, dma_addr, rxq->head_ptr);
        }
    }

    return 0;
}
```

该函数负责为每个描述符申请一个 struct rte_mbuf，对应一个数据包（包括存储这个数据包的地址段）。然后将其长度和物理地址（dma_addr）写进接收队列描述符。最后更新接收队列的 head 信息。

第二个函数 mqnic_activate_rxq 的定义如下。

```
static int
mqnic_activate_rxq(struct mqnic_rx_queue *rxq, int cpl_index)
{
    rxq->cpl_index = cpl_index;
    // deactivate queue
    MQNIC_DIRECT_WRITE_REG(rxq->hw_addr, MQNIC_QUEUE_ACTIVE_LOG_SIZE_REG, 0);
    // set base address
    MQNIC_DIRECT_WRITE_REG(rxq->hw_addr, MQNIC_QUEUE_BASE_ADDR_REG+0,
        rxq->rx_ring_phys_addr);
    MQNIC_DIRECT_WRITE_REG(rxq->hw_addr, MQNIC_QUEUE_BASE_ADDR_REG+4,
        rxq->rx_ring_phys_addr >> 32);
    // set completion queue index
    MQNIC_DIRECT_WRITE_REG(rxq->hw_addr, MQNIC_QUEUE_CPL_QUEUE_INDEX_REG,
        rxq->cpl_index);
    // set pointers
    MQNIC_DIRECT_WRITE_REG(rxq->hw_addr, MQNIC_QUEUE_HEAD_PTR_REG,
        rxq->head_ptr & rxq->hw_ptr_mask);
    MQNIC_DIRECT_WRITE_REG(rxq->hw_addr, MQNIC_QUEUE_TAIL_PTR_REG,
        rxq->tail_ptr & rxq->hw_ptr_mask);
    // set size and activate queue
    MQNIC_DIRECT_WRITE_REG(rxq->hw_addr, MQNIC_QUEUE_ACTIVE_LOG_SIZE_REG,
        ilog2(rxq->size) | (rxq->log_desc_block_size << 8) | MQNIC_QUEUE_ACTIVE_MASK);
    return 0;
}
```

整个函数都是在写寄存器，目的是将接收队列的描述符缓存的首地址和队列的 head、tail 等信息写入硬件，供硬件在接收数据过程中使用。函数在最后激活了此接收队列（起作用的是宏 MQNIC_QUEUE_ACTIVE_MASK 定义的一个位）。

12.6　数据发送

在初始化过程中调用的 eth_mqnic_dev_init 函数中有下面这两行代码，分别设置了数据发送函数和数据接收函数，它们都支持 burst（一次性发送/接收多个数据包，一般默认为 32 个数据包）方式。

```
eth_dev->rx_pkt_burst = &eth_mqnic_recv_pkts;
eth_dev->tx_pkt_burst = &eth_mqnic_xmit_pkts;
```

本节只讲解数据发送函数 eth_mqnic_xmit_pkts，数据接收函数的原理类似，不再介绍。该函数比较长，故删除了一些非关键的代码和注释。

```
uint16_t eth_mqnic_xmit_pkts(void *tx_queue, struct rte_mbuf **tx_pkts,
        uint16_t nb_pkts)
{
    struct mqnic_tx_queue *txq;
    struct mqnic_tx_entry *sw_ring;
```

```
        struct mqnic_tx_entry *txe, *txn;
        volatile struct mqnic_desc *txr;
        volatile struct mqnic_desc *txd;
        struct rte_mbuf      *tx_pkt;
        struct rte_mbuf      *m_seg;
        uint64_t buf_dma_addr;
        uint16_t slen;
        uint16_t tx_end;
        uint16_t tx_id;
        uint16_t tx_last;
        uint16_t nb_tx;
        uint32_t i;
        uint32_t sub_desc_index;
        struct mqnic_priv *priv;

        txq = tx_queue;
        priv= txq->priv;
        sw_ring = txq->sw_ring;
        txr     = txq->tx_ring;
        tx_id   = txq->tx_tail;
        txe = &sw_ring[tx_id];

        //①
        mqnic_check_tx_cpl(txq);

        //②
        for (nb_tx = 0; nb_tx < nb_pkts; nb_tx++) {
            sub_desc_index = 0;
            tx_pkt = *tx_pkts++;

            //③
            RTE_MBUF_PREFETCH_TO_FREE(txe->mbuf[0]);
......
            tx_last = (uint16_t) tx_id;

            if (tx_last >= txq->nb_tx_desc)
                tx_last = (uint16_t) (tx_last - txq->nb_tx_desc);

......
            tx_end = sw_ring[tx_last].last_id;
            tx_end = sw_ring[tx_end].next_id;
            tx_end = sw_ring[tx_end].last_id;

            //④
            if(mqnic_is_tx_queue_full(txq)){
                PMD_TX_LOG(DEBUG, "mqnic_is_tx_queue_full");
                if (nb_tx == 0)
                    return 0;
                goto end_of_tx;
            }

            m_seg = tx_pkt;
            txn = &sw_ring[txe->next_id];
            //⑤
            do {
                txd = &txr[tx_id*4+sub_desc_index];
```

```
            if (txe->mbuf[sub_desc_index] != NULL)
                rte_pktmbuf_free_seg(txe->mbuf[sub_desc_index]);
            txe->mbuf[sub_desc_index] = m_seg;

            /*
             * Set up transmit descriptor.
             */
            slen = (uint16_t) m_seg->data_len;
            buf_dma_addr = rte_mbuf_data_iova(m_seg);
            txd->addr =
                rte_cpu_to_le_64(buf_dma_addr);
            txd->len =
                rte_cpu_to_le_32(slen);

            m_seg = m_seg->next;
            priv->obytes+=slen;
            sub_desc_index++;
            if(sub_desc_index >= txq->desc_block_size)
                break;
        } while (m_seg != NULL);

        //⑥
        for (i = sub_desc_index; i < 4; i++)
        {
            txd[i].len = 0;
            txd[i].addr = 0;
        }
        txe->last_id = tx_last;
        tx_id = txe->next_id;
        txe = txn;
        //⑦
        txq->head_ptr++;
        priv->opackets++;
    }
end_of_tx:
    rte_wmb();

    //⑧
    MQNIC_DIRECT_WRITE_REG(txq->hw_head_ptr, 0,
        txq->head_ptr & txq->hw_ptr_mask);
......
    txq->tx_tail = tx_id;

    return nb_tx;
}
```

对应代码中注释的编号，函数 eth_mqnic_xmit_pkts 完成了如下工作。

① 调用 mqnic_check_tx_cpl 函数（见下面的代码段）。从"发送完成队列"的 head 寄存器读取队列 head，直接将 tail 等于此 head 后写入"发送完成队列"的 tail 寄存器，目的是告知硬件已处理完成 tail 和 head 间的描述符（此 DPDK 驱动方案中，"发送完成队列"并没有起到实际的作用，在此只是按照 Linux 网卡驱动程序的逻辑梳理流程，防止硬件中逻辑出错）。然后读取"发送队列"的 tail，目的是查看硬件已经处理完了"发送队列"的哪些描述

符，意味着这些描述符现在为无效状态，可以再次填充了。

② 进入第一个大的 for 循环，开始依次处理每个待发送的数据包。

③ 做一次对 mbuf 的 prefetch（预取）操作，加速 CPU 对其访问。

④ 检查"发送队列"是否已满，如果已满，则退出。

⑤ do-while 循环中，会依次处理数据包中的片段（segment）。因为 desc_block_size 被设置为 4，所以最多可以处理 4 个片段；对于每个片段，都要先对 txe->mbuf 数组中保存的之前的片段调用 rte_pktmbuf_free_seg 函数释放掉；再保存当前片段的地址用于之后的释放（也就是说释放数据包所占用的内存地址这个动作必须由驱动程序来做）；随后取出数据包片段的物理地址和长度，将其写入"发送队列"描述符中的 struct mqnic_desc。

⑥ 把描述符中的其他未用到的 struct mqnic_desc 清零。

⑦ 更新"发送队列"的 head。

⑧ 在跳出大的 for 循环后，意味着所有需要填充的描述符都已经填充完毕了，此时将 head 值写入"发送队列"的 head 寄存器，以告知硬件开始发送数据。

```
static inline void mqnic_check_tx_cpl(struct mqnic_tx_queue *txq)
{
    struct mqnic_priv *priv = txq->priv;
    struct mqnic_cq_ring *cq_ring;

    PMD_TX_LOG(DEBUG, "mqnic_check_tx_cpl start");


    cq_ring = priv->tx_cpl_ring[txq->queue_id];
    mqnic_cq_read_head_ptr(cq_ring);

    cq_ring->tail_ptr = cq_ring->head_ptr;
    mqnic_tx_cq_write_tail_ptr(cq_ring);

    // process ring
    mqnic_tx_read_tail_ptr(txq);
    txq->clean_tail_ptr = txq->tail_ptr;

    mqnic_arm_cq(cq_ring);
    PMD_TX_LOG(DEBUG, "mqnic_check_tx_cpl finish");
}
```

12.7　编写驱动程序时的注意事项

本节介绍在编写用户态驱动程序的过程中，需要注意的几个细节。

1.　在必要的地方加"内存屏障"

一般在写硬件寄存器前添加。比如前文介绍的 eth_mqnic_xmit_pkts 函数中，在大的 for 循环填写完所有描述符后，写 head 寄存器前，调用了函数 rte_wmb。意思是：在这个函数之后的所有写指令，必须等到这个函数之前的所有指令执行完毕才能执行。目的是防止编译器优化和 CPU 自动优化导致的指令执行乱序（本意是加快执行速度）。这种乱序行为可能引起这样的问题：在写 head 寄存器告知硬件发送数据时，有些数据包在内存中的数据还没有准备好。

2. 在必要的地方使用 volatile

什么是 volatile？为什么使用 volatile？这是对嵌入式软件工程师的面试中常常被问到的问题。可惜有很多人会回答错误（比如回答"是为了关闭 Cache"）。在此举例来回答这个问题。首先编写下面这个小程序 test.c。

```
$ cat test.c
#include <stdio.h>

int fun1(int input)
{
    int j = 0;
    j = input;
    return j;
}

void main()
{
    printf("return value = %d\n", fun1(100));
}
```

整个程序的代码很短。函数 main 调用了函数 fun1；fun1 内部声明了一个局部变量 j，并把参数赋值给 j，最后返回 j。

我们使用命令 gcc -O2 test.c -o test 编译这个小程序，然后运行。

程序最后会输出 return value = 100，但这不是重点，重点在于编译器如何编译函数 fun1，即 fun1 中的 c 程序代码被编译成了什么样的机器指令。

接下来用 objdump -S test 命令进行反汇编，可以得到如下输出。

```
0000000000001170 <fun1>:
    1170:    f3 0f 1e fa           endbr64
    1174:    89 f8                 mov    %edi,%eax
    1176:    c3                    retq
    1177:    66 0f 1f 84 00 00 00  nopw   0x0(%rax,%rax,1)
    117e:    00 00
```

可见 fun1 函数内部只有一条 mov 指令在寄存器间传递数据，然后就返回了。也就是说，函数 fun1 中 int 类型的局部变量 j 本来应该位于栈中，却被编译器优化而保存在一个寄存器中（也可以说连寄存器都没有，因为寄存器 eax 是用来保存返回值的），并且 j = 0 这一步赋值操作完全被忽略了。

如果我们在声明变量 j 时加上 volatile，会有什么效果呢？

把 int j = 0;改为 volatile int j = 0;，重新编译。执行结果不会改变，但反汇编的输出结果却变了，如下所示。

```
0000000000001180 <fun1>:
    1180:    f3 0f 1e fa           endbr64
    1184:    c7 44 24 fc 00 00 00  movl   $0x0,-0x4(%rsp)
    118b:    00
    118c:    89 7c 24 fc           mov    %edi,-0x4(%rsp)
    1190:    8b 44 24 fc           mov    -0x4(%rsp),%eax
    1194:    c3                    retq
    1195:    66 2e 0f 1f 84 00 00  nopw   %cs:0x0(%rax,%rax,1)
```

```
119c:        00 00 00
119f:        90                    nop
```

可见编译后的函数中完整地执行了 3 次赋值（mov）操作，依次对应 c 程序代码中的 j = 0 和 j = input，以及 return 之前把 j 保存到 eax 寄存器中的行为。反汇编代码中的-0x4(%rsp)是在访问 j 在栈中的内存地址，而不是寄存器。

由此可见，编译器在编译代码时，对于用 volatile 声明的变量，不会再用寄存器将其临时保存（目的是加快执行速度），而是每次都去变量本身所在的内存地址直接访问。这对于普通的应用程序起不到什么效果，反倒降低了执行速度。但对于设备驱动程序来说，是非常关键的。比如某些队列的描述符缓存属于软件和硬件都会读写的地址，软件向这段地址写入信息告知硬件要处理的事情，硬件也可能写入信息告知软件处理完成的情况。如果代码中不加 volatile，软件可能会一直从某个 CPU 寄存器中读取数据，而永远不会访问真实的内存地址，也就不会得到硬件的反馈了；反过来也是如此，软件可能会一直往 CPU 寄存器写入数据，而硬件在描述符缓存中永远读取不到它想要的内容。

3. 避免把比较耗时的操作放入循环中

举个例子，在 12.6 节中，eth_mqnic_xmit_pkts 函数内有一个 for 循环。在 for 循环之前调用的 mqnic_check_tx_cpl 函数和之后调用的 MQNIC_DIRECT_WRITE_REG 宏中，都有通过读写寄存器和硬件交互信息的操作，而在 for 循环内部则没有。在这种情况下，实际的单核发包速率（burst，每次发送 64 个数据包）可以达到 92Gbit/s。但如果把 mqnic_check_tx_cpl 函数移到 for 循环内部，单核发包速率就会大幅降低到 7Gbits/s。原因很简单，读写寄存器相对于访问内存，本来就是比较耗时的操作；并且还会抢占 PCIe 总线，对设备的 DMA 操作造成影响。如果把读写寄存器的语句放入 for 循环内部，相比放在 for 循环外，每次 burst 类型的数据发送就引入了 64 倍的寄存器访问操作，这对 DPDK+Corundum 这种高性能网络方案是毁灭性的。

第 3 部分

RDMA

本书第 2 部分介绍的 DPDK 技术只是解决了以内核协议栈为基础的网络解决方案存在的前两个问题，还有第三个问题尚待解决。

本书第 3 部分介绍的远程直接存储器访问（remote direct memory access，RDMA）技术可用于解决全部三个问题。不过，与 DPDK 主要在软件方面进行处理不同，RDMA 将数据包的封装和解析工作移交给硬件执行，因此需要引入专用的 RDMA 网卡甚至其他组网设备，在降低了 CPU 负载的同时，也增加了使用成本。

本部分由以下各章构成。

- 第 13 章，RDMA 技术简介
- 第 14 章，RDMA 软件架构
- 第 15 章，RDMA 基本元素
- 第 16 章，RDMA 基本操作类型及其配套机制
- 第 17 章，RDMA 传输服务
- 第 18 章，一个简单的 RDMA 应用程序
- 第 19 章，RDMA 主要元素的实现
- 第 20 章，进行一次数据传输
- 第 21 章，RoCEv2 网卡的 MAC、IP 和 GID
- 第 22 章，RDMA 性能测试工具——perftest

RDMA 技术简介

RDMA 技术基于传统以太网的网络概念，但与以太网网络中的同类技术存在差异。关键区别在于，RDMA 提供了一种消息服务，应用程序可以使用该服务直接访问远程计算机上的虚拟内存。消息服务可用于进程间通信（IPC）、与远程服务器的通信以及使用上层协议与存储设备进行通信，这些上层协议包括对 RDMA 的 iSCSI 扩展（ISER）、SMB、Samba、Lustre、ZFS 等。

RDMA 通过绕过软件协议栈和避免不必要的数据复制来实现低时延、降低 CPU 占用率、减少内存带宽瓶颈和提供高带宽。RDMA 提供的好处主要来自 RDMA 消息服务呈现给应用程序的方式，以及用于传输和传递这些消息的底层技术。RDMA 提供基于通道的 I/O，该通道使得应用程序可以使用 RDMA 设备直接读取和写入远程虚拟内存。

在传统的以太网应用场景中，运行在用户态的应用程序通过调用套接字（socket）API 从操作系统请求网络资源，然后使用这些 API 执行数据收发。RDMA 应用也依赖操作系统，但只是使用操作系统建立通道，而后允许用户态的程序直接操作硬件交互信息，无须内核态程序的进一步协助。这些信息交互方式可以是 RDMA Read、RDMA Write、Send 和 Receive。另外，RDMA 协议 InfiniBand 和 RoCE 还支持多播传输。

目前 RDMA 已经是一个比较成熟的架构，主要应用在高性能计算（HPC）领域和大型数据中心中，典型的应用场景包括分布式神经网络计算（比如 TensorFlow+MPI+RDMA）和大数据存储（比如 HDFS+RDMA+NVMe）等。

13.1 RDMA 的控制通路和数据通路

第 5 章在介绍内核协议栈方案时，使用图 5-1 展示了 Linux 内核协议栈方案涉及的主要软件和硬件模块以及它们之间的关系；图 5-2 描述了此方案的数据流；最后通过分析，给出了此方案的几个缺点，比如不必要的数据复制、频繁地在内核态与用户态之间切换等。下面介绍 RDMA 方案的控制通路和数据通路（见图 13-1）以及数据流（见图 13-2），如果和图 5-1、图 5-2 进行比较，就能明显地看出 RDMA 方案的优点。

图 13-1 中有一左一右两台机器，可互相发送和接收数据。图中首先将 RDMA 整体方案横向划分为三层；上面两层是软件，根据执行权限的不同又分为用户态和内核态；最下面一层是硬件。

然后，图中将 RDMA 的横向分层模型再从竖向划分为控制通路和数据通路。控制通路需要进入内核态准备通信所需的各种资源，比如创建和配置后面章节会介绍的各 RDMA 基本元素（如 CQ、QP 等），主要操作由软件完成，硬件接受配置。数据通路专门负责数据收发，由软件和硬件合作完成 RDMA Write（写）、RDMA Read（读）、Send（发送）和 Receive（接收）等操作。

至于把控制通路和数据通路分开的原因，可以这样理解：一般和控制有关的操作所需的权限较高，所以需要进入内核态处理，导致消耗的时间较长，不过实际进行的操作次数有限，属于低频且耗时的操作类型；而数据收发相关的操作所需的权限较低，直接在用户态处理即可，只有这样才能起到旁路（bypass）内核和快速收发数据的效果，并且在程序运行的大部分时间里，执行的都是这种高频操作。

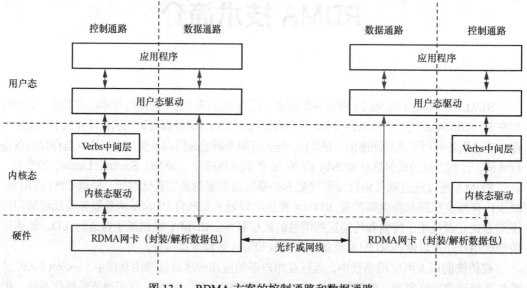

图 13-1　RDMA 方案的控制通路和数据通路

以 Send 和 Receive 操作为例，一次 RDMA 通信的过程简单描述如下。

（1）发送端和接收端的软件都通过控制通路进入内核态，创建通信所需的各种资源，包括 MR、QP、CQ 等。

（2）在数据通路上，接收端的应用程序通知硬件准备接收数据，并将存放数据的缓存地址告知硬件。

（3）在数据通路上，发送端的应用程序通知硬件发送数据，并将待发送数据所在的缓存地址和数据长度告知硬件。

（4）发送端硬件使用 DMA 操作从位于主机内存的缓存中将数据复制到自己的硬件内部缓存，然后按照协议封装数据包并发送给对端。

（5）接收端硬件收到数据包，按照协议对其进行解析，并通过 DMA 操作将有效的应用数据写入主机内存。

（6）在数据通路上，接收端的应用程序获知收到的数据已被放入本地缓存。

图 13-2 展示了使用 RDMA 方案时，用户数据在两个运行在不同机器上的应用程序之间传递的过程。图中的机器 1 为发送端，机器 2 为接收端。包括在网线/光纤上的数据传输，整个数据传递过程共进行了 3 次数据复制，按照编号依次如下。

① 发送端网卡通过 DMA 操作，从主机内存的用户空间将数据复制到自己的硬件内部缓存中，并进行封装，即添加各层协议报头和校验信息。

② 发送端网卡通过网线/光纤将封装好的数据发送给接收端的网卡。

③ 接收端网卡接收到数据后，先进行数据解析，即把各层协议报头和校验信息剥离，然后将硬件缓存中的数据通过 DMA 操作复制到主机内存的用户空间。

如果跟图 5-1 和图 5-2 做一下比较，明显可以看出 RDMA 方案的三个优点。

• 本地内存零复制，即省去了数据在主机内存的用户空间和内核空间之间复制的步骤，降低了整个数据收发过程的时延。

- 内核旁路（bypass），即数据通路绕过内核，避免了系统调用和上下文切换的时间开销。
- 把数据包的封装和解析工作交由网卡来实现，降低了 CPU 负载。

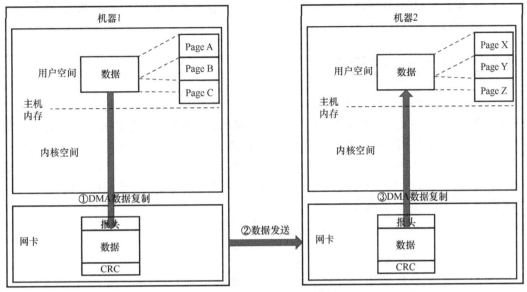

图 13-2　RDMA 方案的数据流

在一个系统中，内核协议栈方案和 RDMA 方案是可以共存的。RoCE 类型的 RDMA 网卡可以同时支持以太网和 RDMA。图 13-3 从数据通路的角度比较了在同一系统中运行的（APP1 使用的）以太网方案和（APP2 使用的）RDMA 方案的区别。可见 RDMA 方案的数据通路已经进行了充分的简化，几乎卸掉了所有的包袱。

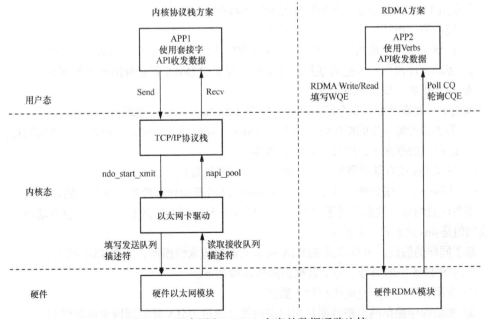

图 13-3　以太网和 RDMA 方案的数据通路比较

不过，相对于以太网方案，RDMA 方案对网卡提出了新的要求，主要有两点。

- 能够解析页表：由于应用程序申请的数据缓存一般都是虚拟地址连续而物理地址不连续的，因此要求硬件有解析页表的能力，能够访问物理地址不连续的缓存。注意，此处所说的页表是软件专门为 RDMA 网卡建立的，不是 MMU 访问的页表。
- 能够封装和解析数据包：网卡需要按照协议，在发送数据前加上协议报头与校验和，并在接收数据后将其剥离。

13.2 RDMA 的优势

人们经常用 100M、1G、10G、25G、100G（单位为 bit/s）等描述网卡支持的最大带宽（常被称为速率），无论是以太网卡和 RDMA 网卡都是如此。但如果同为 100G 带宽，除了降低了 CPU 的工作负载，单纯从网络性能方面考虑，RDMA 网卡相比以太网卡的优势在哪里呢？

先考虑使用以太网卡的情况。假设应用程序从时刻 0 开始产生数据（Data），之后每 1ns（纳秒）持续产生 1 个数据（100 位），每个数据产生之后的每个操作步骤都花费 1ns，可以得到如图 13-4 所示的数据流水线模型。

时间的推移 →

新数据的产生 ↓

位	1ns	2ns	3ns	4ns	5ns	6ns	7ns	8ns	9ns	10ns
数据0（100位）	①	②	③	④						
数据1（100位）		①	②	③	④					
数据2（100位）			①	②	③	④				
数据3（100位）				①	②	③	④			
数据4（100位）					①	②	③	④		
数据5（100位）						①	②	③	④	
数据6（100位）							①	②	③	④

图 13-4　使用以太网卡时发送端的数据流水线理想模型

对应图 13-4 中的编号，每个数据的操作步骤如下。

① 应用程序申请用户空间缓存并写入数据。

② 内核协议栈申请内核空间缓存，并将数据从用户空间缓存复制到内核空间缓存。

③ 驱动程序操作网卡把数据从内核空间缓存通过 DMA 复制到网卡内部缓存。

④ 网卡把数据发送到对端网卡。

理论上只要满足如下三个条件就可以实现 100Gbit/s 的发送速率。

- ①②③④每一步的操作时长都小于 1ns（实际应该是 0.93ns，但不影响理解数据流水线模型的概念），即每一步都足够快。
- 每隔 1ns 就有新的数据产生，即有源源不断的数据。
- 从第一个数据处理的最后一步（第 4ns）之后开始计算带宽，即合适的计算时机。

需要注意的是，这种模式下每个数据需要 4ns 发送到对端网卡，也就是说对端网卡当前接收到的是 4ns 之前产生的数据。

基于同样的假设，可以得到 RDMA 网卡的数据流水线模型，如图 13-5 所示。

对应图 13-5 中的编号，每个数据的操作步骤如下。

① 应用程序向用户空间缓存写入数据。

② 驱动程序操作网卡把数据从用户空间缓存通过 DMA 复制到网卡内部缓存。

③ 网卡把数据发送到对端网卡。

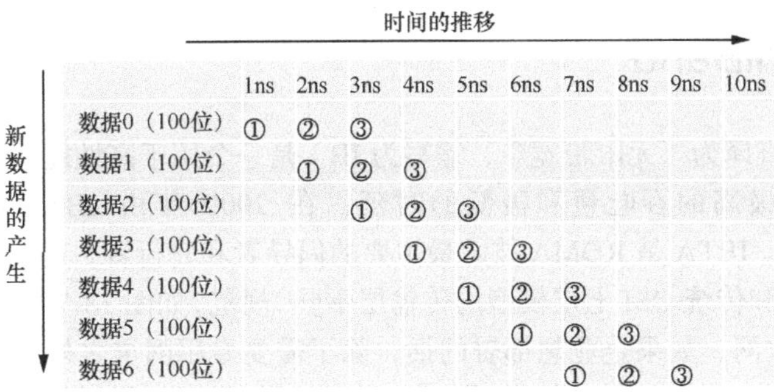

图 13-5　使用 RDMA 网卡时发送端的数据流水线理想模型

同样地，只要满足前文提到的三个条件，就可以实现 100Gbit/s 的发送速率。只是最后一个条件的计算时间可以提前 1ns，从第 3ns 开始算。在此可以看出 RDMA 方案的优势：每个数据只需要 3 ns 就可以到达对端网卡（即具有更低的时延）。

通信领域出现率最高的性能指标就是带宽和时延。简单来说，所谓带宽是指单位时间内能够传输的数据量（比如 100Gbit/s），而时延指的是数据从本端发出到被对端接收所消耗的时间。相比传统以太网，RDMA 技术实现了更低的时延，所以 RDMA 能够在很多对时延要求较高的场景中（比如分布式神经网络多个计算节点间的数据同步）得以发挥作用。

> **注：**
>
> 　　本节主要比较了以太网卡（对应内核协议栈方案）和 RDMA 网卡的数据流水线理想模型，分析它们在时延方面的差异。没有必要深究太多细节，比如每个数据的操作步骤并不一定分为四步或三步，只需要知道 RDMA 方案以更少的步骤就能实现更低的时延的结论。

13.3　RDMA 协议

RDMA 指的是一种远程直接存储器访问技术。具体到协议层面，它主要包含 InfiniBand、RoCE 和 iWARP 三种协议。三种协议都符合 RDMA 标准，共享相同的上层用户接口（Verbs），只是在不同层次上有一些差别。图 13-6 对比了这几个协议在不同层次上的差异。

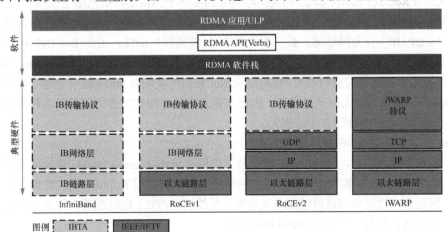

图 13-6　RDMA 协议分层模型

13.3.1　InfiniBand

InfiniBand（直译为"无限带宽"，缩写为 IB）是一个用于高性能计算的计算机网络通信标准，它具有极高的吞吐量和极低的时延，在 2000 年由 IBTA（InfiniBand Trade Association）提出。IBTA 是 RDMA 技术最主要的倡导者和先行者，其规定了一整套完整的链路层到传输层（和传统 OSI 七层模型的传输层不同）规范，如图 13-7 所示。但是 InfiniBand 无法兼容现有以太网，如果企业想部署的话，除了需要专用网卡之外，还要重新购买配套的网络交换设备。

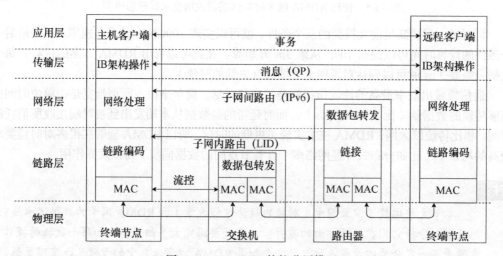

图 13-7　InfiniBand 协议分层模型

13.3.2　RoCE

基于融合以太网的 RDMA（RDMA over Converged Ethernet，RoCE）也是由 IBTA 定义的。InfiniBand 架构规范定义了如何通过 InfiniBand 网络执行 RDMA，而 RoCE 则定义了如何通过以太网网络执行 RDMA。

RoCE 有 RoCEv1 和 RoCEv2 两个版本。如图 13-6 所示，RoCEv1 的网络层使用了 InfiniBand 规范，链路层使用以太网协议，因此允许同一个以太网广播域中的两台主机进行通信。RoCEv2 使用了"UDP+IP"作为网络层，是一个"网络层+链路层"协议，因此 RoCEv2 网络中的数据包可以被路由。RoCE 被认为是 InfiniBand 的"低成本解决方案"，将 InfiniBand 传输层的报文封装成以太网数据包进行收发（也就是说 RoCE 仍然使用 InfiniBand 传输层，见图 13-6）。由于 RoCE 可以使用以太网交换设备，因此在企业中的应用比较多，但是其在相同场景下相比 InfiniBand 会有一些性能方面的损失。

RoCE 与 InfiniBand 有如下几个技术差异。

- 链路级流量控制。InfiniBand 使用基于信用（credit-based）的算法来保证无损的网络通信。RoCE 的实现需要无损以太网网络，以达到类似 InfiniBand 的性能。无损以太网通常通过以太网流量控制或优先级流量控制（PFC）进行配置，配置一个无损以太网网络比配置一个 InfiniBand 网络复杂。

- 阻塞控制。InfiniBand 定义了基于 FECN/BECN 标记的阻塞控制协议。RoCEv2 定义了一种使用 ECN 进行标记、CNP 帧进行反馈的阻塞控制协议，网络中的交换机中需要支持 ECN 功能。
- InfiniBand 交换机的时延通常低于以太网交换机。

在以太网链路层上使用 RDMA 应用程序时，应注意以下几点。

- 网络中不需要子网管理器。对于那些需要与子网管理器通信的操作，在 RoCE 网络中会以不同的方式进行管理。
- 由于 LID 是 InfiniBand 协议栈链路层的属性，其在 RoCE 网络中无效，因此在查询 RoCE 网卡的端口时，LID 显示为零。
- 因为子网管理器不存在，所以无法查询路径。因此，在建立连接之前，必须将相关的值填充进路径记录结构。建议使用 RDMA CM 建立连接，因为它可以负责填充路径记录结构。
- RoCE 设备的流量不显示在相关以太网设备的计数器（比如 ifconfig 命令的输出中可以看到的收发包计数）中，因为它的数据收发不通过以太网设备驱动程序。RoCE 设备 和 InfiniBand 设备的流量统计都在 /sys/class/infiniband/<device>/ports/<port number>/counters/ 目录下。

作者使用的 Mellanox ConnectX-5 100G 网卡就是一种 RoCE 设备。在安装了该设备的机器上，执行 ibv_devinfo 命令可以获取如下比较详细的设备信息，如下所示。

```
$ ibv_devinfo
hca_id: mlx5_0
        transport:                  InfiniBand (0)
        fw_ver:                     16.32.1010
        node_guid:                  b859:9f03:00b0:cc70
        sys_image_guid:             b859:9f03:00b0:cc70
        vendor_id:                  0x02c9
        vendor_part_id:             4119
        hw_ver:                     0x0
        board_id:                   MT_0000000011
        phys_port_cnt:              1
                port:   1
                        state:          PORT_ACTIVE (4)
                        max_mtu:        4096 (5)
                        active_mtu:     1024 (3)
                        sm_lid:         0
                        port_lid:       0
                        port_lmc:       0x00
                        link_layer:     Ethernet
```

从其中的 transport: InfiniBand 可以看出其传输层为 InfiniBand 传输层，link_layer: Ethernet 表示它支持以太网链路层，再结合图 13-6，就可以确认这是一种符合 IBTA 定义的 RoCE 类型的 RDMA 设备。另外，port_lid: 0 表示其 LID 为 0（LID 对 RoCE 无意义）。

执行 cma_roce_mode 命令可以获知此网卡当前支持的 RoCE 版本为 RoCEv2。

```
$ sudo cma_roce_mode -d mlx5_0 -p 1
RoCE v2
```

13.3.3 iWARP

iWARP（Internet Wide Area RDMA Protocol）是 IETF 定义的基于 TCP 的 RDMA，它和 RoCE v2 都可以路由。因为 TCP 是面向连接的可靠协议，这使得 iWARP 在面对有损网络场景时，相比 RoCEv2 和 InfiniBand 具有更好的可靠性，在大规模组网时也有明显的优势。但在大规模数据中心和大规模应用程序（比如大型企业网、云计算、Web 2.0 应用程序等）中使用 iWARP 时，大量连接的内存需求以及 TCP 的流量和可靠性控制将会导致可扩展性和性能相关的问题，并且会耗费很多的内存资源。总体来看，RoCE 在时延、吞吐量和 CPU 开销方面明显优于 iWARP。此外，RoCE 规范中定义了多播，而当前的 iWARP 规范没有定义如何执行多播 RDMA。

需要注意的是，虽然存在软件实现的 RoCE 和 iWARP，但是真正商用时上述几种协议都需要专门的硬件（网卡）支持。本书中测试和分析代码时所使用的 RDMA 网卡都为支持 RoCEv2 协议的网卡。

13.4 RDMA 网络构成

InfiniBand 体系结构定义了组网通信所需的多种设备：通道适配器（channel adapter）、交换机（switch）、路由器（router）和子网管理器（subnet manager）。其中子网管理器属于虚拟设备，它可以在其他任何一台设备上实现。图 13-8 展示了一个包含所有这些实体设备的网络。每个终端（endnode）设备必须至少有一个通道适配器（HCA 或 TCA）。一个子网中至少有一个子网管理器用于配置和维护链路。所有的通道适配器和交换机必须包含子网管理代理（subnet management agent，SMA），用于处理与子网管理器的通信。

除了子网管理器，RoCE 类型的网络中也需要上述这些组件。

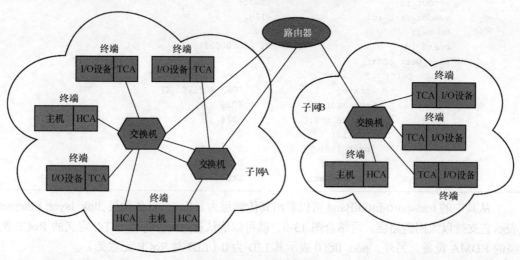

图 13-8　RDMA 网络构成

主机通道适配器（host channel adapter，HCA）

HCA 即本书中经常提及的安装在主机上的 RDMA 网卡，用于将一个主机设备连接到一个 RDMA 网络上。

　　一个 HCA 可以有多个物理端口（port），每个端口有自己的本地标识符（local identifier，LID）或 LID 范围。另外，每个端口还有自己的发送和接收缓存（buffer），因此所有端口可以并行发送和接收。

　　子网管理器为 HCA 的每一个物理端口配置子网内的本地地址，即 LID。HCA 中的子网管理代理和子网管理器通信，共同实现子网管理功能。

　　厂商会给每一个 HCA 分配独一无二的标识符，称为 GUID（globally unique identifier）。子网管理器分配给 HCA 的 LID 并不是永久的（断电重启后可能会变），所以 GUID 就成了永久识别某一个 HCA 的主要标识符。另外，厂商还给每一个端口分配了一个端口 GUID。

　　HCA 支持 InfiniBand 定义的所有软件 Verbs。Verbs 是一种抽象表示，它定义了客户端软件和 HCA 功能之间所需的接口。Verbs 不直接指定操作系统的应用程序编程接口（API），而是定义了一系列操作，提供给操作系统供应商开发相应的 API。

目标通道适配器（target channel adapter，TCA）

　　TCA 为 I/O 设备（比如硬盘控制器）提供其到 RDMA 网络的连接，支持每个设备的特定操作所需的 HCA 功能子集。

子网管理器（subnet manager）

　　InfiniBand 子网管理器为连接到 InfiniBand 网络的每个端口分配 LID，并基于分配的 LID 建立路由表。子网管理器属于软件定义网络（SDN）的概念，它消除了互连的复杂性，支持创建非常大规模的计算和存储基础设施。子网管理器配置本地子网并确保其持续运行。每个子网中必须至少有一个子网管理器，用于管理所有交换机和路由器的配置，并在链路断开或出现新链路时重新配置子网。

　　子网管理器可以位于子网中的任何设备内，它通过与每台设备上的子网管理代理通讯来进行工作。一个子网中可以有多个子网管理器，但只能有一个子网管理器处于活动状态。不在活动状态的子网管理器（即备用子网管理器），会同步保存处于活动状态的子网管理器转发的信息副本，并验证活动状态的子网管理器是否仍在运行。如果处于活动状态的子网管理器停机了，备用子网管理器将接管它的工作，以确保整个子网不会停摆。

　　在 RoCE 类型的网络中，不存在子网管理器。

交换机（switch）

　　InfiniBand 交换机在概念上类似于标准以太网交换机，但其设计旨在满足 InfiniBand 的性能要求。它们实现 InfiniBand 链路层的流量控制以防止丢包，有避免阻塞和自适应路由的功能，并支持高级服务质量（QoS）。许多交换机包含了子网管理器的功能。交换机包含多个端口，并根据协议第二层本地路由报头中包含的 LID，将数据包从一个端口转发到另一个端口。交换机只会管理和转发数据包，不会消耗或产生数据包。与通道适配器（HCA 和 TCA）一样，交换机必须包含子网管理代理功能，以处理子网管理报文。交换机可以被配置为转发单播数据包（到单个设备）或多播数据包（到多个设备）。

　　RoCE 类型的网络中使用的是以太网交换机。

路由器（router）

　　InfiniBand 路由器将数据包从一个子网转发到另一个子网，而不消耗或产生数据包。与交换机不同，路由器根据全局路由报头（global route header，GRH）中包含的 IPv6 网络层地址来转发数据包。在将数据包发送到下一个子网中时，路由器会按照目标子网中合适的 LID 来修改数据包中的本地路由报头（local route header，LRH），重新组装每个数据包。

路由对终端来说并不是透明的，因为终端发包时必须指定路由器的 LID 和最终目标的 GID。

每一个子网都有独一无二的子网 ID，称为子网前缀。子网管理员会把这个子网前缀赋值给这个子网中所有的端口（包含在端口的 PortInfo 属性中）。这个子网前缀和端口的 GUID 结合，就成了端口的 GID。端口也可以有其他的 GID。

从路由器的角度看，GID 中的子网前缀部分就代表了穿过路由器的路径。路由器依据数据包的目的 GID 和转发表来决定把数据包转发到哪个或哪些端口。

RoCE 类型的网络中使用的是以太网路由器。

13.5 LID 和 GID

从功能上看，LID（local identifier）和 GID（globally identifier）的概念类似于"以太网和 IP 网"中的 MAC 和 IP，分别用于子网内的目标寻址和子网间的目标寻址。

根据 InfiniBand 协议，两台设备间建立连接时，需要知道对方的 QP 号和端口，其中对端口的识别根据 LID 和 GID（后者可选）进行。

13.5.1 LID

InfiniBand 定义的 LID 是一个 16 位的标识符。LID 有以下特征。

- 由子网管理员分配，子网内唯一，不可用于子网间路由。
- LID 作为一种网络地址，分为预留、单播和多播地址段。
- 数据包中的本地路由报头（local route header，LRH）中包含了 LID。
- 源 LID 指的是第一个将数据包插入子网的终端端口的 LID。
- 一个单播型的目的 LID 适用于某一个目的终端端口。一个多播型的目的 LID 适用于一个子网中某个多播组里的一系列目的终端端口。
- 如果最终的目的端口不在这个子网内，数据包中的目的 LID 指向的是，负责转发这个数据包到下一跳的路由器的某个端口。
- 一个终端端口在连接到子网后，收到的数据包可能经过了子网内的多条物理路径。例如，图 13-9 中交换机之间相同类型的连线表示一条可能的路径，这样的路径共有 4 条。每条路径可以被一个或多个物理 LID 标识。为了降低 HCA 的多路径操作的复杂度，每个物理端口应分配一个基本 LID 和一个 LMC。LMC 是一个 3 位的域，代表 2^{LMC} 条路径。图 13-9 中，HCA A 和 HCA C 之间存在多条路径。如果 HCA A 被分配了基本 LID 4，LMC =2，则其 LID 的范围是 4、5、6、7。如果 HCA C 被分配了基本 LID 8，LMC=2，则其 LID 的范围就是 8、9、10、11。
- LID 的分配规则：LID 0x0000 无效；LID 0xFFFF 分配给接收数据包的终端端口的 QP0；0x0001 和 0xBFFF 之间为单播 LID；0xC000 和 0xFFFE 之间为多播 LID。

对于 RoCE 类型的网络，LID 无效，所有端口的 LID 都为 0x0000。

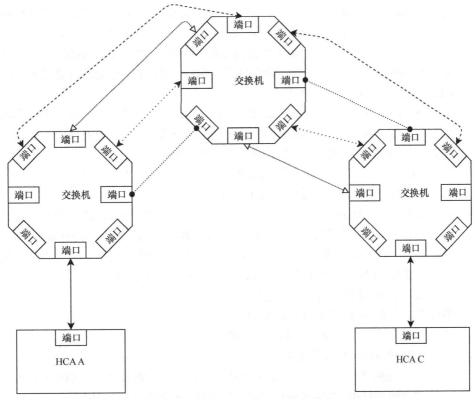

图 13-9　数据包在一个子网中的多条路径选择

13.5.2　GID

GID 是一种 128 位的单播或多播标识符，用于标识端口或多播组。

GUID（globally unique identifier）是全局唯一的 EUI-64 标识符，共 64 位。其中的 24 位表示厂商 ID，另外 40 位是扩展标识符，由生产设备的厂商来分配。

GID 有以下特征。

- 每个终端端口必须被分配至少一个单播 GID。第一个单播 GID 在创建时必须使用厂商分配的 EUI-64 标识符。此 GID 称为 0 号 GID，创建规则见下面的规则 1 和规则 2。
- 默认的 GID 前缀为 0xFE80::0，共 64 位。使用默认 GID 前缀和厂商/子网管理器分配的 EUI-64 可以组成 128 位的 GID，使用这种 GID 封装的数据包必须被终端接纳。一个数据包的全局路由报头（GRH）中如果有这种前缀的目的 GID，则路由器不能将其转发，也就是必须限制在本地子网内处理。
- 一个子网 GID 必须使用下列一个或多个规则来创建。
  - ➢ 规则 1。把默认 GID 前缀和厂商给终端端口分配的 EUI-64 标识符连接起来。这个 GID 就是默认的 GID。
  - ➢ 规则 2。把子网管理器分配的 64 位的 GID 前缀和厂商给终端端口分配的 EUI-64 标识符连接起来。
  - ➢ 规则 3。子网管理器分配的 GID。子网管理器把默认或者分配的 GID 前缀和一组本地分配的 EUI-64 值连接起来。这种 GID 称为 1 号或更大号码的 GID。

每个终端端口必须用规则 1 分配至少一个单播 GID。其他 GID 可用规则 2 或规则 3 分配。注意，一个子网在某个时间点只能有一个分配的（非默认的）GID 前缀。

- 通道适配器、交换机或路由器上的任何 QP，都可以用默认 GID 前缀加上为这个 QP 分配的 GID 来寻址。这使得一个子网可以在不中断已有通信会话的情况下，从默认 GID 前缀状态转换为托管状态。

- 每个终端端口可以支持的单播 GID 的最大数量（N）取决于具体实现。子网管理器可以分配 N–1 个额外的单播 GID，这 N–1 个 GID 中的每一个都是通过将一个子网管理器分配的 EUI-64 标识符与 GID 前缀连接起来创建的。

- 单播 GID 地址 0:0:0:0:0:0:0:0 是保留的，称为保留 GID。不得将其分配给任何终端端口，也不得将其用作目的地址或用在 GRH 中。

- 单播 GID 地址 0:0:0:0:0:0:0:1 称为环回 GID，仅由原始（raw）IPv6 服务使用，不由 InfiniBand 传输服务使用。不得将其分配到终端端口或出现在任何 InfiniBand 数据包中。

- 单播 GID 子网前缀应限于 GID 地址空间的高 64 位。子网前缀的位的数量可能会进一步受到填充（filler）和作用域（scope）位的限制，见下文分析。

- 单播 GID 的低 64 位不能进一步划分子网。

- 单播 GID 的低 64 位在子网中是唯一的。

- GRH 中应包含有效的源 GID 和目的 GID。

- 单播 GID 的范围包括以下类型。

  ➢ 本地链路型（link-local）。这种单播 GID 使用默认的 GID 前缀（0xFE80::0），只在子网内使用。如果数据包中有此类 GID，无论是作为源 GID 还是目的 GID，路由器都不能把数据包转发到子网外。本地链路型 GID 的格式如图 13-10（a）所示。

  ➢ 本地区域型（site-local）。这种单播 GID 在一组子网（比如一个数据中心的多个子网）组成的区域内是唯一的，但不一定是全局唯一。路由器不能把带有这种源 GID 或目的 GID 的数据包转发到区域外。本地区域型 GID 的格式如图 13-10（b）所示。

  ➢ 全局唯一型（global）。这种单播 GID 是带有全局前缀的，即路由器可以使用此 GID 在整个企业网或互联网上路由数据包。全局唯一型 GID 的格式如图 13-10（c）所示。

（a）本地链路型GID

（b）本地区域型GID

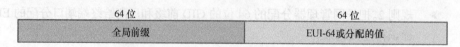

（c）全局唯一型GID

图 13-10　单播 GID 的类型及格式

- 多播 GID（MGID）用于识别多播组。多播组中的所有成员，除了具有相同的 MGID，还必须共享相同的 P_key 和 Q_key。

- 多播 GID 的格式如图 13-11 所示。

8 位	4 位	4 位	112 位
11111111	Flag	Scope	

图 13-11　多播 GID 的格式

> 起始的 11111111 表示这是多播 GID。

> 标记（Flag）字段有 4 个 1 位的标记，格式为 000T，目前保留前 3 个标记，并定为 0。如果 T 为 0，表示这是一个永久分配的（即众所周知的）多播 GID；如果 T 为 1，表示这是一个非永久分配（即暂时）的多播 GID。

> Scope（作用域）字段也有 4 位，用于限制多播组的作用域。如果 Scope 字段的值为 2，表示此多播 GID 仅限在子网内使用；如果 Scope 字段的值为 5，表示此多播 GID 仅限在由几个子网组成的一个区域中使用；如果 Scope 字段的值为 8，表示此多播 GID 可以在一个本地组织中使用；如果 Scope 字段的值为 0xE，表示此多播 GID 可以全局使用。

- 一个终端端口可以加入 0、1 或多个多播组，也就是说，一个终端端口可以被分配 0、1 或多个多播 GID。

- 多播 GID 不能作为源 GID 出现在全局路由报头中。

- 多播 GID FF02:0:0:0:0:0:0:1 是一个本地链路型的多播 GID，路由器不能把以这种 GID 为目的 GID 的数据包转发到子网外。此 GID 在作为 GRH 内的目的地址时，被用来与参与所有通道适配器多播组的一组 QP 通信。所有通道适配器多播组包括希望参与该多播组的所有通道适配器，和增强型交换机的 0 号端口。所有通道适配器多播组用于向能够参与多播操作的所有通道适配器（必须共享相同的 MGID、P_key 和 Q_key）实现广播服务。

## 第 14 章

RDMA 软件架构

RDMA 的软件架构按层次可分成两部分，即 rdma-core 和内核 RDMA 子系统，分别运行在 Linux 系统中的用户态和内核态。整个软件架构适用于所有类型的 RDMA 网卡，不管网卡执行了哪种 RDMA 协议（InfiniBand/RoCE/ iWARP）。

接下来先分别介绍这两个部分，再整合起来看看它们在整个系统中的位置和作用。

14.1 rdma-core

rdma-core 是开源的 RDMA 用户态软件包，包含了各种子功能动态库、不同厂商网卡的用户态驱动程序、API 帮助手册以及测试工具等，并提供 Verbs API 给应用程序调用。

rdma-core 的代码可在 GitHub 网站获取，其链接网址为 https://github.com/linux-rdma/rdma-core。其代码根目录中有以下内容。

```
rdma-core$ tree -L 1
.
├── buildlib
├── build.sh
├── ccan
├── CMakeLists.txt
├── COPYING.BSD_FB
├── COPYING.BSD_MIT
├── COPYING.GPL2
├── COPYING.md
├── debian
├── Documentation
├── ibacm
├── infiniband-diags
├── iwpmd
├── kernel-boot
├── kernel-headers
├── libibmad
├── libibnetdisc
├── libibumad
├── libibverbs
├── librdmacm
├── MAINTAINERS
├── providers
├── pyverbs
├── rdma-ndd
├── README.md
├── redhat
├── srp_daemon
├── suse
├── tests
└── util
```

从中可以看到几个重要的功能模块，分别对应一个子目录。它们的内容如表 14-1 所示。

表 14-1   rdma-core 中几个子目录的内容

子目录	内容
libibmad	以 API 的形式为 InfiniBand 诊断和管理程序提供底层功能，包含管理数据报（management datagram，MAD）、子网管理（subnet administration，SA）、子网管理数据包（subnet management packet，SMP）和其他基本的 InfiniBand 功能。它在 libibumad 的基础上实现
libibumad	提供 InfiniBand 的用户空间管理数据报（userspace management datagram，uMAD）功能，与内核中的 MAD 模块配合工作；用于 InfiniBand 诊断和管理工具（包括 OpenSM）
libibverbs	Verbs 函数库，提供 Verbs API 给应用程序，实现最基本的 RDMA 功能，比如创建 QP、发起 RDMA Write 操作等（Verbs 是一个抽象的概念，可以把它想象成 HCA 向主机提供的基本功能接口）
librdmacm	RDMA 通信管理器（communication manager，CM）库，提供类似套接字的功能
providers	各 RDMA 网卡厂商提供的用户态驱动程序

在表 14-1 列出的功能模块中，libibverbs 和 providers 是最基础的，也是本书关注的重点。

RDMA 内核驱动程序对应的用户空间组件，也就是用户态驱动程序，包含在 providers 目录下。其支持的内核态 RDMA 驱动程序包括 efa.ko、iw_cxgb4.ko、hfi1.ko、hns-roce-hw-v1.ko、hns-roce-hw-v2.ko、ib_qib.ko、mlx4_ib.ko、mlx5_ib.ko、ib_mthca.ko、ocrdma.ko、qedr.ko、rdma_rxe.ko、siw.ko、vmw_pvrdma.ko。

14.2 内核 RDMA 子系统

内核 RDMA 子系统指的是开源的 Linux 内核代码中和 RDMA 有关的子系统，包含 RDMA 内核框架及各厂商的 RDMA 网卡驱动程序。内核 RDMA 子系统是 Linux 内核的一部分，随 Linux 内核的代码进行维护。其一方面提供内核态的 Verbs API 给其他内核模块使用，另一方面对接用户态的 Verbs API。

内核 RDMA 子系统在操作系统中生成了如下 3 个设备文件，供用户态的程序访问。rdma-core 中包含了访问这三个文件的用户态库，所以应用程序一般不直接访问它们。

- /dev/infiniband/uverbsX（libibverbs）
- /dev/infiniband/rdma_cm（librdmacm）
- /dev/infiniband/umadX（libibumad）

内核 RDMA 子系统的代码位于 Linux 内核的 drivers/infiniband 目录下。虽然目录名为 infiniband，但实际为所有的 RDMA 网络协议共用。

```
linux-5.8.1/drivers/infiniband$ tree -L 1
.
├── core
├── hw
├── Kconfig
```

```
├── Makefile
├── sw
└── ulp
```

core 目录是内核 RDMA 子系统的核心，起到整合整个子系统和支撑用户态组件的作用。其提供的 Verbs 中间层，向上对接用户态的 Verbs API，向下对接内核态的设备驱动程序。core 目录下有多个驱动程序的代码，这些驱动程序有 ib_cm.ko、ib_core.ko、ib_umad.ko、ib_uverbs.ko、iw_cm.ko、rdma_cm.ko、rdma_ucm.ko。其中会生成设备文件/dev/infiniband/uverbsX 的驱动程序为 ib_uverbs.ko。

sw（software）目录下包含了几个具有特殊功能的软件模块，比如 sw/rxe 提供了 Soft-RoCE 功能。Soft-RoCE 是 RoCE 协议的软件实现版本，用于在普通以太网卡上搭建虚拟的 RDMA 操作环境。

hw（hardware）目录下是各网卡厂商为自己的 RDMA 网卡提供的内核态驱动程序。

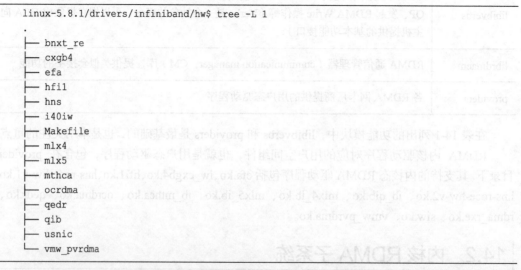

```
linux-5.8.1/drivers/infiniband/hw$ tree -L 1
.
├── bnxt_re
├── cxgb4
├── efa
├── hfi1
├── hns
├── i40iw
├── Makefile
├── mlx4
├── mlx5
├── mthca
├── ocrdma
├── qedr
├── qib
├── usnic
└── vmw_pvrdma
```

其中 mlx4 和 mlx5 目录下包含的是 Mellanox 为其各系列 RDMA 网卡提供的驱动程序。目录 hns 下包含的是华为海思生产的 RDMA 网卡的内核态驱动程序代码。

本书后文中在分析具体的 RDMA 实现方案时，使用的大都是海思的 RDMA 网卡驱动程序代码（原因是其代码比较简洁清晰，容易理解），简称为 HNS 驱动程序，其分为内核态驱动程序和用户态驱动程序两部分，前者位于内核中的 drivers/infiniband/hw/hns 目录，后者位于 rdma-core 中的 providers/hns 目录。

海思的 RDMA 网卡属于 RoCE 类型。凡是 RoCE 类型的 RDMA 网卡，都可以同时支持以太网模式和 RDMA 模式，也就意味着其在 Linux 内核中有两份驱动程序，即以太网卡驱动程序和 RDMA 网卡驱动程序，并且这两份驱动程序是协同工作的。海思的 RDMA 网卡也是如此，其以太网驱动程序的代码位于内核中的 drivers/net/ethernet/hisilicon 目录，和 drivers/infiniband/hw/hns 目录中的 RDMA 网卡驱动程序有比较紧密的联系。以获取寄存器基地址为例，海思的 RoCE 网卡的寄存器基地址，是在先加载的以太网卡驱动程序中通过调用系统函数 pcim_iomap 获取的（代码位于 drivers/net/ethernet/hisilicon/hns3/hns3pf/hclge_main.c 文件），后加载的 RDMA 网卡驱动程序在其初始化过程中直接从以太网卡驱动程序中获取寄存器基地址（代码位于 drivers/infiniband/hw/hns/hns_roce_hw_v2.c 文件）。

14.3　RDMA 软件架构总览

图 14-1 展示了一个比较完整（没有包含通信管理功能）的 RDMA 软件架构。其中浅灰色的方框部分（即用户态驱动和内核态驱动）是在为一个新开发的 RDMA 网卡写一套驱动程序时所必须实现的部分。也是本书后文重点关注的领域。

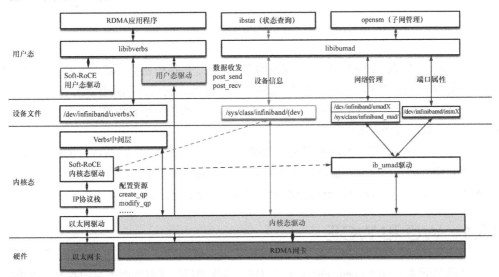

图 14-1　一个相对完整的 RDMA 软件架构

图 14-1 中的内容比较多，包含了设备状态查询、子网管理等。不过本书 RDMA 部分的主要内容是描述 RDMA 系统的各主要元素的初始化配置和收发包流程，所以我们把图 14-1 做一下简化，去掉设备状态查询、子网管理等内容，也去掉 Soft-RoCE，就可以得到图 14-2，从中可以比较清楚地看到前文描述的 rdma-core 和内核 RDMA 子系统在整个 RDMA 软件架构中的位置。

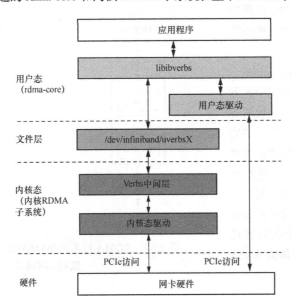

图 14-2　简化版的 RDMA 软件架构

## 第 15 章

RDMA 基本元素

如果想要完全理解 RDMA 软件和硬件的工作流程，包括初始化和数据收发处理，就要先了解一个计算机系统有哪些 RDMA 相关的组件和资源，它们分别起什么作用。本章介绍 RDMA 的基本元素，后续章节会陆续介绍 RDMA 的基本操作类型和传输服务类型，为进一步描述具体的软硬件实现方案做准备。

根据 InfiniBand 协议，RDMA 的实现依赖于几个基本元素，比如 WQE、QP 和 CQ 等，它们并不是孤立的，而是通过彼此协作来完成数据收发的任务。它们的作用基本可以对应到以太网方案（比如 Corundum）中的描述符、收发队列和完成队列。

15.1 WQ 和 WQE

工作队列元素（work queue element，WQE）的作用类似于以太网方案中收发队列里的描述符。可以认为 WQE 是一种"任务书"，这种任务是软件下发给硬件的，任务书中包含了软件希望硬件去做的任务类型（远程读、远程写、发送还是接收等）以及有关这个任务的详细信息（数据所在的内存地址、数据长度和访问密钥等）。例如，某一份任务书是这样的：请把以 0x20000000 为起始地址的长度 1MB 的数据发送给对端已建立连接的节点，硬件接到任务之后，就会通过 DMA 操作去主机内存中读取数据，按照协议封装数据包，然后通过物理链路发送出去。

工作队列（work queue，WQ）类似于以太网方案中的发送/接收队列，就是用来存放所有"任务书"的"公文包"。WQ 里面可以容纳很多 WQE，这些 WQE 在 WQ 中以先进先出（FIFO）队列的形式存在。图 15-1 展示了 WQ 和 WQE 的关系以及它们和以太网方案中队列和描述符（descriptor，简称为 desc）功能的比较。

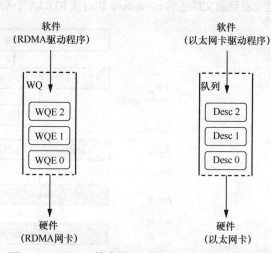

图 15-1　RDMA 技术的 WQ&WQE 与以太网技术的队列&描述符

注：

在实际中，WQ 和以太网方案中的队列类似，也是按照环形队列的形式进行管理的。

对于 WQ 这个队列，总是由软件向其中添加 WQE（即入列），硬件从中取出 WQE（即出列），从而完成软件给硬件下发任务的过程。这种方式保证了软件的请求会按照顺序被硬件处理。在 RDMA 技术中，所有的通信请求（无论是读写还是收发）都要按照这种方式告知硬件，这种方式被称为 Post。Post 包含 Post Send 和 Post Receive，其中 Post Send 支持 RDMA Write、RDMA Read、Send 等更具体的操作，Post Receive 则只支持 Receive。

15.2 QP 和 QPN

RDMA 提供了基于消息队列的点对点通信方式，每个应用程序都可以直接获取自己的消息，无须操作系统和软件协议栈的介入。消息服务建立在通信双方（即本机应用程序和远端应用程序）之间创建的连接通道之上。当应用程序需要通信时，就会和对端应用程序合作，一起创建一条连接通道，每条连接通道的两个端点是一对 Queue Pair。Queue Pair 简称 QP，就是一对 WQ 的意思。大部分通信都有发送和接收两个方向，需要发送队列和接收队列两种队列。QP 就是一个发送工作队列和一个接收工作队列的组合，这两个队列分别称为 SQ（send queue）和 RQ（receive queue）。 SQ 和 RQ 都是 WQ。

SQ 专门用来存放发送任务书（比如操作码为 RDMA Write、RDMA Read、Send 等的 WQE），RQ 专门用来存放接收任务书（操作码为 Receive 的 WQE）。在一次发送和接收的流程中，发送端的软件需要把表示一次发送任务的 WQE 放到 SQ 里面（这种操作称为 Post Send）。同样地，接收端的软件需要把表示一次接收任务的 WQE 放到 RQ 里面（这种操作称为 Post Receive），这样硬件才知道接收到数据之后保存到内存中的哪个位置。不过，如果是 RDMA Write 或者 RDMA Read 类型的任务，则只会用到 SQ，不会使用 RQ。

图 15-2 所示为已经建立好连接通道的两台机器，左边的机器 1 正在做 Post Send，右边的机器 2 正在做 Post Receive。

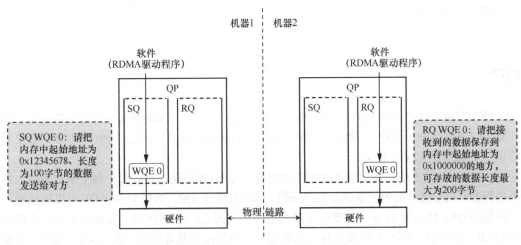

图 15-2　QP 的构成和基本工作原理

Post Send 操作对应了 Verbs API ibv_post_send。ibv_post_send 除了可以发起 Send 操作，还可以发起 RDMA Write 和 RDMA Read，各种操作的主要区别在于它们执行时向 WQE 中填写的 opcode，即操作码。在 rdma-core 的 libibverbs/verbs.h 文件中，定义了如下操作码。其中粗体部分对应了本节提到的几种 RDMA 操作：RDMA Write、RDMA Read 和 Send。

```
enum ibv_wr_opcode {
    IBV_WR_RDMA_WRITE,
    IBV_WR_RDMA_WRITE_WITH_IMM,
    IBV_WR_SEND,
    IBV_WR_SEND_WITH_IMM,
    IBV_WR_RDMA_READ,
    IBV_WR_ATOMIC_CMP_AND_SWP,
    IBV_WR_ATOMIC_FETCH_AND_ADD,
    IBV_WR_LOCAL_INV,
    IBV_WR_BIND_MW,
    IBV_WR_SEND_WITH_INV,
    IBV_WR_TSO,
    IBV_WR_DRIVER1,
};
```

小知识 **数据长度相关的错误事件**

如果接收端的 RQ 的 WQE 中填写的数据缓存长度小于发送端的 SQ 的 WQE 中填写的数据长度，也就是说接收端的数据缓存可能放不下对端发过来的数据，会出现什么情况呢？

接收端的硬件会填写一个 CQE 到 CQ 中（后文介绍），向软件报告发生了错误事件。根据 RDMA 编程手册——*RDMA Aware Networks Programming User Manual*，此错误事件的错误码为 IBV_WC_LOC_LEN_ERR，手册中对此解释为 "This event is generated when the receive buffer is smaller than the incoming send. It is generated on the receiver side of the connection."，即当接收缓存小于到来的数据长度时，接收端会产生此事件。

QPN

每个节点（比如一块 RDMA 网卡的一个网络接口）的每个 QP 都有一个唯一的编号，例如图 15-3 中的 QP 0、QP 2，被称为 QPN（query pair number），通过 QPN 可以唯一确定和标识一个 RDMA 节点上的 QP。

在 RDMA 技术中，通信的基本主体或对象是 QP，而不是节点。对于每个节点来说，每个进程都可以申请（由内核态驱动程序分配）和使用若干 QP，而每个本地 QP 可以连接到一个远端的 QP。比如图 15-3 中，节点 A 的进程 2 使用的 QP 2，连接到了节点 B 的进程 1 使用的 QP 0。我们用"节点 A 给节点 B 发送数据"并不足以完整地描述一次 RDMA 通信，而更准确的描述应该是类似于"节点 A 的 QP 2 给节点 B 的 QP 0 发送数据"。

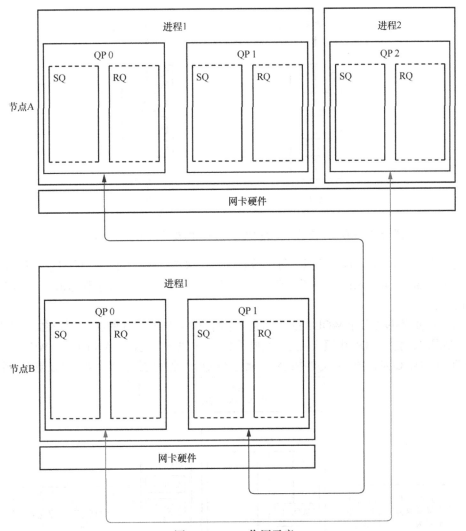

图 15-3   QPN 作用示意

15.3 CQ 和 CQN

　　CQ 的全称为 completion queue，意为完成队列。跟 WQ 中含有很多 WQE 类似，CQ 这种队列中也有很多元素，叫作 CQE（completion queue element，完成队列元素）。WQ 和 CQ 的关系类似于前文提到的 Corundum 以太网方案中发送/接收队列和完成队列的关系；而 WQE 和 CQE，分别对应发送/接收队列的描述符和完成队列的描述符。如果 WQE 是软件下发给硬件的任务书的话，那么 CQE 就是硬件完成任务之后返回给软件的任务完成报告。CQE 中描述了某个任务是被正确无误地完成了，还是遇到了错误。如果遇到了错误，那么错误的原因是什么；如果正确无误地执行了，那么完成的是哪个 QP 的哪个 WQE 中的任务。

　　CQ 作为装载 CQE 的容器，和 WQ 类似，也是一个先进先出的队列，在实际中也使用环形队列的方式进行管理。我们把表示 WQ 和 WQE 关系的图调换方向，就得到了 CQ 和 CQE 的关系图（见图 15-4）。

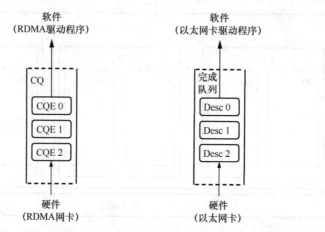

图 15-4　RDMA 技术的 CQ&CQE 与以太网技术的完成队列&描述符

　　与 QPN 用来标识 QP 类似，每个节点的每个 CQ 都有一个唯一的编号，称为 CQN（completion queue number，完成队列编号），通过 CQN 可以唯一确定和标识一个 RDMA 节点上的 CQ。

　　每个 CQE 都包含某个 WQE 的完成信息，它们的关系如图 15-5 所示。硬件在向软件报告任务完成情况时，会往 CQE 中填充信息：完成了哪个 QP 的 SQ 还是 RQ 中的哪个 WQE。而选择哪个 CQ 去填充 CQE，则是由 QP 中的对应属性（CQN）来决定的，多个 QP 可以使用一个 CQ。

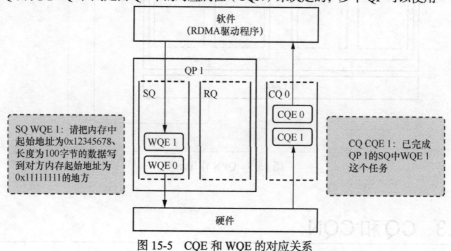

图 15-5　CQE 和 WQE 的对应关系

15.4　WR 和 WC

　　WR 的全称为 work request，意为工作请求。WC 的全称为 work completion，意为工作完成。这两者其实是 WQE 和 CQE 在用户层的映射，因为应用程序是通过调用 Verbs API 来完成 RDMA 通信的，WQE 和 CQE 本身对用户并不可见，它们是驱动程序中的概念。用户真正通过 API 下发的是 WR，收到的是 WC。具体到代码层面，WR 和 WC 的数据结构对于所有应用程序都是一样的，而 WQE 和 CQE 的数据结构却会随着硬件的不同而变化。

　　如图 15-6 所示，WR/WC 和 WQE/CQE 是相同的概念在不同层次的体现，它们都是任务书/任务完成报告。

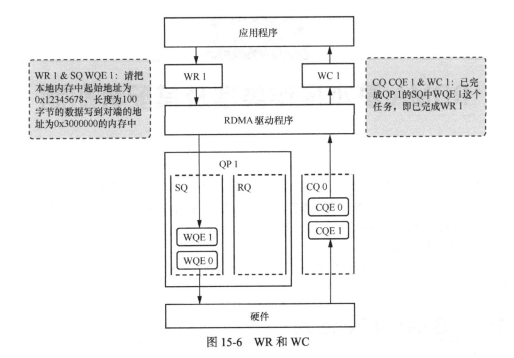

图 15-6　WR 和 WC

15.5　RDMA 基本元素总结

图 15-7 是 InfiniBand 协议文档中的一幅图，在此用它来总结前面介绍的几种 RDMA 基本元素。

应用程序在进行一次 RDMA 操作时，会先调用 Verbs API 发起 WR（work request，工作请求），WR 会被驱动程序转换成为 WQE 填写进 WQ（work queue，工作队列）中，WQ 可以是负责发送任务的 SQ，也可以是负责接收任务的 RQ。

随后硬件会从各个 WQ 中取出 WQE，并根据 WQE 中的任务说明进行数据收发。任务完成后，硬件会填写一个 CQE 到 CQ 中。然后驱动程序从 CQ 中取出 CQE，并转换成 WC 返回给应用程序。

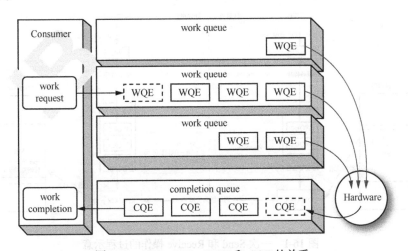

图 15-7　WR、WC、WQE 和 CQE 的关系

第 16 章

RDMA 基本操作类型及其配套机制

RDMA 基本操作类型，如果对应到内核协议栈方案中，就是应用程序调用套接字 API 执行的 Send、Receive 之类的数据收发操作。RDMA 也支持 Send 和 Receive，除此之外，它还支持其他一系列操作。本章将重点介绍 Send 和 Receive、RDMA Write、RDMA Read 三种基本的 RDMA 操作类型。

此外，本章还会介绍 MR 和 PD 机制，用来解决在实际的数据收发过程中遇到的获取物理地址、换页以及安全保障相关的问题。

16.1 Send 和 Receive

Send（发送）和 Receive（接收）是一种双端操作，因为完成一次通信过程需要两端 CPU 共同参与，并且接收端需要提前显式地下发 WQE 给硬件，否则硬件不知道如何处理接收到的数据（比如应该把数据保存到内存中的哪个地方）。

图 16-1 是一次 Send 和 Receive 操作的过程示意，图中有两台计算机，左边的计算机 1 是发送端，右边的计算机 2 是接收端。发送端应用程序通过调用 Verbs API ibv_post_send，通知驱动程序向 SQ 中添加一个 WQE，给硬件下达发送任务，WQE 中包含了此次待发送的数据所在的本地内存地址 0x12340000、数据长度 100 和操作码 Send。在此之前，接收端应用程序已经调用 Verbs API ibv_post_recv，通知驱动程序向 RQ 中添加一个 WQE，告知硬件将接收到的数据保存到起始地址为 0x11110000、长度为 100 的本地数据缓存中。发送端每次发送数据时，接收端都要提前准备好接收数据的缓存。发送端并不知道发送的数据会被保存到接收端哪段缓存。

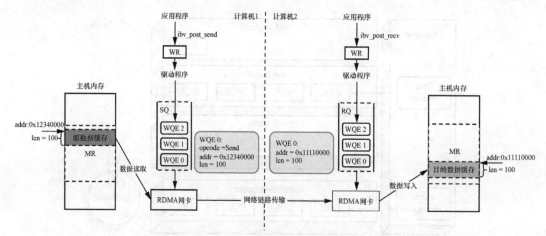

图 16-1　一次 Send 和 Receive 操作的过程示意

注：

发送端和接收端都需要轮询到 CQE 后，才能知道自己之前发起的操作是否完成。

16.2　RDMA Write

RDMA Write 操作是一种由本地软件发起的主动写入远端内存的行为。在发起 RDMA Write 操作前，需要先做好一定的准备，比如两端的应用程序需要提前分配好缓存、注册 MR（后文介绍），并互相交换缓存地址和密钥等信息。在此之后，进行 RDMA Write 操作时，远端 CPU 不需要参与，也感知不到何时有数据写入以及何时写入完毕。所以 RDMA Write 是一种单端操作。

图 16-2 是一次 RDMA Write 操作的示意。图中有两台计算机，左边计算机 1 的应用程序调用 Verbs API ibv_post_send，让驱动程序向 SQ 中添加一个 WQE，通知硬件将本地地址为 0x12340000 的数据缓存中的长度为 100 字节的数据，写入右边计算机 2 的内存中，目的地址为 0x11110000。

计算机 1 的应用程序在准备阶段通过和计算机 2 的应用程序做信息交换，获取了对端的一个数据缓存的地址（0x11110000）和密钥（R_Key），相当于获得了一块远端内存的读写权限。拿到权限之后，计算机 1 的应用程序就可以像访问本地主机的内存一样直接对这一远端内存区域进行读写，这也是 RDMA，即远程直接存储器访问的内涵所在。

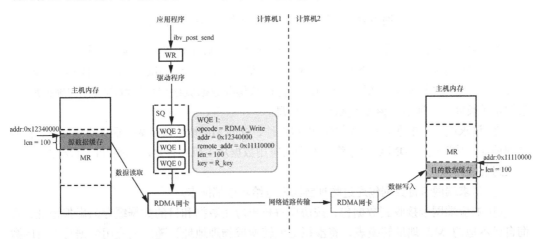

图 16-2　一次 RDMA Write 操作的示意

至于两端的应用程序如何获取对端的缓存地址和密钥，可以通过 Send 和 Receive 操作来完成，也可以通过套接字通信完成。对于本地应用程序来说，获取缓存地址和密钥的过程，是要由远端内存的实际控制者——CPU（运行的应用程序）配合的。虽然准备工作看起来比较复杂，但是一旦完成准备工作，RDMA 就可以发挥其优势，对大量数据进行读写。一旦远端的 CPU 把内存授权给本地应用程序使用，便不再参与数据收发的过程，从而解放了远端 CPU，也降低了通信的时延。

需要注意的是，本地应用程序是通过虚拟地址来读写远端内存的；实际操作过程中，虚拟地址到物理地址的转换由两端的 RDMA 网卡完成。具体如何转换，将在后面的章节介绍。

一次 RDMA Write 的实际工作流程描述

在实际应用中，进行一次 RDMA Write 时，仅发起操作是不够的，还需要确认操作是否完成。接下来，忽略准备阶段交换缓存地址和密钥的过程，描述一次 RDMA Write 操作的实际工作流程，如图 16-3 所示。在此不再称"发送端"和"接收端"，而是改为"请求端"和"响应端"，这种称呼对于描述 RDMA Write 和 RDMA Read 等单端操作更恰当一些，也不容易产生歧义。

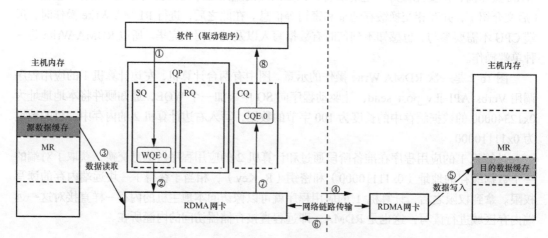

图 16-3　一次 RDMA Write 操作的实际工作流程

对应图 16-3 中的编号，一次 RDMA Write 操作的实际工作流程包括以下步骤。

① 请求端软件向 SQ 中添加一个 WQE，下发一个 RDMA Write 任务给 RDMA 网卡。

② 请求端网卡从 SQ 中取出 WQE 并解析，获得源数据缓存和目的数据缓存的虚拟地址、数据量（长度）、远端密钥（R_Key）等信息。

③ 请求端网卡根据源数据缓存的虚拟地址，查询 MR 地址转换表（后文有解释），得到物理地址，然后通过 DMA 操作将待发送的应用数据从主机内存复制到硬件内部缓存，并按协议封装数据包。

④ 请求端网卡将数据包通过物理链路发送给响应端网卡。

⑤ 响应端网卡接收到数据包，按协议解析出应用数据和目的数据缓存的虚拟地址，查询自己本地的 MR 地址转换表，将虚拟地址转换成物理地址，随后把应用数据写入目的数据缓存。

⑥ 响应端网卡回复 ACK 报文给请求端网卡。

⑦ 请求端网卡收到 ACK 后，添加一个 CQE 到 CQ 中。

⑧ 请求端软件（通过轮询得到 CQE）取得任务完成信息。

16.3　RDMA Read

RDMA Read 也是一种单端操作，其在工作机制和流程方面和 RDMA Write 非常相似。两者最主要的差别是，软件向 WQE 中填写的操作码不同，从而导致相反的数据传输方向。

图 16-4 是一次 RDMA Read 操作的示意。图中有两台计算机，计算机 1 的应用程序调用

Verbs API ibv_post_send，让驱动程序向 SQ 中添加一个 WQE，通知硬件从计算机 2 的内存地址为 0x11110000 的缓存中，读取长度为 100 字节的数据，并将数据写入本地内存中地址为 0x12340000 的数据缓存。

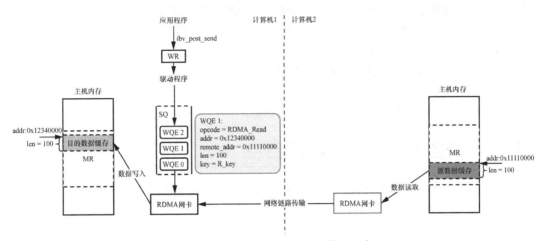

图 16-4　一次 RDMA Read 操作的示意

RDMA Read 跟 RDMA Write 是相反的过程，是本地应用程序主动读取远端内存的行为。同 RDMA Write 一样，除了准备阶段，远端 CPU 不需要参与，也感知不到数据被从内存中读取的过程。获取远端密钥和缓存的虚拟地址的流程也跟 RDMA Write 没有区别。需要注意的是，读取到的数据，是在对端回复的报文中携带来的。

一次 RDMA Read 的实际工作流程描述

下面描述一次 RDMA Read 的实际工作流程，如图 16-5 所示。图中左边为请求端，右边为响应端。对应图中的编号，一次 RDMA Read 包含如下主要工作步骤。

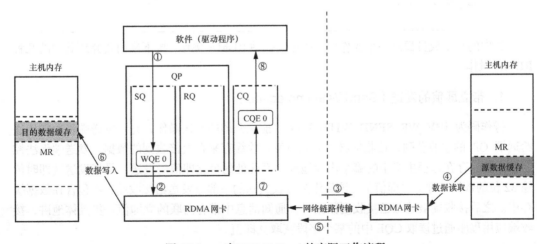

图 16-5　一次 RDMA Read 的实际工作流程

① 请求端软件向 SQ 中添加一个 WQE，下发一次 RDMA Read 任务给网卡。
② 请求端网卡从 SQ 中取出 WQE 并解析，获得对端源数据缓存和本地目的数据缓存的

虚拟地址、数据量（长度）、远端密钥（R_Key）等信息。

③ 请求端网卡将 RDMA Read 请求数据包通过物理链路发送给响应端网卡。

④ 响应端网卡收到数据包，解析出源数据缓存的虚拟地址，查询自己本地的 MR 地址转换表，转换成物理地址，并从此地址读取数据，复制到硬件内部缓存。

⑤ 响应端网卡将数据封装成回复数据包，发送到物理链路。

⑥ 请求端网卡收到数据包，解析并提取出数据后，查询自己的 MR 地址转换表，获得目的数据缓存的物理地址，将数据写入目的数据缓存。

⑦ 请求端网卡添加一个 CQE 到 CQ 中。

⑧ 请求端软件读取 CQE，获得任务完成信息。

16.4 其他 RDMA 操作类型

除了前文已经介绍的几个最常见的 RDMA 操作类型，还有什么其他类型的 RDMA 操作呢？每种 RDMA 操作类型都对应一个填写到 WQE 中的操作码，所以我们可以去代码中寻找答案。

在文件 rdma-core/libibverbs/verbs.h 中，定义了如下枚举类型。

```
enum ibv_wr_opcode {
    IBV_WR_RDMA_WRITE,
    IBV_WR_RDMA_WRITE_WITH_IMM,
    IBV_WR_SEND,
    IBV_WR_SEND_WITH_IMM,
    IBV_WR_RDMA_READ,
    IBV_WR_ATOMIC_CMP_AND_SWP,
    IBV_WR_ATOMIC_FETCH_AND_ADD,
    IBV_WR_LOCAL_INV,
    IBV_WR_BIND_MW,
    IBV_WR_SEND_WITH_INV,
    IBV_WR_TSO,
    IBV_WR_DRIVER1,
};
```

其中的每个成员都是一个操作码，并对应一种 RDMA 操作。接下来简要介绍其中的几种 RDMA 操作。

1. 带立即值的发送（Send With Immediate）

操作码为 IBV_WR_SEND_WITH_IMM。前文介绍的发送操作，允许发送端将数据传递给远端 QP 的接收队列，接收端必须事先下发接收缓存来存放接收到的数据，发送端无法控制数据将保存在远程主机中的哪个内存地址。而此处的带立即值的发送，是指发送端即时传输 32 位的数据（称为立即值）。该值作为接收通知的一部分发送给接收端，不包含在数据缓存中。之后接收端被通知已接收到数据时，通知消息中带有内联的立即值。更具体地讲，接收端应用程序通过读取 CQE 中的某个字段获取立即值。

2. 带立即值的 RDMA 写（RDMA Write With Immediate）

操作码为 IBV_WR_RDMA_WRITE_WITH_IMM。前文介绍的 RDMA Write 操作是在

不通知远端应用程序的情况下执行的。但是，带（32 位）立即值的 RDMA 写会将立即值通知远端应用程序，在此过程中还会消耗远程主机某个 RQ 中的一个 WQE。具体流程是这样的：远端应用程序先发起一次 Receive 操作，然后轮询 CQE；随后，本地应用程序发起带立即值的 RDMA 写，此立即值最终不会写入远端内存，而是作为 CQE 的一部分被远端应用程序获取。

3. 原子获取和加（Atomic Fetch and Add）/原子比较和交换（Atomic Compare and Swap）

操作码为 IBV_WR_ATOMIC_FETCH_AND_ADD 和 IBV_WR_ATOMIC_CMP_AND_SWP。两者都是 RDMA 操作的原子扩展。原子获取和加操作以原子方式将指定内存地址中的值增加指定的数值，并将加之前的数值返回给调用者。原子比较和交换以原子方式将某个内存地址中的数值与指定数值进行比较，如果它们相等，则另一个新值将被写入该内存地址。

小知识 **"原子比较和交换"有什么作用？**

原子比较和交换（CAS）是原子操作的一种，可用于在多线程编程中实现不被打断的数据交换操作，从而避免多线程同时写某一数据时由于执行顺序的不确定性以及中断的不可预知性产生的数据不一致问题。

该操作将某个内存中的值与指定数值进行比较，当两者相等时，将内存中的数值替换为另一个新的值。在具体应用中，通常会记录下某块内存中的旧值，在对旧值进行一系列的操作后得到新值，然后通过 CAS 操作将新值与旧值进行交换。如果这块内存中的值在此期间内未被修改过，则旧值会与内存中的数值相等，这时 CAS 操作将会成功执行，将内存中的数值修改为新值。如果内存中的值在此期间内被修改过，则一般来说旧值会与内存中的数值不相等，这时 CAS 操作将会失败，新值将不会被写入内存。

一个原子比较和交换操作的过程可以用以下 c 代码表示（只是描述概念，必须借助另外的机制实现原子性）：

```
int CAS(long *addr, long old, long new)
{
    /* 原子执行 */
    if(*addr != old)
        return 0;
    *addr = new;
    return 1;
}
```

16.5 RDMA 操作类型总结

如果忽略各种细节并进行抽象，RDMA Write 和 RDMA Read 就是在利用 RDMA 网卡进行图 16-6 左半部分的内存复制操作，只不过复制的过程是由 RDMA 网卡通过物理链路和计算机中的总线完成的。RDMA Write 是把本地内存中的数据复制到远端内存，RDMA Read 是把远端内存中的数据复制到本地内存。而一般的本地内存复制则如图 16-6 右半部分所示，由 CPU 通过计算机总线完成。

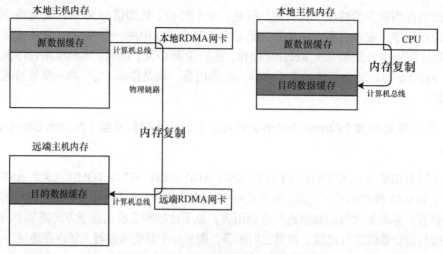

图 16-6   RDMA 内存复制对比本地内存复制

通过对比 Send 和 Receive 与 RDMA Write/RDMA Read，我们可以发现传输数据时不需要响应端 CPU 参与的 RDMA Write/RDMA Read 操作有更大的优势（比如降低了 CPU 负载、提高了数据传输效率）。但存在的问题是，请求端应用程序需要在准备阶段获得响应端的一段内存的读写权限，并知晓其地址信息，这看起来比较复杂和耗时。不过好在这个准备阶段一般只发生在程序的初始化过程中，和程序的总运行时长相比，这个准备阶段的时间消耗是可以忽略不计的，因为程序运行的绝大部分时间是在进行计算和数据传输。所以 RDMA Write 与 RDMA Read 是进行大量数据传输时首选的操作类型，Send 和 Receive 操作通常用来传递一些控制信息。

16.6   Memory Region

Memory Region（MR，内存区域）用来解决各种 RDMA 操作在实际执行的过程中遇到的几个问题。先回忆一下 RDMA Write 操作的场景。在图 16-2 中，计算机 1 的应用程序准备向计算机 2 的内存中写入一段数据，于是通知驱动程序给本地的 RDMA 网卡下发了一个任务，即添加了一个 WQE 到 SQ 中。WQE 中包含了源数据缓存的地址、目的数据缓存的地址、数据长度等信息。网卡在解析 WQE 后，从源数据缓存读取数据，并将其和其他必要的信息一起封装成数据包发送到对端网卡。计算机 2 的网卡收到数据包后，解析出其中的数据、长度、目的数据缓存的地址等信息，最后把数据写到计算机 2 的内存中。

在实际执行上述的整个过程时，需要解决以下两个比较现实的问题。

- 应用程序提供的缓存地址，即通过驱动程序向 WQE 中写入的地址，是虚拟地址（virtual address），但网卡需要使用物理地址（physical address）才能通过总线访问主机内存。CPU 的 MMU 模块可以通过查询操作系统建立的系统页表得到物理地址，但 RDMA 网卡无法使用 MMU，也没有能力和权限访问系统页表。没有能力的原因是，系统页表是按照 MMU 能理解的格式建立的，而每种 CPU 体系结构的页表格式不完全相同；没有权限的原因是，页表是系统的核心功能，为了保障操作系统的安全，不能和外设共享。那么 RDMA 网卡如何才能获得缓存的物理地址呢？
- 假设网卡有能力获取缓存的物理地址，但如果应用程序恶意地（或因为 bug）指定了一个非法的虚拟地址，网卡就有可能被误导去读写其他应用程序的内存或系统关键位置的内存，更有甚者可能去访问其他设备的地址空间，如何防范这种隐患呢？

为了解决上述两个问题，InfiniBand 引入了 MR 机制。接下来介绍 MR 的基本概念以及如何利用 MR 解决上述问题。

> **注：**
>
> 为了区分操作系统建立的供 MMU 查询的页表，和 RDMA 驱动程序建立的供 RDMA 网卡查询的 MR 地址转换表，在本书 RDMA 部分中，把前者称为系统页表。

16.6.1 MR 的基本概念

根据 InfiniBand 标准中的定义，MR 是一个经过注册的、虚拟地址连续的、任意大小的内存区域，支持 RDMA 网卡进行本地内存访问和远端内存访问（后者可选）。

MR 在本质上是由程序在内存中申请的一段缓存，用于保存待收发的数据。不过按照标准，程序在申请到一段缓存后，还需要调用 RDMA 软件框架提供的 Verbs API ibv_reg_mr 注册这段缓存，这段缓存才能被称为 MR，然后 RDMA 网卡才能访问这段缓存。

如图 16-7 所示，MR 就是一段特殊的内存而已，一个系统中可以有很多 MR。

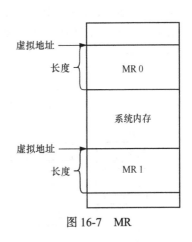

图 16-7 MR

16.6.2 MR 的作用之一

接下来介绍 MR 机制如何解决本节开头提到的第一个问题——RDMA 网卡如何获取数据缓存的物理地址，从而引出 MR 的第一个作用，即实现虚拟地址到物理地址的转换。

应用程序在运行时，各种内存访问指令中包含的是内存的虚拟地址。在通过驱动程序填写 WQE 时，也会直接把自己申请的本地数据缓存的虚拟地址（如果是 RDMA Write 或 RDMA Read 操作，还需要包含对端数据缓存的虚拟地址）传递给 RDMA 网卡。现代的 CPU 都使用 MMU 和系统页表进行虚拟地址到物理地址的转换。不过 RDMA 网卡是通过 PCIe 连接到 CPU 的，它无法使用 CPU 内部的 MMU，也没有权限使用系统页表，这就意味着它无法直接从系统获得数据缓存的虚拟地址所对应的物理地址。

在注册 MR 的过程中，内核中的 RDMA 网卡驱动程序会在主机内存中创建一个 MR 地址转换表，此表的功能和组织结构都与系统页表非常类似，硬件在需要的时候通过查询此表把虚拟地址转换成物理地址。

图 16-8 中包含了整个地址转换过程中所涉及的所有组件。假设左端的应用程序发起 RDMA Write 操作，准备向右端的数据缓存中写入数据，整个工作流程如下。

（1）两端应用程序都向本地操作系统申请一段内存作为数据缓存，左端应用程序会向缓存中写入应用数据。在这个过程中，两端的操作系统会建立系统页表，MMU 查询系统页表协助处理器访问数据缓存。

（2）两端应用程序为各自的数据缓存注册 MR，在这个过程中，两端 RDMA 网卡的内核态驱动程序会在各自的主机内存中建立 MR 地址转换表。

（3）左端软件下发一个 WQE 给本地 RDMA 网卡，WQE 中包含了本地数据缓存的虚拟地址和将要写入的对端（目的）数据缓存的虚拟地址。

（4）左端 RDMA 网卡通过查询本地 MR 地址转换表获得待发送数据所在的本地数据缓存的物理地址，然后通过 DMA 从主机内存将数据复制到网卡内部缓存，按照协议封装数据包并发送给对端。

（5）右端 RDMA 网卡收到数据包，按照协议从中解析出目的数据缓存的虚拟地址和数据。

（6）右端 RDMA 网卡查询本地内存中的 MR 地址转换表，从而获得本地（目的）数据缓存的物理地址，核对权限无误后，按照地址将数据写入主机内存。需要强调的是，对于右端来说，无论是地址转换还是将数据写入内存，其 CPU 都不用参与。

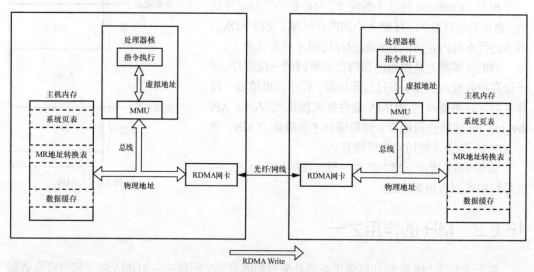

图 16-8　系统中和地址转换有关的组件

16.6.3　MR 的作用之二

接下来介绍 MR 机制如何解决本节开头提到的第二个问题——如何避免非法的内存访问，从而引出 MR 的第二个作用，即控制 HCA 访问内存的权限。

因为 RDMA 网卡访问的内存地址来自应用程序，如果应用程序传入了一个非法的地址（比如操作系统本身使用的内存、其他进程使用的内存或者某个设备的寄存器地址），那么 RDMA 网卡对其进行读写时可能造成信息泄露或者内存覆盖，甚至会进一步导致系统崩溃。所以需要一种机制来确保 RDMA 网卡只能访问已被授权的、安全的内存地址。

InfiniBand 标准规定，应用程序在申请数据缓存后，发起 RDMA 操作前，需要为数据缓存注册 MR。前文提到注册 MR 时驱动程序会创建一个 MR 地址转换表，但没提到的是这个过程中还会产生两个密钥——本地密钥 L_Key（Local Key）和远程密钥 R_Key（Remote Key）。说是密钥，其实它们的实体只是一个数字而已。它们将分别用于保障本地 RDMA 网卡对于本地内存区域和远端 RDMA 网卡对于本地内存区域的访问权限。图 16-9 和图 16-10

分别展示了 L_Key 和 R_Key 作用。

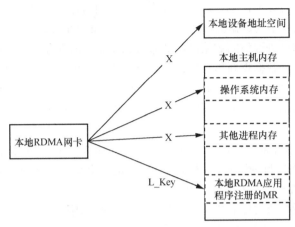

图 16-9　本地密钥 L_Key 的作用示意

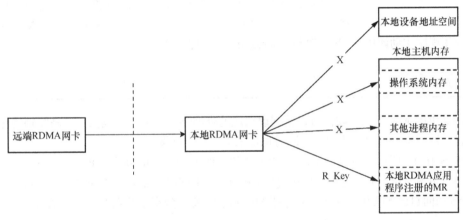

图 16-10　远程密钥 R_Key 的作用示意

　　本地应用程序如果想通过 RDMA Write 或 RDMA Read 等操作访问远端的内存区域,需要知道远端数据缓存的虚拟地址和对应的 R_Key,那么如何知道呢?两端的应用程序在进行 RDMA 通信之前,会通过某些方式先建立一条信息通路(比如套接字连接),并通过这条通路交换 RDMA 通信所必需的一些信息(比如对端的数据缓存的虚拟地址和长度、R_Key、QPN 等)。

　　在商业 RDMA 网卡方案中(比如 Mellanox 和 HNS),本地注册 MR 时产生的 R_Key 和 L_Key 被赋予了相等的值,不过这并不影响它们的作用,因为远端 RDMA 网卡对于本地内存区域的访问,最终还是由本地 RDMA 网卡来直接进行的,本地网卡只需要一个密钥就能够判断访问的发起端是否有权限访问某个 MR。不过这一点对于应用程序是透明的,如果本地应用程序想让对端的应用程序访问自己的 MR,就把自己 MR 的 R_Key 告知对端;相应地,在访问对端的 MR 时,需要把对端 MR 的 R_Key 填写到本地的 WQE 中。

16.6.4　MR 的作用之三

　　除了解决 16.6 节中提到的两个问题,在各种 RDMA 操作的实际执行过程中,MR 还会起到另外一个作用——避免换页。

计算机的物理内存是有限的,所以操作系统在遇到内存不足时,会通过换页机制暂时把某个进程未使用的内存中的数据搬移到硬盘上(比如 Linux 的 swap 分区),并在系统页表中删除相应的表项。当该进程访问数据已经被搬移到硬盘中的内存时,会触发缺页中断,随后操作系统会把硬盘中的数据重新移回内存中新分配的内存页,并在页表中添加表项,以保证内存页的虚拟地址不变。对于进程而言,此时数据所在的内存的虚拟地址没有变化,但物理地址很可能已经和原来不一样了。所以,这一过程很可能导致虚拟地址和物理地址的映射关系发生改变。

由于 RDMA 网卡经常会绕过 CPU 对用户提供的虚拟地址所指向的内存区域进行访问,如果虚拟地址和物理地址的映射关系发生改变,则前文提到的 MR 地址转换表的原有内容会失去意义,RDMA 网卡将无法找到正确的物理地址。

为了防止换页所导致的地址映射关系发生改变,在应用程序为缓存注册 MR 的过程中,运行在内核态的 RDMA 网卡驱动程序会调用 Linux 内核提供的 pin_user_pages_fast 函数,Pin 这块缓存(亦称锁页),即锁定缓存的虚拟地址和物理地址的映射关系。也就是说,MR 这块内存区域会长期存在于物理内存中,其数据不会被 swap 到硬盘,直到完成 RDMA 通信之后,应用程序主动调用 Verbs API ibv_dereg_mr 注销此 MR。

16.7 PD

前文讲的 MR 不仅让硬件可以根据虚拟地址查询物理地址,还提供了更高级别的保护,以防止意外和未经授权的访问,但同时也带来了一个新问题。

如图 16-11 所示,节点 A 的应用程序创建了两个 QP(QP 0 和 QP 1),并注册了两个 MR(MR 0 和 MR 1),它希望使用 QP 0 和节点 B 的 QP 5 建立连接并通信,并给予节点 B 的 QP 5 访问自己 MR 0 的权限(通过把 MR 0 的 R_Key 分享给节点 B 的应用程序)。

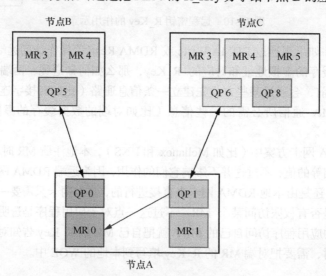

图 16-11　没有 PD 机制的场景

另外,节点 A 的应用程序还希望使用 QP 1 和节点 C 的 QP 6 建立连接并通信,并给予节点 C 的 QP 6 访问 MR 1 的权限(通过把 MR 1 的 R_Key 传给节点 C 的应用程序)。但如果节点 C 上的应用程序，通过猜测或不停地尝试，知道了节点 A 的 MR 0 的 R_Key（毕竟这只是个数字），那么理论上节点 C 就可以访问节点 A 的 MR 0 了。这是节点 A 和节点 B 的用户不愿意看到的，因为这可能导致信息泄露或数据篡改。

由于应用程序可能使用多个 QP，与多个不同的远端 QP 进行通信，但又不希望所有这些远端 QP 对自己注册的所有 MR 拥有相同的访问权限，因此 InfiniBand 标准提供了保护域（protection domain，PD）机制。

PD 机制允许应用程序配置哪些 QP 可以访问哪些 MR，并在实际执行过程中由硬件保证。以图 16-12 为例，节点 A 的应用程序先申请了两个 PD（PD 0 和 PD 1），在创建 QP 和注册 MR 时，把 QP 0 和 MR 0 分配到 PD 0，QP 1 和 MR 1 分配到 PD 1。RDMA 网卡会通过驱动程序得到这些绑定信息。此后，节点 A 的网卡就知道 QP 0 只能访问 MR 0，QP 1 只能访问 MR 1，也就是说 QP 1 是没有访问 MR 0 的权限的，即使密钥正确也不行。

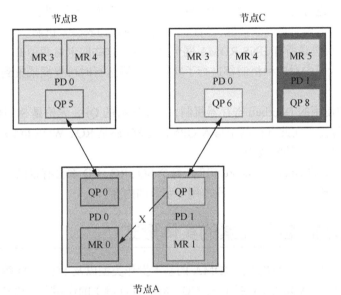

图 16-12　加入 PD 机制的场景

在实现此机制时，PD 的表现形式是一个数字，我们可以称之为 PD number（PDN）。一个 QP 的 QP Context（管理某个 QP 的数据结构）和一个 MR 的 MR Context（管理某个 MR 的数据结构）中都有一个字段（也称为域）存放了 PDN，如果两者的 PDN 相同，那么这个 QP 就可以访问这个 MR，否则硬件就会阻止访问并报错。

16.8　Doorbell 机制

Doorbell 是一种由软件发起、硬件接收的通知机制。软件可以通过 Doorbell 告知硬件：
- 开始做某事——比如软件在添加 WQE 后，通知硬件开始处理；
- 已完成了某事——比如软件在读取 CQE 后，通知硬件已取走了 CQE。

在具体的实现中，有两种 Doorbell 机制，分别是 Doorbell 寄存器和 Doorbell record。
- 使用 Doorbell 寄存器机制时，硬件提供一个寄存器，供软件读写。其优点是实现简单，软件直接读写寄存器地址就可以了。缺点是这种读写寄存器的行为需要抢占总线（比如 PCIe 总线），并且硬件需要立即响应总线对自己的访问，所以很可能会打断硬件正在进行的工作（比如硬件可能正在通过 DMA 读取主机内存中的数据），从而影响数据传输速率。

- Doorbell record 机制使用一段主机中的内存作为中介。软件和硬件都知道这段内存的地址，当然，软件知道的是虚拟地址，硬件知道的是物理地址。软件需要通知硬件时，直接写这段内存就可以了。硬件会在必要时读取这段内存。此机制的优点是，软件不会和硬件去争抢 PCIe 总线，不需要硬件马上做出响应，提高了硬件处理正在进行的事务的速度。缺点也很明显，硬件不会马上获得通知和做出响应，所以实时性比较差。

在实际方案中可根据需求选择这两种机制中的一种。以支持 RoCEv2 协议的 HNS RDMA 网卡为例。在发起 RDMA Write 等数据传输操作的场景中，当软件添加 WQE 后，通知硬件处理时，实时性比较重要，硬件处理得越早，整体数据传输的时延就越小，所以采用了 Doorbell 寄存器机制；而在轮询 CQE 的场景中，当软件轮询到 CQE，通知硬件已读取此 CQE 时，不影响硬件可能正在进行的数据传输更加重要，并且硬件即使马上收到了这个消息意义也不大，而只需要等硬件在需要时自己来读取，所以采用了 Doorbell record 机制。

HNS 驱动的代码是所有 HNS RDMA 网卡共享的，这些网卡对两种 Doorbell 机制的支持能力不同，所以代码中对两种机制都进行了实现，实际运行时可根据采集到的硬件能力进行选择。

HNS 方案中使用的 Doorbell 寄存器机制，对于所有的 QP，无论是 SQ 还是 RQ，都只有一个寄存器。软件需要向此寄存器中写入 QPN、是 SQ 还是 RQ、WQE Index 等信息，这些信息都被存放在一个 32 位的整数中。

对于 HNS 方案的 Doorbell record 机制，每个 SQ、RQ、CQ 都会有自己的 Doorbell record，软件会为每个 Doorbell record 分配一段占用 4 字节的内存。

16.9 RDMA 各种元素的实体形式

到此为止，本章已经介绍完了 RDMA 的基本操作类型以及 MR、PD 等配套机制，读者应该已经对各种 RDMA 元素（包括 QP、CQ、MR、PD 等）的作用有了比较深入的理解，是时候看看这些元素在具体方案中是怎么实现的了。所有的 RDMA 元素在代码中都以数据的形式体现、管理和使用，图 16-13 简单展示了这些元素对应的数据的存放位置以及它们之间的关系。在具体的实现中，我们一般把这些元素的实体称为控制对象。

图 16-13 是本书 RDMA 部分很重要的一幅图，是前文描述的 RDMA 理论基础和后文介绍的 RDMA 实现方案之间的纽带，起到承上启下的作用。在此列出其中的一些重要信息。

- 图中的每种元素在系统中都存在很多实体，这里只列出了其中的一个或几个。
- SQ buffer 和 RQ buffer 分别用于存放 SQ 和 RQ 各自的 WQE。
- QP Context（QPC），用来管理 QP，其中除了包含 SQ buffer 和 RQ buffer 的地址，还有很多其他信息，比如 WQE 个数、每个 WQE 占用内存的大小、QPN、CQN 和 PDN 等。
- QP Context 中的 CQN 表示硬件处理完此 QP 的 WQE 后，要向哪个 CQ 填写 CQE 来通知软件。
- SQ buffer 和 RQ buffer 中的每个 WQE 都有一个 lkey index 用来索引 MR。
- MR Context 用于管理 MR，其内部存放了 MTT（MR 地址转换表）的地址。
- MR 地址转换表中保存了某个 MR 的所有内存页的物理地址。

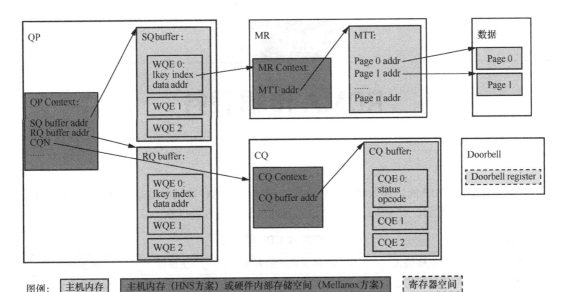

图 16-13　RDMA 基本元素的实体形式

- CQ Context（CQC）用于管理 CQ，其内部存放了 CQ buffer 的地址。
- CQ buffer 用于存放此 CQ 的所有 CQE。
- 每个 CQE 代表一次已完成的操作。
- Doorbell 寄存器用于触发 Send、Receive、RDMA Write、RDMA Read 等操作，软件在写这些寄存器前，已经把 QP Context、MR Context、CQ Context 等管理数据准备好了。
- 软件还会通过写 Doorbell 寄存器，向硬件确认某个 CQE 已经被读取。
- 软件在建立 QP、MR 和 CQ 时，会将它们的 Context 存放在主机内存中（HNS 方案）或直接写入硬件内部（Mellanox 方案）。但硬件在使用这些数据时，一般会将其预先复制到硬件内部缓存以加快访问速度。

第 17 章

RDMA 传输服务

在传统的 TCP/IP 网络体系结构的传输层，最典型的两种协议类型是 TCP 和 UDP。两者的区别如表 17-1 所示，对于应用程序来说这是两种传输服务的区别。

表 17-1   TCP 和 UDP 的区别

协议	连接模式	对系统资源的要求	正确性	数据包顺序
TCP	基于连接的流模式	多	保证数据正确性	保证数据包顺序
UDP	无连接的数据报模式	少	可能丢包	不保证

RDMA 也有自己的传输服务，并在 InfiniBand 体系结构的传输层实现，同时适用于 RoCEv1 和 RoCEv2。InfiniBand 传输层负责有序的数据包交付、分区（partitioning）、信道复用和传输服务（包括可靠连接、可靠数据报、不可靠连接、不可靠数据报、原始数据报等）。InfiniBand 传输层还处理数据发送时的事务数据分段，以及数据接收时的重新组装。发送端的 InfiniBand 传输层根据最大传输单元（MTU）将数据分为适当大小的数据包。接收端基于包含目的 QPN 和数据包序列号（PSN）的基本传输报头（base transport header，BTH）重新组装数据包。随后接收端确认收到数据包，发送端接收确认消息，并将操作状态更新到 CQ。InfiniBand 体系结构的传输层相比其他网络体系结构有显著的改进：所有功能都在硬件中实现。

在图 13-7 所示的 InfiniBand 协议分层模型中，传输层是和 QP 强相关的。QP 是 RDMA 的基本通信单元，在建立 QP 时，可以选择前文提到的几种传输服务，即可靠连接（reliable connection，RC）、可靠数据报（reliable datagram，RD）、不可靠连接（unreliable connection，UC）、不可靠数据报（unreliable datagram，UD）、原始数据报（raw datagram）。

不考虑原始数据报，从其他传输服务的名称可以看出，InfiniBand 体系结构通过可靠/不可靠和连接/数据报两个维度来描述一种传输服务类型。

17.1 传输服务维度一——可靠/不可靠

先介绍第一个维度可靠/不可靠。

可靠是指通过一些机制保证发送出去的数据包都能够被对方正确无误地接收，属于"我保证你能正确地收到"的"认真负责"的服务类型。

InfiniBand 体系结构标准是这样描述可靠服务的：

Reliable Service provides a guarantee that messages are delivered from a requester to a responder at most once, in order and without corruption. Key elements of the reliable service include a protection scheme to enable detection of corrupted data (CRC), an acknowledgment mechanism allowing the requester to ascertain that the message had been successfully delivered, a packet numbering mechanism to detect missing packets and to allow the requester to correlate responses with requests, and a timer to allow detection of dropped or missing acknowledgment messages.

上段英文的意思是可靠服务保证消息只从发送者向接收者传递一次，并且能够按照顺序完整无损地被接收。另外，这段描述中还提到，要实现可靠服务，必须有以下几个关键机制。

- 能够检测到受损数据的保护机制，比如循环冗余校验（CRC）。
- 使发送者能够确定消息已成功传递的确认机制（ACK）。
- 用于检测丢失的数据包并允许发送者将对端响应与发送请求关联的数据包序列号（packet sequence number，PSN）机制。
- 计时器，用于检测被丢弃（dropped）或丢失（missed）的确认消息。

需要注意的是，CRC 是在较低的协议层进行的，可能会导致数据包在到达传输层之前就被丢弃了。这些丢弃的数据包最终可能在传输层被检测为序列号错误。

与可靠服务相对的不可靠服务没有上述这些机制来保证数据包被正确有序地接收，属于"我只管发，不管你能不能收到"的"不可靠的"服务类型。不可靠服务有以下特点。

- 发送者不会收到消息被接收的确认。
- 不保证数据包的顺序。
- 接收者正常验证传入的数据包，包括验证报头字段以及做 CRC 检查。损坏的数据包可能会被默默丢弃，从而导致数据包所属的整个消息被丢弃。
- 在检测到传入数据包中的错误后，接收者不会停止，而是继续接收传入的数据包。
- 接收者认为，一旦以正确的顺序收到完整的消息，并且所有适当的有效性检查都已完成，则接收操作完成。
- 发送者认为，一旦最后或唯一的数据包提交到网络中，消息发送操作就完成了。

17.2 传输服务维度二——连接/数据报

InfiniBand 体系结构标准中有这样一段对连接的描述：

IBA supports both connection oriented and datagram service. For connected service, each QP is associated with exactly one remote consumer. In this case the QP context is configured with the identity of the remote consumer's queue pair. The remote consumer is identified by a port and a QP number. The port is identified by a local ID (LID) and optionally a Global ID (GID). During the communication establishment process, this and other information is exchanged between the two nodes.

上段英文的意思是 InfiniBand 支持面向连接的服务和数据报服务。对于面向连接的服务，每个 QP 只与一个远端消耗者（指最终会消耗掉数据包的节点上的 QP，比如有 HCA 或 TCA 的节点，不含路由器、交换机）关联，即建立连接。在这种情况下，QP Context（QPC）会使用远端节点的端口（port）和 QPN 进行配置。端口由 LID 和 GID 标识，后者可选。在建立通信的过程中，两个节点之间会互相交换端口和 QPN 以及其他信息。

像很多其他标准一样，这段描述尽管表达了非常准确的意思，但读起来非常拗口，让人难以理解。我们还是举例来解释。图 17-1 是面向连接的服务的示意。图中有三个网络节点，分别是节点 A、节点 B 和节点 C，每个节点上有一个端口，它们通过交换机连接起来组成一个 InfiniBand 子网。节点 A、B、C 的端口的 LID 分别为 0x0001、0x0002 和 0x0003。根据各自的 QP Context（其中包含对端 LID 和 QPN），节点 A 的 QP 0 和节点 B 的 QP 1 建立了连接，节点 A 的 QP 1 和节点 C 的 QP 0 建立了连接。这意味着软件往某个固定的 QP 下发的每个 WQE 的目的地都是唯一的，比如对于往节点 A 的 QP 0 的 SQ 中填写的 WQE，网卡在读取相关数据并封装数据包后，都会将数据包发往节点 B 的 QP 1。如果这是一次 Send 操作，节点 B 的网卡会根据下发到 QP 1 的 RQ 中的 WQE 来存放接收到的数据。如果这是一次 RDMA Write 操作，节点 B 的网卡会直接将数据写入目的缓存。节点 A 的 QP 1 和节点 C 的 QP 0 也存在这种连接关系。

如果想要更改这种连接关系，只需要修改 QP Context 中的对端 QPN 或 LID 就可以了。当然这需要两端协商后同时进行才有意义。

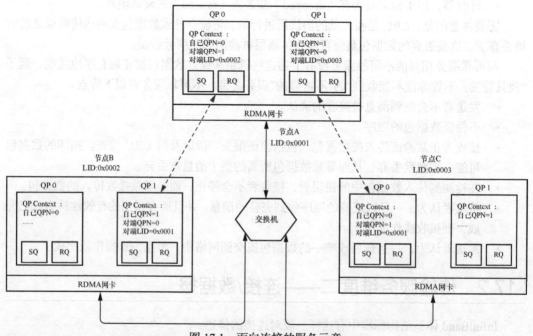

图 17-1　面向连接的服务示意

对于数据报服务，我们接着看 InfiniBand 标准中的描述：

For datagram service, a QP is not tied to a single remote consumer, but rather information in the WQE identifies the destination.

上段英文的意思是对于数据报服务，QP 不会绑定到单个远端消耗者（其他节点上的 QP），而是在 WQE 内的信息中标识目的地。图 17-2 是数据报服务的示意。图中的 QP 之间没有任何连接关系，也就是其 QP Context 中没有任何与对端某个 QP 相关的信息。数据要发送到哪里，取决于 WQE 的内容，软件下发给硬件的每个 WQE 都可能指向不同的目的地。例如，节点 A 的软件向 QP0 的 SQ 中添加了一个 WQE，这个 WQE 中包含了目的 LID=0x0003（表示节点 C 的端口）和目标 QPN=1 等信息，硬件就会将数据包发往节点 C 的 QP 1。如果在此之前节点 C 的软件已经向 QP 1 的 RQ 中添加了一个 WQE，标明了本地数据缓存的地址，则节点 C 的硬件就会将数据接收下来，然后写入此缓存。注意，图 17-2 中的虚线只表示一种虚拟的消息传递方向，实际的应用数据是从节点 A 的数据缓存被复制到节点 C 的数据缓存。

无论是面向连接的服务还是数据报服务，都需要应用程序提前在准备阶段通过某些方式（比如套接字）交换双方的 LID、QPN 等信息。不同的是在硬件配置或数据传输阶段，软件把这些信息写入 QP Context 还是 WQE。

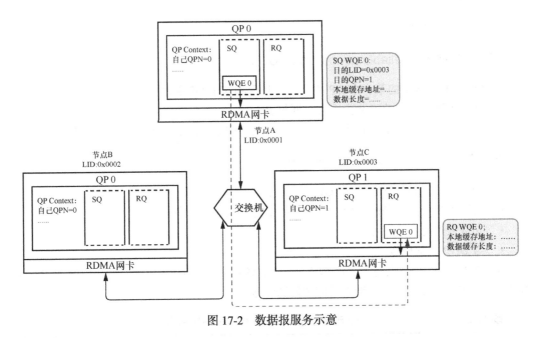

图 17-2 数据报服务示意

> **注：**
>
> 　　对于 InfiniBand 类型的子网，使用 LID 标识不同节点的不同端口，如图 17-1 和图 17-2 所示（图中每个节点都只有一个端口）；如果需要跨子网，即涉及路由，则使用（非默认）GID 标识所有端口。对于 RoCE 类型的子网，所有节点的端口的 LID 都为 0，使用 MAC 地址标识不同节点的不同端口；跨子网时使用（非默认）GID 标识所有端口。

17.3 传输服务类型

把前文介绍的两个传输服务维度两两组合后，可以得到表 17-2 中的 4 种传输服务类型。

表 17-2　　　　　　　　　　　　　4 种 RDMA 传输服务类型

传输服务维度	连接	数据报
可靠	可靠连接	可靠数据报
不可靠	不可靠连接	不可靠数据报

其中可靠数据报在现实中并不存在，下面介绍其他 3 种传输服务的特点，其中使用最多的是 RC 和 UD。

可靠连接（reliable connection，RC）

- QP 和其他端口的某一个 QP 关联（建立连接），并且仅和这个 QP 关联。
- 由一个 QP 的发送队列发送的消息会被可靠地传递到另一个 QP 的接收队列。
- 数据包按顺序递送。

- 与 TCP 非常相似。

不可靠连接（unreliable connection，UC）

- QP 和其他端口的某一个 QP 关联，并且仅和这个 QP 关联。
- 连接不可靠，因此可能会丢失数据包。
- 传输过程中不会重传有错误的消息，错误处理必须由更高级别的协议提供。

不可靠数据报（unreliable datagram，UD）

- QP 可以向任何其他 UD 型 QP 发送消息，或从任何其他 UD 型 QP 接收消息。
- 发送和接收都不保证成功，发送的数据包可能会被对端丢弃。
- 支持多播消息（一对多）。
- 与 UDP 非常相似。

表 17-3 展示了每种传输服务类型支持的 RDMA 操作，不考虑 RD。RC 支持所有 RDMA 操作类型，UD 仅支持发送、带立即值的发送和接收。

表 17-3　　　　　　　　　各种传输服务类型支持的 RDMA 操作

RDMA 操作	UD	UC	RC	RD
发送（Send）	√	√	√	
带立即值的发送（Send with immediate）	√	√	√	
接收（Receive）	√	√	√	
RDMA 写（RDMA Write）		√	√	
带立即值的 RDMA 写（RDMA Write with immediate）		√	√	
RDMA 读（RDMA Read）			√	
原子获取和加（atomic fetch and add）			√	
原子比较和交换（atomic compare and swap）			√	
最大的消息大小（max message size）	MTU	1GB	1GB	1GB

　　既然 RC 既可靠又支持更多的操作类型，那么是否在实际应用中只需要 RC 就可以了呢？答案是否定的。

　　凡事有利就有弊。每种传输服务的资源消耗和可扩展性（scalability）是不同的，RC 的资源消耗比 UD 大，可扩展性也比 UD 弱。可扩展性弱的意思是：每个 RDMA 网卡的资源（比如 QP）是有限的，如果每个进程消耗过多，能运行的进程自然就少，可扩展性就弱。

　　以最常用的 RC 和 UD 来说，假设现在有 N 个节点，每个节点上有 M 个进程，每个进程都要和其他节点上的所有进程通信。对于 RC 传输服务类型，每个进程在和其他节点上的某个进程建立连接时，双方都需要一个单独的 QP，所以每个节点上使用的 QP 数量为 $M^2 \times (N-1)$。如图 17-3 所示，图中有 3 个节点，每个节点有 2 个进程，所以每个节点共需要 8 个 QP（$2^2 \times (3-1) = 8$）。对于 UD 传输服务类型，每个进程只需要一个 QP，所以每个节点上需要的 QP 数量为 M，如图 17-4 所示。当 M 和 N 的数值比较大时，这两种传输服务类型对资源的消耗会相差几个数量级。

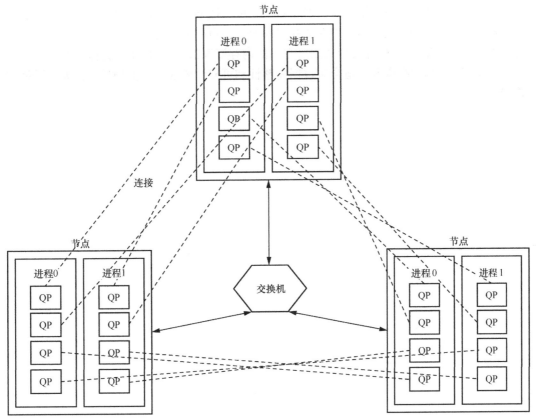

图 17-3 RC 传输服务类型需要的 QP 数量示意

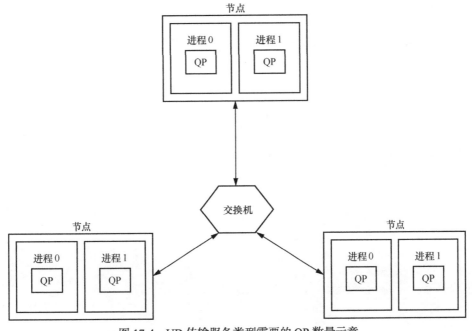

图 17-4 UD 传输服务类型需要的 QP 数量示意

RC 类似于 TCP，一般用于对数据完整性和可靠性要求较高的场景（比如数据存储和分布式计算），但因为需要各种机制来保证可靠，所以时间消耗和时延自然会大一些，并且使用的 QP 资源和 QPC 等管理数据所占用的内存资源都比较多。UD 类似于 UDP，时延小并且节省 QP 和内存资源，适合对数据完整性和可靠性要求较低的场景（比如视频播放数据流）。

## 第 18 章

一个简单的 RDMA 应用程序

本章讲述一个简单的 RDMA 应用程序的使用方法和代码执行流程。此程序名为 rdma_test，其实现参考并结合了 rdma-core 代码库中 ibv_rc_pingpong 和 rping 两个测试工具的代码。rdma_test 程序可以测试 RDMA Write 和 RDMA Read 操作，并能够验证传输数据的正确性。

18.1　程序的执行和输出

在执行 rdma_test 程序前，作者在两台工作站上各插入了一块 Mellanox MCX515A-CCAT 网卡，这是一款支持 RoCEv2 的 100G RDMA 网卡。两块网卡之间通过"QSFP28 光模块+光纤"直连。

测试时，在两台工作站上都要执行 rdma_test 程序，但需要按照命令选项分别执行在客户（Client）模式和服务（Server）模式。我们把执行客户模式的工作站称为客户端，另一台工作站称为服务端。服务端的测试实例先于客户端运行。测试过程如下。

（1）在服务端，执行命令 rdma_test -d mlx5_0 -g 0 -c -s 1048576 -n 1。命令选项-d mlx5_0 指定了程序使用的 RDMA 设备端口 mlx5_0，对应 Mellanox MCX515A-CCAT 网卡唯一的网络接口。-g 0 选项表示使用端口的 0 号 GID。-c 选项表示需要在传输完成后验证数据是否正确。-s 1048576 选项表示测试过程中每次操作传输的数据量为 1048576 字节，即 1MB。-n 1 选项的意思是共进行 1 次 RDMA Write 和 RDMA Read 操作。

程序执行后，终端上有如下输出。服务端程序输出了自己本地的信息，包括 LID、QPN、PSN 和 GID。

```
$ ./rdma_test -d mlx5_0 -g 0 -c -s 1048576 -n 1
  local address:  LID 0x0000, QPN 0x000088, PSN 0xfcd5dd, GID fe80::ba59:9fff:feb0:cc704
```

（2）在客户端，执行命令./rdma_test -d mlx5_0 -g 0 192.168.0.133 -c -s 1048576 -n 1。相比服务端的命令，客户端执行的命令多了一个选项 192.168.0.133，这是服务端某个网卡的 IP 地址。注意，此 IP 不一定是服务端 Mellanox MCX515A-CCAT 网卡的 IP，而可以是其他网卡的 IP，只要客户端能使用此 IP 和服务端进行套接字通信就可以了。

命令执行后，终端上有如下输出。从输出中可以看出：客户端程序不仅输出了自己本地的 LID、GID 等信息，还输出了获取到的对端的 LID、GID 等信息；程序进行了一次 RDMA Write 和 RDMA Read 操作的测试，并输出了测试结果，包括传输速率和确认传输的数据是正确的（match）。测试完成后，客户端程序退出。

```
$ ./rdma_test -d mlx5_0 -g 0 192.168.0.133 -c -s 1048576 -n 1
  local address:  LID 0x0000, QPN 0x000088, PSN 0xdad26e, GID fe80::ba59:9fff:fec4:513a
  remote address: LID 0x0000, QPN 0x000088, PSN 0xfcd5dd, GID fe80::ba59:9fff:feb0:cc70
RDMA Write Speed: 77672.30 Mbit/sec;
RDMA Read Speed: 83055.52 Mbit/sec;
Data match!!!
```

（3）此时，服务端的程序也退出了，并有如下输出。从输出中可以看出 Server 端也获取了客户端的 LID、GID 等信息。

```
$./rdma_test -d mlx5_0 -g 0 -c -s 1048576 -n 1
  local address:  LID 0x0000, QPN 0x000088, PSN 0xfcd5dd, GID fe80::ba59:9fff:feb0:cc70
  remote address: LID 0x0000, QPN 0x000088, PSN 0xdad26e, GID fe80::ba59:9fff:fec4:513a
```

18.2　代码执行流程

图 18-1 是 rdma_test 程序的代码执行流程。

客户端和服务端的程序启动后，都会在先做一些初始化工作，包括分配 PD、申请数据缓存并注册 MR、创建 CQ、创建 QP 等。无论是注册 MR 还是创建 QP，调用的 Verbs API 的参数中都包含了 PD，以保证 QP 和 MR 属于同一个 PD。

接下来，先启动的服务端程序将等待。在两端通过套接字通信，即互相获取对端的 QPN、GID 等信息后，程序才会继续运行。随后两端程序都会根据刚刚获取的对端的信息，修改本地 QP 的配置和状态，为接下来的数据传输做好准备。

然后客户端程序开始循环进行 RDMA Write 和 RDMA Read 测试，具体测试方法如下。

① 向本地第一个数据缓存填充随机值。

② 通过 RDMA Write 操作将第一个数据缓存中的数据复制到服务端的数据缓存。

③ 轮询 CQ，确认 RDMA Write 操作顺利完成，并计算传输速率。

④ 通过 RDMA Read 操作把服务端的数据缓存中的数据复制到本地第二个数据缓存。

⑤ 轮询 CQ，确认 RDMA Read 操作顺利完成，并计算传输速率。

⑥ 比较本地两个缓存中的数据，目的是验证 RDMA Write 和 RDMA Read 传输的数据是否正确。

⑦ 如果数据无误并且尚未达到目标测试次数，就回到①继续测试，否则在通知服务端程序退出后，客户端程序也退出。

服务端程序不主动发起数据传输，并且在客户端程序进行循环测试的过程中无任何动作，最后在收到客户端程序发来的通知后退出。

图 18-1 中的粗体字部分突出了整个 RDMA 通信的核心步骤，共七步，分别是分配 PD、注册 MR、创建 CQ、创建 QP、修改（配置）QP、发起数据传输（以 RDMA Write 操作为例）和轮询 CQ。

图 18-2 展示了每个步骤中一些比较重要的工作及其所属模块。图中横向箭头表示的是程序执行的方向，分两层。每个步骤中下层的箭头和方框表示当前这个步骤的简要实现流程。

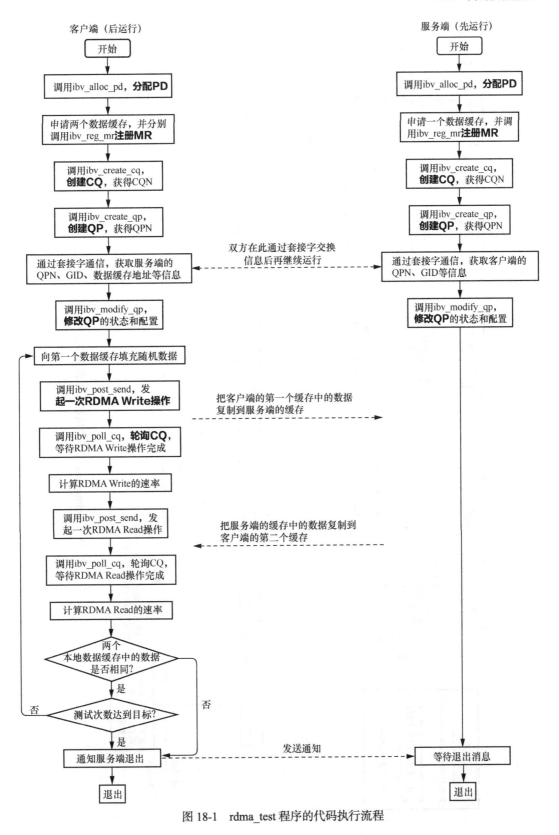

图 18-1 rdma_test 程序的代码执行流程

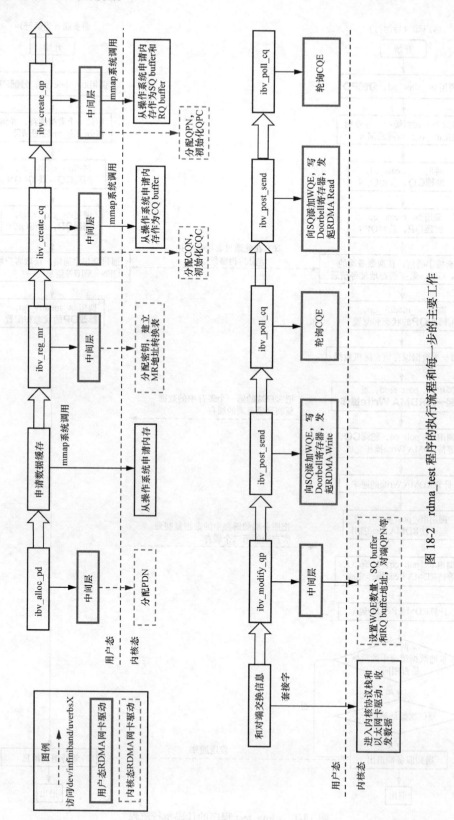

图 18-2 rdma_test 程序的执行流程和每一步的主要工作

从图 18-2 可以看出，分配 PD、注册 MR、创建 CQ、创建 QP、修改 QP 的主要工作在内核态驱动中进行，发起数据传输（比如 RDMA Write 和 RDMA Read）和轮询 CQ 的工作只在用户态驱动中进行。对应图 13-1，可以知道前五个步骤属于控制通路，后两个步骤属于数据通路。

结合本章所讲的内容，把图 13-1 再进一步细化，就可以得到图 18-3。图 18-3 中的粗体字部分体现了 RDMA 实现方案的设计思路中比较重要的三点。

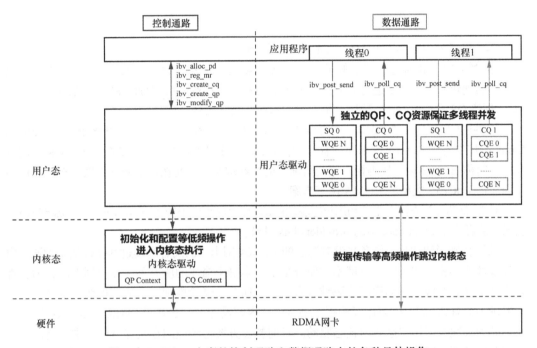

图 18-3 RDMA 方案的控制通路和数据通路中的各种具体操作

- 初始化和配置等低频操作可以进入内核态执行。这种操作需要尽量在应用程序的启动过程中完成，而避免在大规模数据传输的过程中执行，否则会影响数据传输速率。
- 数据传输等高频操作不经过内核态，这是 RDMA 旁路内核的基本思路。
- 独立的 QP、CQ 资源保证多线程并发。对于多线程程序，如果每个线程都申请并使用自己独有的 QP、CQ 等资源，防止线程间存在资源共享，就避免了添加锁等互斥机制导致的整体性能下降的问题。

至此，读者应该已经了解了一个简单的 RDMA 应用程序的代码执行流程，以及每个步骤调用的 Verbs API。接下来的两章将深入分析应用程序调用各种 Verbs API 后，系统中到底发生了什么，驱动程序和硬件做了哪些事情以及为什么要这样做。

## 第 19 章

RDMA 主要元素的实现

本章讲述的内容属于 RDMA 实现方案的控制通路。

通过第 18 章的描述，我们知道，RDMA 主要元素（PD、MR、CQ 和 QP）的实现，以及它们的创建和配置，是进行之后的数据传输的基础。本章将按照分配 PD、注册 MR、创建 CQ、创建 QP 和修改 QP 的顺序，依次讲述这些主要元素的软硬件实现方案。

在讲述的过程中，需要找一个实际的 RDMA 网卡方案进行分析。经过比较 rdma-core 和 Linux 内核中各种 RDMA 网卡驱动程序的代码，作者发现海思的 RoCEv2 类型的 RDMA 网卡驱动（简称 HNS 驱动）代码相对简洁清晰，更容易理解。因此在接下来的方案分析中，使用了海思的 RoCEv2 类型的 RDMA 网卡方案。

HNS 驱动分为内核态驱动和用户态驱动两部分，前者位于内核中的 drivers/infiniband/hw/hns 目录，后者位于 rdma-core 中的 providers/hns 目录。

需要特别说明的是，作者并没有海思的 RDMA 网卡，也没有阅读过其硬件逻辑源码。由于涉及商业秘密，如果阅读过就不方便分享了。本书中描述的所有关于商业网卡的行为，都是作者根据其开源的驱动程序代码结合自己的长期开发经验推理出来的。虽然是推理，但基本原理不会有错，因为作者已经根据本书所讲的内容设计了一套基于 FPGA 的 RDMA 网卡方案，并为其编写了用户态和内核态驱动。目前整套方案已经应用在实验室网络中。所以，对于那些准备开发新的 RDMA 软件或硬件的读者，仍然能从本书接下来的讲述中获得助益。

19.1 分配 PD

应用程序通过调用 Verbs API ibv_alloc_pd 从系统获取一个保护域（protection domain，PD）。PD 的核心是一个数字，称为 PD number（PDN）。应用程序在后续调用 ibv_reg_mr 注册 MR 和调用 ibv_create_qp 创建 QP 时，会将 PD 作为参数传入，其作用是把 MR 和 QP 分配到一个 PD 中，使 QP 获得访问 MR 的初步权限。

代码执行流程分析

应用程序在调用函数 ibv_alloc_pd 后，函数执行过程中到底完成了哪些事？在哪些模块中完成的？又是如何完成的呢？要回答这几个问题，需要阅读相关的源代码。本节会逐步解析代码的执行流程，包括如何进入用户态驱动、怎样进入内核、到哪里找到内核态驱动中对应的具体实现等。对此不感兴趣的读者可以直接阅读图 19-1。

首先要找到函数 ibv_alloc_pd 声明的位置，如下。

```
/******rdma-core/libibverbs/verbs.c******/
LATEST_SYMVER_FUNC(ibv_alloc_pd, 1_1, "IBVERBS_1.1",
```

```
        struct ibv_pd *,
        struct ibv_context *context)
{
    struct ibv_pd *pd;

    pd = get_ops(context)->alloc_pd(context);
    if (pd)
        pd->context = context;

    return pd;
}
```

这段代码的主要操作是调用了一个函数指针 get_ops(context)->alloc_pd。此处的 context 和当前 RDMA 网卡设备关联，是应用程序刚开始运行时调用函数 ibv_open_device 申请的。函数 ibv_open_device 没有做任何和网卡功能有关的工作，它所起的所用只是将后续操作和某个 RDMA 网卡关联起来。这好比在向一个文件写数据前，需要先 open 这个文件，获得其句柄 fd，然后才可以 write。函数 ibv_open_device 就类似于 open，context 就相当于 fd。

既然 context 和设备相关，那么 get_ops(context)->alloc_pd 实际调用的就应该是某个设备的驱动程序中注册的回调函数。在 rdma-core 代码库中有很多类似的注册，比如下面这四行代码：

```
hns_roce_u.c (providers\hns) line 67 :     .alloc_pd = hns_roce_u_alloc_pd,
mlx4.c (providers\mlx4) line 89 :    .alloc_pd      = mlx4_alloc_pd,
mlx5.c (providers\mlx5) line 94 :    .alloc_pd      = mlx5_alloc_pd,
rxe.c (providers\rxe) line 838 :    .alloc_pd = rxe_alloc_pd,
```

这四行代码注册的回调函数分别位于四个用户态驱动程序中，依次为 HNS 驱动、Mellanox ConnectX-3 系列网卡驱动、Mellanox 其他系列（比如 ConnectX-4 Lx 和 ConnectX-5）网卡驱动和 RXE 驱动。其中 RXE 驱动是为了提供 Soft-RoCE 功能，此功能在以太网卡的基础上用软件模拟出 RoCE RDMA 网卡，以支持应用程序调用 Verbs API。

继续选择 HNS 驱动的代码。下面的代码中注册了很多回调函数，包括注册 MR、创建 CQ 和创建 QP 等功能的回调函数。其中负责分配 PD 的函数为 hns_roce_u_alloc_pd。

```
/******rdma-core/providers/hns/hns_roce_u.c******/
static const struct verbs_context_ops hns_common_ops = {
    .alloc_mw = hns_roce_u_alloc_mw,
    .alloc_pd = hns_roce_u_alloc_pd,
    .bind_mw = hns_roce_u_bind_mw,
    .cq_event = hns_roce_u_cq_event,
    .create_cq = hns_roce_u_create_cq,
    .create_qp = hns_roce_u_create_qp,
    .dealloc_mw = hns_roce_u_dealloc_mw,
    .dealloc_pd = hns_roce_u_free_pd,
    .dereg_mr = hns_roce_u_dereg_mr,
    .destroy_cq = hns_roce_u_destroy_cq,
    .modify_cq = hns_roce_u_modify_cq,
    .query_device = hns_roce_u_query_device,
    .query_port = hns_roce_u_query_port,
    .query_qp = hns_roce_u_query_qp,
    .reg_mr = hns_roce_u_reg_mr,
    .rereg_mr = hns_roce_u_rereg_mr,
    .create_srq = hns_roce_u_create_srq,
```

```
    .modify_srq = hns_roce_u_modify_srq,
    .query_srq = hns_roce_u_query_srq,
    .destroy_srq = hns_roce_u_destroy_srq,
    .free_context = hns_roce_free_context,
};
```

hns_roce_u_alloc_pd 函数的定义如下。函数本身比较短小，主要完成了三件事。

- 分配数据结构 struct hns_roce_pd，用于管理 PD。
- 调用函数 ibv_cmd_alloc_pd（后文会介绍该函数的具体作用，这里只需要知道它会在执行完成后随参数 resp 返回 PDN）。
- 获取 PDN。

```
/******rdma-core/providers/hns/hns_roce_u_verbs.c******/
struct ibv_pd *hns_roce_u_alloc_pd(struct ibv_context *context)
{
    struct ibv_alloc_pd cmd;
    struct hns_roce_pd *pd;
    struct hns_roce_alloc_pd_resp resp = {};

    pd = malloc(sizeof(*pd));
    if (!pd)
        return NULL;

    if (ibv_cmd_alloc_pd(context, &pd->ibv_pd, &cmd, sizeof(cmd),
                &resp.ibv_resp, sizeof(resp))) {
        free(pd);
        return NULL;
    }

    pd->pdn = resp.pdn;

    return &pd->ibv_pd;
}
```

继续分析前文提到的函数 ibv_cmd_alloc_pd，其代码如下。

```
/******rdma-core/libibverbs/cmd.c******/
int ibv_cmd_alloc_pd(struct ibv_context *context, struct ibv_pd *pd,
            struct ibv_alloc_pd *cmd, size_t cmd_size,
            struct ib_uverbs_alloc_pd_resp *resp, size_t resp_size)
{
    int ret;

    ret = execute_cmd_write(context, IB_USER_VERBS_CMD_ALLOC_PD, cmd,
                cmd_size, resp, resp_size);
    if (ret)
        return ret;

    pd->handle  = resp->pd_handle;
    pd->context = context;

    return 0;
}
```

ibv_cmd_alloc_pd 调用了函数 execute_cmd_write，从这个函数的名字就可以知道它是用来写一个命令，命令字就是参数 IB_USER_VERBS_CMD_ALLOC_PD，意为分配一个 PD。此函数后续的调用流程为 execute_cmd_write→_execute_cmd_write→write。最后一步的 write 函数将触发系统调用让程序进入内核态，其目标文件是/dev/infiniband/uverbsX，这是内核 RDMA 子系统提供的设备文件。

接下来进入内核代码继续解析分配 PD 的代码执行流程。

设备文件/dev/infiniband/uverbsX 是内核驱动 ib_uverbs.ko 生成的。这个字符型设备驱动程序还注册了如下一系列的文件操作函数，其中的 ib_uverbs_write 负责响应应用程序发起的对设备文件的 write 操作。

```
/******linux/drivers/infiniband/core/uverbs_main.c******/
static const struct file_operations uverbs_fops = {
    .owner     = THIS_MODULE,
    .write     = ib_uverbs_write,
    .open      = ib_uverbs_open,
    .release = ib_uverbs_close,
    .llseek    = no_llseek,
    .unlocked_ioctl = ib_uverbs_ioctl,
    .compat_ioctl = compat_ptr_ioctl,
};
```

简单来说，ib_uverbs_write 函数会解析用户态程序组装并传递的命令（也可以说是方法，归根结底是一个数字），从中解析出命令字和其他内容，然后根据命令字调用不同的 handler 函数。比如对于我们正在分析的分配 PD 操作，应用层发送的命令字是 IB_USER_VERBS_CMD_ALLOC_PD，内核里对应的就是下面这段代码。

```
/******linux/drivers/infiniband/core/uverbs_cmd.c******/
    DECLARE_UVERBS_OBJECT(
        UVERBS_OBJECT_PD,
        DECLARE_UVERBS_WRITE(
            IB_USER_VERBS_CMD_ALLOC_PD,
            ib_uverbs_alloc_pd,
            UAPI_DEF_WRITE_UDATA_IO(struct ib_uverbs_alloc_pd,
                        struct ib_uverbs_alloc_pd_resp),
            UAPI_DEF_METHOD_NEEDS_FN(alloc_pd)),
        DECLARE_UVERBS_WRITE(
            IB_USER_VERBS_CMD_DEALLOC_PD,
            ib_uverbs_dealloc_pd,
            UAPI_DEF_WRITE_I(struct ib_uverbs_dealloc_pd),
            UAPI_DEF_METHOD_NEEDS_FN(dealloc_pd))),
```

这段代码不长，但宏定义一层套一层，在此就不展开了，只需要知道它为分配 PD 和释放 PD 的两个命令 IB_USER_VERBS_CMD_ALLOC_PD 和 IB_USER_VERBS_CMD_DEALLOC_PD 分别指定了一个 handler 函数，即 ib_uverbs_alloc_pd 和 ib_uverbs_dealloc_pd。也就是说函数 ib_uverbs_write 在解析出 IB_USER_VERBS_CMD_ALLOC_PD 命令后，会继续调用函数 ib_uverbs_alloc_pd。

ib_uverbs_alloc_pd 函数的代码比较长，这里只截取其中最核心的一段，如下所示。

```
/******linux/drivers/infiniband/core/uverbs_cmd.c******/
static int ib_uverbs_alloc_pd(struct uverbs_attr_bundle *attrs)
{
......
    ret = ib_dev->ops.alloc_pd(pd, &attrs->driver_udata);
    if (ret)
        goto err_alloc;

    uobj->object = pd;
    memset(&resp, 0, sizeof resp);
    resp.pd_handle = uobj->id;
    rdma_restrack_uadd(&pd->res);

    ret = uverbs_response(attrs, &resp, sizeof(resp));
......
}
```

这段代码完成了两件事。

- 调用函数 ib_dev->ops.alloc_pd。很明显，这里需要根据设备来选择函数。所以下一步需要到海思 RDMA 网卡的内核态驱动中，去查看它为分配 PD 操作注册了哪个回调函数。
- 组装响应消息，将上一步中得到的 PD 填写到 resp 中返回给用户态程序。

HNS 内核态驱动的代码全部在 linux/drivers/infiniband/hw/hns 目录下。其中文件 hns_roce_main.c 里的下面这段代码为大部分的 Verbs 操作注册了相应的处理函数，代码中标为粗体的几个函数是本章接下来会重点解读的。

```
/****** linux/drivers/infiniband/hw/hns/hns_roce_main.c******/
static const struct ib_device_ops hns_roce_dev_ops = {
    .owner = THIS_MODULE,
    .driver_id = RDMA_DRIVER_HNS,
    .uverbs_abi_ver = 1,
    .uverbs_no_driver_id_binding = 1,

    .add_gid = hns_roce_add_gid,
    .alloc_pd = hns_roce_alloc_pd,
    .alloc_ucontext = hns_roce_alloc_ucontext,
    .create_ah = hns_roce_create_ah,
    .create_cq = hns_roce_create_cq,
    .create_qp = hns_roce_create_qp,
    .dealloc_pd = hns_roce_dealloc_pd,
    .dealloc_ucontext = hns_roce_dealloc_ucontext,
    .del_gid = hns_roce_del_gid,
    .dereg_mr = hns_roce_dereg_mr,
    .destroy_ah = hns_roce_destroy_ah,
    .destroy_cq = hns_roce_destroy_cq,
    .disassociate_ucontext = hns_roce_disassociate_ucontext,
    .fill_res_entry = hns_roce_fill_res_entry,
    .get_dma_mr = hns_roce_get_dma_mr,
    .get_link_layer = hns_roce_get_link_layer,
    .get_port_immutable = hns_roce_port_immutable,
    .mmap = hns_roce_mmap,
    .modify_device = hns_roce_modify_device,
```

```
.modify_qp = hns_roce_modify_qp,
.query_ah = hns_roce_query_ah,
.query_device = hns_roce_query_device,
.query_pkey = hns_roce_query_pkey,
.query_port = hns_roce_query_port,
.reg_user_mr = hns_roce_reg_user_mr,

INIT_RDMA_OBJ_SIZE(ib_ah, hns_roce_ah, ibah),
INIT_RDMA_OBJ_SIZE(ib_cq, hns_roce_cq, ib_cq),
INIT_RDMA_OBJ_SIZE(ib_pd, hns_roce_pd, ibpd),
INIT_RDMA_OBJ_SIZE(ib_ucontext, hns_roce_ucontext, ibucontext),
};
```

在此先关注其中为分配 PD 注册的处理函数 hns_roce_alloc_pd。

```
/****** linux/drivers/infiniband/hw/hns/hns_roce_pd.c******/
int hns_roce_alloc_pd(struct ib_pd *ibpd, struct ib_udata *udata)
{
    struct ib_device *ib_dev = ibpd->device;
    struct hns_roce_pd *pd = to_hr_pd(ibpd);
    int ret;

    ret = hns_roce_pd_alloc(to_hr_dev(ib_dev), &pd->pdn);
    if (ret) {
        ibdev_err(ib_dev, "failed to alloc pd, ret = %d\n", ret);
        return ret;
    }

    if (udata) {
        struct hns_roce_ib_alloc_pd_resp uresp = {.pdn = pd->pdn};

        if (ib_copy_to_udata(udata, &uresp, sizeof(uresp))) {
            hns_roce_pd_free(to_hr_dev(ib_dev), pd->pdn);
            ibdev_err(ib_dev, "failed to copy to udata\n");
            return -EFAULT;
        }
    }

    return 0;
}
```

此函数主要完成了两件事。

- 调用函数 hns_roce_pd_alloc→hns_roce_bitmap_alloc，从一个 PD 专用位图中分配一个位，可以理解为由软件来分配一个尚未（被 PD）使用的数字作为 PDN。
- 如果参数中的 udata 不为 NULL，表示本次处理的是从用户态程序传递来的命令，所以需要把 PDN 填充到一个负责响应（resp）的数据结构中，返回给用户态程序。

至此，分配 PD 的工作已经结束了，可见整个过程中硬件没有参与，只是 HNS 内核态驱动程序分配了一个数字作为 PDN。

本节前文用了不少篇幅逐步分析代码调用流程，描述分配 PD 的整个过程。最后，用图 19-1 对分配 PD 全流程进行总结。图中的单向箭头展示了函数间的调用关系，包括间接调用。

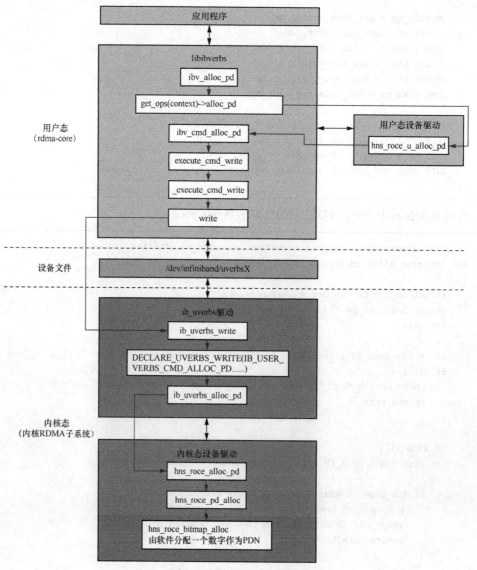

图 19-1 分配 PD 全流程

19.2 注册 MR

应用程序调用 Verbs API ibv_reg_mr 为数据缓存注册 MR，其作用如下：

- 建立 MR 地址转换表使硬件能够访问数据缓存；
- 获取本地密钥（L_Key），给予己方硬件此后访问数据缓存的权限；
- 获取远程密钥（R_Key），给予其他节点访问数据缓存的权限；
- 防止数据缓存被搬移到 swap 分区后导致地址映射发生变化。

19.2.1 代码执行流程分析

在 19.1 节中，我们顺着 Verbs API ibv_alloc_pd 的函数调用流程，最终找到了内核态驱动中分配 PDN 的代码,展示了各个软件模块在整个处理流程中所起的作用。对于大部分的 Verbs API,都执行类似的处理流程。因此,在接下来的描述中不再逐步剖析函数调用栈,而是直接用图展示整个处理流程,然后重点分析关键代码。图 19-2 展示了注册 MR 的全流程。

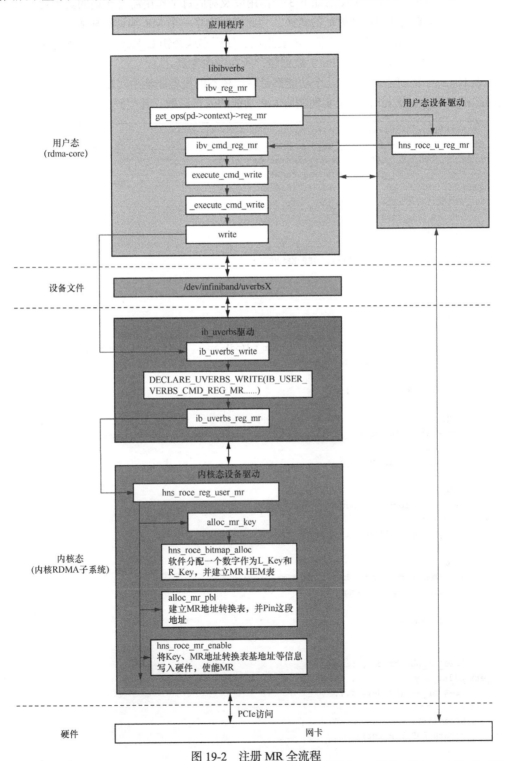

图 19-2　注册 MR 全流程

19.2.2　注册 MR 的具体工作

在 16.6 节中，提到了 MR 的如下 3 个作用以及对应每个作用需要实现的具体功能。

- 实现虚拟地址到物理地址的转换，为此需要建立一个 MR 地址转换表。
- 控制 HCA 访问内存的权限，需要生成和使用本地密钥 L_Key 和远程密钥 R_Key。
- 避免换页，需要锁住（Pin）数据缓存所在的内存页。

在 HNS 网卡方案中，上述几个功能都是在内核态的设备驱动中实现的。根据图 19-2，函数 hns_roce_reg_user_mr 是真正实现注册 MR 功能的入口函数，其代码如下。

```
/******linux/drivers/infiniband/hw/hns/hns_roce_mr.c******/
struct ib_mr *hns_roce_reg_user_mr(struct ib_pd *pd, u64 start, u64 length,
               u64 virt_addr, int access_flags,
               struct ib_udata *udata)
{
    struct hns_roce_dev *hr_dev = to_hr_dev(pd->device);
    struct hns_roce_mr *mr;
    int ret;

    mr = kzalloc(sizeof(*mr), GFP_KERNEL);
    if (!mr)
        return ERR_PTR(-ENOMEM);

    mr->type = MR_TYPE_MR;
    //①
    ret = alloc_mr_key(hr_dev, mr, to_hr_pd(pd)->pdn, virt_addr, length,
            access_flags);
    if (ret)
        goto err_alloc_mr;

    //②
    ret = alloc_mr_pbl(hr_dev, mr, length, udata, start, access_flags);
    if (ret)
        goto err_alloc_key;

    //③
    ret = hns_roce_mr_enable(hr_dev, mr);
    if (ret)
        goto err_alloc_pbl;

    //④
    mr->ibmr.rkey = mr->ibmr.lkey = mr->key;
    mr->ibmr.length = length;

    return &mr->ibmr;

err_alloc_pbl:
    free_mr_pbl(hr_dev, mr);
err_alloc_key:
    free_mr_key(hr_dev, mr);
err_alloc_mr:
    kfree(mr);
    return ERR_PTR(ret);
}
```

对应代码中注释的编号，函数 hns_roce_reg_user_mr 主要完成了以下 4 件事。

① 调用 alloc_mr_key→hns_roce_bitmap_alloc，从 MR 专用位图中分配一个数字，作为 MR 的编号，即 MR ID。然后经过算法 (ID >> 24) | (ID << 8)，得到一个数字作为 MR 的 Key。另外，还会调用 alloc_mr_key→hns_roce_table_get→hns_roce_alloc_hem 建立 MR HEM 表，用来管理所有 MR Context。

② 调用函数 alloc_mr_pbl 建立 MR 地址转换表。在此过程中会调用 alloc_mr_pbl→hns_roce_mtr_create→mtr_alloc_bufs→ib_umem_get→pin_user_pages_fast，锁住（Pin）数据缓存所在的内存页。

③ 调用函数 hns_roce_mr_enable，将 PDN、Key、MR 地址转换表的地址和层次（是一级页表还是二级页表）等信息通过 mailbox 写入硬件。

④ 把①中得到的 Key 作为 R_Key 和 L_Key 告知应用程序。可见在 HNS 网卡方案中，R_Key 和 L_Key 是相等的。

②中建立了 MR 地址转换表，这是以上所有工作的核心，也是最复杂的，接下来进行详细介绍。

1. 建立 MR 地址转换表

为了支持硬件获取数据缓存的物理地址，前文②中调用函数 alloc_mr_pbl 建立了一个 MR 地址转换表。在此不去分析 alloc_mr_pbl 的代码，因为它非常复杂，做了很多琐碎的工作，很难用言语描述清楚。而是采用图示的方式，直接展示这个函数的工作成果。图 19-3 展示了 alloc_mr_pbl 函数在执行过程中建立的 MR 地址转换表。

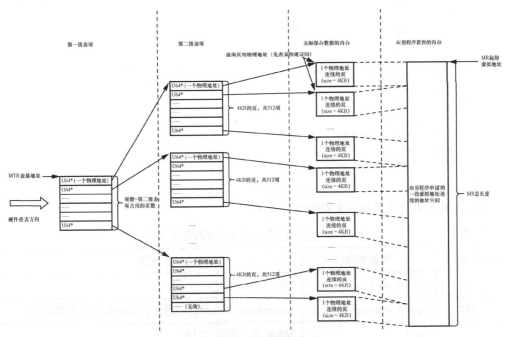

图 19-3　MR 地址转换表

应用程序调用类 malloc 函数申请的数据缓存是虚拟地址连续的（见图 19-3 中右端），但实际以页（默认大小为 4KB）为单位分布在真实物理内存上并不连续的地址段中（见图中"实际保存数据的内存"部分）。函数 alloc_mr_pbl 建立的 MR 地址转换表是一个二级表，见图中第一级表项和第二级表项。

RDMA 网卡从 WQE 中获取到数据所在的虚拟地址（此地址属于数据缓存，但不一定等于缓存的起始地址）和数据长度后，通过查询 MR 地址转换表，能够得到这段虚拟地址所对应的每个内存页的物理地址。

第二级表项可能占用多个内存页（每页大小同样是4KB），具体有多少页取决于虚拟地址段的长度。每页最多有 512 项，每项都是一个占用 8 字节内存的指针，其中保存了数据缓存中的一个内存页的起始物理地址。第一级表项中的每项也是一个 8 字节指针，保存了第二级表项本身所在的一个内存页的起始物理地址。

另外，为了避免硬件每次读写数据都需要查表，导致整体运行效率降低，程序还特意保存了数据缓存的前两个内存页的物理地址，供硬件快速查询。

在 HNS 驱动的代码中，图 19-3 所示的 MR 地址转换表被称为 MTR（memory translate region）表。此表的每个关键信息，比如表的（第一级表项的）基地址、前两页的物理地址、MR 起始页的虚拟地址、MR 总长度，以及 L_Key、PDN 等，都会被保存到一个名为 struct hns_roce_v2_mpt_entry 的数据结构中，我们可以把这个数据结构当作 MR Context 的管理结构。此数据结构如下。

```
/******linux/drivers/infiniband/hw/hns/hns_roce_hw_v2.h******/
struct hns_roce_v2_mpt_entry {
    __le32    byte_4_pd_hop_st;
    __le32    byte_8_mw_cnt_en;
    __le32    byte_12_mw_pa;
    __le32    bound_lkey;
    __le32    len_l;
    __le32    len_h;
    __le32    lkey;
    __le32    va_l;
    __le32    va_h;
    __le32    pbl_size;
    __le32    pbl_ba_l;
    __le32    byte_48_mode_ba;
    __le32    pa0_l;
    __le32    byte_56_pa0_h;
    __le32    pa1_l;
    __le32    byte_64_buf_pa1;
};
```

数据结构中部分成员的含义如表 19-1 所示。

表 19-1　　　　　　　　　　struct hns_roce_v2_mpt_entry 的部分成员含义

存储类型	变量名称	含义
__le32	byte_4_pd_hop_st	PDN 和 enable 位
__le32	byte_8_mw_cnt_en	access flag（MR 允许的行为，比如本地/远程读写等）
__le32	len_l	MR 的总长度低 32 位
__le32	len_h	MR 的总长度高 32 位
__le32	lkey	L_Key

存储类型	变量名称	含义
__le32	va_l	MR 起始页的虚拟地址低 32 位
__le32	va_h	MR 起始页的虚拟地址高 32 位
__le32	pbl_size	MR 占用的内存页总数
__le32	pbl_ba_l	MTR 表的第一级表项的起始地址 >> 3（左移三位）
__le32	byte_48_mode_ba	MTR 表的第一级表项的起始地址 >> 35
__le32	pa0_l	MR 的第一个内存页的地址低 32 位 >> 6
__le32	byte_56_pa0_h	MR 的第一个内存页的地址高 32 位 >> 6
__le32	pa1_l	MR 的第二个内存页的地址低 32 位 >> 6
__le32	byte_64_buf_pa1	MR 的第二个内存页的地址高 32 位 >> 6

既然 alloc_mr_pbl 函数建立的 MR 地址转换表（即 MTR 表）的信息都被保存在了数据结构 struct hns_roce_v2_mpt_entry 中，就意味着每当应用程序注册一个 MR，驱动程序都需要为一个数据结构分配内存。struct hns_roce_v2_mpt_entry 中有 16 个 _le32 类型的成员，每个成员占用 4 字节，也就是说每个数据结构占用 64 字节。

硬件能支持的 MR 一般以百万计，通过阅读其他部分代码，作者认为此 HNS 网卡支持的 MR 数量为 0x100000，即 1M 个。如果所有 MR 都被注册，主机内存中就要保存 1M 个 struct hns_roce_v2_mpt_entry 对象，共占用 64MB 的地址空间。

这就引出了一个新的问题，硬件怎么寻址这 64MB 的地址空间呢？最简单的方法莫过于规定此地址空间必须物理地址连续，然后简单地按顺序索引。但在很多主机内存比较小的机器上，这是不现实的。于是在 HNS 方案中，又出现了一个新的表，它是通过调用函数 hns_roce_reg_user_mr→alloc_mr_key→hns_roce_table_get→hns_roce_alloc_hem 建立的，此表名为 MR HEM（hardware entry memory）表。

2. 建立 MR HEM 表

图 19-4 是 MR HEM 表的示意，它和 MTR 表一样都是二级表。不同的是，建立 MTR 表的目的是支持硬件通过虚拟地址查找物理地址，而建立 MR HEM 表的目的是支持硬件以 MR ID 为索引查找 MR 对应的 struct hns_roce_v2_mpt_entry 对象（即 MR Context），并以此为基础继续查询 MTR 表。

在应用程序注册第一个 MR，即驱动程序第一次调用函数 hns_roce_reg_user_mr→alloc_mr_key→hns_roce_table_get 时，建立了 MR HEM 表的总体框架。之后每次注册新的 MR 时，只需要往表中添加新的对象就可以了。表的基地址，即第一级表项本身所在内存页的物理地址，会被写入硬件。需要注意的是，MR HEM 表中所有对象和表项所占用的内存页是按需分配的，比如现在只注册了 1～64 个 MR，那么第二级表项和所有 struct hns_roce_v2_mpt_entry 对象都分别只占用一个内存页。只有当 struct hns_roce_v2_mpt_entry 对象达到 65 个时，才会分配新的内存页保存更多对象。

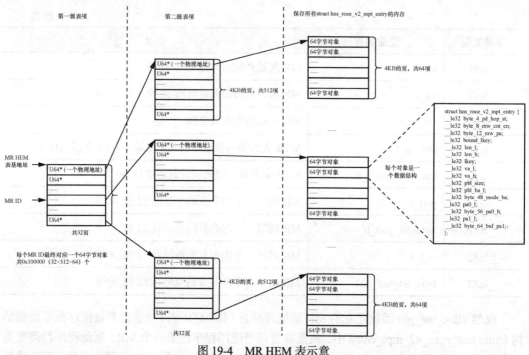

图 19-4　MR HEM 表示意

> **注:**
>
> 　　图 19-4 中右端的所有对象是以 4KB 的内存页为单位保存的, 但实际实现时也可以使用更大的内存单位, 即多个物理地址连续的内存页的组合。本书中其他 HEM 表也是如此。

3. MR 地址转换表和 MR HEM 表的结合

在建立完成上述两个表（MTR 表和 MR HEM 表）后, hns_roce_reg_user_mr→hns_roce_mr_enable 函数会把 MR ID 对应的 MTR 表（即 MR 地址转换表）的信息, 写入 MR HEM 表中 MR ID 对应的“struct hns_roce_v2_mpt_entry 对象”中, 供硬件此后通过“MR ID”查询获取。

在此之前, 驱动程序已经调用了函数 hns_roce_reg_user_mr→alloc_mr_key→hns_roce_table_get→hns_roce_set_hem, 通过 mailbox 把 MR HEM 表的信息（包括 MR ID、表的基地址等内容）告知硬件了。这样一来, 硬件就可以使用 MR ID 去查找 MR HEM 表, 获取此 MR 对应的 struct hns_roce_v2_mpt_entry 对象, 然后进一步查询 MTR 表获取 MR 的物理地址了。

19.2.3　硬件查表获取 MR 物理地址的过程

RDMA 网卡在完成一次数据传输前, 从 WQE 中获取的三个关键数据是: 某段数据缓存的虚拟地址、待传输的数据长度和此段数据缓存所属 MR 的本地密钥（L_Key）。硬件如何用这三个数据获取缓存所在的物理地址呢? 本节就来解决这个问题。

现在假设所有的 MR 都被注册了，也就是说在驱动程序调用了 1M 次函数 hns_roce_reg_user_mr 后，所有 1M 个 struct hns_roce_v2_mpt_entry 对象使用的 64MB 数据已经被保存到了 16K（64MB/4KB=16K）个内存页中，如图 19-4 中右端的列。

每个 MR 都有一个编码，即 MR ID。MR ID 可以使用算法 ID = (Key << 24) | (Key>> 8)（限 HNS 方案），由 L_Key 转换得到。这 1M 个 MR ID 都在 0～1M – 1 的数值范围内，有效位为 [19:0]。

为了获取数据缓存所在的物理地址，硬件需要先通过 MR ID 查找到 MR 的 struct hns_roce_v2_mpt_entry 对象。如图 19-5 所示。首先，硬件已经知道了 MR HEM 表的第一级表项所在内存页的起始物理地址，它只需要以 MR ID 的[19:15]位为索引，读取第一级表项（地址是起始地址+索引×8），就可以获得此 MR ID 对应的第二级表项所在内存页的起始物理地址。然后继续以 MR ID 的[14:6]位为索引，读取第二级表项，就可以获得此 MR ID 对应的 struct hns_roce_v2_mpt_entry 对象所在内存页起始物理地址。最后，以 MR ID 的[5:0]位为索引，读取对象。

> **注:**
>
> 为什么要使用算法 ID = (Key << 24) | (Key>> 8)，由 L_Key 转换得到 MR ID 呢？前文提到过，在注册 MR 的过程中，HNS 驱动使用算法(ID >> 24) | (ID << 8)，把 MR ID 转换成了 Key，L_Key 和 R_key 都等于此 Key。

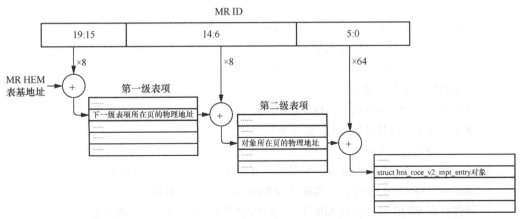

图 19-5　硬件按照 MR ID 在 MR HEM 表中查找 struct hns_roce_v2_mpt_entry 对象

在通过 MR ID 查找到此 MR 对应的 struct hns_roce_v2_mpt_entry 对象（相当于 MR Context）后，硬件此时就获知了此 MR 的 MTR 表的所有信息，包括表的基地址、MR 起始页的虚拟地址等。此时可以进行虚拟地址到物理地址的转换了。图 19-6 展示了这一过程（仅以第一个页为例，后续每个页都会重复这一过程）。

硬件在查表前，已经从 WQE 中获取到待处理数据的虚拟地址，硬件首先用此虚拟地址减去注册 MR 时配置的 MR 起始页的虚拟地址（即应用程序申请的注册了 MR 的整个数据缓存的第一个内存页的虚拟地址），获得此次待处理数据在整个 MR 虚拟地址空间中的偏移。因为是地址偏移，所以肯定小于 MR 的总长度，目前来说不可能大于 4GB，所以按照 32 位来处理，即图 19-6 中的 32 位数字。

接下来，硬件用 MTR 表的基地址加上地址偏移的[31:21]位×8，获得对应的第一级表项的地址；读取表项内容后获得第二级表项所在内存页的物理地址，此地址加上地址偏移的[20:12]位×8，获得对应的第二级表项的地址；读取表项内容后获得数据所在内存页的物理地址，最后加上地址偏移的[11:0]位，获得待处理数据的物理地址。

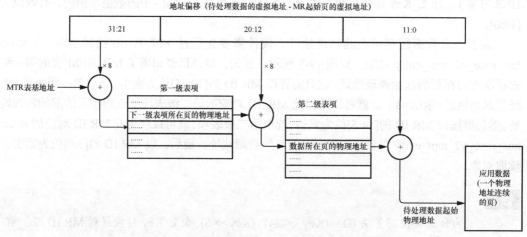

图 19-6　硬件通过查找 MTR 表获得数据缓存的物理地址

19.2.4　MR 相关的软硬件行为汇总

前文讲述了在注册 MR 的过程中软件所做的工作，以及硬件查表的过程。本节使用图 19-7 对和 MR 相关的软件和硬件的工作流程进行总结。从应用程序分配数据缓存，到硬件获取其物理地址并访问，对应图 19-7 中的编号，所有和 MR 相关的工作如下。

1. 应用程序分配数据缓存。
2. 驱动程序为所有 MR 建立 MR HEM 表。
3. 驱动程序将 MR HEM 表的信息注册到硬件。
4. 驱动程序为当前 MR 建立 MTR 表。
5. 驱动程序在 MTR 表中为数据缓存建立虚拟地址到物理地址的映射。
6. 驱动程序将 MTR 表的信息填充到 MR HEM 表的一个对象中。
7. 硬件获取 WQE 后，查询 MR HEM 表中的对象，获得 MTR 表的信息。
8. 硬件查询 MTR 表，获得数据缓存的物理地址。
9. 硬件访问数据缓存。

以上是 HNS 方案中实际执行的步骤，和前文中描述它们的顺序不完全一致，比如实际执行中是先建立 MR HEM 表，再建立 MTR 表，但前文却先讲 MTR 表，再讲 MR HEM 表。这是因为前文中为了把一些逻辑关系讲明白，对一些讲述顺序进行了调整。

图 19-7 中，数据缓存、MR HEM 表和 MTR 表都是位于主机内存（DDR）上的，如果硬件每次做地址转换都到主机内存查询一遍 MR HEM 和 MTR 两个表，肯定会影响数据传输的效率。所以实际方案中还需要考虑一些机制来解决这种问题，比如将数据缓存的前两个内存页的物理地址保存到 MR HEM 表的对象中，如果应用程序要求传输的数据量比较少，都位于前两个内存页，就可以直接从 MR HEM 表的对象中获取内存页的物理地址，从而免去查询 MTR 表的步骤。另外还可以将最近使用的 MR HEM/MTR 表中的表项暂存到硬件内部，避免

每次都到 DDR 中查表。

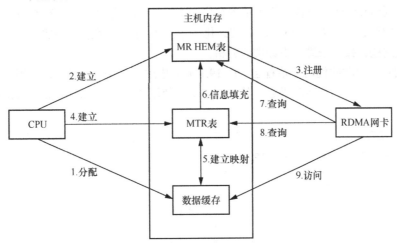

图 19-7　MR 相关的软硬件交互流程

19.3　创建 CQ

RDMA 方案中的 CQ 类似于 Corundum 以太网方案中的完成队列，是一种硬件向软件报告任务完成情况的机制。CQ 必须在 QP 之前创建，因为在调用创建 QP 的 Verbs API 时，需要把 CQN（CQ number）作为参数。CQN 会作为 QP Context 中的一员，告知硬件在处理完某个 QP 的 WQE 后，应该往哪个 CQ 填写 CQE。多个 QP 可以使用同一个 CQ。

19.3.1　代码执行流程分析

应用程序调用 Verbs API ibv_create_cq 创建 CQ 的过程中所做的具体工作主要是获取 CQN、分配 CQ buffer 和初始化 CQC。图 18-2 中已经描述了这些主要工作，把图 8-2 中和创建 CQ 相关的部分截取下来就成为图 19-8。

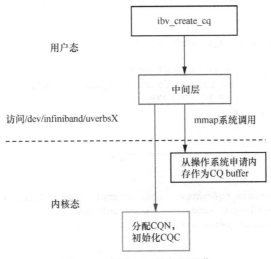

图 19-8　创建 CQ 的主要工作

在图 19-8 中，应用程序在调用 Verbs API ibv_create_cq 后，首先会进入 HNS 网卡的用户态驱动。先调用 mmap 从操作系统申请内存作为 CQ buffer（用来存放所有 CQE），再访问设备文件进入内核态驱动去分配 CQN 和初始化 CQC。但这只是示意，创建 CQ 的过程中做的事情远不止这些，接下来进行更详细的分析。

先从用户态驱动的代码开始看起。在 19.1 节的描述中，我们已经知道了用户态驱动为每种 Verbs 操作注册了一个回调函数，其中创建 CQ 使用的函数是 hns_roce_u_create_cq，其代码如下。

```
/******rdma-core/providers/hns/hns_roce_u_verbs.c******/
struct ibv_cq *hns_roce_u_create_cq(struct ibv_context *context, int cqe,
                struct ibv_comp_channel *channel,
                int comp_vector)
{
    struct hns_roce_device *hr_dev = to_hr_dev(context->device);
    struct hns_roce_create_cq     cmd = {};
    struct hns_roce_create_cq_resp     resp = {};
    struct hns_roce_cq     *cq;
    int             ret;

    if (hns_roce_verify_cq(&cqe, to_hr_ctx(context)))
        return NULL;

    cq = malloc(sizeof(*cq));
    if (!cq)
        return NULL;

    cq->cons_index = 0;

    if (pthread_spin_init(&cq->lock, PTHREAD_PROCESS_PRIVATE))
        goto err;

    if (hr_dev->hw_version == HNS_ROCE_HW_VER1)
        cqe = align_cq_size(cqe);
    else
        cqe = align_queue_size(cqe);     //①

    if (hns_roce_alloc_cq_buf(hr_dev, &cq->buf, cqe))     //②
        goto err;

    cmd.buf_addr = (uintptr_t) cq->buf.buf;

    if (hr_dev->hw_version != HNS_ROCE_HW_VER1) {
        cq->set_ci_db = hns_roce_alloc_db(to_hr_ctx(context),     //③
                        HNS_ROCE_CQ_TYPE_DB);
        if (!cq->set_ci_db)
            goto err_buf;

        cmd.db_addr = (uintptr_t) cq->set_ci_db;
    }

    ret = ibv_cmd_create_cq(context, cqe, channel, comp_vector,     //④
            &cq->ibv_cq, &cmd.ibv_cmd, sizeof(cmd),
            &resp.ibv_resp, sizeof(resp));
    if (ret)
        goto err_db;
```

```
        cq->cqn = resp.cqn;      //⑤
        cq->cq_depth = cqe;
        cq->flags = resp.cap_flags;

        if (hr_dev->hw_version == HNS_ROCE_HW_VER1)
            cq->set_ci_db = to_hr_ctx(context)->cq_tptr_base + cq->cqn * 2;

        cq->arm_db = cq->set_ci_db;
        cq->arm_sn = 1;
        *(cq->set_ci_db) = 0;
        *(cq->arm_db) = 0;

        return &cq->ibv_cq;

err_db:
    if (hr_dev->hw_version != HNS_ROCE_HW_VER1)
        hns_roce_free_db(to_hr_ctx(context), cq->set_ci_db,
                HNS_ROCE_CQ_TYPE_DB);

err_buf:
    hns_roce_free_buf(&cq->buf);

err:
    free(cq);

    return NULL;
}
```

对应代码中注释的编号，函数 hns_roce_u_create_cq 主要完成了如下几件事。

① 从硬件或宏定义获取 CQ 的 size，即 CQ 中最多包含的 CQE 的个数。

② 分配存放所有 CQE 的 CQ buffer，它可以看作一段普通的虚拟地址连续的缓存。

③ 以页为单位，为 CQ 的 Doorbell record 分配内存。一个内存页包含多个 Doorbell record，每个 Doorbell record 占 4 字节。所以在分配一个内存页后，后面很多次再为 Doorbell record 分配内存时，都只需要在原有内存页中找到一个未使用的地址。

④ 调用函数 ibv_cmd_create_cq，这个函数具体做了什么后文会讲，这里只需要知道它会在参数 resp 中返回 CQN，即 CQ number。

⑤ 从④的返回数据中获取 CQN。

接下来分析④中提到的函数 ibv_cmd_create_cq。

```
/******rdma-core/libibverbs/cmd_cq.c******/
int ibv_cmd_create_cq(struct ibv_context *context, int cqe,
            struct ibv_comp_channel *channel, int comp_vector,
            struct ibv_cq *cq, struct ibv_create_cq *cmd,
            size_t cmd_size, struct ib_uverbs_create_cq_resp *resp,
            size_t resp_size)
{
    DECLARE_CMD_BUFFER_COMPAT(cmdb, UVERBS_OBJECT_CQ,
                UVERBS_METHOD_CQ_CREATE, cmd, cmd_size, resp,
                resp_size);

    return ibv_icmd_create_cq(context, cqe, channel, comp_vector, 0, cq,
                cmdb);
}
```

此函数先调用了一个宏 DECLARE_CMD_BUFFER_COMPAT，此宏被用来组装一个命令，而后此命令会被传递给内核态驱动。这里要组装的命令的命令字是 UVERBS_METHOD_CQ_CREATE，顾名思义，就是通知内核态驱动要创建一个 CQ。另外，还希望内核态驱动将信息回复到 resp 这个指针指向的 struct ib_uverbs_create_cq_resp 数据结构中。

之后，函数 ibv_cmd_create_cq 调用了 ibv_icmd_create_cq，后者会做更具体的命令装配工作，并往下调用多层函数，调用关系依次是 execute_write_bufs→execute_cmd_write→_execute_cmd_write → write。最后一步 write 会触发系统调用，其目标文件是 /dev/infiniband/uverbsX。在 19.1 节中，已经分析过类似的步骤，所以在此忽略一些中间层。直接进入 HNS 内核态驱动，其注册的创建 CQ 的处理函数为 hns_roce_create_cq，代码如下。

```
/******linux/drivers/infiniband/hw/hns/hns_roce_cq.c******/
int hns_roce_create_cq(struct ib_cq *ib_cq, const struct ib_cq_init_attr *attr,
            struct ib_udata *udata)
{
......
    cq_entries = max(cq_entries, hr_dev->caps.min_cqes);
    cq_entries = roundup_pow_of_two(cq_entries);
    hr_cq->ib_cq.cqe = cq_entries - 1; /* used as cqe index */
    hr_cq->cq_depth = cq_entries;     //①
    hr_cq->vector = vector;
    spin_lock_init(&hr_cq->lock);
    INIT_LIST_HEAD(&hr_cq->sq_list);
    INIT_LIST_HEAD(&hr_cq->rq_list);

    if (udata) {
        ret = ib_copy_from_udata(&ucmd, udata, sizeof(ucmd));   //②
        if (ret) {
            ibdev_err(ibdev, "Failed to copy CQ udata, err %d\n",
                ret);
            return ret;
        }
    }

    ret = alloc_cq_buf(hr_dev, hr_cq, udata, ucmd.buf_addr);    //③
    if (ret) {
        ibdev_err(ibdev, "Failed to alloc CQ buf, err %d\n", ret);
        return ret;
    }

    ret = alloc_cq_db(hr_dev, hr_cq, udata, ucmd.db_addr, &resp);   //④
    if (ret) {
        ibdev_err(ibdev, "Failed to alloc CQ db, err %d\n", ret);
        goto err_cq_buf;
    }

    ret = alloc_cqc(hr_dev, hr_cq);    //⑤
    if (ret) {
        ibdev_err(ibdev, "Failed to alloc CQ context, err %d\n", ret);
        goto err_cq_db;
    }
......

    if (udata) {
        resp.cqn = hr_cq->cqn;
```

```
        ret = ib_copy_to_udata(udata, &resp, sizeof(resp));    //⑥
        if (ret)
            goto err_cqc;
    }

    return 0;
......
}
```

对应代码中注释的编号，函数 hns_roce_create_cq 主要完成了如下工作。

① 从硬件获取并调整 CQ Depth，即 CQ buffer 中 CQE 的个数。

② 从用户态程序复制其之前组装好的命令数据。

③ 调用函数 alloc_cq_buf，从函数名看，像是要为 CQ buffer 分配内存，但因为已经在用户态驱动中分配过了，所以这里不会再次分配。不过也不是什么都不做，因为用户态程序申请的 CQ buffer 是虚拟地址连续的，所以在此会为其创建 CQ MTR 表（其功能和 MR 的 MTR 表类似），提供给硬件查表以获取 CQ buffer 的物理地址。随后，函数中还会锁住（Pin）CQ buffer 所在的内存页，防止其被切换到 swap 分区。

④ 调用函数 alloc_cq_db，从函数名看是要为 CQ 的 Doorbell record 分配内存，但其实也已经在用户态驱动中申请过了，所以这里只是获取了 Doorbell record 的物理地址和虚拟地址。物理地址会在之后传递给硬件，虚拟地址为软件自己所用。

⑤ 分配 CQC，即 CQ Context，调用的函数是 alloc_cqc，此函数的内容很多，这里不再详述，只列举它做的工作如下。

- 从 CQ 位图中按位分配一个尚未使用的号码，作为 CQN。
- 创建一个表，称为 CQ HEM 表（跟 MR HEM 表类似），可以把这个表看作软硬件配合管理所有 CQC 的一种组织方式。如果已经创建过了，不会再次创建，但每次会向表中添加一个数据结构为 struct hns_roce_v2_cq_context 的对象，此对象表示一个 CQC。
- 往 CQC 中填写信息，包括 CQN、CQ buffer 前两个内存页的物理地址、Doorbell record 的物理地址和 CQ MTR 表的基地址等。
- 将填充好的 CQC 数据通过 mailbox 传递给硬件。

⑥ 将⑤中分配到的 CQN 填到 resp 中，返回给用户态程序。

图 19-9 所示为创建 CQ 的整个处理流程。

19.3.2 CQ buffer 的组织形式

每个 CQ 都需要一个存放所有 CQE 的 CQ buffer，硬件在填写 CQE 时会往 CQ buffer 中此 CQE 所在的地址写数据。在 HNS 方案中，并不要求 CQ buffer 是物理地址连续的，所以需要采用页表的形式对其进行管理，称为 CQ MTR 表，具体形式如图 19-10 所示。CQ MTR 表和 MR MTR 表的形式非常类似，只是不再用来查询数据缓存的物理地址，而是用来查询 CQE 的物理地址。

图 19-10 的左半部分是两级表项，硬件可以通过它们找到 CQ buffer 中的所有内存页，这是硬件获取 CQE 物理地址的方式。对于应用程序来说，仍然是按照虚拟地址连续的方式来计算 CQE 的地址并访问。

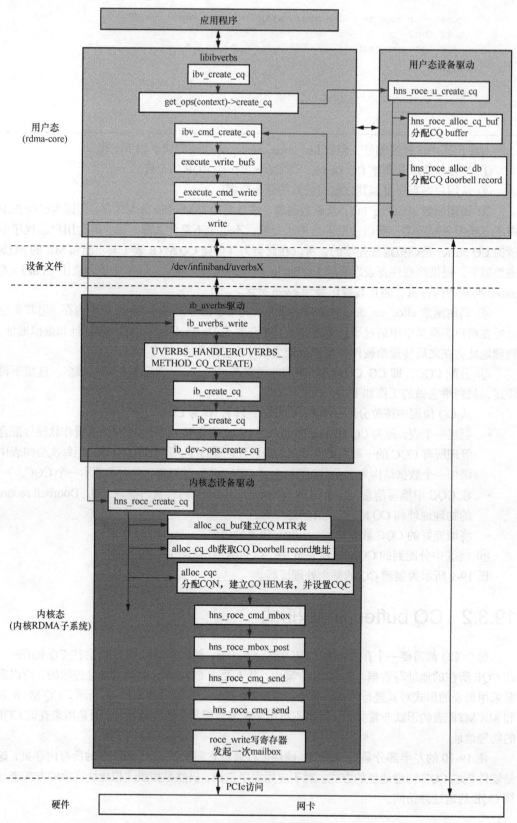

图 19-9　创建 CQ 全流程

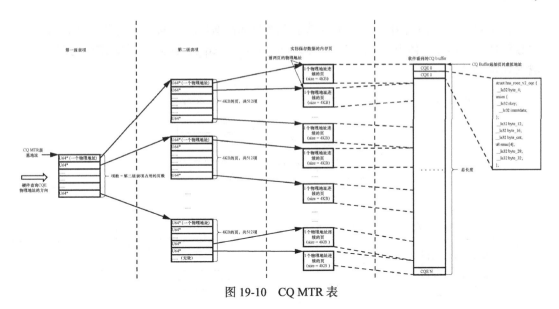

图 19-10   CQ MTR 表

CQE 的格式如图 19-10 中右端方框所示，其数据结构为 struct hns_roce_v2_cqe。它的部分成员含义如表 19-2 所示。

表 19-2   CQE 数据结构 struct hns_roce_v2_cqe 的部分成员含义

存储类型	变量名称	含义（按位域区分不同类型的含义）
__le32	byte_4	1. 是完成了 SQ 还是 RQ 中的任务 2. 当前完成的操作对应什么操作码（SEND、RECV、RDMA_WRITE 等） 3. 当前完成的操作对应 SQ 或 RQ 中的哪个 WQE 4. 任务完成状态（成功、错误操作码、错误长度等） 5. owner 位，硬件每次填写完 CQE，都会将此位反转（0→1，1→0）
__le32	byte_16	QPN，表示完成了哪个 QP 的任务
__le32	byte_cnt	如果是完成了 SQ 中的 RDMA Read 任务或者 RQ 中的任务，此为读取或收到的字节数
__le32	byte_32	如果是完成 RQ 中的任务，则该变量表示对端的 QPN、端口号以及 WC 标记

驱动程序在建立 CQ MTR 表后，会将此表的第一级表项的起始物理地址（即 CQ MTR 表的基地址）以及 CQ buffer 的前两个内存页的物理地址（用于免查表快速访问）等 CQ MTR 表的所有信息，都保存到当前 CQ 的 Context，即 CQC 中。所以硬件可以从 CQC 中获取 CQ MTR 表的信息。

19.3.3   CQ Context 的组织形式

因为系统中可以申请的 CQ 资源很多，所有的 CQ Context（CQC）所占用的内存可达 64MB，所以 HNS 方案对这段内存也采用了页表的形式进行管理，即 CQ HEM 表。

图 19-11 所示为 CQ HEM 表。这个表管理的目标数据是很多 64 字节对象，每个 64 字节对象都是一个 CQC，体现为数据结构 struct hns_roce_v2_cq_context。此数据结构的部分成员含义如表 19-3 所示。

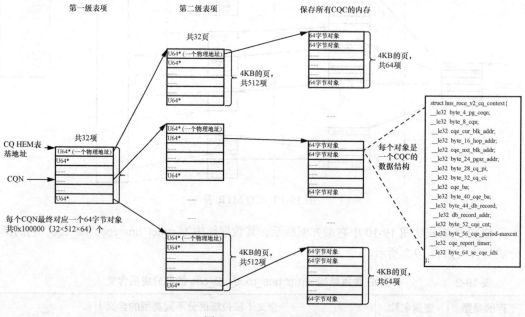

图 19-11　CQ HEM 表

软件在创建完此表后，会通过 mailbox 把表的基地址告知硬件。此后，硬件可以用 CQN 为索引查询 CQ HEM 表以获取特定 CQ 的 Context 信息。

表 19-3　　　　　CQC 数据结构 struct hns_roce_v2_cq_context 的部分成员含义

存储类型	名称	含义
__le32	byte_4_pg_ceqn	1. 此 CQ 是否有效 2. 中断号（vector） 3. CQ depth，指一个 CQ 中有多少个 CQE
__le32	byte_8_cqn	CQN
__le32	cqe_cur_blk_addr	CQ buffer 的第一个内存页的物理地址低 32 位 >> 12（右移 12 位）
__le32	byte_16_hop_addr	CQ buffer 的第一个内存页的物理地址高 32 位 >> 12
__le32	cqe_nxt_blk_addr	CQ buffer 的第二个内存页的物理地址低 32 位 >> 12
__le32	byte_24_pgsz_addr	CQ buffer 的第二个内存页的物理地址高 32 位 >> 12
__le32	cqe_ba	CQ MTR 表的基地址低 32 位 >> 3
__le32	byte_40_cqe_ba	CQ MTR 表的基地址 >> 35
__le32	byte_44_db_record	CQ Doorbell record 的地址

19.3.4 硬件获取 CQE 地址的过程

本节讲述 CQ HEM 表和 CQ MTR 表的使用方式。

假设软件向 QP 中添加了一个 WQE，要求硬件执行一次 RDMA Write 操作，硬件在完成数据传输后，需要填写一个 CQE 来通知软件。首先硬件需要知道使用哪个 CQ。在 QP 的 Context（QPC）中，有一个成员 CQN，表示此 QP 使用的 CQ。知道了 CQN，就可以去找 CQ Context（CQC）了，而 CQC 是通过 CQ HEM 表进行管理的。硬件此前已经知道了 CQN 对应的 CQ HEM 表的基地址，所以它现在可以去查询 CQ HEM 表获取 CQC 了。查表过程如图 19-12 所示。

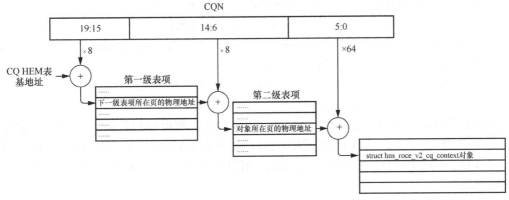

图 19-12　硬件以 CQN 为索引查询 CQ HEM 表获取 CQC

查找到 CQN 对应的 struct hns_roce_v2_cq_context 对象后，也就获取了 CQC，其中含有表 19-3 中的全部信息，包括 CQ MTR 表的基地址。在查找 CQ MTR 表获取 CQE 的物理地址前，硬件首先要知道目的 CQE 在 CQ buffer 中的（虚拟地址）偏移。而要获取此地址偏移，就需要知道当前要填写第几个 CQE（即 CQE Index）和每个 CQE 的大小（size）。每个 CQE 的大小是固定的，为 32 字节；CQE Index 就是 CQ 这个队列的 head，需要硬件自己维护，每添加一个 CQE 就把 head 加 1，并做环形队列管理。所以硬件有条件算出目的 CQE 在 CQ buffer 中的地址偏移，即 CQE Index × CQE Size。最后，硬件查找 CQ MTR 表，获取 CQE 所在的物理地址。查表过程如图 19-13 所示。

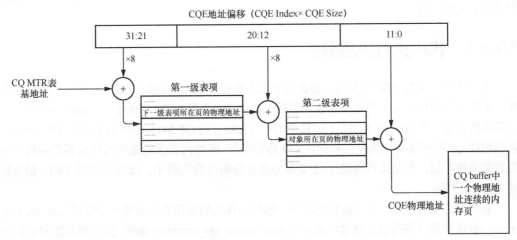

图 19-13　硬件查找 CQ MTR 表，获取 CQE 的物理地址

19.3.5 CQ 相关的软硬件行为汇总

前文描述了创建 CQ 过程的实现细节和各种数据组织形式。本节对与 CQ 相关的软件和硬件的行为进行汇总。

首先是软件行为（创建 CQ）。

（1）用户态驱动程序申请一段内存，作为 CQ buffer，用于存放所有 CQE。

（2）内核态驱动程序建立 CQ MTR 表，映射 CQ buffer。

（3）内核态驱动程序分配 CQN（顺序分配，范围为 0~0x100000-1）。

（4）内核态驱动程序获取此 CQ 对应的 Doorbell record 的地址。

（5）创建 CQ HEM 表，将其基地址通过 mailbox 告知硬件。

（6）将 CQ MTR 表的基地址和 Doorbell record 的物理地址等信息，填充到 CQ HEM 表的 CQN 对应的表项（CQC）中，并通过 mailbox 告知硬件。

然后是硬件行为（假设硬件正常完成了某个 QP 的数据传输操作）。

（1）从 QP 的 Context 获得 CQN。

（2）以 CQN 为索引，查询 CQ HEM 表，找到 CQC，获得 CQ MTR 表的基地址等信息。

（3）根据 CQ Index 计算 CQE 的虚拟地址偏移，查询 CQ MTR 表，获取 CQE 的物理地址。

（4）向 CQE 中填写任务完成信息，最后反转其中的 owner 位（见表 19-2），告知软件此 CQE 有效。

最后是软件行为（假设软件填写 WQE 后，正在轮询 CQE）。

（1）一旦发现 CQE 中的 owner 位被反转，表明硬件已填充此 CQE。

（2）读取 CQE 中的信息（见表 19-2）。

（3）写下一个 CQE 的索引到此 CQ 的 Doorbell record，告知硬件已读取此 CQE。

19.4　创建 QP

创建 QP 和创建 CQ 的代码执行流程比较类似，具体操作层面有几个不同点，比如，QP 中有两个队列，所以需要分配两个 Doorbell record；QP buffer 中保存了两个队列的 WQE；过程中没有配置 QPC。

19.4.1　代码执行流程分析

虽然 QP 和 CQ 的功能不同，前者用于发起数据传输，后者用于报告前者的任务完成情况，但在管理结构层面，两者是非常相似的。比如 QP 也有 HEM（hardware entry memory）表管理所有 QP 的 Context（QPC），每个 QP 也有对应的 QP MTR 表映射自己的 QP buffer，甚至创建 QP 的函数调用流程也和创建 CQ 非常类似。既然两者无论是管理结构还是函数调用流程都非常类似，在此就不再像 19.3 节那样逐步分析寻找代码了，而直接用图 19-14 描述创建 QP 的全流程。

在图 19-14 所示的一系列函数调用中，起核心作用的是用户态设备驱动中的 hns_roce_u_create_qp 函数和内核态设备驱动中的 hns_roce_create_qp_common 函数。接下来依次对它们进行分析。前者的代码如下。

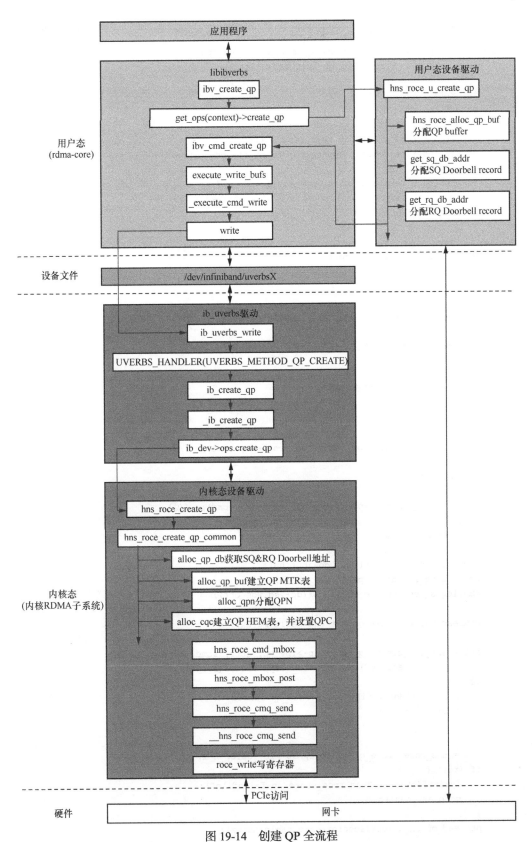

图 19-14 创建 QP 全流程

```
/******rdma-core/providers/hns/hns_roce_u_verbs.c******/
struct ibv_qp *hns_roce_u_create_qp(struct ibv_pd *pd,
                struct ibv_qp_init_attr *attr)
{
    int ret;
    struct hns_roce_qp *qp;
    struct hns_roce_create_qp cmd = {};
    struct hns_roce_create_qp_resp resp = {};
    struct hns_roce_context *context = to_hr_ctx(pd->context);

    if (hns_roce_verify_qp(attr, context)) {    //①
        fprintf(stderr, "hns_roce_verify_sizes failed!\n");
        return NULL;
    }

    qp = calloc(1, sizeof(*qp));
    if (!qp)
        return NULL;

    hns_roce_set_qp_params(pd, attr, qp, context);    /②

    if (hns_roce_alloc_qp_buf(pd, &attr->cap, qp))    //③
        goto err_buf;

    hns_roce_init_qp_indices(qp);

......

    ret = get_sq_db_addr(pd, attr, qp, context, &cmd);  //④
    if (ret)
        goto err_free;

    ret = get_rq_db_addr(pd, attr, qp, context, &cmd);  //⑤
    if (ret)
        goto err_sq_db;

    cmd.buf_addr = (uintptr_t) qp->buf.buf;
    cmd.log_sq_stride = qp->sq.wqe_shift;
    cmd.log_sq_bb_count = hr_ilog32(qp->sq.wqe_cnt);

    pthread_mutex_lock(&context->qp_table_mutex);

    ret = ibv_cmd_create_qp(pd, &qp->ibv_qp, attr, &cmd.ibv_cmd,  //⑥
            sizeof(cmd), &resp.ibv_resp, sizeof(resp));
    if (ret) {
        fprintf(stderr, "ibv_cmd_create_qp failed!\n");
        goto err_rq_db;
    }

    ret = hns_roce_store_qp(context, qp->ibv_qp.qp_num, qp);    //⑦
    if (ret) {
        fprintf(stderr, "hns_roce_store_qp failed!\n");
        goto err_destroy;
    }
    pthread_mutex_unlock(&context->qp_table_mutex);
```

```
    /* adjust rq maxima to not exceed reported device maxima */
    attr->cap.max_recv_wr = min(context->max_qp_wr, attr->cap.max_recv_wr);
    attr->cap.max_recv_sge = min(context->max_sge, attr->cap.max_recv_sge);
    qp->rq.wqe_cnt = attr->cap.max_recv_wr;
    qp->rq.max_gs = attr->cap.max_recv_sge;
    qp->rq.max_post = attr->cap.max_recv_wr;

    qp->flags = resp.cap_flags;

    return &qp->ibv_qp;
......
}
```

对应代码中注释的编号，函数 hns_roce_u_create_qp 主要完成了以下工作。

① 检查应用程序传递来的参数。比如查看传输服务类型（RC、UD 等）、最大支持的 WR 数量等设置是否和硬件能力匹配。

② 设置 SQ 和 RQ 的属性，包括 WQE 数量，每个 WQE 的大小（size）、传输服务类型等。

③ 为 QP buffer 分配内存，用于存放所有 WQE。其中包含了 SQ buffer 和 RQ buffer。

④ 以内存页为单位，为 SQ 的 Doorbell record 分配内存。一个内存页可以包含很多 SQ Doorbell record，每个占 4 字节。所以在分配一个内存页后再调用此函数时，只需要在原内存页中找到一个未使用的位置。直到原内存页被很多 SQ 的 Doorbell record 耗尽，再分配新的内存页。

⑤ 和④类似，为 RQ 的 Doorbell record 分配内存。

⑥ 调用函数 ibv_cmd_create_qp，它会先通过 write 系统调用通知内核态驱动的处理函数 hns_roce_create_qp 开始工作，然后接收内核态驱动返回的包含 QPN 的响应信息。

⑦ 以 QPN 为索引将刚刚创建的 QP 的信息保存到表中，供应用程序此后使用。

接下来分析内核态驱动中的 hns_roce_create_qp_common 函数，其代码如下，其中删除了一些非关键代码。

```
/******linux/drivers/infiniband/hw/hns/hns_roce_qp.c******/
static int hns_roce_create_qp_common(struct hns_roce_dev *hr_dev,
                struct ib_pd *ib_pd,
                struct ib_qp_init_attr *init_attr,
                struct ib_udata *udata,
                struct hns_roce_qp *hr_qp)
{
......
    ret = set_qp_param(hr_dev, hr_qp, init_attr, udata, &ucmd);    //①
    if (ret) {
        ibdev_err(ibdev, "Failed to set QP param\n");
        return ret;
    }
......
    ret = alloc_qp_db(hr_dev, hr_qp, init_attr, udata, &ucmd, &resp);    //②
    if (ret) {
        ibdev_err(ibdev, "Failed to alloc QP doorbell\n");
        goto err_wrid;
    }
```

```
    ret = alloc_qp_buf(hr_dev, hr_qp, init_attr, udata, ucmd.buf_addr); //③
    if (ret) {
        ibdev_err(ibdev, "Failed to alloc QP buffer\n");
        goto err_db;
    }

    ret = alloc_qpn(hr_dev, hr_qp);      //④
    if (ret) {
        ibdev_err(ibdev, "Failed to alloc QPN\n");
        goto err_buf;
    }

    ret = alloc_qpc(hr_dev, hr_qp);      //⑤
    if (ret) {
        ibdev_err(ibdev, "Failed to alloc QP context\n");
        goto err_qpn;
    }

    ret = hns_roce_qp_store(hr_dev, hr_qp, init_attr);
    if (ret) {
        ibdev_err(ibdev, "Failed to store QP\n");
        goto err_qpc;
    }

    if (udata) {
        ret = ib_copy_to_udata(udata, &resp,
                    min(udata->outlen, sizeof(resp)));    //⑥
        if (ret) {
            ibdev_err(ibdev, "copy qp resp failed!\n");
            goto err_store;
        }
    }
......
    hr_qp->ibqp.qp_num = hr_qp->qpn;      //⑦
    hr_qp->event = hns_roce_ib_qp_event;
    atomic_set(&hr_qp->refcount, 1);
    init_completion(&hr_qp->free);

    return 0;
......
    }
```

对应代码中注释的编号，函数 hns_roce_create_qp_common 主要完成了如下工作。

① 设置 SQ 和 RQ 的 size，即 SQ buffer 和 RQ buffer 中 WQE 的个数。

② 获取用户态代码分配的 SQ 和 RQ 的 Doorbell record 的物理地址和虚拟地址（某些类型的 HNS 网卡不使用 Doorbell record，而是使用 Doorbell 寄存器）。

③ 调用函数 alloc_qp_buf，从函数名看是要为 QP buffer 分配内存，但因为已经在用户态驱动中分配过了，所以这里不会再次分配。而用户态申请的 QP buffer 是虚拟地址连续的，所以此处会为其创建 QP MTR 表进行地址映射，并锁住（Pin）QP buffer 所在的内存页。

④ 从 QP 专用位图中按位分配一个未使用的号码，作为 QPN（QP number）。

⑤ 分配 QPC，即 QP Context。第一次调用函数 alloc_qpc 时会创建 QP HEM 表，并将表

的基地址写入寄存器，供硬件根据 QPN 查找 QPC 数据结构对象。此后每次调用时只需要往表中添加一个对象。

⑥ 将硬件的能力（是否支持 SQ Doorbell record 和 RQ Doorbell record）信息传递给用户态程序。由于这是 HNS 方案的特殊操作，因此无法使用标准的 Verbs 中间层（主要是 ib_uverbs 驱动）返回给用户态程序。

⑦ 将 QPN 写入指针 hr_qp 指向的数据结构，在函数返回后会经 Verbs 中间层返回给用户态程序。

和创建 CQ 的过程不太一样的是，创建 QP 的过程中并没有实际配置 QPC，这要留到后来应用程序调用 Verbs API ibv_modify_qp 修改 QP 时再执行。不过既然 QP MTR 表和 QP HEM 表都已经创建好了，我们先来看看它们的组织形式。

19.4.2　QP buffer 的组织形式

QP buffer 是 QP 中所有 WQE 的容器，其组织形式和 CQ buffer 很类似，也采用了页表的管理方式。不过因为 QP（queue pair）包含了 SQ 和 RQ 两个队列，所以 QP buffer 其实包含了 SQ 和 RQ 两个队列的 buffer，分别称为 SQ buffer 和 RQ buffer。虽然有两个 buffer，但由于它们的地址空间靠在一起（虚拟地址连续），因此只需要一个 MTR 表（如图 19-15 所示）就可以供硬件查找两个队列的 WQE 的物理地址。

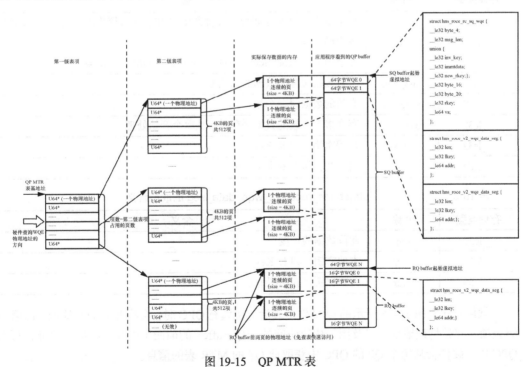

图 19-15　QP MTR 表

图 19-15 的左半部分是两级表项，其中保存了 QP buffer 所在的全部内存页的物理地址。

对于应用程序来说，仍然是按照连续的虚拟地址的方式来访问整个 QP buffer 和其中的 WQE，如图 19-15 右半部分所示。

QP buffer 分为两个部分，前面的一大部分为 SQ buffer，后面的一小部分为 RQ buffer。

SQ buffer 中的 WQE 数量和 RQ buffer 中的 WQE 数量相同，但 SQ 的 WQE 占用 64 字节的地址段，而 RQ 的 WQE 只占用 16 字节。

不同的 WQE 对应的数据结构不同。RQ WQE 只使用一个数据结构，即 struct hns_roce_v2_wqe_data_seg，其内部只有数据长度、L_Key、数据缓存地址三个成员。

如果当前 QP 使用了 RC 传输服务类型，其 SQ WQE 中会包含三个数据结构，其中第一个是 struct hns_roce_rc_sq_wqe，后面紧跟着两个 struct hns_roce_v2_wqe_data_seg，后两个中的每个保存一段数据缓存的长度和地址。这意味着一个 SQ 的 WQE 中最少可以保存两个数据缓存的信息，这样硬件在读取一次 WQE 后可以连续处理两段数据，提高了工作效率。两种数据结构的成员含义如表 19-4 和表 19-5 所示。需要注意的是，如果当前 QP 使用了 UD 传输服务类型，SQ WQE 会使用其他数据结构解析，在此不再拓展讨论。

> **注：**
>
> 一个 SQ 的 WQE 中还可以保存更多数据缓存的信息，比如可以把一个 SQ 的 WQE 扩展为 128 字节，向其中再添加 4 个 struct hns_roce_v2_wqe_data_seg，就可以共包含 6 个数据缓存的信息了。为简单起见，本书不再讨论这种情况。

表 19-4   struct hns_roce_rc_sq_wqe 的成员含义

存储类型	名称	含义
__le32	byte_4	1. 标记位，比如是否要求硬件产生 CQE、是否等待以前的数据传输完成再继续等 2. 操作码，比如 Send、RDMA Write、RDMA Read 等
__le32	msg_len	所有数据缓存中数据的总长度
__le32	byte_16	有效的数据缓存个数
__le32	byte_20	存在多个有效的数据缓存时，从哪个开始处理
__le32	rkey	远程密钥，即 R_Key
__le64	va	对端数据缓存的虚拟地址

表 19-5   struct hns_roce_v2_wqe_data_seg 的成员含义

存储类型	名称	含义
__le32	len	此段数据的长度
__le32	lkey	本地密钥，即 L_Key
__le64	addr	此数据缓存的虚拟地址

软件在建立图 19-15 所示的 QP MTR 表后，在填充 QPC 时，会将此表的基地址，即第一级表项的起始物理地址，以及用于快速访问的 RQ buffer 的前两个内存页的物理地址，写入 QPC 中。硬件会从每个 QP 的 QPC 中获取此 QP 的 MTR 表的信息。

19.4.3   QP Context 的组织形式

和管理所有的 CQC 类似，HNS 方案对所有的 QPC（QP Context）也采用了页表的形式进行管理，即 QP HEM 表。QP HEM 表和 CQ HEM 表在形式上非常类似，不同的是前者所管理的对象（QPC）的大小（size）是后者所管理的对象（CQC）的 4 倍，从而导致第一级表项的个数也扩展为 4 倍，因为系统中 QP 和 CQ 的最大数量是相同的。

图 19-16 所示为 QP HEM 表，这个表管理了很多个 256 字节的对象，每个对象中都保存了一个 QPC，对应的数据结构为 struct hns_roce_v2_qp_context。

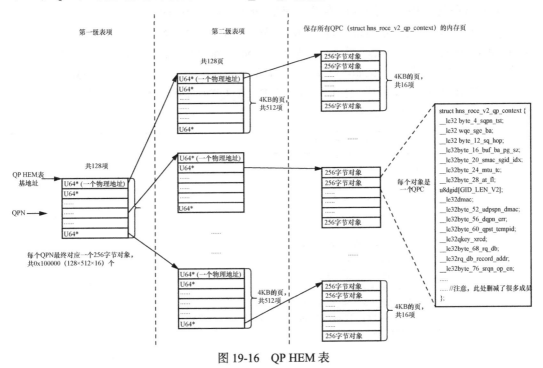

图 19-16　QP HEM 表

软件在创建 QP HEM 表后，会通过 mailbox 把表的基地址告知硬件。此后，软件和硬件就通过此表来交换每个 QP 的 Context 信息。

19.5　修改 QP

按照第 18 章中的讲述，应用程序在调用一系列 Verbs API 依次完成了分配 PD、注册 MR、创建 CQ、创建 QP 等工作后，会通过套接字获取对端的信息，包括 QPN、数据缓存地址、R_Key 等。之后，在进行数据传输之前，有一个修改（配置）QP 的过程，它是下一步执行 RDMA Write、RDMA Read、Send 和 Receive 等操作的基础。

所有对 QP 的修改最终都体现在此 QP 的 Context 中，希望达到的最终效果是：在将来发起 RDMA Write 之类的操作时，软件只需要填写 WQE 和写 Doorbell 寄存器，RDMA 网卡就知道如何获取 WQE、如何封装数据包、将数据包传输到哪里，以及传输完成后向哪个 CQ 中填写 CQE 等。

19.5.1　应用程序修改 QP

在修改 QP 的过程中，应用程序会调用三次 Verbs API ibv_modify_qp，依次把 QP 配置为初始化（INIT）、准备接收（ready to receive，RTR）、准备发送（ready to send，RTS）状态。
以下分别用三段代码给出示例。

1. RESET→INIT

下面这段代码中，应用程序在调用函数 ibv_modify_qp 时，其参数中有一个 struct
ibv_qp_attr 类型的变量，它的成员 qp_state 被赋值为 IBV_QPS_INIT，表示把 QP（从初始状
态 RESET）配置为 INIT 状态。注意，函数 ibv_modify_qp 的第三个参数是一个标记，表示此
次要修改 QP 的哪些属性。比如本次要修改 QP 的状态，则必须带上标记 IBV_QP_STATE；
如果要配置对端 QPN，必须带上标记 IBV_QP_DEST_QPN。这样内核态驱动程序才能知道要
修改 QPC 中的哪些具体属性。

```
struct ibv_qp_attr attr = {
    .qp_state        = IBV_QPS_INIT,
    .pkey_index      = 0,
    .port_num        = port,
    .qp_access_flags = 0
};

if (ibv_modify_qp(ctx->qp, &attr,
        IBV_QP_STATE         |
        IBV_QP_PKEY_INDEX    |
        IBV_QP_PORT          |
        IBV_QP_ACCESS_FLAGS)) {
    fprintf(stderr, "Failed to modify QP to INIT\n");
    goto clean_qp;
}
}
```

另外，在这段代码中，struct ibv_qp_attr 的另一个成员 qp_access_flags 被设置为 0，如果
之后执行的数据传输操作为 Send 或 Receive，是没问题的。但如果之后要执行 RDMA Write
或 RDMA Read 之类的操作，则需要指明 QP 拥有的对数据缓存的操作权限，可以将
qp_access_flags 设置为 IBV_ACCESS_REMOTE_WRITE | IBV_ACCESS_REMOTE_READ |
IBV_ACCESS_LOCAL_WRITE。

2. INIT→RTR

接下来这段代码中，应用程序调用 Verbs API ibv_modify_qp 前，把 qp_state 赋值为
IBV_QPS_RTR，表示把 QP 状态（从 INIT）修改为 RTR。并且 struct ibv_qp_attr 中还写入了
对端 QPN、RQ PSN、MTU、对端 LID、对端 GID 以及本地 GID 的索引等信息，相应的标记
中也包含了 IBV_QP_DEST_QPN、IBV_QP_RQ_PSN、IBV_QP_AV 和 IBV_QP_PATH_MTU，
其中的 IBV_QP_AV 用于配置对端 GID 和本地 GID 的索引等。

```
struct ibv_qp_attr attr = {
    .qp_state          = IBV_QPS_RTR,
    .path_mtu          = mtu,
    .dest_qp_num       = dest->qpn,
    .rq_psn            = dest->psn,
    .max_dest_rd_atomic = 1,
    .min_rnr_timer     = 12,
    .ah_attr           = {
```

```
        .is_global    = 0,
        .dlid         = dest->lid,
        .sl           = sl,
        .src_path_bits    = 0,
        .port_num     = port
    }
};

if (dest->gid.global.interface_id) {
    attr.ah_attr.is_global = 1;
    attr.ah_attr.grh.hop_limit = 1;
    attr.ah_attr.grh.dgid = dest->gid;
    attr.ah_attr.grh.sgid_index = sgid_idx;
}
if (ibv_modify_qp(ctx->qp, &attr,
        IBV_QP_STATE              |
        IBV_QP_AV                 |
        IBV_QP_PATH_MTU           |
        IBV_QP_DEST_QPN           |
        IBV_QP_RQ_PSN             |
        IBV_QP_MAX_DEST_RD_ATOMIC |
        IBV_QP_MIN_RNR_TIMER)) {
    fprintf(stderr, "Failed to modify QP to RTR\n");
    return 1;
}
```

3. RTR→RTS

在下面这段代码中，应用程序在调用ibv_modify_qp前，把qp_state赋值为IBV_QPS_RTS，表示把 QP 的状态（从 RTR）修改为 RTS。其他参数中包含了 SQ PSN 等信息，相应的标记也包含了 IBV_QP_SQ_PSN 等。

```
    attr.qp_state       = IBV_QPS_RTS;
    attr.timeout        = 14;
    attr.retry_cnt      = 7;
    attr.rnr_retry      = 7;
    attr.sq_psn         = my_psn;
    attr.max_rd_atomic  = 1;
    if (ibv_modify_qp(ctx->qp, &attr,
            IBV_QP_STATE             |
            IBV_QP_TIMEOUT           |
            IBV_QP_RETRY_CNT         |
            IBV_QP_RNR_RETRY         |
            IBV_QP_SQ_PSN            |
            IBV_QP_MAX_QP_RD_ATOMIC)) {
        fprintf(stderr, "Failed to modify QP to RTS\n");
        return 1;
    }
```

19.5.2 代码执行流程分析

应用程序每次调用函数 ibv_modify_qp 后，接下来系统中会发生什么呢？图 19-17 所示为修改 QP 的全流程。

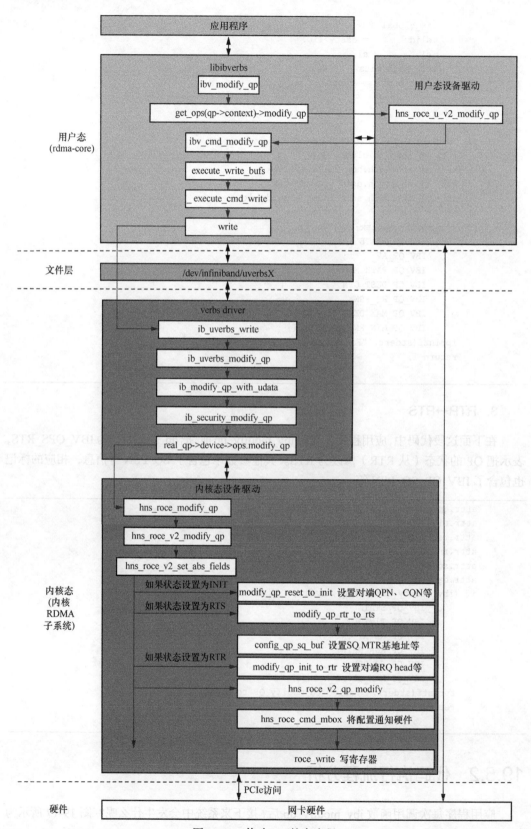

图 19-17　修改 QP 的全流程

从图 19-17 可以看出，修改 QP 的主要工作发生在内核态驱动程序中。HNS 内核态驱动程序会按照目标状态的不同，分别调用三个不同的函数，它们是 modify_qp_reset_to_init、modify_qp_init_to_rtr 和 modify_qp_rtr_to_rts，分别对应三种状态切换，即 RESET→INIT、INIT→RTR 和 RTR→RTS。这三个函数最终都会修改 QP HEM 表（见图 19-16）中当前 QP 对应的 struct hns_roce_v2_qp_context 对象中的某些字段，这些字段就是 QP 的具体属性，它们都属于 QPC。表 19-6 列出了这三种状态切换分别修改了 QPC 中的哪些属性。每次的修改最终都会由驱动程序通过 mailbox 告知硬件。

表 19-6　QPC 数据结构 struct hns_roce_v2_qp_context 部分成员的含义及其设置时机

设置时机	存储类型	名称	含义
RESET→INIT	__le32	byte_4_sqpn_tst	自己的 QPN
	__le32	byte_16_buf_ba_pg_sz	PDN
	__le32	byte_20_smac_sgid_idx	WQE 总数，包括 SQ 和 RQ
	__le32	byte_68_rq_db	RQ Doorbell record 的地址低 32 位
	__le32	rq_db_record_addr	RQ Doorbell record 的地址高 32 位
	__le32	byte_76_srqn_op_en	Shared RQ 的 number 和使能
	__le32	byte_80_rnr_rx_cqn	RQ 使用的 CQ 的 CQN
	__le32	byte_252_err_txcqn	处理发送错误的 CQ 的 CQN
	__le32	byte_252_err_txcqn	SQ 使用的 CQ 的 CQN
INIT→RTR	__le32	wqe_sge_ba	RQ MTR 表的基地址低 32 位 >>3
	__le32	byte_12_sq_hop	1. RQ MTR 表的基地址高 32 位 >>3 2. QP MTR 表的层数
	__le32	byte_16_buf_ba_pg_sz	系统内存页的 page shift，一般为 12，代表使用 4KB 的页
	__le32	byte_20_smac_sgid_idx	本地 GID 索引
	__le32	byte_24_mtu_tc	MTU
	__le32	byte_28_at_fl	是否为 loopback 模式
	u8	dgid[GID_LEN_V2]	目的 GID
	__le32	byte_52_udpspn_dmac	目的 MAC
	__le32	byte_56_dqpn_err	对端 QPN
	__le32	byte_84_rq_ci_pi	当前 RQ 的 head（从第几个 WQE 开始处理）
	__le32	rq_cur_blk_addr	RQ buffer 第一个内存页的基地址低 32 位
	__le32	byte_92_srq_info	RQ buffer 第一个内存页的基地址高 32 位
	__le32	rq_nxt_blk_addr	RQ buffer 第二个内存页的基地址低 32 位
	__le32	byte_104_rq_sge	RQ buffer 第二个内存页的基地址高 32 位
RTR→RTS	__le32	sq_cur_blk_addr	SQ MTR 表的基地址低 32 位
	__le32	byte_168_irrl_idx	SQ MTR 表的基地址高 32 位
	__le32	byte_248_ack_psn	回复 ACK 时的 PSN

需要注意的是，软件并没有直接写 QP HEM 表中的 256 字节对象，而是先在主机内存中申请一段 512 字节的物理地址连续的缓存，这段缓存中包含了两个 struct hns_roce_v2_qp_context，

每个占 256 字节。其中第一个数据结构存放具体修改的 QPC 中的配置，第二个数据结构用于标识此次要修改 QPC 中的哪些字段（可以把目标字段的全部位置 1，其他字段为 0）。

这样做有什么作用呢？我们知道软件在更改硬件的某些配置时，以修改某个寄存器中的一个位为例，会先把整个寄存器的值读取出来，修改目标位后，再把新值写回寄存器。但是这个寄存器中可能有很多位，每个位对应不同的功能，硬件并不知道软件此次修改了哪些位，所以硬件会对每个位都进行相应处理。数据量比较小时（比如只有几个寄存器），这么做没什么问题。但如果数据量比较大，这么做就非常耗时了。所以就会使用两个数据结构，其中一个存放数据，另一个标记有效字段。

第二个数据结构可以使硬件知道此次修改涉及哪些字段，不用每次把 256 字节的 QPC 中的全部字段处理一遍；也使得软件只需要把想要修改的字段写到第一个数据结构，并在第二个数据结构做标记就可以了，甚至不用把全部配置都读取出来再加以修改。最后软件会把这段 512 字节的缓存的物理地址通过 mailbox 机制告知硬件。硬件在进行相应处理后，最终 QP 的配置还是会体现到 QP HEM 表中的 256 字节对象中。

至此，QP 已经准备好，可以开始进行数据传输了。

19.5.3　硬件获取 WQE 地址的过程

本节讲述 QP HEM 表和 QP MTR 表的使用方式。

假设软件刚刚下发了一次 Send 或 Receive 任务，即填写了一个 WQE，并且写了 Doorbell 寄存器（或 Doorbell record）通知硬件处理。现在硬件遇到的问题是，到哪里去读取这个 WQE？

软件向 Doorbell 寄存器中写入了 QPN、WQE Index（软件中 SQ/RQ 的最新 head）等信息，再加上硬件已经（在创建 QP 的过程中）知道了 QP HEM 表的基地址，所以此时硬件具备了按照 QPN 查询 QP HEM 表的条件。查表过程如图 19-18 所示。

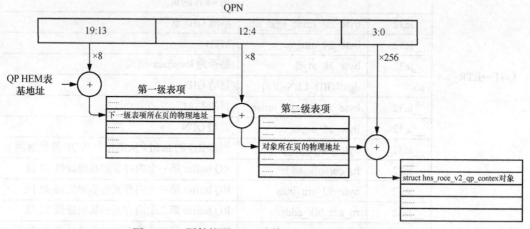

图 19-18　硬件按照 QPN 查询 QP HEM 表获取 QPC

在查找到 QPN 对应的 struct hns_roce_v2_qp_context 对象后，硬件也就获取了 QPC，其中包含了表 19-6 中的全部信息，当然也包括 QP MTR 表的基地址。

注：

表 19-6 中有 SQ MTR 表基地址和 RQ MTR 表基地址之分，但实际上两者数值相等。

接下来，硬件需要查询 QP MTR 表获取 WQE 的物理地址。但在此之前，硬件还要知道目标 WQE 在 QP buffer 中的（虚拟）地址偏移。而获取这个偏移的前提是知道目标 WQE 的 Index 和每个 WQE 的 size。每个 WQE 的 size 是固定的，SQ WQE size 为 64 字节，RQ WQE size 为 16 字节。WQE Index 就是 SQ/RQ 当前的队列 head（不是软件写到 Doorbell 寄存器中的最新 head），需要硬件自己维护，每处理一个 WQE 就把 head 加 1，并做环形队列管理。因此，硬件可以算出目标 WQE 在 QP buffer 中的地址偏移：对于 SQ，为 SQ head × 64；对于 RQ，其等于 SQ WQE 总数 × 64 + RQ head × 16。接下来，硬件就可以查找 QP MTR 表，获取 WQE 所在的物理地址了。查表过程如图 19-19 和图 19-20 所示。

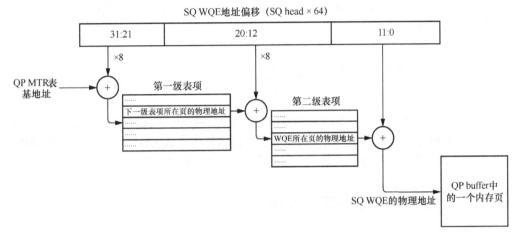

图 19-19 硬件查询 QP MTR 表获取 SQ WQE 的物理地址

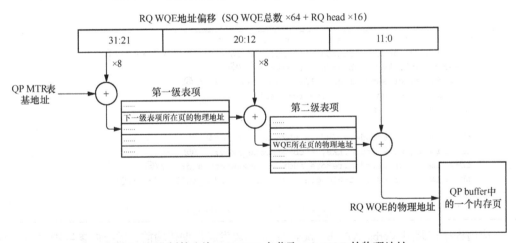

图 19-20 硬件查询 QP MTR 表获取 RQ WQE 的物理地址

硬件处理完一个 WQE 后，会把自己维护的 SQ/RQ 的 head 加 1。如果此 head 仍不等于软件写到 Doorbell 寄存器中的 WQE Index（最新 head），则说明仍有没处理完的 WQE，需要硬件继续处理。

## 第 20 章

进行一次数据传输

本章讲述的内容属于 RDMA 实现方案的数据通路，主要包括发起数据传输和确认数据传输完毕两部分内容。

20.1　发起数据传输——RDMA Write

对于 RDMA 软件来说，不需要使用 TCP/IP 之类的网络协议栈封装数据包，所以在完成前文介绍的各种元素的初始化和配置工作后，发起数据传输就比较简单了。本节以 RDMA Write 操作为例，介绍在软件中发起一次数据传输操作的代码执行流程。

20.1.1　应用程序发起数据传输

下面这段代码截取自 rdma-core 中的示例程序 rping，用来发起一次 RDMA Write 数据传输。

```
/******rdma-core/librdmacm/examples/rping.c******/
    cb->rdma_sgl.addr = (uint64_t) (unsigned long) cb->rdma_buf; //①
    cb->rdma_sgl.lkey = cb->rdma_mr->lkey; //②
    cb->rdma_sq_wr.send_flags = IBV_SEND_SIGNALED; //③
    cb->rdma_sq_wr.sg_list = &cb->rdma_sgl;
    cb->rdma_sq_wr.num_sge = 1;
......
    cb->rdma_sq_wr.opcode = IBV_WR_RDMA_WRITE; //④
    cb->rdma_sq_wr.wr.rdma.rkey = cb->remote_rkey; //⑤
    cb->rdma_sq_wr.wr.rdma.remote_addr = cb->remote_addr; //⑥
    cb->rdma_sq_wr.sg_list->length = strlen(cb->rdma_buf) + 1; //⑦
......
    ret = ibv_post_send(cb->qp, &cb->rdma_sq_wr, &bad_wr);
```

应用程序在调用 Verbs API ibv_post_send 函数发起数据传输前，需要向参数中添加一系列配置，对应代码中注释的编号，这些配置如下。

① 本地数据缓存（MR）的虚拟地址。

② 本地 MR 的 L_Key，赋予本地 RDMA 网卡访问本地数据缓存的权限。

③ 发送标记，此处的 IBV_SEND_SIGNALED 表示要求硬件在完成任务后产生 CQE。

④ 操作码，代码中为 IBV_WR_RDMA_WRITE，表示要发起一次 RDMA Write 操作。

⑤ 远端 MR 的 R_Key，赋予远端 RDMA 网卡访问远端数据缓存的权限。

⑥ 远端数据缓存的虚拟地址。

⑦ 待传输的数据长度。

20.1.2　代码执行流程分析

应用程序在调用 ibv_post_send 发起 RDMA Write 操作后，接下来系统中会如何处理呢？图 20-1 所示为 RDMA Write 的代码执行流程。

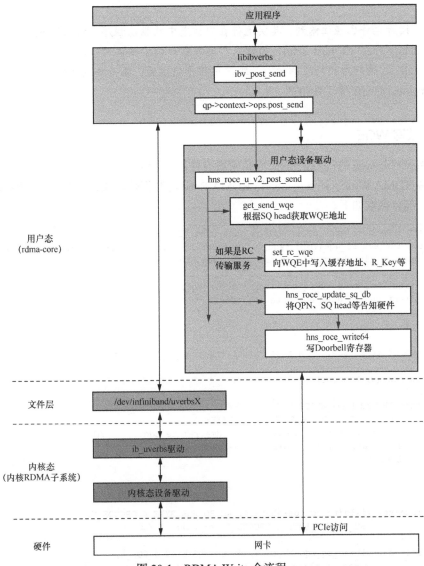

图 20-1　RDMA Write 全流程

与第 19 章介绍的各种代码执行流程相比，RDMA Write 操作有一个很大的不同，那就是没有进入内核态驱动执行任何代码。RDMA 技术之所以能够提供高性能的网络传输，一个重要的原因就是其可以在发起数据传输时旁路（bypass）内核。前文介绍的注册 MR、创建 CQ、修改 QP 等操作都会进入内核态执行，主要原因是它们的一些工作步骤必须在内核态完成，比如锁定（Pin）各种缓存的内存页，以及它们都属于低频操作，一般程序刚启动时执行一次就可以了，所以不会影响数据传输性能。但 RDMA Write 这种数据传输操作在应用程序中的执行频率很高，再加上为了达到低时延的效果，需要全部在用户态执行。

HNS 用户态驱动中对接 Verbs API ibv_post_send 的处理函数为 hns_roce_u_v2_post_send，从图 20-1 中可以看出，它主要调用了 3 个函数：get_send_wqe、set_rc_wqe 和 hns_roce_update_sq_db。这 3 个函数各自的作用是计算 WQE 的地址，填写 WQE 和写 Doorbell 寄存器通知硬件。第一个函数的实现比较简单，接下来介绍后两个函数。

注：

  读者也许已经注意到，其实运行在内核态中的驱动程序也提供了 post_send 的处理函数 hns_roce_v2_post_send，为什么？答案是内核中提供的针对 post_send、post_recv 和 poll_cq 等行为的处理函数不是给应用程序使用的，而是给内核中的其他模块（比如 net\smc、fs\cifs 等）使用的。

1. 填写 WQE

函数 set_rc_wqe 的代码比较长，它负责所有使用 RC 传输服务类型的 QP 中的 WQE 配置，除了支持 RDMA Write，还支持 Send、RDMA Read 等数据传输操作。在此把一些不相关的代码删除，部分截取如下。

```
/******rdma-core/providers/hns/hns_roce_u_hw_v2.c******/
static int set_rc_wqe(void *wqe, struct hns_roce_qp *qp, struct ibv_send_wr *wr,
            int nreq, struct hns_roce_sge_info *sge_info)
{
    struct hns_roce_rc_sq_wqe *rc_sq_wqe = wqe;
    struct hns_roce_v2_wqe_data_seg *dseg;
    int hr_op;
    int i;

    memset(rc_sq_wqe, 0, sizeof(struct hns_roce_rc_sq_wqe));

    switch (wr->opcode) {
......
    case IBV_WR_RDMA_WRITE:
        hr_op = HNS_ROCE_WQE_OP_RDMA_WRITE;
        rc_sq_wqe->va = htole64(wr->wr.rdma.remote_addr);   //①
        rc_sq_wqe->rkey = htole32(wr->wr.rdma.rkey);
        break;
......
    }

    roce_set_field(rc_sq_wqe->byte_4, RC_SQ_WQE_BYTE_4_OPCODE_M,
            RC_SQ_WQE_BYTE_4_OPCODE_S, hr_op);    //②

    roce_set_bit(rc_sq_wqe->byte_4, RC_SQ_WQE_BYTE_4_CQE_S,
            (wr->send_flags & IBV_SEND_SIGNALED) ? 1 : 0);    //③

    roce_set_bit(rc_sq_wqe->byte_4, RC_SQ_WQE_BYTE_4_FENCE_S,
            (wr->send_flags & IBV_SEND_FENCE) ? 1 : 0);

    roce_set_bit(rc_sq_wqe->byte_4, RC_SQ_WQE_BYTE_4_SE_S,
            (wr->send_flags & IBV_SEND_SOLICITED) ? 1 : 0);

    roce_set_bit(rc_sq_wqe->byte_4, RC_SQ_WQE_BYTE_4_OWNER_S,
            ~(((qp->sq.head + nreq) >> qp->sq.shift) & 0x1));

    roce_set_field(rc_sq_wqe->byte_20,
            RC_SQ_WQE_BYTE_20_MSG_START_SGE_IDX_M,
```

```
                    RC_SQ_WQE_BYTE_20_MSG_START_SGE_IDX_S,
                    sge_info->start_idx & (qp->ex_sge.sge_cnt - 1));
......
    wqe += sizeof(struct hns_roce_rc_sq_wqe);
    dseg = wqe;

    set_sge(dseg, qp, wr, sge_info);    //④

    rc_sq_wqe->msg_len = htole32(sge_info->total_len);    //⑤
......
    return 0;
}
```

这段代码的作用就是向 WQE 中写入各种数据，对应代码中注释的编号如下。

① 设置远端数据缓存的地址和 R_Key。

② 设置操作码（即 RDMA Write）。

③ 设置标志位 RC_SQ_WQE_BYTE_4_CQE_S，要求硬件在完成数据传输后产生一个 CQE。

④ 设置本地每段数据缓存的虚拟地址、长度和 L_Key。

⑤ 设置所有本地数据缓存的总长度。

只有④是往 SQ WQE 中的数据结构 struct hns_roce_v2_wqe_data_seg 写入配置，其他步骤都是在往数据结构 hns_roce_rc_sq_wqe 中写配置，如图 19-15 所示。

2. 写 Doorbell 寄存器

软件填写 SQ WQE 后，需要写 Doorbell 寄存器通知硬件，硬件才会读取此 WQE。

下面是 hns_roce_update_sq_db 函数的代码。

```
/******rdma-core/providers/hns/hns_roce_u_hw_v2.c******/
static void hns_roce_update_sq_db(struct hns_roce_context *ctx,
                unsigned int qpn, unsigned int sl,
                unsigned int sq_head)
{
    struct hns_roce_db sq_db = {};

    /* cmd: 0 sq db; 1 rq db; 2; 2 srq db; 3 cq db ptr; 4 cq db ntr */
    roce_set_field(sq_db.byte_4, DB_BYTE_4_CMD_M, DB_BYTE_4_CMD_S,
            HNS_ROCE_V2_SQ_DB);
    roce_set_field(sq_db.byte_4, DB_BYTE_4_TAG_M, DB_BYTE_4_TAG_S, qpn);

    roce_set_field(sq_db.parameter, DB_PARAM_SQ_PRODUCER_IDX_M,
            DB_PARAM_SQ_PRODUCER_IDX_S, sq_head);
    roce_set_field(sq_db.parameter, DB_PARAM_SL_M, DB_PARAM_SL_S, sl);

    hns_roce_write64((uint32_t *)&sq_db, ctx, ROCEE_VF_DB_CFG0_OFFSET);
}
```

代码中的一系列 roce_set_field 函数调用都是在准备将要写入 Doorbell 寄存器的数据，这些数据包括 QPN、SQ head 和表明当前队列是 SQ（HNS_ROCE_V2_SQ_DB）的标记。

最后调用的函数 hns_roce_write64 会直接写寄存器，参数中指定了寄存器的地址偏移为 ROCEE_VF_DB_CFG0_OFFSET。这是 HNS 方案中唯一的 Doorbell 寄存器，无论发起何种操作，包括 Post Send（使用 SQ）、Post Receive（使用 RQ）和轮询 CQ，只要是使用 Doorbell 寄存器（而不是 Doorbell record）这种机制通知硬件，都会使用这个寄存器。这也是需要往此寄存器写入队列类型（SQ/RQ/CQ）的原因。

此后，硬件会根据 Doorbell 寄存器中的信息，先找到 QPC，再获取 WQE 的地址，然后从 WQE 中获得操作码、本地数据缓存地址、远端数据缓存地址和数据长度等信息，最后封装数据包发起数据传输。

20.2 确认数据传输完毕——轮询 CQ

完成软件在 WQE 中下发的任务后，如果 WQE 中设置了 RC_SQ_WQE_BYTE_4_CQE_S 标志位，硬件会向 CQ 中填写一个 CQE，告知软件任务已完成。按照第 18 章中的讲述，应用程序在调用函数 ibv_post_send 发起 RDMA Write 或 RDMA Read 操作后，为了确认硬件已经完成操作，需要调用函数 Verbs API ibv_poll_cq 去轮询 CQ（严格地说，是轮询 CQ 中的 CQE）。图 20-2 所示为软件轮询 CQ 的整个流程。

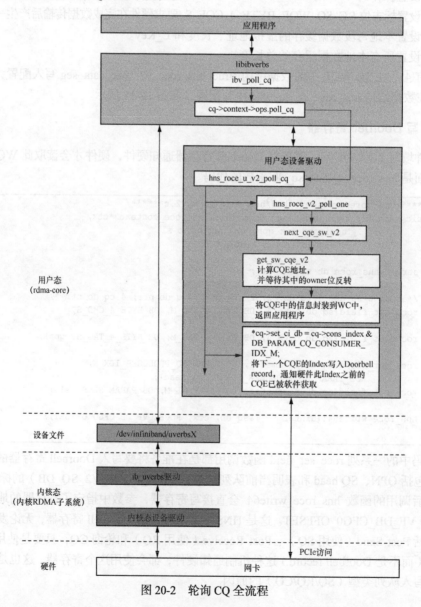

图 20-2　轮询 CQ 全流程

轮询 CQ 也属于数据传输过程的一部分，是一种高频操作，需要避免用户态和内核态的频繁切换，因此其具体的实现全部放在了用户态驱动中。用户态驱动向 Verbs 中间层注册的处理函数为 hns_roce_u_v2_poll_cq，这也是应用程序发起的轮询 CQ 操作在进入用户态驱动后的入口函数。函数代码如下。

```
/******rdma-core/providers/hns/hns_roce_u_hw_v2.c******/
static int hns_roce_u_v2_poll_cq(struct ibv_cq *ibvcq, int ne,
                struct ibv_wc *wc)
{
    int npolled;
    int err = V2_CQ_OK;
    struct hns_roce_qp *qp = NULL;
    struct hns_roce_cq *cq = to_hr_cq(ibvcq);
    struct hns_roce_context *ctx = to_hr_ctx(ibvcq->context);

    pthread_spin_lock(&cq->lock);

    for (npolled = 0; npolled < ne; ++npolled) {
        err = hns_roce_v2_poll_one(cq, &qp, wc + npolled);    //①
        if (err != V2_CQ_OK)
            break;
    }

    if (npolled || err == V2_CQ_POLL_ERR) {
        mmio_ordered_writes_hack();

        if (cq->flags & HNS_ROCE_SUPPORT_CQ_RECORD_DB)
            *cq->set_ci_db =
                cq->cons_index & DB_PARAM_CQ_CONSUMER_IDX_M;    //②
        else
            hns_roce_v2_update_cq_cons_index(ctx, cq);
    }

    pthread_spin_unlock(&cq->lock);

    return err == V2_CQ_POLL_ERR ? err : npolled;
}
```

这段代码主要完成了下面这两件事。

① 调用 hns_roce_v2_poll_one→next_cqe_sw_v2→next_cqe_sw_v2→get_sw_cqe_v2，计算 CQE 的虚拟地址，并轮询其中的 owner 位，等待硬件将此位反转（见表 19-2）。根据应用程序调用 ibv_poll_cq 时设置的参数，此处可多次调用 hns_roce_v2_poll_one，即一次性地轮询多个 CQE。

② 将下一个尚未（但是下一次会）轮询的 CQE 的 Index 写入 CQ 的 Doorbell record，通知硬件此 Index 之前的 CQE 已被读取。

20.3 软件和硬件行为汇总

至此，本书已经讲述了从一个应用程序申请数据缓存开始，到创建 QP 和 CQ 等对象，然后填写 WQE 并写 Doorbell 寄存器触发数据传输，最后获得操作完成通知的整个过程。本节将对这一过程中的软件和硬件的主要行为进行汇总，更清楚地呈现每个步骤中的软件和硬件的动作以及交互方式。

（1）分配 PD。

- 软件：找一个未被 PD 使用的数字作为 PDN（详见 19.1 节）。
- 硬件：不参与。

（2）分配数据缓存，并注册 MR。

- 软件：向操作系统申请内存作为数据缓存，建立 MR MTR 表的和 MR HEM 表，并将 MR HEM 表的基地址、MR 的 L_Key 等信息告知硬件（详见 19.2.2 节）。
- 硬件：接收软件配置。

（3）创建 CQ。

- 软件：分配 CQN，建立 CQ MTR 表和 CQ HEM 表，并将 HEM 表的基地址、Doorbell record 地址等信息告知硬件（详见 19.3.2 节和 19.3.3 节）。
- 硬件：接收软件配置。

（4）创建 QP。

- 软件：分配 QPN，建立 QP MTR 表和 QP HEM 表，并将 QP HEM 表的基地址等信息告知硬件（详见 19.4.2 节和 19.4.3 节）。
- 硬件：接收软件配置。

（5）修改 QP。

- 软件：向 QPC 中添加配置，包括对端 QPN、CQN 等，并通知硬件（详见 19.5 节）。
- 硬件：接收软件配置。

（6）进行 RDMA Write 数据传输。

- 软件：填写 WQE，写 Doorbell 寄存器通知硬件（详见 20.1 节）。
- 硬件：找到并读取 WQE（详见 19.5.3 节），获得数据缓存的虚拟地址、长度、操作码、L_Key 等信息，随后查询 MR MTR 表获取数据缓存的物理地址（详见 19.2.3 节）。读取数据后发往对端。

（7）轮询 CQ。

- 硬件：收到对端反馈后，根据 QPC 中的 CQN，依次查找 CQ HEM 表和 CQ MTR 表，获取 CQE 地址（详见 19.3.4 节）。然后向 CQE 中填写完成信息（见表 19-2），并反转 owner 位。
- 软件：轮询 CQE，等待 owner 位变化（详见 20.2 节）。

## 第 21 章

RoCEv2 网卡的 MAC、IP 和 GID

根据 RoCEv2 协议的规范，我们知道，在 RoCEv2 类型的网络上，传递的是 Ethernet+IP+TCP 的数据包。也就是说，每个 RoCEv2 类型的 RDMA 网卡在封装数据包时，必须知道：

- 自己的 MAC 地址；
- 自己的 IP 地址；
- 对端的 MAC 地址；
- 对端的 IP 地址。

自己的 MAC 地址和 IP 地址属于本地配置，比较容易获取。但对端的 MAC 地址和 IP 地址如何获取，又是怎么配置给网卡的呢？本章就来解决这个问题。

第 18 章中讲到，RDMA 应用程序在修改 QP 和向对端发起数据传输前，需要先通过套接字获取对端的几个关键信息。这些关键信息包括 LID、QPN、数据缓存的地址、R_Key 和 GID 等。对端的 MAC 地址和 IP 地址就是根据对端的 GID，通过换算或查询获取的。

也许有读者会认为，运行应用程序时，客户端使用的命令选项中已经包含了服务端的 IP 地址，再使用 ARP 不就可以获取对端的 MAC 地址了？事实并非如此。因为客户端使用的命令选项中包含的服务端的 IP 地址并不一定是服务端的 RoCEv2 网卡的 IP 地址，它可能是服务端的其他网卡的 IP 地址，只要服务端应用程序能使用此 IP 地址和客户端进行套接字通信就可以了。

要理解如何通过对端的 GID 获取对端的 MAC 地址和 IP 地址，前提是知道 RoCEv2 网卡的 GID 有什么特点，接下来首先进行这方面的介绍。

> **注：**
> 本章中对 GID 的操作和描述，一般不涉及 GID 前缀，所以用 GUID 可能更加准确。但考虑到使用习惯，仍采用 GID 这种说法。

21.1 RoCEv2 网卡的 GID

LID 对于 RoCE 没有意义，但 GID 对于 RoCE 类型的网络和设备是有意义的。

RoCE 类型的终端和 InfiniBand 类型的终端一样，都有默认的 GID。以 Mellanox MCX515A-CCAT 为例，这是一款单端口的支持 RoCEv1 和 RoCEv2 的 100GbE 网卡。系统启动后，在没有做任何人工配置的情况下，执行 show_gids 命令，从其输出中可以看到一个"0 号 GID"，由于使用了默认 GID 前缀，因此这也是一个默认 GID。

也可以说是两个相同的 GID 分别对应了 RoCEv1 和 RoCEv2 两种协议类型。

```
$ show_gids
DEV     PORT   INDEX  GID                                              IPv4          VER   DEV
---     ----   -----  ---                                              ------------  ---   ---
mlx5_0  1      0      fe80:0000:0000:0000:ba59:9fff:feb0:cc70                        v1    ens2
mlx5_0  1      1      fe80:0000:0000:0000:ba59:9fff:feb0:cc70                        v2    ens2
```

如果执行 ifconfig 命令查看网卡的 MAC 地址，就会发现此默认的 GID 是由网卡的 MAC 地址转换而来的。

```
# ifconfig
ens2: flags=4163<UP,BROADCAST,RUNNING,MULTICAST>  mtu 1500
        ether b8:59:9f:b0:cc:70  txqueuelen 1000  (Ethernet)
        RX packets 42  bytes 9463 (9.4 KB)
        RX errors 0  dropped 0  overruns 0  frame 0
        TX packets 95  bytes 14782 (14.7 KB)
        TX errors 0  dropped 0  overruns 0  carrier 0  collisions 0
```

要了解 MAC 地址到 GID 的转换方法，可参考 Linux 内核代码。HNS RoCEv2 网卡的内核态驱动程序在将 MAC 地址转换为 GID（不包括 FE80::00 前缀）时，调用了 Linux 内核中的函数 addrconf_addr_eui48，此函数的代码如下。

```
/******linux/include/net/addrconf.h******/
static inline void addrconf_addr_eui48_base(u8 *eui, const char *const addr)
{
        memcpy(eui, addr, 3);
        eui[3] = 0xFF;
        eui[4] = 0xFE;
        memcpy(eui + 5, addr + 3, 3);
}

static inline void addrconf_addr_eui48(u8 *eui, const char *const addr)
{
        addrconf_addr_eui48_base(eui, addr);
        eui[0] ^= 2;
}
```

我们可以为 RoCEv2 网卡添加新的 GID，其方法是，为此网卡在 Linux 系统中对应的网络接口（ens2）添加一个 IP 地址。例如，先执行如下命令为此网络接口设置一个 IPv4 类型的 IP 地址 192.168.7.2。

```
# ifconfig ens2 192.168.7.2
# ifconfig ens2
ens2: flags=4163<UP,BROADCAST,RUNNING,MULTICAST>  mtu 1500
        inet 192.168.7.2  netmask 255.255.255.0  broadcast 192.168.7.255
        ether b8:59:9f:b0:cc:70  txqueuelen 1000  (Ethernet)
        RX packets 78  bytes 18187 (18.1 KB)
        RX errors 0  dropped 0  overruns 0  frame 0
        TX packets 197  bytes 30117 (30.1 KB)
        TX errors 0  dropped 0  overruns 0  carrier 0  collisions 0
```

再执行 show_gids 命令，就可以看到设备多了一个 GID，如下所示。

```
$ show_gids
```

```
DEV        PORT    INDEX    GID                                                    IPv4          VER    DEV
---        ----    -----    ---                                                    -----------   ---    ---
mlx5_0     1       0        fe80:0000:0000:0000:ba59:9fff:feb0:cc70                              v1     ens2
mlx5_0     1       1        fe80:0000:0000:0000:ba59:9fff:feb0:cc70                              v2     ens2
mlx5_0     1       2        0000:0000:0000:0000:0000:ffff:c0a8:0702 192.168.7.2                  v1     ens2
mlx5_0     1       3        0000:0000:0000:0000:0000:ffff:c0a8:0702 192.168.7.2                  v2     ens2
n_gids_found=4
```

很明显，这个新 GID 0000:0000:0000:0000:0000:ffff:c0a8:0702 是由刚刚设置的 IP 地址 192.168.7.2 转换而来的（0xC0 等于 192，0xA8 等于 168）。

如果为网络接口配置的是一个 IPv6 类型的 IP 地址，也会产生新的 GID，新 GID 和配置的 IPv6 类型的 IP 地址完全相同。

21.2　向 RoCEv2 网卡配置自己的 MAC、IP 和 GID

所有 RDMA 网卡，包括支持 RoCEv2 协议的网卡，都是由硬件封装并解析数据包的。所以只有软件知道 MAC 地址、IP 地址和 GID 是不够的，还必须配置到网卡中。

21.2.1　获取 RoCEv2 网卡自己的 MAC

所有支持 RoCEv2 协议的 RDMA 网卡都可以作为普通以太网卡使用。也就是说这些网卡都有支持内核协议栈方案的网络设备驱动程序。此类驱动程序在初始化的过程中，会从网卡读取 MAC 地址。如果网卡上没有类似 EEPROM 之类的芯片保存 MAC 地址，驱动程序会随机分配一个 MAC 地址。对于内核协议栈方案，将此 MAC 地址写入设备的 struct net_device 数据结构就可以了，协议栈会使用 MAC 地址封装数据包。但对于支持 RoCEv2 协议的网卡，必须将 MAC 地址写入硬件配置。关于如何做到这一点，参见 21.2.3 节。

21.2.2　获取 RoCEv2 网卡自己的 IP 地址

IP 地址最初的来源是用户对（内核协议栈方案产生的）网络接口的配置，比如前文中，用户执行的 ifconfig ens2 192.168.7.2 命令。对于支持 RoCEv2 协议的网卡，必须将 IP 地址写入硬件配置。关于如何做到这一点，参见 21.2.4 节。

不过即使没有配置 IP 地址，也可以使用 0 号 GID 作为 IPv6 类型的 IP 地址访问。关于如何做到这一点，参见 21.2.3 节。

21.2.3　配置 RoCEv2 网卡自己的 0 号 GID

对于 RoCEv2 网卡，0 号 GID 使用厂商分配的 EUI-64 标识符，和 MAC 地址可以互相转换。将 0 号 GID 写入硬件，就相当于把 MAC 地址写入了硬件（不是写入网卡上的 EEPROM 芯片，而是写入硬件配置，供封装数据包的逻辑使用）。此外，GID 和 IPv6 类型的 IP 地址格式相同，所以 0 号 GID 还可以作为 IP 地址在子网内使用。

网卡的 RDMA 内核态驱动程序，在内核协议栈方案的传统网络设备驱动程序加载并完成初始化后才会加载。以 HNS RDMA 驱动程序为例，在其执行初始化的过程中，会从关联的传统网络设备驱动程序里保存的网络设备专属的数据结构 struct net_device 的成员 dev_addr 中，获取 MAC 地址。之后再调用函数 addrconf_addr_eui48 将 MAC 地址转换为 GID，此 GID 即为 RoCEv2 网卡的 0 号 GID。

在此之后，RDMA 网卡驱动程序向 Linux 注册 InfiniBand 设备时，会调用函数 ib_register_device→ib_cache_setup_one→gid_table_setup_one→rdma_roce_rescan_device→ib_enum_roce_netdev→enum_all_gids_of_dev_cb→add_default_gids→ib_cache_gid_set_default_gid→__ib_cache_gid_add→add_modify_gid→add_roce_gid→hns_roce_add_gid→hns_roce_v2_set_gid→hns_roce_config_sgid_table，将 0 号 GID 写入硬件。

21.2.4 配置 RoCEv2 网卡自己的非 0 号 GID

对于 RoCEv2 网卡，非 0 号 GID 是由 IPv4/IPv6 类型的 IP 地址转换而来。

在用户按照内核协议栈方案的处理逻辑为网卡配置 IP 地址时，如果 IP 地址是 IPv4 类型的，内核中会发生一系列的函数调用，即 inetaddr_event→addr_event→rdma_ip2gid→ipv6_addr_set_v4mapped，将 IPv4 地址转换为 GID。如果配置的是 IPv6 类型的 IP 地址，此 IP 地址会直接作为 GID。

在此之后，内核中继续调用函数 inetaddr_event→addr_event→update_gid_event_work_handler→callback_for_addr_gid_device_scan→update_gid→ib_cache_gid_add→__ib_cache_gid_add→add_modify_gid→add_roce_gid→hns_roce_add_gid→hns_roce_v2_set_gid→hns_roce_config_sgid_table，将新 GID 写入硬件。如果硬件获取了非 0 号 GID，就知道了自己封装数据包时需要使用的 IP 地址。

21.3 向 RoCEv2 网卡配置对端设备的 MAC、IP 和 GID

对于在 RDMA 网络中互相通讯的两个 RoCEv2 网卡来说，获取对端设备的 MAC 地址、IP 地址和 GID 的前提，是双端网卡都已经设置好了自己的 GID，举例如下。

服务端的 GID：

```
$ show_gids
DEV     PORT    INDEX   GID                                        IPv4            VER   DEV
---     ----    -----   ---                                        -----------     ---   ---
mlx5_0  1       0       fe80:0000:0000:0000:ba59:9fff:feb0:cc70                    v1    ens2
mlx5_0  1       1       fe80:0000:0000:0000:ba59:9fff:feb0:cc70                    v2    ens2
mlx5_0  1       2       0000:0000:0000:0000:0000:ffff:c0a8:0702 192.168.7.2        v1    ens2
mlx5_0  1       3       0000:0000:0000:0000:0000:ffff:c0a8:0702 192.168.7.2        v2    ens2
```

客户端的 GID：

```
$ show_gids
DEV     PORT    INDEX   GID                                        IPv4            VER   DEV
---     ----    -----   ---                                        -----------     ---   ---
mlx5_0  1       0       fe80:0000:0000:0000:ba59:9fff:fec4:513a                    v1    ens2
mlx5_0  1       1       fe80:0000:0000:0000:ba59:9fff:fec4:513a                    v2    ens2
mlx5_0  1       2       0000:0000:0000:0000:0000:ffff:c0a8:0701 192.168.7.1        v1    ens2
```

```
mlx5_0    1        3         0000:0000:0000:0000:0000:ffff:c0a8:0701192.168.7.1    v2    ens2
```

在通信的过程中，两端可以都使用 0 号 GID，也可以都使用非 0 号 GID，但不能一端使用 0 号 GID，另一端使用非 0 号 GID。下面分别介绍两端都使用 0 号 GID 和两端都使用非 0 号 GID（在此为 3 号 GID）这两种情况。

21.3.1 应用程序获取本地和对端设备的 0 号 GID

在应用程序初始化的过程中，会先获取本地网卡的 GID，再通过套接字和对端通信，获取对端网卡的 GID。

以 rdma-core 代码库中的示例程序 ibv_rc_pingpong 为例。作者在两台服务器上各插入了一块 Mellanox MCX515A-CCAT 网卡，这是一款支持 RoCEv2 模式的 100GbE 网卡。然后将这两块网卡通过 QSFP28 光模块+光纤直连在一起。执行 ibv_rc_pingpong 程序时，在其中一台服务器上以服务模式运行，另一台服务器上以客户模式运行。

> **注：**
>
> 此时，已按照前文所示配置好了两端的 GID。

以下是在某次测试的过程中，运行在服务端和运行在客户端的 ibv_rc_pingpong 程序的输出。和前文介绍的 rdma_test 应用程序类似，ibv_rc_pingpong 程序会首先获取本地 LID、QPN、PSN、GID 等信息（见输出中的 local address 一行），将这些信息输出后，再通过套接字获取对端的 LID、QPN、PSN、GID 等信息（见输出中的 remote address 一行），并输出。

服务端：

```
$ ibv_rc_pingpong -d mlx5_0 -g 0
  local address:  LID 0x0000, QPN 0x00008e, PSN 0x796f56, GID fe80::ba59:9fff:feb0:cc70
  remote address: LID 0x0000, QPN 0x00008b, PSN 0xc9858a, GID fe80::ba59:9fff:fec4:513a
8192000 bytes in 0.01 seconds = 8153.27 Mbit/sec
1000 iters in 0.01 seconds = 8.04 usec/iter
```

客户端：

```
$ ibv_rc_pingpong -d mlx5_0 -g 0 192.168.0.133
  local address:  LID 0x0000, QPN 0x00008b, PSN 0xc9858a, GID fe80::ba59:9fff:fec4:513a
  remote address: LID 0x0000, QPN 0x00008e, PSN 0x796f56, GID fe80::ba59:9fff:feb0:cc70
8192000 bytes in 0.01 seconds = 10135.48 Mbit/sec
1000 iters in 0.01 seconds = 6.47 usec/iter
```

关于命令选项-g，需要做以下几点说明。
- 命令中的-g 0 表示使用本地的 0 号 GID。
- 两端必须同时使用-g 0。
- 因为对端也使用了-g 0，所以在通过套接字通信后，获得的对端的 GID 也是 0 号 GID。

前文提到程序会先获取本地网卡的几个重要信息，即 LID、QPN、PSN 和 GID。这些信息都是应用程序通过调用各种 Verbs API 或读取系统文件从内核态驱动程序中获取的。HNS 内核态驱动程序中产生这些信息的方式如下。

- LID：按照 RoCE 协议，RoCE 设备的 LID 无效，值固定为 0，所以驱动程序中直接把 GID 赋值为 0。
- QPN：创建 QP 时由驱动程序分配。
- PSN：驱动程序中产生的随机值。
- GID：由驱动程序按照 MAC 地址转换而来。

应用程序会读取系统文件获得（内核态驱动程序创建的）GID，系统文件如 /sys/devices/pci0000:00/0000:00:02.0/0000:02:00.0/infiniband/mlx5_0/ports/1/gids/0。

21.3.2 应用程序获取对端设备的非 0 号（3 号）GID

对于通信双端的应用程序来说，获取对端设备的非 0 号 GID 和获取对端设备的 0 号 GID 的唯一区别是，自己选择使用本地网卡的哪个 GID。

仍然以 ibv_rc_pingpong 程序为例。程序的运行环境和前文相同，只是此次选择的 GID 不同。以下是测试过程中程序的输出。

服务端：

```
$ ibv_rc_pingpong -d mlx5_0 -g 3
  local address:  LID 0x0000, QPN 0x00008c, PSN 0xfd23fe, GID ::ffff:192.168.7.2
  remote address: LID 0x0000, QPN 0x000089, PSN 0x482e2e, GID ::ffff:192.168.7.1
8192000 bytes in 0.01 seconds = 6367.66 Mbit/sec
1000 iters in 0.01 seconds = 10.29 usec/iter
```

客户端：

```
$ ibv_rc_pingpong -d mlx5_0 -g 3 192.168.0.133
  local address:  LID 0x0000, QPN 0x000089, PSN 0x482e2e, GID ::ffff:192.168.7.1
  remote address: LID 0x0000, QPN 0x00008c, PSN 0xfd23fe, GID ::ffff:192.168.7.2
8192000 bytes in 0.01 seconds = 7324.09 Mbit/sec
1000 iters in 0.01 seconds = 8.95 usec/iter
```

关于命令选项-g，需要做以下几点说明。

- 命令中的-g 3 表示使用本地的 3 号 GID，即由 IPv4 类型的 IP 地址转换成的 GID。
- 两端必须同时使用由同一 IP（IPv4/IPv6）类型的 IP 地址转换而成的 GID。在此例中，两端必须都使用命令选项-g 3，不能有某一端使用-g 0。
- 因为对端也使用了-g 3，所以在通过套接字通信后，双端都会获得对端的 3 号 GID。

21.3.3 向 RoCEv2 网卡配置对端设备的 MAC 地址

应用程序在获取对端设备的 GID 后，在发送数据之前会先调用函数 Verbs API ibv_modify_qp，依次把 QP 配置到 INIT（初始化）、RTR（准备接收）、RTS（准备发送）状态。在配置 RTR 状态时，ibv_modify_qp 函数的第三个参数中会带一个标记 IBV_QP_AV。由于这个标记的存在，之后内核代码在处理过程中会有一系列的函数调用，即：_ib_modify_qp→ib_resolve_eth_dmac→ib_resolve_unicast_gid_dmac→rdma_addr_find_l2_eth_by_grh→rdma_resolve_ip→addr_resolve→addr_resolve_neigh→fetch_ha→dst_fetch_ha→dst_neigh_lookup，最终根据 GID（其中包含的 IP 地址）通过邻居系统获取对端网卡的 MAC 地址。

并由驱动程序写入 QPC（对于 RC 传输服务类型的 QP）传递给 RoCEv2 网卡。

因为使用了邻居系统，所以在这个过程中，是需要通过内核协议栈方案收发信息的。经作者使用 tcpdump 工具测试，确认这个过程中有 ARP 交互。运行 tcpdump 程序的相关输出如下。

```
# tcpdump -i ens2 -vvv
tcpdump: listening on ens2, link-type EN10MB (Ethernet), capture size 262144 bytes
    08:44:43.050100 ARP, Ethernet (len 6), IPv4 (len 4), Request who-has 192.168.7.1 tell P800002,
length 28
    08:44:43.050471 ARP, Ethernet (len 6), IPv4 (len 4), Reply 192.168.7.1 is-at b8:59:9f:c4:51:3a
(oui Unknown), length 46
```

另外，在此期间还会获取本地 MAC 地址，并在之后和对端设备的 MAC 地址一起传递给硬件。获取本地 MAC 地址的函数调用过程是 _ib_modify_qp→ib_resolve_eth_dmac→ib_resolve_unicast_gid_dmac→rdma_addr_find_l2_eth_by_grh→rdma_resolve_ip→addr_resolve→rdma_set_src_addr_rcu→copy_src_l2_addr→rdma_copy_src_l2_addr，最终直接从网卡的 struct net_device 结构的 dev_addr 成员中获取本地 MAC 地址。

21.3.4　向 RoCEv2 网卡配置对端设备的 IP 地址

对于非 0 号 GID，GID 中包含了 IP 地址。对于 0 号 GID，GID 本身就是 IPv6 类型的 IP 地址。所以网卡如果获取了对端的 GID，就相当于获取了对端的 IP 地址。

在应用程序调用函数 Verbs API ibv_modify_qp 将 QP 状态修改为 RTR 时，函数的一个参数中包含了属性信息 attr.ah_attr.grh.dgid = dest->gid;，作用是将对端 GID 传入内核。

随后，内核驱动程序会将对端设备的 GID 和 MAC 地址写入 QPC 中（对于 RC 传输服务类型的 QP）传递给网卡。

对于 UD 传输服务类型的 QP，软件会将对端设备的 GID 和 MAC 地址写入 WQE 中传递给网卡。

第 22 章

RDMA 性能测试工具——perftest

perftest 是一组基于 Verbs API 编写的测试程序，是 RDMA 性能相关的 micro-benchmark，即基准测试工具，可用于软硬件调优以及功能测试。该程序集包含带宽测试程序和时延测试程序，如表 22-1 所示。

表 22-1　　　　　　　　　　　　perftest 测试工具中的应用程序

测试目标（RDMA 操作类型）	带宽测试程序	时延测试程序
Send 和 Receive	ib_send_bw	ib_send_lat
RDMA Read	ib_read_bw	ib_read_lat
RDMA Write	ib_write_bw	ib_write_lat
RDMA Atomic（原子操作）	ib_atomic_bw	ib_atomic_lat
Native Ethernet（纯以太网测试）	raw_ethernet_bw	raw_ethernet_lat

22.1　源码获取和安装

perftest 的代码是开源的，可从 GitHub 下载，获取方法为：

```
git clone https://github.com/linux-rdma/perftest.git
```

之后依次执行以下命令进行安装。如果不想安装到系统目录，可以省略最后一步，直接在 perftest 目录执行相关程序即可。

```
cd perftest/
./autogen.sh
./configure
make
make install
```

22.2　测试方法和注意事项

perftest 的使用方法比较简单。准备两台使用 RDMA 网卡连接的主机，任选一台为服务端，另一台为客户端。先在服务端运行测试程序，然后在客户端运行同名的测试程序即可。客户端运行程序时，命令选项中需包含服务端的 IP 地址。

服务端的命令示例：

```
./<test name> <options>
```

客户端的命令示例:

```
./<test name> <options> <server IP address>
```

其中<server IP address> 是服务端的 IPv4 或 IPv6 地址。除此之外的命令选项,即<options>,服务端和客户端要保持一致。要了解所有可用的<options>,可以在执行命令时使用--help 选项查看。

以下是一些关于测试方法的说明和注意事项。

- 此基准测试工具从 CPU 周期计数器获取时间戳。某些 CPU 体系结构(如 Intel 的 80486)不具备这种功能。目前测试过的架构包括 i686、x86_64 和 ia64。

- 时延基准测试测量的是(数据包的)往返时间,然后将其中的一半看作单向的时延,这意味着对于不对称配置(即两个方向的时延不同),结果可能不准确。

- 所有单向的带宽基准测试中,在客户端测量带宽。

- 在双向带宽基准测试中,谁发起流量,谁就测试带宽。在一个测量周期结束时,服务端将结果报告给客户端,再由客户端将它们组合在一起。

- 时延测试会报告最小、中值和最大时延结果。与平均时延测量相比,中值时延通常对高时延的变化不太敏感。通常,由于热身效应,测量的第一个值是最大值。

- 长采样周期对测量精度的影响非常有限。程序默认进行 1000 次迭代,这个默认值还是挺合适的。请注意,程序保存测试结果的数据结构的内存占用量与迭代次数成正比。设置非常多的迭代次数可能会对测量的性能结果产生负面影响,这种对性能的影响与被测设备无关。如果一定需要大量迭代,建议使用-N 选项(无峰值)。

- 带宽基准测试可以运行多次迭代,也可以运行固定的持续时间。使用-D 选项指示测试程序运行指定的秒数。使用--run_infinitely 选项指示程序持续运行直到被用户中断,并每隔 5 秒打印测量的带宽。

- 时延基准测试中的-H 选项表示要为测试结果生成直方图。

- 在 InfiniBand 网络上运行基准测试时,在开始基准测试之前,必须在交换机或其中一个网络节点(比如主机)上运行子网管理器(subnet manager)。

- 基准测试并不是为了模拟任何真实的应用程序的流量而设计的。实际应用程序的流量可能会受到许多参数的影响,因此可能无法仅根据这些基准测试的结果进行预测。

22.3 测试选项

perftest 测试程序支持以下测试选项。

对所有测试程序都有效的选项:

```
-h, --help              Display this help message screen
-p, --port=<port>       Listen on/connect to port <port> (default: 18515)
-R, --rdma_cm           Connect QPs with rdma_cm and run test on those QPs
-z, --com_rdma_cm       Communicate with rdma_cm module to exchange data - use regular QPs
-m, --mtu=<mtu>         QP Mtu size (default: active_mtu from ibv_devinfo)
-c, --connection=<type> Connection type RC/UC/UD/XRC/DC/SRD (default RC).
-d, --ib-dev=<dev>      Use IB device <dev> (default: first device found)
-i, --ib-port=<port>    Use network port <port> of IB device (default: 1)
-s, --size=<size>       Size of message to exchange (default: 1)
```

```
-a, --all                        Run sizes from 2 till 2^23
-n, --iters=<iters>              Number of exchanges (at least 100, default: 1000)
-x, --gid-index=<index>          Test uses GID with GID index taken from command
-V, --version                    Display version number
-e, --events                     Sleep on CQ events (default poll)
-F, --CPU-freq                   Do not fail even if cpufreq_ondemand module
-I, --inline_size=<size>         Max size of message to be sent in inline mode
-u, --qp-timeout=<timeout>       QP timeout = (4 uSec)*(2^timeout) (default: 14)
-S, --sl=<sl>                    Service Level (default 0)
-r, --rx-depth=<dep>             Receive queue depth (default 600)
```

时延测试程序支持的选项：

```
-C, --report-cycles             Report times in CPU cycle units
-H, --report-histogram          Print out all results (Default: summary only)
-U, --report-unsorted           Print out unsorted results (default sorted)
```

带宽测试程序支持的选项：

```
-b, --bidirectional             Measure bidirectional bandwidth (default uni)
-N, --no peak-bw                Cancel peak-bw calculation (default with peak-bw)
-Q, --cq-mod                    Generate Cqe only after <cq-mod> completion
-t, --tx-depth=<dep>            Size of tx queue (default: 128)
-O, --dualport                  Run test in dual-port mode (2 QPs). Both ports must be active
(default OFF)
-D, --duration=<sec>            Run test for <sec> period of seconds
-f, --margin=<sec>              When in Duration, measure results within margins (default: 2)
-l, --post_list=<list size>     Post list of send WQEs of <list size> size (instead of
single post)
    --recv_post_list=<list size>  Post list of receive WQEs of <list size> size (instead
of single post)
-q, --qp=<num of qp's>          Num of QPs running in the process (default: 1)
    --run_infinitely            Run test until interrupted by user, print results every 5 seconds
```

发送和接收测试程序（ib_send_lat 或 ib_send_bw）支持的选项：

```
-r, --rx-depth=<dep>            Size of receive queue (default: 512 in BW test)
-g, --mcg=<num_of_qps>          Send messages to multicast group with <num_of_qps> qps
attached to it
-M, --MGID=<multicast_gid>      In multicast, uses <multicast_gid> as the group MGID
```

原子操作测试程序支持的选项：

```
-A, --atomic_type=<type>        type of atomic operation from {CMP_AND_SWAP,FETCH_AND_ADD}
-o, --outs=<num>                Number of outstanding read/atomic requests - also on READ tests
```

下面对其中的几个选项进行特别解释。

（1）post_list 的使用

测试选项为-l, --post_list=<list size> 和--recv_post_list=<list size>。使用这个选项时，软件会为每个 QP 准备 list size 个 WQE，并将它们彼此链接。所谓链接，指的是分配含 list size 个变量的队列（或数组），并将队列中每个 WQE 的 next 指针指向队列中的下一个元素。数组中的最后一个 WQE 将指向 NULL。

在这种情况下，当软件 post 列表中的第一个 WQE 时，将指示硬件处理所有的 WQE，也就是说每次都会 post list size 个消息。

如果想知道单个进程中的 QP 的最大消息处理速率，那么这个功能很好用。由于 post 都是由软件触发的，而软件本身的速率有一定的限制，因此，如果软件每次只设置一个 WQE，那么硬件的处理速度很可能会受到软件的影响，可能硬件已经处理完了而软件还没有准备好下一个 WQE。使用此功能时，如果软件将 list size 设置为 64（只是举个例子），我们可以看到硬件处理消息的真实速率，它不再受软件限制。

（2）RDMA Connected Mode（CM）

可以将-R 选项添加到所有测试程序中，使用 rdma_cm 库和 IPoIB 接口连接两端的 QP。当两个节点之间没有以太网连接时，可以使用这个功能。

（3）ib_send_lat 和 ib_send_bw 的多播支持

Send 测试内置了在 Verbs 级别测试多播性能的功能。可以使用-g 选项指定要附加到此多播组的 QP 数。-M 选项设置多播组地址。

（4）GPUDirect

如果使用 GPUDirect 功能（目前只支持 NVIDIA 显卡），在编译 perftest 时需要执行如下命令：

```
./autogen.sh && ./configure CUDA_H_PATH=<path to cuda.h> && make -j, e.g.:
./autogen.sh && ./configure CUDA_H_PATH=/usr/local/cuda/include/cuda.h && make -j
```

然后测试时在命令行中就可以添加--use_cuda=<gpu_index>。例如：

```
./ib_write_bw -d ib_dev --use_cuda=<gpu index> -a
```

22.4 简单的测试过程和结果呈现

本测试用的 RDMA 网卡为 Mellanox ConnectX-5 100G 网卡，其支持 RoCE 模式和以太网卡模式。测试时使用两台工作站，分别插一块网卡，并将两块网卡使用光纤直连。

（1）先执行 ibdev2netdev 命令，查看 RDMA 网卡端口和系统网络接口的对应关系。

```
# ibdev2netdev
mlx5_0 port 1 ==> ens2 (Up)
```

此输出表明，RDMA 网卡有一个端口，名为 mlx5_0，其在系统中对应的网络接口为 ens2，由于已经和对端直连，目前处于 UP 状态。

（2）用 ifconfig 命令为网卡在系统中的网络接口设置 IP 地址。

在服务端执行：

```
sudo ifconfig ens2 192.168.9.2
```

在客户端执行：

```
sudo ifconfig ens2 192.168.9.1
```

（3）进入 perftest 目录，执行测试。

在服务端执行：

```
./ib_write_bw -d mlx5_0
```

在客户端执行：

```
./ib_write_bw -d mlx5_0 192.168.9.2
```

可以得到如下输出。

```
                         RDMA_Write BW Test
Dual-port          : OFF          Device          : mlx5_0
Number of qps      : 1            Transport type  : IB
Connection type    : RC           Using SRQ       : OFF
PCIe relax order   : ON
ibv_wr* API        : ON
TX depth           : 128
CQ Moderation      : 1
Mtu                : 1024[B]
Link type          : Ethernet
GID index          : 3
Max inline data    : 0[B]
rdma_cm QPs        : OFF
Data ex. method    : Ethernet
---------------------------------------------------------------------------------
local address: LID 0000 QPN 0x0087 PSN 0xcb3548 RKey 0x1825dc VAddr 0x007f7685cbc000
GID: 00:00:00:00:00:00:00:00:00:00:255:255:192:168:09:01
remote address: LID 0000 QPN 0x0087 PSN 0x66f2ae RKey 0x1825dc VAddr 0x007fd1d8b60000
GID: 00:00:00:00:00:00:00:00:00:00:255:255:192:168:09:02
---------------------------------------------------------------------------------
#bytes     #iterations   BW peak[MB/sec]   BW average[MB/sec]   MsgRate[Mpps]
Conflicting CPU frequency values detected: 1198.970000 != 1256.447000. CPU Frequency is not max.
65536      5000          11000.34          10977.20             0.175635
---------------------------------------------------------------------------------
```

结果显示此次测试执行了 5000 次 64KB 的 RDMA Write 操作，并给出了带宽的峰值、平均值、Mpps 等结果数据。

输出中有个不和谐的地方，就是 "Conflicting CPU frequency values detected: 1198.970000 != 1256.447000. CPU Frequency is not max." 这句警告，其和 CPU 频率的获取方法有关。关于这一点，感兴趣的读者可以参考附录 D。

第 4 部分

XDP

前文讲述的 DPDK 及其他类似方案，在将操作系统旁路（bypass）以提高数据包处理性能的同时，也失去了操作系统提供的安全机制（security mechanism）以及各种已经经过充分测试的配置、部署和管理工具。

为解决这类问题，来自 Cilium 的 Daniel Borkmann、John Fastabend 等在 2018 年 ACM CoNEXT 大会上发表了题为 *The eXpress Data Path: Fast Programmable Packet Processing in the Operating System Kernel* 的文章，提出一种新的可编程包处理方式：eXpress Data Path （XDP）。

本部分主要介绍 XDP 的基本概念、实现机制、使用方法以及如何在 Linux 网络设备驱动中支持 XDP 功能。

本部分由以下各章构成。

- 第 23 章，XDP 简介
- 第 24 章，XDP 教程代码分析
- 第 25 章，简单的 XDP 性能测试
- 第 26 章，让网卡驱动程序支持 XDP 功能

XDP 简介

XDP 提供了一个基于操作系统内核的安全执行环境,在 Linux 网络设备驱动的上下文中执行,可用于定制各种数据包处理应用。目前,XDP 已经是 Linux 内核的一部分,与现有的内核网络协议栈完全兼容,二者可以协同工作。

运行在内核态的 XDP 程序,是一种 BPF 程序/代码,使用 C 语言等高级语言编写,然后被编译成特定字节码。出于安全考虑,内核会首先对这些字节码进行静态分析,然后再将它们翻译成处理器原生指令(native instruction)。

23.1 什么是 BPF 和 eBPF

XDP 是一种把 BPF 技术应用到网络中的解决方案,也就是说 BPF 是 XDP 的基础。要学习 XDP,先要知道什么是 BPF。

BPF 是 Berkeley Packet Filter(伯克利数据包过滤器)的缩写,原本是一项很冷门的技术,诞生于 1992 年,作用是提升网络数据包过滤工具的性能。2013 年,Alexei Starovoitov 向 Linux 社区提交了重新实现 BPF 的内核补丁,经过他和 Daniel Borkmann 的共同完善,相关内容在 2014 年正式并入 Linux 内核主线。从此 BPF 变成了一个更通用的执行引擎,可以完成多种工作,比如用来创建先进的性能分析工具,当然也包括它的老本行——网络数据包处理。我们熟悉的 tcpdump 工具就在内核中使用了 BPF 技术。

简单来说,BPF 提供了一种在各种内核事件和应用程序事件发生时运行一段小程序的机制。该技术将内核变得完全可编程,允许用户(包括非专业内核开发人员)定制和控制他们的系统,以解决现实问题。

BPF 是一项灵活而高效的技术,由指令集、存储对象和辅助函数等几部分组成。由于它采用了虚拟指令集规范,因此也可以将它看作一种虚拟机实现(特指实现规范,而非真的在处理器之上运行另一个机器层)。这些指令由 Linux 内核的 BPF 运行时模块执行,具体来说,该运行时模块提供两种执行机制:一个解释器和一个将 BPF 指令动态转换为本地化指令的即时(just-in-time,JIT)编译器。在实际执行之前,BPF 指令必须先经过验证器(verifier)的安全性检查,以确保 BPF 程序自身不会崩溃或者冲击内核。

扩展后的 BPF 通常缩写为 eBPF,但官方的缩写仍然是 BPF,不带 e。所以在本书中,作者用 BPF 代表扩展后的 BPF。事实上,在 Linux 内核中只有一个执行引擎,即(扩展后的)BPF,它同时支持扩展后的 BPF 和经典的 BPF 程序。

目前 BPF 的三个主要应用领域分别是网络、观测系统和安全。本书主要关注其在网络领域的应用,即 XDP。XDP 程序是一种 BPF 程序。

23.2 XDP 系统架构

整个 XDP 系统，由 4 个主要组成部分，它们的名称和功能如下。

- XDP driver hook：XDP 程序的主入口，在网卡收到数据包后执行。
- BPF virtual machine：负责执行 XDP 程序的字节码，并对字节码进行 JIT 编译以提升性能。
- BPF map：内核中的 key/value 存储方式，是各 XDP 程序之间以及 XDP 程序和应用程序之间的主要通信通道。
- BPF verifier：加载 XDP 程序时对其执行静态验证，以确保它们不会导致内核崩溃。

图 23-1 展示了 XDP 在系统中的位置。网卡驱动程序中会在合适位置调用内核 XDP 模块提供的 API，然后间接调用用户提供的 XDP 程序，所以实际上 XDP 程序是在设备驱动程序的上下文中执行的。

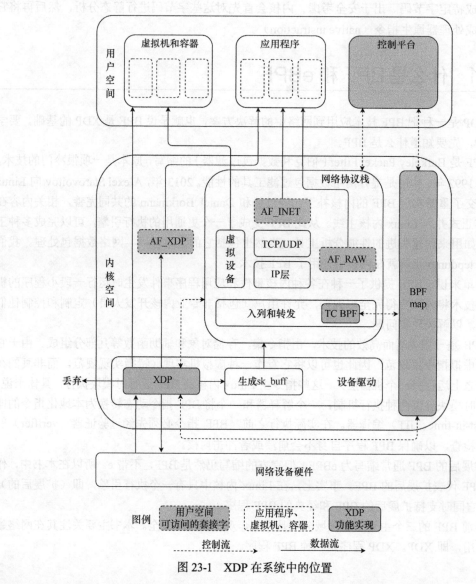

图 23-1　XDP 在系统中的位置

在网卡收到数据包之后，内核协议栈处理数据包之前，设备驱动程序会先调用 XDP 模块中的 BPF 程序（即用户编写的 XDP 程序）。这段程序可以选择下述 4 个选项之一。

- 丢弃这个数据包。
- 通过当前网卡再将数据包发送出去。
- 将数据包重定向到其他网络接口（包括虚拟机的虚拟网卡），或者通过 AF_XDP 套接字重定向到用户态程序。
- 放行这个数据包，如果后面没有其他原因导致数据包被丢弃，这个数据包就会进入常规的内核网络协议栈。如果是这种情况，那么接下来在将数据包放到发送队列之前（如果需要的话），还有一个能执行 BPF 程序的地方，即 TC BPF。

此外，不同的 BPF 程序之间、BPF 程序和应用程序之间都能够通过 BPF map 进行通信。

23.2.1　XDP 程序的执行流程

XDP 程序在网络设备驱动程序的上下文中执行，网络设备每收到一个数据包，程序就执行一次。

从图 23-1 可以看出，XDP 程序在网卡收到数据包之后最早能处理数据包的位置执行，此时内核还没有为数据包分配 struct sk_buff 数据结构，也没有执行任何解析数据包的操作。

图 23-2 是一个典型的 XDP 程序的执行流程。

在网卡收到一个数据包后，XDP 程序会对数据包依次执行以下操作步骤。

（1）提取数据包报头中的信息（例如 IP 地址、MAC 地址、端口、协议类型等）。

在执行到 XDP 程序时，驱动程序会传递给它一个上下文对象（context object）作为参数（即 struct xdp_md *ctx），其中包括了指向原始数据包的指针，以及描述这个数据包是从哪个网卡的哪个接口接收来的等元数据字段。

（2）读取或更新一些元数据。

解析数据包之后，XDP 程序可以读取 ctx 中的数据包元数据（packet metadata）字段，例如网卡接口的索引（ifindex）。除此之外，ctx 对象还允许 XDP 程序访问与数据包毗邻的一块特殊内存区域，即 cb（control buffer），在数据包穿越整个系统的过程中，可以将自定义的数据保存在这里。

除了每个数据包的元数据，XDP 程序还可以通过 BPF map 定义和访问自己的持久性数据，以及通过各种辅助函数访问内核提供的一些基本功能。XDP 程序可以使用 BPF map 与系统的其他部分进行通信。辅助函数使 XDP 程序能够利用某些已有的内核功能（例如路由表），而无须再让数据包穿越整个内核网络协议栈。

（3）如果有需要，修改/重写数据包。

XDP 程序能修改数据包的任何部分，包括添加或删除报头。这使得 XDP 程序能执行数据包的封装/解析，以及重写（rewrite）部分字段后转发等操作。此时也可以使用内核提供的某些辅助函数，例如在修改一个数据包之后，使用辅助函数计算新的校验和（checksum）。

（4）最后确定接下来对这个数据包执行什么操作。

比如丢弃这个数据包、通过接收时的网卡将数据包重新发送出去、允许这个数据包进入内核网络协议栈以及允许 XDP 程序指定网卡、CPU、用户态套接字等操作，将数据包重定向过去。

由于 XDP 程序可包含任意指令，因此前三步的操作顺序可以是任意的，而且支持多层嵌套。但实际中为了获得高性能，大部分情况下还是将执行结构组织成符合前文描述顺序的三步。

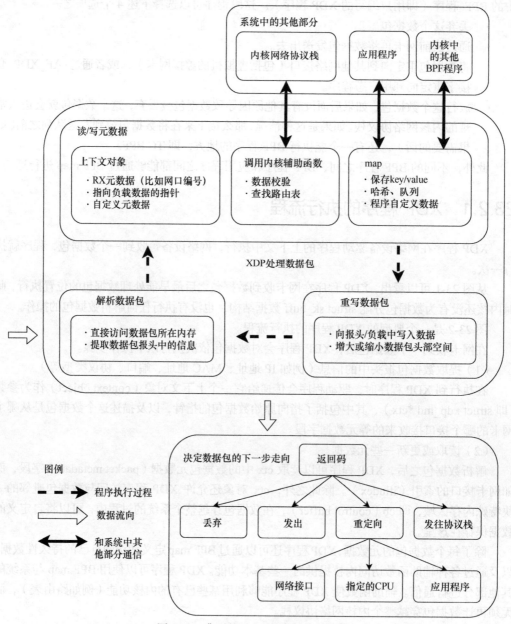

图 23-2　典型的 XDP 程序的执行流程

最后一个步骤中描述的重定向功能有下面几个用途：
- 将原始数据包通过另一个网卡（包括虚拟机的虚拟网卡）发送出去；
- 转发给指定 CPU 做进一步处理；
- 转发给 AF_XDP 类型的套接字做进一步处理。

将重定向判决（verdict）与重定向目标（target）分开，使得重定向目标类型很容易扩展。另外，由于重定向参数（即目标）是通过 BPF map 查询的，因此无须修改 XDP 程序，就能动态修改重定向目标。

XDP 程序还能通过尾调用（tail call），将控制权交给另一个 XDP 程序。通过这种方式，可以将一个大程序拆分成几个不同逻辑（例如根据 IPv4/IPv6 进行分别处理）的小程序。

23.2.2 BPF map

BPF 程序在触发内核事件时执行。例如，触发 XDP 程序执行的是收包事件。BPF 程序每次执行时初始状态都是相同的，也可以说程序本身是无状态的，它们无法直接访问内核中的持久性存储，比如 BPF map。为此，内核提供了访问 BPF map 的辅助函数。

BPF map 使用的是 key/value（键值对）存储方式，在加载 BPF 程序时定义。BPF map 主要有下面三种用法。

- 持久存储。例如一个 BPF 程序每次执行时，都会从里面获取上一次的状态。
- 用于协调两个或多个 BPF 程序。例如一个 BPF 程序往里面写数据，另一个从里面读数据。
- 用于应用程序和内核 BPF 程序之间的通信。

## 第 24 章

XDP 教程代码分析

本章分析 xdp-tutorial 开源代码库中提供的一些 XDP 程序实例，以帮助读者更好地了解 XDP 的用法。本章将在其中的一个 XDP 程序的基础上稍作修改，作为测试程序，简单比较 XDP 和 DPDK 的性能（测试将在下一章进行）。

24.1 xdp-tutorial 代码获取和编译

从 xdp-tutorial 的名称上就可以看出这是一个 XDP 教程，其源代码可从 GitHub 下载，下载命令如下。命令中的网址上有关于每个示例的说明。

```
git clone --recurse-submodules https://github.com/xdp-project/xdp-tutorial
```

编译和执行 XDP 程序需要依赖很多其他代码库或内核组件。在 Ubuntu 系统中，可按照如下命令安装。

```
sudo apt install clang llvm libelf-dev libpcap-dev gcc-multilib build-essential
sudo apt install linux-headers-$(uname -r)
sudo apt install linux-tools-$(uname -r)
```

另外，如果当前系统中运行的是用户自己编译的内核，是无法用上面的命令安装 linux-tools 的，可以在需要时到 Linux 内核编译目录，比如 linux-x.x.x/tools/bpf/bpftool 中，自行编译。

最后，到 xdp-tutorial 目录下执行 make 命令，即可完成所有子目录的编译。也可以到某个子目录中去编译特定的课程代码。

xdp-tutorial 作为一个教程，旨在介绍在 Linux 系统上有效编写 XDP 程序所需的基本步骤。此教程把全部课程分成了几类，每类由许多子课程组成，每个子课程在 xdp-tutorial 目录中都有自己的子目录。如果子目录名字的前缀相同，这几个子目录就属于同一类课程。本书将只介绍基础课程（前缀为 basic0X 的子目录）和数据包处理课程（前缀为 packet0X 的子目录）两类课程。

分析代码的过程中以及后文进行的测试，都需要涉及具体的运行环境。作者使用了两台工作站，各插一块 Mellanox ConnectX-4 Lx 10G 网卡，并用光纤将两块网卡直连。两台工作站上的网络接口（ifconfig 命令输出）的名称都为 ens6f0。测试时，在一台工作站上用 DPDK 的 pktgen 程序满带宽发包，在另一台工作站上运行 XDP 程序查看其对数据包的处理效果。

24.2 基础课程

基础课程是 xdp-tutorial 目录下以 basic0X 开头的目录所含的课程，每个目录包含了一个 XDP 代码和使用示例。

24.2.1 XDP 程序的加载和卸载

此课程的代码在目录 basic01-xdp-pass 中，是学习其他所有课程的基础，它告诉我们如何将 XDP 程序的 BPF 对象加载到内核，然后如何卸载。目录中有两个 .c 文件，即 xdp_pass_kern.c 和 xdp_pass_user.c。其中 xdp_pass_kern.c 编译出的 xdp_pass_kern.o 是一个 ELF 格式的文件，称为 BPF 对象，将会被加载到 Linux 内核中作为 XDP 实例去执行，所以可以称其为 XDP 程序。而 xdp_pass_user.c 编译出的可执行文件是用来加载 xdp_pass_kern.o 到内核中去的，在此将其称为 XDP 加载程序。

在内核中运行的代码 xdp_pass_kern.c 如下。此代码非常简单，仅包含一个 SEC（section），并且没有对数据包做任何修改。由于其返回码是 XDP_PASS（后文会介绍各种返回码的意义），因此不会对网络造成任何影响。

```
SEC("xdp")
int xdp_prog_simple(struct xdp_md *ctx)
{
    return XDP_PASS;
}
```

如果用 readelf 或 llvm-objdump 工具对 xdp_pass_kern.o 文件进行反汇编，可以获得如下输出。可以看到代码中定义了一个名为 xdp 的 section，并且仅返回一个 2（对应 XDP_PASS）就退出了。

```
llvm-objdump -S xdp_pass_kern.o
xdp_pass_kern.o:    file format ELF64-BPF
Disassembly of section xdp:
xdp_prog_simple:
; {
    0:  b7 00 00 00 02 00 00 00   r0 = 2
; return XDP_PASS;
    1:  95 00 00 00 00 00 00 00   exit
```

可以运行如下命令将上述 ELF 格式的 BPF 对象加载到内核中。由于作者使用的网卡在 Linux 系统中的一个网络接口（对应 Mellanox 网卡的一个物理接口）的名称为 ens6f0，因此命令中在指定网络设备时使用了选项 --dev ens6f0。

```
sudo ./xdp_pass_user --dev ens6f0 --skb-mode
```

卸载 BPF 对象时，需要使用命令选项 --unload。

```
sudo ./xdp_pass_user --dev ens6f0 --unload
```

经测试，代码加载后没有任何实际效果，网络接口的通信不会受到任何影响。

　　此课程代码的主要逻辑如图 24-1 所示。右边方框中展示了运行在用户态的应用程序 xdp_pass_user.c 的流程图，它主要调用了 libbpf 库提供的两个函数：bpf_prog_load 和 bpf_set_link_xdp_fd。前者将左边方框中的 xdp_pass_kern.c 编译出的 BPF 对象加载到内核态执行，后者将此 BPF 对象绑定到某个网络接口，意味着只有这个网络接口的驱动程序才会执行 BPF 对象中的 SEC("xdp") 的处理逻辑。

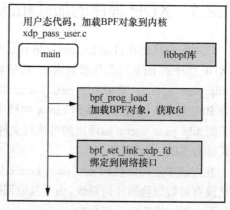

图 24-1　basic01-xdp-pass 代码分析

　　在 XDP 程序（更具体的说是 BPF 对象中的某个 SEC）被执行后，数据包后续会被内核如何处理取决于 XDP 程序的返回码，比如本例中的 XDP_PASS。所有返回码在 bpf.h 文件中定义，代码如下。

```
enum xdp_action {
    XDP_ABORTED = 0,
    XDP_DROP,
    XDP_PASS,
    XDP_TX,
    XDP_REDIRECT,
};
```

每个返回码相当于一种数据包处理策略，它们的含义如下。

- XDP_DROP 表示立即在驱动程序中将数据包丢弃。这样可以节省很多资源和时间消耗，对于减轻 DDoS 攻击，以及对于通用目的的防火墙程序来说非常有用。

- XDP_PASS 表示允许将这个数据包发送到内核网络协议栈。并且当前正在处理这个数据包的处理器核会分配一个 skb，做一些初始化后，将其发送到 Linux 内核的 GRO 引擎。这和没有 XDP 时默认的数据包处理行为是一样的。

- XDP_TX 是 XDP 程序的一个高效选项，能够在收到数据包的网络接口上直接将数据包再发送出去。对于实现防火墙和负载均衡的程序来说非常有用，因为这些部署了 XDP 的节点可以作为一个 hairpin 模式（发卡模式，从同一个设备进去再出来）的负载均衡器集群，将收到的包在 XDP 程序中重写（rewrite）之后直接发送回去。

- XDP_REDIRECT 与 XDP_TX 有些类似，但是会改为通过另一个网络接口将数据包发送出去。在返回 XDP_REDIRECT 之前，XDP 程序需要调用 BPF 辅助函数设置目标网络接口。另外，XDP_REDIRECT 还可以将数据包重定向到一个 BPF cpumap，也就是说当前执行 XDP 程序的处理器核可以将这个数据包交给其他的某个核，由后者将这个数据包发送到更上层的内核协议栈，当前核则继续在这个网络接口上执行接收和处理数据包的任务。从效果看这和 XDP_PASS 的处理类似，但它使得当前处理器核不用去做将数据包发送到内核协议栈的准备工作（包括分配 skb、初始化等），这部分开销还是很大的。

- XDP_ABORTED 表示程序产生异常，其行为和 XDP_DROP 类似，但 XDP_ABORTED 的处理会经过 XDP 异常监控点，用户可以通过工具来监控这种非正常行为。普通的 XDP 程序不应该使用此返回码，这是 XDP 程序出错（比如遇到除零操作）时返回的。

图 24-2 更直观地展示了上述返回码对应的数据包处理行为。

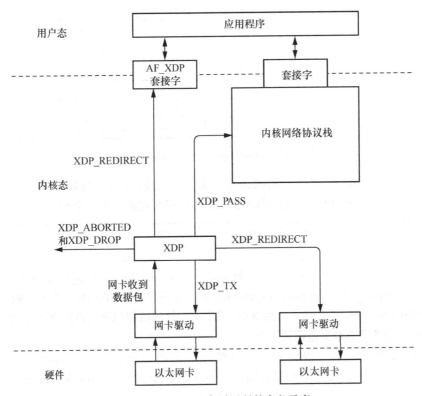

图 24-2　XDP 程序返回码的含义示意

24.2.2　按名称加载 SEC

此课程的代码在目录 basic02-prog-by-name 中。目录中有两个文件，即 xdp_prog_kern.c 和 xdp_loader.c。和前一个课程中的两个文件的功能类似，后者编译出的应用程序可以将前者编译出的 BPF 对象加载到内核中执行。不同的是，此例中在加载 BPF 对象后，可以按照名称将某个 SEC 绑定到网络接口，即有选择地使能某个 SEC。

主要代码逻辑如图 24-3 所示。左边方框中的内核态代码 xdp_prog_kern.c 可以编译出含有两个 SEC 的 BPF 对象。右边的方框是 XDP 加载程序 xdp_loader.c，其在调用 libbpf 库提供的函数 bpf_prog_load_xattr 加载 BPF 对象后，继续调用函数 bpf_object__find_program_by_title，找到指定名称（xdp_pass 或 xdp_drop）的 SEC。获取 SEC 的文件句柄 fd 后，再调用函数 bpf_set_link_xdp_fd 将 SEC 绑定到指定的网络接口。网络接口和 SEC 的名称都由用户通过命令选项指定。

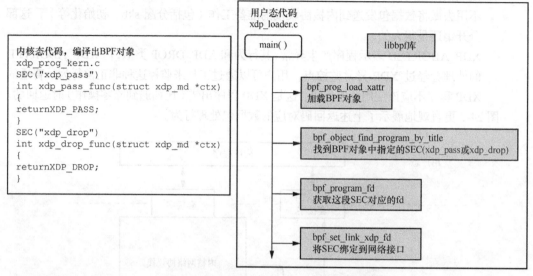

```
内核态代码，编译出BPF对象
xdp_prog_kern.c
SEC("xdp_pass")
int xdp_pass_func(struct xdp_md *ctx)
{
returnXDP_PASS;
}
SEC("xdp_drop")
int xdp_drop_func(struct xdp_md *ctx)
{
returnXDP_DROP;
}
```

图 24-3　basic02-prog-by-name 代码分析

加载 BPF 对象时可以执行的两条命令如下，它们分别将数据包处理策略设置为 XDP_PASS 或 XDP_DROP，这两种策略分别对应了 BPF 对象中的两个 SEC。

```
sudo ./xdp_loader --dev ens6f0 --force --progsec xdp_pass
sudo ./xdp_loader --dev ens6f0 --force --progsec xdp_drop
```

例如，命令中使用了选项--progsec xdp_drop，XDP 加载程序（xdp_loader.c）执行过程中调用函数 bpf_object__find_program_by_title 时，就会使用字符串 xdp_drop 作为参数，使得 BPF 对象中的 SEC("xdp_drop")生效。此后 XDP 程序每次处理数据包都会返回 XDP_DROP，使得此网络接口收到的所有数据包都被丢弃。

经过作者测试，效果很明显，一旦使用了选项--progsec xdp_drop，本地执行的 tcpdump -i ens6f0 命令将不会有任何输出，意味着网络接口 ens6f0 收到的所有数据包都被丢弃了。

> **注：**
> 此时另一个工作站上运行的 pktgen 程序一直在满带宽发包。

24.2.3　使用 BPF map

本课程的代码在目录 basic03-map-counter 中，展示如何使用 BPF map（BPF 程序使用的一种持久性存储机制），以及应用程序如何通过 BPF map 获取内核态 XDP 程序收集的信息。因为这种从内核获取信息的操作每次都需要使用系统调用，所以执行速度有限。但由于数据包的处理完全在内核态执行，应用程序只是获取某些执行状态或数据包计数相关的信息，因此速度慢并不是问题。

首先需要定义一个 BPF map，方法是在内核态 XDP 代码（xdp_prog_kern.c）中创建一个数据结构为 struct bpf_map_def、名为 maps 的 SEC。xdp_prog_kern.c 的代码如下。

```
struct bpf_map_def SEC("maps") xdp_stats_map = {
 .type= BPF_MAP_TYPE_ARRAY,
 .key_size= sizeof(__u32),
 .value_size= sizeof(struct datarec),
 .max_entries = XDP_ACTION_MAX,
};
SEC("xdp_stats1")
int  xdp_stats1_func(struct xdp_md *ctx)
{
 struct datarec *rec;
 __u32 key = XDP_PASS;
 /* 根据 key（即处理策略）在 BPF map 中找到对应元素，即 struct datarec */
 rec = bpf_map_lookup_elem(&xdp_stats_map, &key);
 lock_xadd(&rec->rx_packets, 1);  //每收到一个数据包就把计数加 1
 return XDP_PASS;
}
```

代码中对 BPF map 中真正保存的数据定义的数据结构为 struct datarec（如下），很明显是用于保存数据包的计数。

```
struct datarec {
   __u64 rx_packets;
   /* Assignment#1: Add byte counters */
};
```

需要重点关注的是定义 BPF map 的数据结构 struct bpf_map_def。按照 XDP 程序的代码，其成员 type 被设置为 BPF_MAP_TYPE_ARRAY，表示此 BPF map 的数据组织形式是一个普通的数组，数组中的元素个数为 XDP_ACTION_MAX。由于采用了 key/value 模式，因此数据结构的成员中还有另外两个变量 key_size 和 value_size。本例中的 key 指的是 XDP_PASS、XDP_DROP、XDP_REDIRECT 等 XDP 程序的返回码，即数据包处理策略，是用来索引数组元素（中的数据实体）的，它本身的数据类型为无符号整型（__u32）。value 指的是数据实体，是此 BPF map 中真正保存的数据，它的数据类型为 struct datarec。key_size 和 value_size 分别指每个 key 和每个 value 占用的字节数，供程序在为 BPF map 分配内存时使用。本例中，每个数组元素分别对应一种数据包处理策略，即 XDP_PASS、XDP_DROP、XDP_REDIRECT 等，各元素中会保存 XDP 程序使用对应策略处理过的数据包的计数。

此外，BPF 代码中还包含了一个名为 xdp_stats1 的 SEC，它是 XDP 程序的执行代码，所起的作用是，每来一个数据包，就按照 key（代码中固定赋值为 XDP_PASS）去索引 BPF map 这个数组，找到其中的数据实体 struct datarec，然后将其成员 rx_packets 加 1。

XDP 加载程序的主要代码逻辑如图 24-4 所示。此程序在加载 BPF 对象到内核后，会不停读取 BPF map，在终端上输出网卡已经收到的按照 XDP_PASS 策略处理过的数据包计数，以及应用程序计算出的 PPS 等信息。

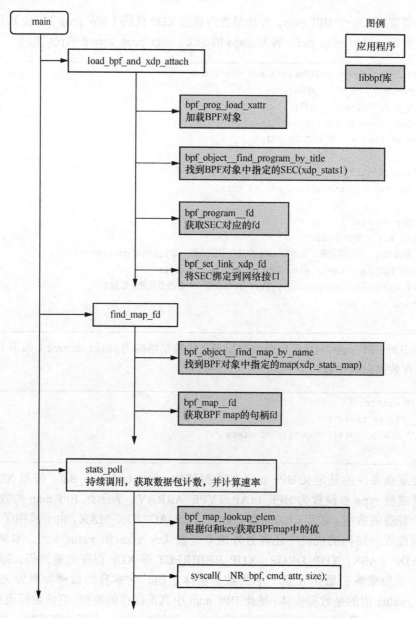

图 24-4 basic03-map-counter 课程的 XDP 加载程序代码分析

24.2.4 多程序交流和共享

本课程的代码所在目录是 basic04-pinning-maps，目录中有 3 个.c 文件，各自单独编译。其中 xdp_prog_kern.c 是运行在内核态中的 XDP 程序，编译出 BPF 对象。xdp_loader.c 和 xdp_stats.c 都是应用程序，前者将含有 BPF map 的 BPF 对象加载到内核，后者读取 BPF map 中的信息。代码展示了一种利用 BPF map 进行多程序交流和共享的方法。

代码中使用了一种叫作 pinning 的机制在程序间共享 BPF map。首先要执行如下命令挂载一个特殊的 BPF 文件系统。

```
mount -t bpf bpf /sys/fs/bpf/
```

XDP 加载程序（xdp_load.c）会调用 bpf_object__pin_maps(bpf_object, pin_dir) 函数 pinning 所有的 BPF map，即在目录/sys/fs/bpf/中为每个 BPF map 创建一个文件。为了防止重名，还可以指定一个子目录（如果没有会自动创建）。其他应用程序，比如本例中的 xdp_stats.c，在获取指定的 BPF map 文件的句柄 fd 后，即可读取 BPF map 中的信息。

在解析代码前，先看一下程序的执行效果。首先在远端工作站发包（需要把数据包的目的 MAC 地址设置为本地网络接口的 MAC 地址），然后在本地主机依次执行如下命令进行测试。

```
sudo ./xdp_loader --dev ens6f0 --force --progsec xdp_drop
sudo ./xdp_stats --dev ens6f0
```

第一条命令执行 XDP 加载程序 xdp_loader，命令选项--progsec xdp_drop 指定加载并使用 SEC("xdp_drop")，它会把所有收到的数据包都丢弃，并且计数。

随后第二条命令执行状态查看程序 xdp_stats，查看被每种策略处理过的数据包的数量。程序某次的输出结果如下，可以看到所有的数据包都被丢弃了。

```
Collecting stats from BPF map
 - BPF map (bpf_map_type:6) id:22 name:xdp_stats_map key_size:4 value_size:16 max_entries:5
XDP-action
XDP_ABORTED        0 pkts (        0 pps)        0 Kbytes (      0 Mbits/s)    period:0.250253
XDP_DROP 1049720269 pkts ( 14875629 pps) 62983216 Kbytes ( 7140 Mbits/s)    period:0.250247
XDP_PASS           0 pkts (        0 pps)        0 Kbytes (      0 Mbits/s)    period:0.250246
XDP_TX             0 pkts (        0 pps)        0 Kbytes (      0 Mbits/s)    period:0.250244
XDP_REDIRECT       0 pkts (        0 pps)        0 Kbytes (      0 Mbits/s)    period:0.250244
```

本课程的代码中有几个需要注意的细节。

- XDP 程序定义了一个 BPF map 存储数据包统计信息，应用程序通过轮询这个 BPF map 来获取统计信息。
- XDP 程序的入口函数的参数，即 Context 对象 struct xdp_md *ctx 中有数据包的 start 和 end 指针，可用于直接访问数据包中的数据。
- XDP 程序的代码中，在访问数据包前需要将指针和 end 指针做比较，确保内存访问不会越界。
- XDP 程序必须自己解析数据包，包括 VLAN header 等。
- XDP 程序直接通过指针（direct packet data access）修改数据包报头。

在 BPF 对象被加载并绑定到网络接口的过程中，它首先会被编译成 BPF 字节码，然后接受验证器（verifier）检查。检查项包括：

- 没有循环操作；
- 程序（指令数量）不能过大；
- 访问数据包中的数据之前，做了内存边界检查；
- 传递给 map lookup 函数的参数类型与 BPF map 的定义相匹配；
- 在使用 map lookup 函数的返回值（即 BPF map 中保存的数据实体的内存地址）之前，

做了其是否为 NULL 的检查。

接下来具体分析课程代码。先看一下运行在内核态的 XDP 程序的代码 xdp_prog_kern.c，它可以编译出 BFP 对象。代码如下，其中删除了一些非关键语句。

```c
struct bpf_map_def SEC("maps") xdp_stats_map = { //①
    .type= BPF_MAP_TYPE_PERCPU_ARRAY, //②
    .key_size= sizeof(__u32),
    .value_size= sizeof(struct datarec),
    .max_entries = XDP_ACTION_MAX,
};
static __always_inline
__u32 xdp_stats_record_action(struct xdp_md *ctx, __u32 action)
{
    void *data_end = (void *)(long)ctx->data_end;
    void *data= (void *)(long)ctx->data;
......
    struct datarec *rec = bpf_map_lookup_elem(&xdp_stats_map, &action); //③
......
    __u64 bytes = data_end - data; //④
    rec->rx_packets++; //⑤
    rec->rx_bytes += bytes;
    return action;
}
SEC("xdp_pass")
int  xdp_pass_func(struct xdp_md *ctx)
{
    __u32 action = XDP_PASS; /* XDP_PASS = 2 */
    return xdp_stats_record_action(ctx, action);
}
SEC("xdp_drop")
int  xdp_drop_func(struct xdp_md *ctx)
{
    __u32 action = XDP_DROP;
    return xdp_stats_record_action(ctx, action);
}
SEC("xdp_abort")
int  xdp_abort_func(struct xdp_md *ctx)
{
    __u32 action = XDP_ABORTED;
    return xdp_stats_record_action(ctx, action);
}
SEC("xdp_tx") //⑥
int  xdp_tx_func(struct xdp_md *ctx)
{
    __u32 action = XDP_TX;
    return xdp_stats_record_action(ctx, action);
}
```

对应代码中的编号，对其中一些重要细节解释如下。

① 定义 BPF map。

② 把 BPF map 的类型配置为 BPF_MAP_TYPE_PERCPU_ARRAY，表示每个核都有一个实例。

③ 根据 key 找到 BPF map 中的数据。

④ 计算数据包的长度。

⑤ 累计收到的数据包的个数和长度。因为数据是当前核独有，并且当前程序运行在软中断上下文中，所以这里不需要加锁。

⑥ 为了做第 25 章的测试，作者添加了这个 SEC，返回码 XDP_TX 使所有数据包从原网络接口返回，并调用 xdp_stats_record_action 对数据包进行计数。

接下来解读 XDP 加载程序的代码 xdp_load.c，此应用程序会将 xdp_prog_kern.c 编译出的 BPF 对象加载到内核。代码逻辑如图 24-5 所示。

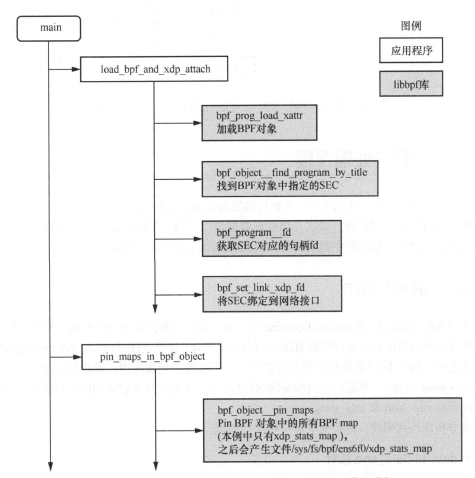

图 24-5　课程 basic04-pinning-maps 中的 xdp_load.c 代码分析

最后解析 XDP 状态查询程序 xdp_stats.c 的代码，其读取 BPF map 内容并显示数据包计数。代码逻辑如图 24-6 所示。

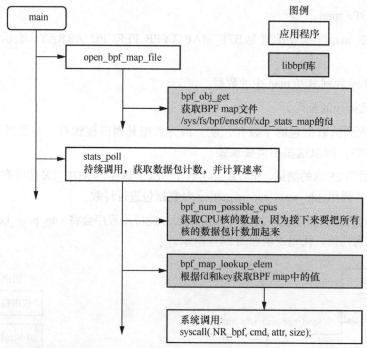

图 24-6　课程 basic04-pinning-maps 中的 xdp_stats.c 代码分析

24.3　数据包处理课程

在 24.2 节中，我们已经掌握了 XDP 代码的基础知识以及如何将程序加载到内核中执行。接下来进入数据包处理课程，依次介绍处理数据包所需的一系列步骤，包括解析、改写和重定向，以及如何在这些步骤中调用辅助函数直接使用内核提供的功能。

24.3.1　解析数据包

本课程的代码在目录 packet01-parsing 中，展示如何解析网络接口收到的数据包。整个解析工作通过使用指向数据包的指针直接访问内存来实现，这是 XDP 能够高性能地处理数据包的原因之一。BPF 验证器将检查所有内存访问是否在数据包边界内。课程目录中只有一个.c 文件 xdp_prog_kern.c，是运行在内核态的 XDP 程序。负责加载和查看的应用程序使用 24.2.4 节中提到的 xdp_load 和 xdp_stats。

在分析课程代码前，需要先了解一些基础知识。

1. data 和 data_end 指针

XDP 程序中 SEC 对应的函数在执行时，从驱动程序接收到的参数为 struct xdp_md 类型的指针，该数据结构包含了数据包有关的上下文信息。struct xdp_md 的定义如下：

```
struct xdp_md {
    __u32 data;
    __u32 data_end;
```

```
    __u32 data_meta;
    /* Below access go through struct xdp_rxq_info */
    __u32 ingress_ifindex; /* rxq->dev->ifindex */
    __u32 rx_queue_index;  /* rxq->queue_index  */
};
```

数据结构中的最后两个成员分别是接收数据包的网络接口索引 ifindex 和接收队列索引 queue_index。XDP 程序可以在处理数据包的过程中以及确定返回码时使用它们。前三个成员都是指针，尽管它们是用__u32 类型定义的。data 指向数据包的起始地址，data_end 指向数据包的结束地址，data_meta 指向和数据包毗邻的元数据区域的地址，XDP 程序可以使用该元数据区域存储额外的伴随数据包的元数据。在本课程中，只使用了 data 和 data_end。

2. 数据包边界检查

XDP 代码使用指针访问数据包内存，由验证器确保其安全。但是，如果在运行时为每次的地址访问都执行验证操作，将导致性能显著下降。因此，验证器的做法是检查 XDP 程序是否进行了自检，这也是 data_end 指针的用途。

当验证器在加载 BPF 对象并执行静态分析时，它将跟踪程序使用的所有内存地址偏移，并与 data_end 指针做比较，data_end 指针将在运行时被设置为指向数据包的末尾。这意味着如果程序执行以下操作：

```
if (data + 10 < data_end)
  /* 访问数据包的前十个字节 */
else
  /* 不访问数据包 */
```

验证器就可以知道 if 语句的 true 分支中的所有指令都可以安全地访问数据包的前十个字节，而 else 分支则不能。因此，如果一个 XDP 程序试图在 else 分支中访问数据包中的数据，该程序将被拒绝加载。

3. 跟踪当前解析位置的 header

当 XDP 程序遍历数据包并解析各种报头时，通常需要跟踪当前解析位置，即需要知道当前这一步从数据包中的哪个地址偏移开始处理。当使用辅助函数解析数据包报头时，这些辅助函数通常需要修改当前的解析位置（一般是向后修改，让更上层的协议继续处理）。为了避免处理指针算法（比如指向指针的指针），XDP 程序将当前解析位置封装在一个 cursor 对象中，将其传递给辅助函数。cursor 是一个仅包含单个成员的数据结构。

```
/* Header cursor to keep track of current parsing position */
struct hdr_cursor {
    void *pos;
};
```

4. 程序的返回码

在 XDP 程序处理数据包之后，后续数据包会被内核如何处理取决于 XDP 程序的返回码。前文已经介绍过每种返回码的含义（见图 24-2）。XDP 程序可以在返回这些返回码前对数据包执行任意更改。不过需要注意的是，在返回 XDP_TX 或 XDP_REDIRECT 前，通常需要修改数据包中的部分内容，例如重写 MAC 地址。我们将在 24.3.2 节中了解如何实现此功能。

掌握了以上基础知识，接下来可以看看本课程中 XDP 程序的代码了，文件为 xdp_prog_kern.c，代码如下。

```c
struct hdr_cursor {
  void *pos;
};
static __always_inline int parse_ethhdr(struct hdr_cursor *nh,
                       void *data_end,struct ethhdr **ethhdr)
{
  struct ethhdr *eth = nh->pos;
  int hdrsize = sizeof(*eth);
  /* 这里需要做边界检查 */
  if (eth+ 1 > data_end)
    return -1;
  nh->pos += hdrsize;  //修改当前解析位置
  *ethhdr = eth;
  return eth->h_proto;  //返回上层协议类型（IPv4/IPv6）
}
SEC("xdp_packet_parser")
int  xdp_parser_func(struct xdp_md *ctx)
{
  void *data_end = (void *)(long)ctx->data_end;
  void *data = (void *)(long)ctx->data;
  struct ethhdr *eth;
  __u32 action = XDP_PASS; /* 默认返回码 */
  struct hdr_cursor nh;
  int nh_type;
  nh.pos = data;
  nh_type = parse_ethhdr(&nh, data_end, &eth);
  if (nh_type != bpf_htons(ETH_P_IPV6))
    goto out;
  action = XDP_DROP;
out:
  return xdp_stats_record_action(ctx, action); /* read via xdp_stats */
}
```

此段代码中，XDP 程序的入口为 SEC("xdp_packet_parser")的函数 xdp_parser_func，它从参数 ctx 中获取当前待处理数据包的起始地址和结束地址。然后调用 parse_ethhdr 函数解析数据包的以太网报头（含目的 MAC、源 MAC 和更上层协议的类型——IPv4 或 IPv6）。在函数 parse_ethhdr 中，先获得了以太网报头的长度，然后把数据包的当前解析位置修改为以太网报头后面的内存地址（即 IP 层的数据的起始地址），最后返回从以太网报头中获取的上层协议类型（一般为 IPv4 或 IPv6）。随后，xdp_parser_func 函数中根据数据包协议类型确定其下一步的处理方式：如果是 IPv6 协议类型的数据包，就丢弃，否则交给内核协议栈继续处理。

作者依次进行了 IPv6 和 IPv4 类型的数据包处理测试，所有 IPv6 的数据包都返回 XDP_DROP，所有 IPv4 的数据包都返回 XDP_PASS，结果符合预期。

```
XDP-action
XDP_ABORTED        0 pkts (        0 pps)      0 Kbytes (  0 Mbits/s) period:2.000318
```

```
XDP_DROP      444200416 pkts (          0 pps)   32870830 Kbytes (   0 Mbits/s) period:2.000318
XDP_PASS       36557849 pkts (    1108648 pps)    2193470 Kbytes ( 532 Mbits/s) period:2.000318
XDP_TX                0 pkts (          0 pps)          0 Kbytes (   0 Mbits/s) period:2.000318
XDP_REDIRECT          0 pkts (          0 pps)          0 Kbytes (   0 Mbits/s) period:2.000318
```

24.3.2　改写数据包

本课程对应的代码目录为 packet02-rewriting，但在这个目录里没有什么实质内容，不过好在课程中布置了几个作业，我们直接到作业答案目录 packet-solutions 去查看代码。比如其中的 xdp_prog_kern_02.c 文件中的下面这段代码（SEC 为 xdp_patch_ports，和后文使用的命令选项对应）。

```c
SEC("xdp_patch_ports")
int xdp_patch_ports_func(struct xdp_md *ctx)
{
    int action = XDP_PASS;
    int eth_type, ip_type;
    struct ethhdr *eth;
    struct iphdr *iphdr;
    struct ipv6hdr *ipv6hdr;
    struct udphdr *udphdr;
    struct tcphdr *tcphdr;
    void *data_end = (void *)(long)ctx->data_end;
    void *data = (void *)(long)ctx->data;
    struct hdr_cursor nh = { .pos = data };

    eth_type = parse_ethhdr(&nh, data_end, &eth);
    if (eth_type < 0) {
        action = XDP_ABORTED;
        goto out;
    }

    if (eth_type == bpf_htons(ETH_P_IP)) {
        ip_type = parse_iphdr(&nh, data_end, &iphdr);
    } else if (eth_type == bpf_htons(ETH_P_IPV6)) {
        ip_type = parse_ip6hdr(&nh, data_end, &ipv6hdr);
    } else {
        goto out;
    }

    if (ip_type == IPPROTO_UDP) {
        if (parse_udphdr(&nh, data_end, &udphdr) < 0) {
            action = XDP_ABORTED;
            goto out;
        }
        udphdr->dest = bpf_htons(bpf_ntohs(udphdr->dest) - 1);
    } else if (ip_type == IPPROTO_TCP) {
        if (parse_tcphdr(&nh, data_end, &tcphdr) < 0) {
            action = XDP_ABORTED;
            goto out;
```

```
        }
            tcphdr->dest = bpf_htons(bpf_ntohs(tcphdr->dest) - 1);
    }

out:
    return xdp_stats_record_action(ctx, action);
}
```

此段代码依次调用课程中文件 common/parsing_helpers.h 提供的函数 parse_ethhdr、parse_iphdr、parse_ip6hdr 以及 parse_udphdr/parse_tcphdr，依次解析了数据包中的以太网报头、IP 报头和 UDP/TCP 报头，最终的目的只是想运行 tcphdr->dest = bpf_htons(bpf_ntohs(tcphdr->dest) - 1);这句代码以将数据包传输层的目的端口减 1。

代码逻辑非常简单，是比较典型的数据包解析和改写流程。其中运用的主要技巧是利用内核提供的下面几个数据结构，依次从数据包中解析和剥离各层协议对应的报头。

- struct ethhdr *eth
- struct iphdr *iphdr
- struct ipv6hdr *ipv6hdr
- struct udphdr *udphdr
- struct tcphdr *tcphdr

接下来观察程序的运行效果。

首先在远端服务器上持续发送目的端口为 56 的数据包。然后在本地服务器执行 sudo tcpdump -i ens6f0 -vvv 命令确认接收到的数据包的内容。此时终端上有如下输出，可以看到所有数据包的目的端口为 56。

```
    COMFAST.COMFAST.1234 > 192.168.1.1.56: Flags [.], cksum 0x15dd (correct), seq 0:6, ack 1, win 8192, length 6
10:20:01.073978 IP (tos 0x0, ttl 64, id 10673, offset 0, flags [none], proto TCP (6), length 46)
    COMFAST.COMFAST.1234 > 192.168.1.1.56: Flags [.], cksum 0x15dd (correct), seq 0:6, ack1, win 8192, length 6
10:20:01.073978 IP (tos 0x0, ttl 64, id 10646, offset 0, flags [none], proto TCP (6), length 46)
    COMFAST.COMFAST.1234 > 192.168.1.1.56: Flags [.], cksum 0x15dd (correct), seq 0:6, ack 1, win 8192, length 6
```

接下来停止 tcpdump 进程，执行如下命令加载本课程的 XDP 程序，目的是修改从网络接口 ens6f0 接收到的所有数据包的传输层目的端口（将其减 1）。

```
    sudo ./xdp_loader --dev ens6f0 --filename xdp_prog_kern_02.o --progsec xdp_patch_ports
```

此时再次执行 sudo tcpdump -i ens6f0 -vvv 命令，就可以看到所有数据包的目的端口被改成了 55。

```
10:20:13.186684 IP (tos 0x0, ttl 64, id 12590, offset 0, flags [none], proto TCP (6), length 46)
    COMFAST.COMFAST.1234 > 192.168.1.1.55: Flags [.],cksum 0x15dd (incorrect -> 0x15be), seq 0:6, ack 1,win 8192,length 6
10:20:13.186684 IP (tos 0x0, ttl 64, id 12617, offset 0, flags [none], proto TCP (6), length 46)
    COMFAST.COMFAST.1234 > 192.168.1.1.55: Flags [.], cksum 0x15dd (incorrect -> 0x15be),seq 0:6, ack 1, win 8192, length 6
10:20:13.186685 IP (tos 0x0, ttl 64, id 12644, offset 0, flags [none], proto TCP (6), length 46)
    COMFAST.COMFAST.1234 > 192.168.1.1.55: Flags [.], cksum 0x15dd (incorrect -> 0x15be), seq 0:6, ack 1, win 8192, length 6
```

不过此程序并不完善，因为没有修改数据包中的校验和，所以输出中有相关报错。

24.3.3 重定向

前文已经讲述了如何解析和改写数据包, 本节将介绍如何控制数据包的下一步去向。

1. 将数据包返回原网络接口

我们继续使用 packet-solutions 目录中的代码, 这次是文件 xdp_prog_kern_03.c 中的
SEC("xdp_icmp_echo"), 代码如下。

```
SEC("xdp_icmp_echo")
int xdp_icmp_echo_func(struct xdp_md *ctx)
{
......
    /* Parse Ethernet and IP/IPv6 headers */
    eth_type = parse_ethhdr(&nh, data_end, &eth);
    if (eth_type == bpf_htons(ETH_P_IP)) {
        ip_type = parse_iphdr(&nh, data_end, &iphdr);
        if (ip_type != IPPROTO_ICMP)
            goto out;
    }
......
    icmp_type = parse_icmphdr_common(&nh, data_end, &icmphdr);
    if (eth_type == bpf_htons(ETH_P_IP) && icmp_type == ICMP_ECHO) {
        /* Swap IP source and destination */
        swap_src_dst_ipv4(iphdr);  //①
        echo_reply = ICMP_ECHOREPLY;
    }
......
    /* Swap Ethernet source and destination */
    swap_src_dst_mac(eth);  //②

    /* Patch the packet and update the checksum.*/
    old_csum = icmphdr->cksum;
    icmphdr->cksum = 0;
    icmphdr_old = *icmphdr;
    icmphdr->type = echo_reply;
    icmphdr->cksum = icmp_checksum_diff(~old_csum, icmphdr, &icmphdr_old);  //③

    action = XDP_TX;
out:
    return xdp_stats_record_action(ctx, action);  //④
}
```

对应代码中注释的编号, XDP 程序对接收到的数据包执行了如下操作。

① 交换源 IP 和目的 IP。

② 交换源 MAC 和目的 MAC。

③ 重新计算 ICMP 报头中的校验和。

④ 最终返回 XDP_TX, 作用是把数据包重新发回之前接收到它的那个网络接口。

> **注：**
>
> 在接下来的测试过程中，pktgen 程序发出的 ICMP（internet control message protocol）数据包的 iCMP_type 字段为 99，这种数据包是不被 XDP 代码识别的。作者没有找到如何修改 pktgen 配置把 iCMP_type 改为 Linux 内核代码中定义的 8（宏定义语句为 #define ICMP_ECHO 8），所以修改了本课程中的 XDP 代码，将 if (eth _type == bpf_htons (ETH_P_IP) && icmp_type == ICMP_ECHO) {修改为 if (eth_type == bpf_htons (ETH_P_IP) && icmp_type == 99) {，然后重新编译，否则 XDP 代码不会对 pktgen 程序发来的数据包进行前文提到的三项操作。

接下来验证此 XDP 程序的功能。

先在本地工作站执行如下命令加载 XDP 程序。

```
sudo ./xdp_loader --dev ens6f0 --filename xdp_prog_kern_03.o --progsec xdp_icmp_echo --force
```

接下来到远端工作站启动 pktgen 程序，在发包前，需要在 pktgen 的终端中执行如下命令。作用是降低发包速率，设置数据包的源 MAC 和目的 MAC，并指定发送 ICMP 的数据包。

```
set 0 rate 1
set 0 src mac 98:03:9b:88:47:d6
set 0 dst mac 98:03:9b:88:43:52
set 0 type ipv4
set 0 proto icmp
```

然后继续在 pktgen 终端上执行 str 命令发包，并随后输入 stp 命令停止发包，此时会发现所有刚刚发送的数据包都被对端发回来了。

```
/ Ports 0-1 of 2   <Main Page> Copyright(c) <2010-2021>, Intel Corporation
  Flags:Port       : P------Sngl      :0 P------Sngl      :1
Link State       :        <UP-10000-FD>      <UP-10000-FD>     ---Total Rate---
Pkts/s Rx        :            149,120                0            149,120
       Tx        :            149,120                0            149,120
MBits/s Rx/Tx    :            100/100              0/0            100/100
```

将数据包发回原端口，是 XDP 程序的返回码 XDP_TX 在起作用。那么数据包的内容有没有被更改呢？重新发包后，在 pktgen 终端界面执行命令 set 0 dump 10，再执行命令 page log，就可以查看收到的数据包内容。需要回到原界面时，可执行命令 page main。

下面是修改 XDP 代码（把代码中的①和②删除）使其不对源和目的 MAC 以及源和目的 IP 进行交换的情况下，pktgen 收到的经 XDP 处理的数据包内容。

```
I 17:42:44 pktgen_print_packet_dump         Port 0, packet with length 64:
    000000: 98 03 9b 88 43 52 98 03  9b 88 47 d6 08 00 45 00
    000010: 00 2e 7f ae 00 00 40 01  78 ce c0 a8 00 01 c0 a8
    000020: 01 01 08 64 c0 66 67 68  69 6a 34 12 b1 35 21 43
    000030: 00 80 00 00 00 00 00 00  00 00 30 31 00 00 00 00
```

下面是保留 XDP 中的代码①和②，并执行同样测试后，pktgen 收到的经 XDP 处理的数据包内容。和之前的输出做比较后，可以确认数据包的源 MAC 和目的 MAC 以及源 IP 和目的 IP 都被交换了。XDP 程序起到了预期的作用。

```
I 17:45:08 pktgen_print_packet_dump        Port 0, packet with length 64:
        000000: 98 03 9b 88 47 d6 98 03  9b 88 43 52 08 00 45 00
        000010: 00 2e d5 58 00 00 40 01  23 24 c0 a8 01 01 c0 a8
        000020: 00 01 00 64 c8 66 67 68  69 6a 34 12 b1 35 21 43
        000030: 00 80 00 00 00 00 00 00  00 00 30 31 00 00 00 00
```

2. 将数据包转发到其他网卡接口

继续使用 packet-solutions 目录中的 XDP 代码，这次是文件 xdp_prog_kern_03.c 中的 SEC("xdp_redirect")。

先测试 XDP 程序的执行效果，此次测试的场景比较复杂，如图 24-7 所示。

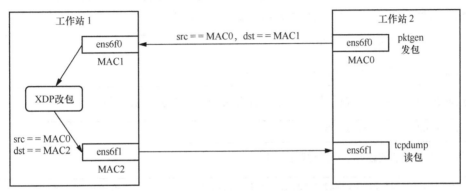

图 24-7　将数据包转发到其他端口的测试场景

图 24-7 中有两台工作站，分别插了一块 Mellanox ConnectX-4 Lx 10G 双接口网卡，即每台工作站有两个物理网络接口，在 Linux 系统中分别对应 ens6f0 和 ens6f1，名称相同的网络接口之间通过光纤直连。每个网络接口的 MAC 地址编号（MAC0、MAC1 和 MAC2）已在图中的网络接口下面标明。

测试时，在工作站 2 上运行 DPDK 程序 pktgen 从网络接口 ens6f0 发包，发出的数据包的源 MAC 为图 24-7 中的 MAC0，目的 MAC 为 MAC1。XDP 程序运行在工作站 1 上，其作用是先修改接收到的数据包：只要是源 MAC 为 MAC0 的数据包，就将其目的 MAC 修改为 MAC2。然后将其转发到工作站 1 的 ens6f1。工作站 1 的 ens6f1 会直接将数据包发往工作站 2 的 ens6f1。最后，在工作站 2 上执行 tcpdump -i ens6f1 -×××命令查看被 XDP 程序修改过的数据包内容。

测试步骤如下。

开始测试时，在工作站 2 先使用如下命令启动 pktgen 程序。

```
sudo ./build/app/pktgen -v -c 0x7C00 --proc-type auto --log-level=8 -d librte_net_mlx5.so
-d librte_mempool_ring.so -- -P -v -m "[11:12].0"
```

在 pktgen 程序的命令行中输入如下配置命令。

```
set 0 rate 1
set 0 src mac 98:03:9b:88:47:d6 //MAC0
set 0 dst mac 98:03:9b:88:43:52 //MAC1
set 0 type ipv4
set 0 proto udp
```

然后执行 str 命令开始发送数据包即可。

接下来在工作站 1 上，执行如下命令加载 XDP 程序。

```
./xdp_loader --dev ens6f0 --filename xdp_prog_kern_03.o --progsec xdp_redirect_map
```

再执行如下命令配置数据包转发的方向。命令中的选项--dev ens6f0 -r ens6f1 表示将符合条件的数据包从网络接口 ens6f0 转发到 ens6f1。判断条件为：数据包的源 MAC 需要等于-L 选项指定的 MAC（对应图 24-7 中的 MAC0）。另外，XDP 程序还会修改符合条件的数据包的目的 MAC，由-R 选项指定，对应图 24-7 中的 MAC2。

```
./xdp_prog_user --dev ens6f0 -r ens6f1 -L 98:03:9b:88:47:d6 -R 98:03:9b:88:43:53
```

命令执行后，如果可以看到如下输出，表明配置成功。

```
map dir: /sys/fs/bpf/ens6f0
redirect from ifnum=4 to ifnum=5
forward: 98:03:9b:88:47:d6 -> 98:03:9b:88:43:53
```

这时候在工作站 2 上执行如下命令，查看 ens6f1 接收到的数据包。

```
sudo tcpdump -i ens6f1 -XXX
```

可以看到大量的输出，部分截取如下。

```
15:25:24.934235 IP COMFAST.COMFAST.1234 > 192.168.1.1.5678: UDP, length 18
        0x0000:  9083 9b88 4353 9803 9b88 47d6 0800 4500
        0x0010:  002e 484f 0000 4011 b01d c0a8 0001 c0a8
        0x0020:  0101 04d2 162e 001a 9e9a 6b6c 6d6e 6f70
        0x0030:  7172 7374 7576 7778 797a 3031
15:25:24.934236 IP COMFAST.COMFAST.1234 > 192.168.1.1.5678: UDP, length 18
        0x0000:  9083 9b88 4353 9803 9b88 47d6 0800 4500
        0x0010:  002e 486a 0000 4011 b002 c0a8 0001 c0a8
        0x0020:  0101 04d2 162e 001a 9e9a 6b6c 6d6e 6f70
        0x0030:  7172 7374 7576 7778 797a 3031
15:25:24.934237 IP COMFAST.COMFAST.1234 > 192.168.1.1.5678: UDP, length 18
        0x0000:  9083 9b88 4353 9803 9b88 47d6 0800 4500
        0x0010:  002e 4885 0000 4011 afe7 c0a8 0001 c0a8
        0x0020:  0101 04d2 162e 001a 9e9a 6b6c 6d6e 6f70
        0x0030:  7172 7374 7576 7778 797a 3031
```

可见数据包已经被转发到了 ens6f1，并且其源 MAC 为 MAC0，目的 MAC 为 MAC2，符合预期。

本次测试中有几点需要特别说明。

- 即使 XDP 程序不把数据包的目的 MAC 修改为 MAC2，数据包也将会被 XDP 程序转发到本机的 ens6f1，并在对端工作站的 ens6f1 接收到。可见此转发行为不是目的 MAC 地址决定的，而是代码中调用的转发配置函数 bpf_redirect_map 在起作用，见后文的代码解析。

- 测试中用到的 ens6f0 和 ens6f1 分别对应一块 Mellanox ConnectX-4 Lx 网卡的两个物理接口。作者曾经尝试在执行 xdp_prog_user 命令时修改配置，使用其他网卡（比如 Intel I210）的接口接收修改过的数据包，但失败了，对端的同型号网卡（两者已直连）的接口没有收到任何数据包，原因是此网卡不支持 XDP 功能。如果尝试将 XDP

程序绑定到此网卡接口，会显示错误"underlying driver does not support XDP in native mode"。可见，要实现 XDP 的转发功能需要所有网络接口（的网卡驱动程序）都支持 XDP 功能。

- 即使 tcpdump 工具能看到接收的数据包，ifconfig 命令的输出中也不一定有相关数据包的计数，也就是说数据包还没到更上层的处理逻辑就被丢弃了。

知道了本课程 XDP 程序的数据包转发效果，接下来看代码是如何实现的。以下是文件 xdp_prog_kern_03.c 和此次转发功能相关的代码。

```
struct bpf_map_def SEC("maps") tx_port = {
    .type = BPF_MAP_TYPE_DEVMAP,
    .key_size = sizeof(int),
    .value_size = sizeof(int),
    .max_entries = 256,
};
struct bpf_map_def SEC("maps") redirect_params = {
    .type = BPF_MAP_TYPE_HASH,
    .key_size = ETH_ALEN,
    .value_size = ETH_ALEN,
    .max_entries = 1,
};
......
SEC("xdp_redirect_map")
int xdp_redirect_map_func(struct xdp_md *ctx)
{
    void *data_end = (void *)(long)ctx->data_end;
    void *data = (void *)(long)ctx->data;
    struct hdr_cursor nh;
    struct ethhdr *eth;
    int eth_type;
    int action = XDP_PASS;
    unsigned char *dst;

    /* These keep track of the next header type and iterator pointer */
    nh.pos = data;

    /* Parse Ethernet and IP/IPv6 headers */
    eth_type = parse_ethhdr(&nh, data_end, &eth);
    if (eth_type == -1)
        goto out;

    /* Do we know where to redirect this packet? */
    dst = bpf_map_lookup_elem(&redirect_params, eth->h_source);
    if (!dst)
        goto out;

    /* Set a proper destination address */
    memcpy(eth->h_dest, dst, ETH_ALEN);
    action = bpf_redirect_map(&tx_port, 0, 0);

out:
    return xdp_stats_record_action(ctx, action);
}
```

程序中先建立了两个 BPF map。第一个变量名为 tx_port，是一个 BPF_MAP_TYPE

_DEVMAP 类型的 BPF map，负责保存网络接口之间的转发关系，比如，将网络接口 ens6f0 接收到的数据包转发到 ens6f1。第二个变量名为 redirect_params ，是一个 BPF_MAP_TYPE_HASH 类型的 BPF map，保存 MAC 地址之间的对应关系，比如，凡是源 MAC 为 MAC0 的数据包，就将其目的 MAC 修改为 MAC2。

代码的核心是 SEC("xdp_redirect_map")的数据包处理函数 xdp_redirect_map_func，它会调用函数 bpf_map_lookup_elem，从名为 redirect_params 的 BPF map 中，查找数据包中源 MAC 对应的（将要修改为的）目的 MAC，据此修改数据包的目的 MAC。然后，调用函数 bpf_redirect_map，按照名为 tx_port 的 BPF map 中保存的目标网络接口转发数据包。

此课程使用的用户态程序 xdp_prog_user.c 的代码逻辑如图 24-8 所示。

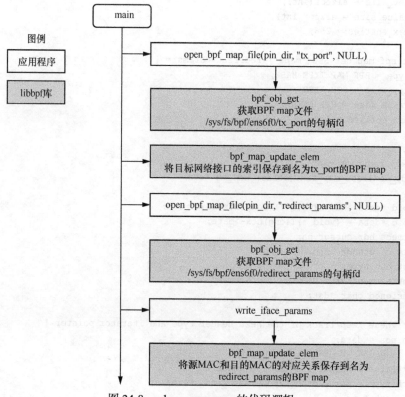

图 24-8 xdp_prog_user.c 的代码逻辑

第25章

简单的 XDP 性能测试

本章测试 XDP 的性能，并和 DPDK 做简单的比较。

测试中使用的软件版本和硬件配置如下。

- 操作系统发行版：Ubuntu 18.04。
- Linux 内核版本：5.8.1。
- DPDK 代码版本：20.11。
- 编译器版本：GCC 7.5。
- 工作站：浪潮 P8000×2。
- 网卡：Mellanox ConnectX-5 100G 网卡×2，两块网卡使用光纤直连。
- XDP：使用 24.2.4 节中经作者修改后的 XDP 程序代码。

25.1 测试方法

本测试的场景如图 25-1 和图 25-2 所示。在工作站 2 上运行 pktgen（一种 DPDK 应用程序）全速发送和接收数据包。在工作站 1 上先后运行 XDP 程序和 DPDK test_pmd 程序，收到数据包后马上将其从原网络接口发回给工作站 2。在工作站 2 的 pktgen 程序界面上可以看到数据包的发送 PPS 和接收 PPS。通过比较 XDP 和 DPDK test_pmd 这两种方案分别运行时，pktgen 显示的接收 PPS 和发送 PPS 这两个数据的比值，评估这两种方案对数据包的处理性能。

为了实现可比较，本例中的 XDP 和 DPDK test_pmd 程序都运行在单核上。

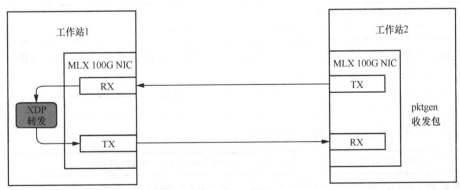

图 25-1　XDP 方案测试场景

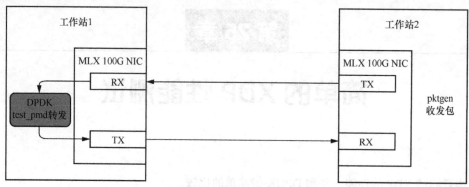

图 25-2　DPDK 方案测试场景

25.2　测试流程和命令

以下命令为示例，实测时需要根据具体情况修改。

（1）在工作站 2 输入如下命令启动 pktgen 程序。

```
sudo ./build/app/pktgen -v -c 0x3E0 --proc-type auto --log-level=8 -d librte_net_mlx5.so
-d librte_mempool_ring.so -- -P -v -m "[6-7:8-9].0"
```

pktgen 程序在数据收发两个方向都使用了双核处理，保证了满带宽运行。

（2）在 pktgen 命令行中输入如下命令配置数据包内容并启动发包，目的 MAC 和源 MAC
分别配置为工作站 1 和工作站 2 上两个网络接口的 MAC 地址。

```
Pktgen:/> set 0 src mac b8:59:9f:b0:cc:70
Pktgen:/> set 0 dst mac b8:59:9f:c4:51:3a
Pktgen:/> set 0 type ipv4
Pktgen:/> set 0 proto udp
Pktgen:/> set 0 size 64
Pktgen:/> str
```

（3）在工作站 1 上加载 XDP 程序。

```
mount -t bpf bpf /sys/fs/bpf/
sudo ./xdp_loader --dev ens2 --force --progsec xdp_tx
```

此时，可在 pktgen 界面使用类似 set 0 size 128 的命令修改数据包长度，并记录测试结果。

（4）在工作站 1 上卸载 XDP 程序。

```
sudo ./xdp_loader --dev ens2 --unload
```

（5）在工作站 1 上启动 DPDK test_pmd。

```
sudo build/app/dpdk-testpmd -c3e0 -- -i --nb-cores=1 --portmask=1
```

然后在 testpmd 的用户界面中输入 start，开始转发数据包。

```
testpmd> start
```

此时可在 pktgen 界面使用类似 set 0 size 128 命令修改数据包长度，并记录测试结果。

25.3　测试结果

针对两种方案，作者分别采集了六种不同数据包长度情况下的：

- 数据包转发率，对工作站 2 来说是数据包返回率；
- CPU 占用率，分为用户态 CPU 占用率和内核态 CPU 占用率。

测试结果如表 25-1 和表 25-2 所示。由于 pktgen 程序显示的收发包速率（单位 PPS，数据包/秒）一直在变化，因此表格中的数据为近似值。

表 25-1　　　　　　　　　　　　XDP 方案的测试结果

数据包长度（字节）	发送速率（PPS）	接收速率（PPS）	转发率（%）	用户态 CPU 占用率（%）	内核态 CPU 占用率（%）
64	35700000	8500000	23.81	0	99
128	34000000	5000000	14.71	0	99
256	34000000	2900000	8.53	0	99
512	20000000	9000000	45.00	0	99
1024	10500000	7900000	75.24	0	92
1500	7400000	5690000	76.89	0	84

表 25-2　　　　　　　　　　　　DPDK 方案的测试结果

数据包长度（字节）	发送速率（PPS）	接收速率（PPS）	转发率（%）	用户态 CPU 占用率（%）	内核态 CPU 占用率（%）
64	35700000	30000000	84.03	100	0
128	34000000	26000000	76.47	100	0
256	34000000	18200000	53.53	100	0
512	20000000	12000000	60.00	100	0
1024	10500000	10200000	97.14	100	0
1500	7400000	7400000	100.00	100	0

25.4　测试结果分析

从测试结果可以看出以下几点。

- XDP 程序相比 DPDK 程序，性能稍微差一些。部分原因是 XDP 代码在性能方面的优化程度比 DPDK 低。
- XDP 程序在 PPS 较低时可以节省一些 CPU 负载。这是 XDP 的一个重要优点（与网卡驱动程序使用的 NAPI 机制有关），也是它的性能不如 DPDK 的原因之一。
- 两种方案在 128 字节和 256 字节这两种数据包长度的情况下，测试结果都不是很理想，特别是 XDP（这很可能是 Mellanox 网卡特有的现象）。

## 第 26 章

让网卡驱动程序支持 XDP 功能

XDP 程序运行在 Linux 网卡驱动程序的上下文，也就是说如果想要使用 XDP 功能，网卡驱动程序必须提供相应的支持。本章通过 Linux 内核中的 Mellanox 以太网卡驱动程序的代码，分析如何让一个普通的以太网卡驱动程序支持 XDP 功能。

26.1 XDP 代码在网卡驱动中的位置

本节的主要内容都包含在图 26-1 中。

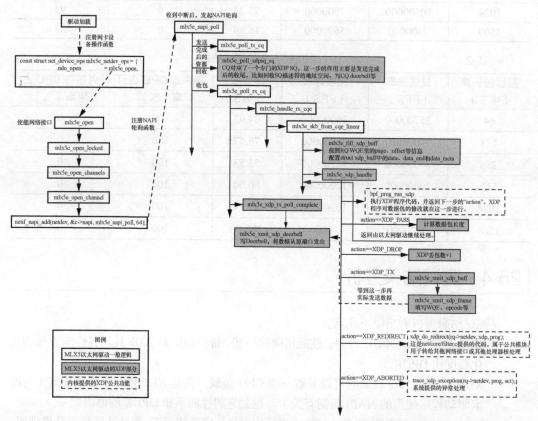

图 26-1　Mellanox 以太网驱动程序中和 XDP 功能相关的代码解析

图 26-1 左半部分展示了在一个普通 Linux 网卡驱动程序中注册一系列设备操作函数，然后在其中的 ndo_open 函数中添加 NAPI 轮询模式的收发包处理函数的过程。Mellanox 网卡驱动程序也是如此，在此不再详述，可参考第 6 章对 Corundum 以太网驱动程序的分析。

重点是图中右半部分的收包处理逻辑。在调用函数 mlx5e_poll_rx_cq 轮询接收完成队列的过程中，添加了一个 XDP 处理函数，名为 mlx5e_xdp_handle。mlx5e_xdp_handle 执行的第一步就是调用内核提供的函数 bpf_prog_run_xdp，此函数中会执行 XDP 程序，并返回 action，即 XDP 程序的返回码 XDP_TX、XDP_PASS 等。XDP 程序对数据包的修改就在函数 bpf_prog_run_xdp 的执行过程中进行。

26.2 数据包的准备

下面截取了前文介绍过的一段 XDP 程序代码。

```
SEC("xdp_packet_parser")
int  xdp_parser_func(struct xdp_md *ctx)
{
  void *data_end = (void *)(long)ctx->data_end;
  void *data = (void *)(long)ctx->data;
.......
}
```

此 SEC 处理函数有一个输入参数，即 struct xdp_md *ctx，处理数据包的逻辑可以从中获取当前数据包的首尾地址（即 data 和 data_end）。那么这些地址是谁为它准备好的呢？当然是驱动程序。所以图 26-1 中，在调用函数 mlx5e_xdp_handle 之前，驱动程序先调用了函数 mlx5e_fill_xdp_buff。函数 mlx5e_fill_xdp_buff 会按照 RQ WQE（Mellanox 网卡支持 RDMA，其 RQ WQE 可以看作一般以太网卡的接收队列描述符）中的 page、offset（即数据包所在的地址）等信息填充 struct xdp_buff，随后此数据结构中会包含数据包的 data、data_end 和 data_meta 等信息，并之后传递给 XDP 程序。

26.3 返回值的处理

在函数 bpf_prog_run_xdp 返回，即 XDP 程序执行完毕后，驱动程序中的 XDP 处理函数 mlx5e_xdp_handle 会按照 XDP 程序的返回码，执行相应的后续处理。各种返回码的含义如图 24-2 所示，它们分别对应了对数据包的丢弃、转发等后续操作。那么驱动程序代码中如何具体实现这些后续操作呢？如果把图 26-1 中右下部分截取出来，稍作改进，即成为图 26-2。

可见驱动程序对 XDP 程序的各种返回码分别做了如下后续处理。

- XDP_DROP：只把 XDP 丢包数加 1。
- XDP_PASS：计算数据包的长度，填充到一个变量中，由驱动程序继续处理。
- XDP_TX：填写 WQE（相当于添加一个描述符到发送队列），将数据包从当前网络接口发送出去。
- XDP_REDIRECT：调用内核提供的函数 xdp_do_redirect。
- XDP_ABORTED：调用内核提供的函数 trace_xdp_exception。

综上可知，要让网卡驱动程序支持 XDP 功能，需要做到如下三点。

- 在 NAPI 轮询收包处理函数中添加一个 XDP 处理函数，其中调用内核提供的函数 bpf_prog_run_xdp，运行 XDP 程序。

- 进入 XDP 处理函数前，根据数据包所在的内存地址、长度等填充 struct xdp_buff，使其包含 XDP 程序所需的 data、data_end 等信息。
- 在函数 bpf_prog_run_xdp 返回后，根据其返回值对数据包执行丢弃、转发等操作。

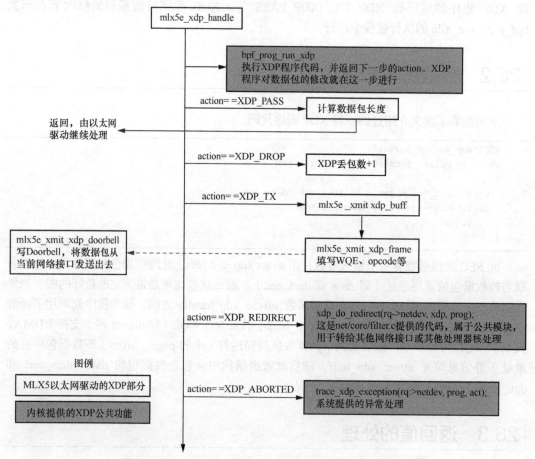

图 26-2　Mellanox 以太网驱动程序对 XDP 返回码的处理逻辑

在 Linux 系统中查找各种核的对应关系

在介绍 Linux 中的各种核的对应关系之前，先介绍几个概念。

一台 NUMA 架构的计算机中有多个物理封装的 CPU 芯片，对这些 CPU 芯片有不同的名称进行区分，比如物理（physical）ID、槽位（socket）ID 或节点（node）ID。DPDK 代码中用的是槽位 ID，Linux 的 sysfs 文件系统用的是节点 ID，比如一个 CPU 芯片在节点 0，另一个在节点 1。

一般每一个 CPU 芯片都有和它直连的主机内存（DDR）和 PCI 设备，这时可以称它们属于同一个 NUMA 节点，它们之间互相访问的速度比非直连的情况快。在访问其他 NUMA 节点的 DDR 或 PCI 设备时，数据和地址信号需要通过两个 CPU 芯片间的 QPI 总线转发，访问速度会显著降低。

图 A-1 是一个 NUMA 架构计算机的例子，正是作者所使用的浪潮 P8000 工作站。图中有两个物理 CPU 芯片，分别有自己直连的主机内存（DDR 阵列），两个 CPU 芯片之间通过 QPI 连接。

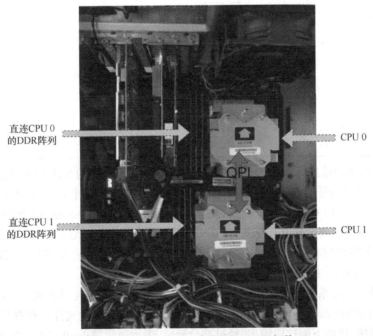

图 A-1　浪潮 P8000 工作站的 NUMA 架构

每个 CPU 芯片中有多个处理器核（core），也称为 CPU 核或硬核，用不同的 core id 区分。一个 CPU 芯片中不同的 core 一般共享 DDR 和 L3 Cache，但有独立的 L1 Cache 和 L2 Cache。

每个 core 上可能有多个（最常见的是两个）逻辑核，也叫超线程、逻辑线程或者软核。一个 core 上不同的逻辑核共享执行单元和 Cache，但有独立的寄存器集和中断逻辑。

从 Linux 系统的角度来说，逻辑核的数量就是一般意义上核的数量。系统中的亲和性设置指的是把线程或中断绑定到某个逻辑核上。

下面以作者使用的安装了 Ubuntu 20.04.4 LTS 的工作站为例，介绍如何获取它的 CPU 基本信息。

首先，执行命令 lscpu，获得如下输出。

```
# lscpu
Architecture:            x86_64
CPU op-mode(s):          32-bit, 64-bit
Byte Order:              Little Endian
Address sizes:           46 bits physical, 48 bits virtual
CPU(s):                  40
On-line CPU(s) list:     0-39
Thread(s) per core:      2
Core(s) per socket:      10
Socket(s):               2
NUMA node(s):            2
Vendor ID:               GenuineIntel
CPU family:              6
Model:                   79
Model name:              Intel(R) Xeon(R) CPU E5-2640 v4 @ 2.40GHz
Stepping:                1
CPU MHz:                 1199.293
CPU max MHz:             3400.0000
CPU min MHz:             1200.0000
BogoMIPS:                4789.22
Virtualization:          VT-x
L1d cache:               640 KiB
L1i cache:               640 KiB
L2 cache:                5 MiB
L3 cache:                50 MiB
NUMA node0 CPU(s):       0-9,20-29
NUMA node1 CPU(s):       10-19,30-39
```

由 lscpu 命令的输出可知，这台工作站上有 2 个（见输出中的 NUMA node(s): 2）CPU 芯片，其处理器核的型号为 Intel(R) Xeon(R) CPU E5-2640 v4。每个 CPU 芯片上有 10 个（见 Core(s) per socket: 10）硬核，每个硬核上有 2 个（见 Thread(s) per core: 2）逻辑核。这样算起来，从 Linux 系统的角度来说，总共有 40 个（见 CPU(s): 40）CPU（核）。

接下来介绍如何在 sysfs 中获取更详细的信息，这些方法大多来自 DPDK 代码的 rte_eal_cpu_init 函数中的处理逻辑。

（1）查找 Linux 系统中的逻辑核编号和 CPU 芯片（用 NUMA 节点表示）的对应关系。

可以到目录/sys/devices/system/node/nodeX/中，根据其包含的文件，查看当前 CPU 芯片中有哪些逻辑核。比如下面这段输出(经过部分删减)表示逻辑核0～9和20～29都属于NUMA节点 0。

```
# ls /sys/devices/system/node/node0
compact  cpu20 cpu24 cpu28 cpu5 cpu9
```

```
cpu0    cpu21   cpu25   cpu29   cpu6    cpulist
cpu1    cpu22   cpu26   cpu3    cpu7    cpumap
cpu2    cpu23   cpu27   cpu4    cpu8    distance
```

（2）查看某个逻辑核是否存在，以及它属于哪个硬核。

作者的工作站上的逻辑核 ID 为 0～39，我们以第 39 号为例，尝试访问下面这个文件，如果文件存在，则目录名中对应的逻辑核存在。

```
# cat /sys/devices/system/cpu/cpu39/topology/core_id
12
```

只要此 core_id 文件存在，就说明目录名对应的第 39 号逻辑核存在。core_id 文件的内容（即数值 12）是 CPU 芯片中某个硬核的 ID，不过在实际中它并不是连续的，其值来源于 CPU 硬件，取决于 CPU 的拓扑。读取文件/proc/cpuinfo 可以获得所有逻辑核对应的 core id，见下面的输出。其中每一行依次对应了 Linux 系统中的 CPU 0～39（即逻辑核的编号）。可以看到这些逻辑核的 core id 在 0～4 和 8～12 间循环。在一个 NUMA 节点中，拥有相同 core id 的逻辑核属于同一个硬核。

```
# cat /proc/cpuinfo |grep "core id"
core id         : 0
core id         : 1
core id         : 2
core id         : 3
core id         : 4
core id         : 8
core id         : 9
core id         : 10
core id         : 11
core id         : 12
core id         : 0
core id         : 1
core id         : 2
core id         : 3
core id         : 4
core id         : 8
core id         : 9
core id         : 10
core id         : 11
core id         : 12
core id         : 0
core id         : 1
core id         : 2
core id         : 3
core id         : 4
core id         : 8
core id         : 9
core id         : 10
core id         : 11
core id         : 12
core id         : 0
core id         : 1
core id         : 2
core id         : 3
core id         : 4
core id         : 8
```

```
core id      : 9
core id      : 10
core id      : 11
core id      : 12
```

从/proc/cpuinfo 文件还可以得到每个逻辑核对应的物理 ID，即 NUMA 节点 ID，见以下输出。也就是说这个方法也可以解决上面的第一个问题，即得到 Linux 系统中的逻辑核编号和 CPU 芯片的对应关系。

```
# cat /proc/cpuinfo | grep "physical id"
physical id   : 0
physical id   : 0
physical id   : 0
physical id   : 0
physical id   : 0
physical id   : 0
physical id   : 0
physical id   : 0
physical id   : 0
physical id   : 0
physical id   : 1
physical id   : 1
physical id   : 1
physical id   : 1
physical id   : 1
physical id   : 1
physical id   : 1
physical id   : 1
physical id   : 1
physical id   : 1
physical id   : 0
physical id   : 0
physical id   : 0
physical id   : 0
physical id   : 0
physical id   : 0
physical id   : 0
physical id   : 0
physical id   : 0
physical id   : 0
physical id   : 1
physical id   : 1
physical id   : 1
physical id   : 1
physical id   : 1
physical id   : 1
physical id   : 1
physical id   : 1
physical id   : 1
physical id   : 1
```

综合以上信息，可以得到表 A-1，其展示了计算机中 CPU 芯片、硬核、逻辑核之间的对应关系。

表 A-1　　　　　　　　　P8000 工作站上 CPU 芯片、硬核、逻辑核的对应关系

CPU 芯片 ID（NUMA 节点）	硬核 ID	逻辑核 ID
0	0	0
	1	1
	2	2
	3	3
	4	4
	8	5
	9	6
	10	7
	11	8
	12	9
1	0	10
	1	11
	2	12
	3	13
	4	14
	8	15
	9	16
	10	17
	11	18
	12	19
0	0	20
	1	21
	2	22
	3	23
	4	24
	8	25
	9	26
	10	27
	11	28
	12	29
1	0	30

续表

CPU 芯片 ID（NUMA 节点）	硬核 ID	逻辑核 ID
	1	31
	2	32
	3	33
	4	34
1	8	35
	9	36
	10	37
	11	38
	12	39

可以看到 Linux 系统在排列逻辑核 ID 时，把属于相同硬核的逻辑核分散开了，比如 1 号逻辑核和 21 号逻辑核属于同一个硬核。这么做的好处是，进程在将多个线程绑定到不同的核时，会习惯性地使用 ID 相近的几个逻辑核，如果这些逻辑核都属于不同的硬核，就意味着它们拥有独立的 L1/L2 Cache 等资源，性能表现会更好。

关于内存性能测试工具 mbw 的问题分析

作者在使用 mbw 工具对自己工作站的 DDR 进行性能测试的过程中，发现了使用 apt 安装的 mbw 存在严重的问题。

在测试过程中，作者首先执行命令 apt install -y mbw 将 mbw 安装到系统中（在此称其为 apt mbw），并进行测试。得到测试结果后，为了进行更细致的研究，需要获得 mbw 程序的源代码。于是作者在 GitHub 网站下载了最新版本的 mbw，下载方法为执行命令 git clone https://github.com/raas/mbw.git。下载完成后，进入 mbw 目录，执行 make 命令，编译完成就可以运行了，在此称其为自编译 mbw。

但经过测试，发现 apt mbw 和自编译 mbw 在使用相同命令选项的情况下运行得到的结果差异很大。

以下是执行 apt mbw 后得到的结果。

```
$ mbw -a -n 1 1024
Long uses 8 bytes. Allocating 2*134217728 elements = 2147483648 bytes of memory.
Using 262144 bytes as blocks for memcpy block copy test.
Getting down to business... Doing 1 runs per test.
0       Method: MEMCPY    Elapsed: 0.21535    MiB: 1024.00000 Copy: 4755.138 MiB/s
0       Method: DUMB      Elapsed: 0.12748    MiB: 1024.00000 Copy: 8032.885 MiB/s
0       Method: MCBLOCK   Elapsed: 0.18016    MiB: 1024.00000 Copy: 5683.963 MiB/s
```

下面是执行自编译 mbw 后得到的结果。

```
$ ./mbw -a -n 1 1024
Long uses 8 bytes. Allocating 2*134217728 elements = 2147483648 bytes of memory.
Using 262144 bytes as blocks for memcpy block copy test.
Getting down to business... Doing 1 runs per test.
0       Method: MEMCPY    Elapsed: 0.12532    MiB: 1024.00000 Copy: 8170.886 MiB/s
0       Method: DUMB      Elapsed: 0.21727    MiB: 1024.00000 Copy: 4713.030 MiB/s
0       Method: MCBLOCK   Elapsed: 0.23491    MiB: 1024.00000 Copy: 4359.153 MiB/s
```

在 apt mbw 的运行结果中，DUMB 测试项的访问速率最快（约 7.8GB/s）。但自编译 mbw 的运行结果中（这是正确结果），是 MEMCPY 测试项的速率最快（约为 8GB/s），DUMB 测试项的速率为 4.6GB/s。这种显著的差异是无法用编译选项、环境因素等原因进行解释的。

经过研究发现，出现问题的真正原因是用 apt 安装的 mbw 版本太旧，而这个旧版本正好有个 bug。

在（从 GitHub 下载的）mbw 的代码目录中，执行命令 git log -p mbw.c，可以查看 mbw.c 文件的历史修改记录。可以发现在 2014 年的时候，代码进行过如下修改。当时作者在代码中添加了版本标记，这个新版本为 v1.4。

```
commit 4b98b5581cecd79446f65748fb7a8ed686f47c9f (tag: v1.4)
```

```
Author: Andras HORVATH <andras.horvath@gmail.com>
Date:   Mon Feb 17 22:14:12 2014 +0100

    Add version number. v1.4

diff --git a/mbw.c b/mbw.c
index 06a9d09..56be86f 100644
--- a/mbw.c
+++ b/mbw.c
@@ -28,6 +28,9 @@
 #define TEST_DUMB 1
 #define TEST_MCBLOCK 2

+/* version number */
+#define VERSION "1.4"
+
 /*
  * MBW memory bandwidth benchmark
  *
@@ -51,6 +54,7 @@

 void usage()
 {
+    printf("mbw memory benchmark v%s, https://github.com/raas/mbw\n", VERSION);
     printf("Usage: mbw [options] array_size_in_MiB\n");
     printf("Options:\n");
     printf("  -n: number of runs per test\n");
```

如果在执行自编译 mbw 时使用命令选项-h，就可以发现自编译 mbw 使用的是此次修改
之后的版本。

```
$ ./mbw -h
mbw memory benchmark v1.4, https://github.com/raas/mbw
Usage: mbw [options] array_size_in_MiB
......
```

注：

　　如果读者现在从 GitHub 上下载最新版本，程序可能会输出更新的版本号，比如
v1.5。

而执行 apt mbw 时却不会显示版本号，也就是说 apt mbw 使用的是旧版本。

```
$ mbw -h
Usage: mbw [options] array_size_in_MiB
```

而就在此次关于 v1.4 的修改的 7 分钟之前，作者刚刚修复了旧版本中的一个重大 bug，
如下。

```
commit 6346daa765f85d47caa39685fb452701d82446d5
Author: Andras HORVATH <andras.horvath@gmail.com>
Date:   Mon Feb 17 22:07:10 2014 +0100

    Fix labeling of the displayed results.
```

```
diff --git a/mbw.c b/mbw.c
index 6251ea9..06a9d09 100644
--- a/mbw.c
+++ b/mbw.c
@@ -23,6 +23,11 @@
 /* default block size for test 2, in bytes */
 #define DEFAULT_BLOCK_SIZE 262144

+/* test types */
+#define TEST_MEMCPY 0
+#define TEST_DUMB 1
+#define TEST_MCBLOCK 2
+
 /*
  * MBW memory bandwidth benchmark
  *
@@ -50,9 +55,9 @@ void usage()
     printf("Options:\n");
     printf("  -n: number of runs per test\n");
     printf("  -a: Don't display average\n");
-    printf("  -t0: memcpy test\n");
-    printf("  -t1: dumb (b[i]=a[i] style) test\n");
-    printf("  -t2 : memcpy test with fixed block size\n");
+    printf("  -t%d: memcpy test\n", TEST_MEMCPY);
+    printf("  -t%d: dumb (b[i]=a[i] style) test\n", TEST_DUMB);
+    printf("  -t%d: memcpy test with fixed block size\n", TEST_MCBLOCK);
     printf("  -b <size>: block size in bytes for -t2 (default: %d)\n", DEFAULT_BLOCK_SIZE);
     printf("  -q: quiet (print statistics only)\n");
     printf("(will then use two arrays, watch out for swapping)\n");
@@ -100,13 +105,13 @@ double worker(unsigned long long asize, long *a, long *b, int type, unsigned lon
     /* array size in bytes */
     unsigned long long array_bytes=asize*long_size;

-    if(type==1) { /* memcpy test */
+    if(type==TEST_MEMCPY) { /* memcpy test */
        /* timer starts */
        gettimeofday(&starttime, NULL);
        memcpy(b, a, array_bytes);
        /* timer stops */
        gettimeofday(&endtime, NULL);
-    } else if(type==2) { /* memcpy block test */
+    } else if(type==TEST_MCBLOCK) { /* memcpy block test */
        char* aa = (char*)a;
        char* bb = (char*)b;
        gettimeofday(&starttime, NULL);
@@ -117,7 +122,7 @@ double worker(unsigned long long asize, long *a, long *b, int type, unsigned lon
           bb=mempcpy(bb, aa, t);
        }
        gettimeofday(&endtime, NULL);
-    } else { /* dumb test */
+    } else if(type==TEST_DUMB) { /* dumb test */
        gettimeofday(&starttime, NULL);
        for(t=0; t<asize; t++) {
           b[t]=a[t];
```

```
@@ -142,13 +147,13 @@ double worker(unsigned long long asize, long *a, long *b, int type,
unsigned lon
   void printout(double te, double mt, int type)
   {
       switch(type) {
-          case 0:
+          case TEST_MEMCPY:
               printf("Method: MEMCPY\t");
               break;
-          case 1:
+          case TEST_DUMB:
               printf("Method: DUMB\t");
               break;
-          case 2:
+          case TEST_MCBLOCK:
               printf("Method: MCBLOCK\t");
               break;
       }
```

从上面的代码更改记录可知，作者对测试类型的判断语句进行了修改，比如把 if(type==1) 修改为 if(type==TEST_MEMCPY)，而宏 TEST_MEMCPY 的值为 0。也就是说，在使用旧版本的 mbw 时，当我们以为在进行 type 1（DUMP）测试的时候，实际运行的却是 MEMCPY 测试。

修改后的值，是符合命令选项说明（如下）中-t 后面的数值和测试项的对应关系的。

```
-t0: memcpy test
-t1: dumb (b[i]=a[i] style) test
-t2: memcpy test with fixed block size
```

这也意味着旧版本代码中的测试项对应关系搞错了，在 apt 安装的 mbw 版本中，实际的对应关系是：

```
-t0: dumb (b[i]=a[i] style) test
-t1: memcpy test
-t2: memcpy test with fixed block size
```

这样就能够解释本附录开头呈现的测试结果了。

如果你不关心本附录的分析过程，只需要记住使用自己编译的新版本的 mbw 工具进行内存性能测试，而不要使用 apt 安装的 mbw。

简单分析 memcpy 的代码优化方法

本附录将简单分析 glibc 库在实现 C 语言中常用的 memcpy 函数时所使用的代码优化方法，分为三部分：

- 找到 memcpy 实现的代码；
- 研究 memcpy 优化内存复制速率的方法；
- 用 perf 工具验证 memcpy 的优化方法。

C.1 找到 memcpy 实现的代码

应用程序调用的 memcpy 函数是在 glibc 库中实现的。但 glibc 的代码中有很多 memcpy.s 和 memcpy.c 文件，每个文件中都实现了一个 memcpy 实例，那么我们当前的运行环境使用了其中的哪一个呢？可以使用如下方法辨别。

- 使用如下命令编译应用程序代码。此处编译的是 mbw 工具，其实任何一个包含 memcpy 函数调用的程序都可以。

```
$ cc -O2 -Wall -g -lm -ldl mbw.c -lnuma -o mbw
```

- 用 gdb 运行程序，并执行如下操作。

```
$ sudo gdb ./mbw
(gdb) b memcpy        //为函数 memcpy 添加断点
Breakpoint 4 at 0x7ffff7875fe0: memcpy. (2 locations)
(gdb) info break      //查看断点信息
Num     Type            Disp Enb Address             What
4       breakpoint      keep y   <MULTIPLE>
4.1                          y     0x00007ffff7875fe0 in __new_memcpy_ifunc at ../sysdeps/x86_64/multiarch/ifunc-memmove.h:44
4.2                          y     0x00007ffff7892240 ../sysdeps/x86_64/multiarch/memmove-vec-unaligned-erms.S:129
```

可以发现，当前编译环境的 memcpy 实现代码在文件 memmove-vec-unaligned-erms.S 中。

C.2 研究 memcpy 优化内存复制速率的方法

GitHub 网站有 glibc 的源代码，其中的文件 memmove-vec-unaligned-erms.S 中有 500 多行代码，在此截取如下有价值的部分，这也是 memcpy 最主要的优化方法所在了。

```
    L(loop_large_forward):
        /* Copy 4 * VEC a time forward with non-temporal stores.  */
    /* 优化 1：  prefetch*/
```

```
        PREFETCH_ONE_SET (1, (%rsi), PREFETCHED_LOAD_SIZE * 2)
        PREFETCH_ONE_SET (1, (%rsi), PREFETCHED_LOAD_SIZE * 3)
        VMOVU     (%rsi), %VEC(0)
        VMOVU     VEC_SIZE(%rsi), %VEC(1)
        VMOVU     (VEC_SIZE * 2)(%rsi), %VEC(2)
        VMOVU     (VEC_SIZE * 3)(%rsi), %VEC(3)
        addq      $PREFETCHED_LOAD_SIZE, %rsi
        subq      $PREFETCHED_LOAD_SIZE, %rdx
/* 优化 2：  批量读取数据到多个寄存器，让每次循环所消耗的 CPU 时钟发挥最大价值*/
        VMOVNT    %VEC(0), (%rdi)
        VMOVNT    %VEC(1), VEC_SIZE(%rdi)
        VMOVNT    %VEC(2), (VEC_SIZE * 2)(%rdi)
        VMOVNT    %VEC(3), (VEC_SIZE * 3)(%rdi)
        addq      $PREFETCHED_LOAD_SIZE, %rdi
        cmpq      $PREFETCHED_LOAD_SIZE, %rdx
        ja        L(loop_large_forward)
        sfence
        /* Store the last 4 * VEC. */
        VMOVU     %VEC(5), (%rcx)
        VMOVU     %VEC(6), -VEC_SIZE(%rcx)
        VMOVU     %VEC(7), -(VEC_SIZE * 2)(%rcx)
        VMOVU     %VEC(8), -(VEC_SIZE * 3)(%rcx)
        /* Store the first VEC. */
        VMOVU     %VEC(4), (%r11)
        VZEROUPPER
        ret
```

C.3 用 perf 工具验证 memcpy 的优化方法

本书中用 mbw 工具测试过内存的性能，并提到 mbw 有以下三种测试项。

- MEMCPY：对所有内存调用 memcpy。
- MCBLOCK：分块调用 memcpy，每个块的长度为 262144（256K）字节。
- DUMB：按 long 类似循环进行赋值操作。

下面是某次测试呈现的 MEMCPY 和 DUMB 测试项的结果比较。因为 memcpy 函数做过优化，所以其速率表现比 DUMB 测试项使用的普通赋值操作好。

```
Method: MEMCPY Elapsed: 0.11588    MiB: 1024.00000 Copy: 8837.033 MiB/s
Method: DUMB   Elapsed: 0.20204    MiB: 1024.00000 Copy: 5068.353 MiB/s
```

按照 C.2 节对 memcpy 代码实现的分析，对同样长度的内存进行数据复制时，由于 memcpy 在每个循环中会读取和保存更多的字节数，其执行的跳转指令数量肯定会比 DUMB 测试项少。再加上 memcpy 函数中使用的是向量类型的指令和寄存器，单指令访问的数据量更大，也意味着执行指令的减少。

接下来用 perf 工具（可在 Linux 内核源代码中编译获得）验证上述猜想。执行命令：

```
sudo  ~/linux/linux-5.8.1/tools/perf/perf stat -e L1-dcache-loads -e L1-dcache-stores -eLLC-loads
-e LLC-stores -e branch-load-misses -e branch-loads -e branches -e cpu-cycles -e instructions --cpu=5
-d  taskset -c 5 ./mbw -a -t0 -n 1 1024
```

其中的命令选项-t0 表示执行 MEMCPY 测试项，如果换成-t1，就改为执行 DUMB 测试项。选项 1024 表示测试时使用 1GB 的缓存，即把数据从某个 1GB 的地址空间搬移到另一个 1GB 的地址空间。选项--cpu=5 -d taskset -c 5 保证了程序运行在 core 5 上，同时 perf 也只检测 core 5。同时 core 5 已被系统隔离，不会被内核自动分配去做其他工作。

MEMCPY 测试项的运行结果如下：

```
Long uses 8 bytes. Allocating 2*134217728 elements = 2147483648 bytes of memory.
Getting down to business... Doing 1 runs per test.
0       Method: MEMCPY Elapsed: 0.11587       MiB: 1024.00000 Copy: 8837.185 MiB/s

Performance counter stats for 'CPU(s) 5':

       605,439,659      L1-dcache-loads                                  (30.50%)
       712,138,395      L1-dcache-stores                                 (30.50%)
        11,257,866      LLC-loads                                        (30.52%)
        33,879,197      LLC-stores                                       (30.84%)
         1,016,374      branch-load-misses                               (30.89%)
       574,268,858      branch-loads                                     (30.89%)
       575,864,525      branches                                         (30.89%)
     4,101,115,089      cpu-cycles                                       (30.89%)
     2,994,665,388      instructions             #  0.73  insn per cycle (38.61%)
       571,039,771      L1-dcache-loads                                  (38.61%)
        60,519,786      L1-dcache-load-misses    # 10.29% of all L1-dcache hits (38.61%)
        14,291,368      LLC-loads                                        (38.59%)
         6,184,041      LLC-load-misses          # 48.41% of all LL-cache hits (38.27%)

       1.243251263 seconds time elapsed
```

DUMP 测试项的运行结果如下：

```
Long uses 8 bytes. Allocating 2*134217728 elements = 2147483648 bytes of memory.
Getting down to business... Doing 1 runs per test.
0       Method: DUMB  Elapsed: 0.20492       MiB: 1024.00000 Copy: 4997.048 MiB/s

Performance counter stats for 'CPU(s) 5':

       637,666,537      L1-dcache-loads                                  (30.41%)
       805,195,676      L1-dcache-stores                                 (30.61%)
         7,901,086      LLC-loads                                        (30.84%)
        46,649,963      LLC-stores                                       (31.11%)
         1,028,791      branch-load-misses                               (31.20%)
       695,109,312      branch-loads                                     (31.23%)
       707,308,041      branches                                         (31.24%)
     5,385,426,878      cpu-cycles                                       (31.01%)
     3,624,090,877      instructions             #  0.67  insn per cycle (38.61%)
       662,823,352      L1-dcache-loads                                  (38.40%)
        75,457,240      L1-dcache-load-misses    # 11.60% of all L1-dcache hits (38.16%)
         8,001,531      LLC-loads                                        (37.92%)
         3,209,187      LLC-load-misses          # 40.36% of all LL-cache hits (37.88%)

       1.742538818 seconds time elapsed
```

在此重点比较两种测试项的测试结果中 branch 和 instruction 的数量。可以看到 MEMCPY 测试项（即执行 memcpy 函数）执行的 branch（跳转次数）和 instruction（指令数）都相对更少，和其优化思路匹配。

用线性回归方法计算 CPU 频率

作者在运行 RDMA 性能测试工具 perftest 时，在其输出中发现了如下信息：

```
Conflicting CPU frequency values detected: 1197.928000 != 2594.098000. CPU Frequency is not max.
```

看起来是程序在获取 CPU 频率（用于计算网络带宽）时遇到了某种冲突。

要去掉这句输出比较简单，使用命令选项-F 就可以了。但它让作者想到了下面两个问题。

- 程序是如何计算带宽的？
- 程序采用了哪些方法获取 CPU 频率，以及为什么会遇到冲突？

接下来从解决这两个问题开始，回应本附录的标题——用线性回归方法计算 CPU 频率。

D.1 程序如何计算带宽

perftest 程序中最终计算带宽的代码如下：

```
double bw_avg = ((double)tsize*num_of_calculated_iters * cycles_to_units) / (sum_of_test
_cycles * format_factor);
```

具体是什么意思呢？我们都知道：

$$带宽 = \frac{传输的数据量}{时间}$$

由于 perftest 程序会进行多次数据传输后取平均值，因此其传输的数据量（单位为字节）就等于每次传输的字节数×迭代次数，而时间（单位为秒）可以通过消耗的总 CPU 时钟除以每秒经过的 CPU 时钟获得。

$$带宽（B/s）= \frac{传输的数据量}{时间} = \frac{每次传输的字节数×迭代次数}{\dfrac{消耗的总CPU时钟}{每秒经过的CPU时钟}}$$

对以上公式稍微变形，再转换单位，就可以得到：

$$带宽（MB/s）= \frac{传输的数据量}{时间}$$
$$= \frac{每次传输的字节数×迭代次数×每秒经过的CPU时钟}{消耗的总CPU时钟×0x100000}$$

这样就能和前文计算带宽的代码匹配了。

D.2　程序采用了哪些方法获取 CPU 频率

计算带宽的公式中需要一个数据，就是每秒经过的 CPU 时钟，即 CPU 频率。perftest 程序中采用了两种方法尝试获取 CPU 频率（见下面的代码）：

- 自行采样并用线性回归方法计算；
- 从 Linux 系统获取。

此后，程序会对两种方法得到的 CPU 频率值进行比较，如果两个结果之间的差距不到 2%，就采用从系统获取的结果，否则就使用自行采样和计算得到的结果。也就是说如果从系统获得的频率信息比较准确，就用系统的，否则就用自行采样和计算获取的。

```
double get_cpu_mhz(int no_cpu_freq_warn)
{    double sample, proc, delta;
     sample = sample_get_cpu_mhz();  //自行采样并计算
     proc = proc_get_cpu_mhz(no_cpu_freq_warn);  //从系统获取
#ifdef __aarch64__
     if (proc < 1)
          proc = sample;
#endif
     if (!proc || !sample)
          return 0;

     delta = proc > sample ? proc - sample : sample - proc;
     if (delta / proc > 0.02) {  //差异大于 2%，所以使用采样所得的频率
          return sample;
     }
     return proc;
}
```

接下来分别介绍这两种方法。

D.2.1　采样并使用线性回归方法计算 CPU 频率

以下代码截取了采样函数 sample_get_cpu_mhz 的主要部分。

```
/*
  Use linear regression to calculate cycles per microsecond.
*/
static double sample_get_cpu_mhz(void)
{
    struct timeval tv1, tv2;
    cycles_t start;
    double sx = 0, sy = 0, sxx = 0, syy = 0, sxy = 0;
    double tx, ty;
    int i;

    //①
    /* Regression: y = a + b x */
    long x[MEASUREMENTS];
    cycles_t y[MEASUREMENTS];
    double a; /* system call overhead in cycles */
    double b; /* cycles per microsecond */
```

```
    double r_2;

    //②
    for (i = 0; i < MEASUREMENTS; ++i) {
        start = get_cycles();

        if (gettimeofday(&tv1, NULL)) {
            fprintf(stderr, "gettimeofday failed.\n");
            return 0;
        }

        do {
            if (gettimeofday(&tv2, NULL)) {
                fprintf(stderr, "gettimeofday failed.\n");
                return 0;
            }
        } while ((tv2.tv_sec - tv1.tv_sec) * 1000000 +
                (tv2.tv_usec - tv1.tv_usec) < USECSTART + i * USECSTEP);

        x[i] = (tv2.tv_sec - tv1.tv_sec) * 1000000 +
            tv2.tv_usec - tv1.tv_usec;
        y[i] = get_cycles() - start;
        if (DEBUG_DATA)
            fprintf(stderr, "x=%ld y=%Ld\n", x[i], (long long)y[i]);
    }

    //③
    for (i = 0; i < MEASUREMENTS; ++i) {
        tx = x[i];
        ty = y[i];
        sx += tx;
        sy += ty;
        sxx += tx * tx;
        syy += ty * ty;
        sxy += tx * ty;
    }

    b = (MEASUREMENTS * sxy - sx * sy) / (MEASUREMENTS * sxx - sx * sx);
    a = (sy - b * sx) / MEASUREMENTS;

    if (DEBUG)
        fprintf(stderr, "a = %g\n", a);
    if (DEBUG)
        fprintf(stderr, "b = %g\n", b);
    if (DEBUG)
        fprintf(stderr, "a / b = %g\n", a / b);
    r_2 = (MEASUREMENTS * sxy - sx * sy) * (MEASUREMENTS * sxy - sx * sy) /
        (MEASUREMENTS * sxx - sx * sx) /
        (MEASUREMENTS * syy - sy * sy);

    if (DEBUG)
        fprintf(stderr, "r^2 = %g\n", r_2);
    if (r_2 < 0.9) {
        fprintf(stderr,"Correlation coefficient r^2: %g < 0.9\n", r_2);
        return 0;
    }
```

```
    return b;
}
```

代码开头的注释告诉我们此函数使用了线性回归算法计算每毫秒的时钟数。对应代码中注释的编号，程序完成了如下工作。

① 这段代码的注释说明了其使用的回归函数为简单的线性函数"$y = a + b\,x$"。从意义上说，a 是系统调用消耗的 CPU 时钟；b 是每毫秒经过的 CPU 时钟，即 CPU 频率，也是本次计算的最终目标。x 和 y 为数组，其中 x 为每次采样的时间，y 为每次采样消耗的 CPU 时钟。

② 开始采样。此处的 for 循环不停地计算各种不同时间长度（即 x[i]）对应的 CPU 时钟数(即 y[i])。目的是得到一个采样时间和 CPU 时钟数的关系图，如图 D-1 所示。函数最终需要的是图中拟合的直线的斜率，此斜率即为 CPU 频率。

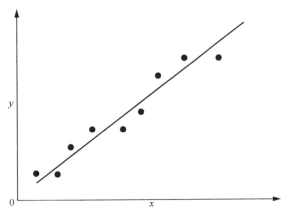

图 D-1　采样时间（x）和 CPU 时钟数（y）的关系

③ 采样完成后，使用如下公式计算图 D.1 中的斜率（即 CPU 频率）。

$$\hat{\beta} = \frac{n\sum x_i y_i - \sum x_i \sum y_i}{n\sum x_i^2 - \left(\sum x_i\right)^2}$$

$$\hat{\alpha} = \bar{y} - \hat{\beta}\bar{x}$$

D.2.2　从 Linux 系统获取 CPU 频率

此方法看起来比较简单，程序直接读取/proc/cpuinfo 文件的内容，然后取 cpu MHz 后面的值。以下是核 0 相关的输出。

```
$ cat /proc/cpuinfo
processor       : 0
vendor_id       : GenuineIntel
cpu family      : 6
model           : 79
model name      : Intel(R) Xeon(R) CPU E5-2640 v4 @ 2.40GHz
stepping        : 1
microcode       : 0xb000017
cpu MHz         : 1198.768
cache size      : 25600 KB
```

```
physical id    : 0
siblings       : 20
core id        : 0
cpu cores      : 10
```

此方法貌似简单,但实际使用时却有问题:系统中一般存在多个 CPU 核,每个核有自己的 "cpu MHz" 值,程序在比较所有核的频率值时,发现差异比较大,不知道选哪个,所以才会有本附录开头的输出信息。这种情况和 Linux 系统的电源管理模块有关,此处不再深入解读。